DIE SPEKTAKULÄRSTEN

FLUGUNFÄLLE

FAKTEN – HINTERGRÜNDE – KONSEQUENZEN

Andreas Fecker

Motor buch Verlag

Dieses Buch ist all jenen gewidmet, die Millionen von Passagieren sicher an ihr Ziel bringen: Piloten, Kabinenpersonal, Fluglotsen und die Techniker, die das Gerät sorgfältig warten und zur Verfügung stellen.

Andreas Fecker

Einbandgestaltung: schreiberVIS, Seeheim

ISBN 978-3-613-04746-4

Dieses Buch wurde nach den geltenden Vorschriften der General Product Safety Regulation (GPSR) entwickelt. Bei Fragen oder Problemen wenden Sie sich bitte an den Verlag unter folgender E-Mail-Adresse: gpsr@paul-pietsch-verlage.de

1. Auflage 2025

Fachliche Durchsicht: Dithmar Wolf, Cpt. B747 retired
Lektorat: Jutta Hemminger
Layout, Satz und Prepress: schreiberVIS, Seeheim
Druck und Bindung: Graspo CZ, 76302
Printed in Czech Republic

Inhalt

Vorwort

Fliegen wurde in den letzten Jahren zur sichersten Form des Reisens. Wenn es denn doch mal passiert, dass ein Flugzeug Menschen mit in den Tod reißt, dann ist es fast immer die Verkettung unglücklicher Umstände und die Summe verschiedener Fehler. Flugunfälle werden natürlich hochaktuell von allen Medien der Welt ausgeschlachtet, allen voran von den Sensationsblättern. Mit dramatischen Bildern und voreiligen Schlussfolgerungen vernebeln die Schreiber ihre Unkenntnis der Zusammenhänge. Und drei Tage später wird die nächste Sau durchs Dorf getrieben.

Dieses Buch nimmt einen anderen Ansatz. Es orientiert sich ausschließlich an Fakten und Ursachen, soweit sie bekannt sind. Der Autor war Flugsicherungskontrollleiter (Fluglotse), Lehrer für Flugsicherung, hat sich auf die Konstruktion von Instrumenten An- und Abflugverfahren spezialisiert und dieses Spezialgebiet nach dem Air Crash von Dubrovnik auch unterrichtet. Er hat Flugunfälle als Beteiligter durchlebt, weshalb ihm Studium, Weitergabe seiner Erfahrungen und die Verhinderung solcher Katastrophen stets ein wichtiges Anliegen war.

Diese Zusammenstellung gibt einen umfassenden Überblick über die wichtigsten Flugunfälle weltweit seit Kriegsende 1945. Unfälle, die in ihrer ganzen Komplexität Geschichte machten, werden ausführlich behandelt. Dabei kommen Ursachen, Flugzeugtypen, Opferzahlen und Begleitumstände zur Sprache. Aus Geschichte und Geschichten lernen, ist ein kluger Grundsatz, die Fehler anderer nicht wiederholen ebenfalls. Aber dazu muss man sie kennen. Einen sechsten Sinn zu entwickeln, hat schon so manches Leben gerettet.

Die chronologische Reihenfolge vermittelt ein Bild der Entwicklung des weltweiten Luftverkehrs und des unterschiedlichen Sicherheitsbewusstseins einzelner Länder. Politik und Verwaltung, administratives, technisches und fliegendes Personal möge mit Hilfe dieses Werkes den Blick auf mögliche Fehlerquellen schärfen und aus erkannten Fehlern Anderer lernen. Jeder Unfall wird stets penibel untersucht. Die Erkenntnisse fließen in veränderte Verfahren, Regelwerken und Sicherheitsmindestwerten ein. In den frühen Tagen der Fliegerei wurden diese Regeln noch mit Blut geschrieben, heute bemüht

Damit wir dieselbe Sprache sprechen

Motoren und Triebwerke werden von links außen nach rechts außen nummeriert: Bei einer vierstrahligen Maschine ist also Motor Nummer 1 ganz links, Motor Nummer 4 ganz rechts. Bei einem dreistrahligen Flugzeug ist Motor Nummer 2 in der Mitte. Bei einem zweistrahligen ist die Nummer 2 auf der rechten Seite.

Der PF ist der Pilot Flying, also der Pilot, der das Flugzeug im Augenblick steuert. Der PNF ist der Pilot Non Flying. Das heißt aber nicht, dass er nichts zu tun hat. Man nennt ihn auch sinnvoller den Pilot Monitoring. Er unterstützt den PF, setzt zum Beispiel auf Verlangen des PF die Klappen, macht die Kommunikation mit der Flugsicherung und bedient das Fahrwerk. Damit ist die Rollenverteilung klar und es wird verhindert, dass der Linke nicht weiß, was der Rechte tut. Die Verantwortung liegt jedoch stets beim Kapitän. Ein Stall ist in diesem Zusammenhang ein Strömungsabriss. Auftrieb ist das A und O in der Fliegerei. Er wird durch die Strömung über die gewölbte Tragfläche erzeugt. Wird diese Luftströmung gestört, wird das Flugzeug abstürzen. Es gibt verschiedene Einrichtungen im Cockpit, die die Crew darauf aufmerksam machen. Eine davon ist der Stick-Shaker. Er ist deutlich hörbar und fühlbar, weil die Steuersäule gerüttelt wird.

Was man aus den Tabellen herauslesen kann

Obwohl die Tabellen nur eine Auswahl aus den einzelnen Jahrgängen darstellen, kann man doch eine Entwicklung herauslesen. Anfangs überwogen Kollisionen mit Hindernissen, Bergen oder anderen Flugzeugen. Sie waren überwiegend auf Navigationsfehler zurückzuführen. Es gab zahlreiche Einzelevents. Mit der Verbesserung von Fliegerkarten und der Einführung von Sicherheitsmindesthöhen für verschiedene Zwecke nahmen diese Ursachen ab. Auch eine verbesserte Radarabdeckung leistete ihren Beitrag. Zu beobachten ist auch, dass mit der Zunahme des kommerziellen Luftverkehrs Flüge mit sechs Zwischenlandungen eher die Regel als die Ausnahme waren. Das wiederum führte zu einer hohen Belastung im Cockpit. Manchmal erfolgte die nächste Landung nur 20 Minuten nach dem Start. Das örtliche Wetter lässt sich aber besonders in der Nähe von Bergen oder entlang der Küste nur schwer für eine Landung vorhersagen, die erst mehrere Stunden später auf dem Flugplan steht. So lastete ein ständiger Druck auf den Besatzungen, die Landung trotz widriger Umstände übers Knie zu brechen. Als dann die Flugzeuge und die Reichweiten größer wurden, gab es mehr Direktflüge. Die Flugzeuge wurden auch sicherer. Das Unfallgeschehen nahm ab. Auch die Überlebbarkeit eines Unfalls hat sich verbessert. Wenn allerdings etwas passierte, gab es wegen der höheren Kapazität auch größere Opferzahlen zu beklagen. Gleichzeitig wurde viel Redundanz in die Flugzeuge eingebaut, die einen Ausfall kompensieren soll.

Die Wahrscheinlichkeit, bei einem Flugunfall zu sterben, liegt nach Berechnungen des Bundesverbands der Deutschen Luftverkehrswirtschaft (BDL) heute bei 1:127,5 Millionen. In den 1970er-Jahren waren es 1:264.000. Damit hat sich die Sicherheit im Luftverkehr in den vergangenen vier Jahrzehnten rund 330-fach erhöht.

man wissenschaftliche Erkenntnisse. Wo Hintergrundgeschichten eine Rolle spielten, werden auch diese erzählt, was dem Buch bei allem der Materie innewohnenden Ernst auch noch Spannung verleiht. 80 Jahre Unfall Geschichte neu eingeordnet in seine Zeit, neu bewertet mit dem Wissen von heute. Welche Konsequenzen wurden gezogen? Was hat sich geändert? Was hat sich bewährt? Warum wurde das Fliegen sicherer? Was gibt es noch zu tun?

Ein Wort zur Auswahl. Das Buch behandelt zu 95 % Vorkommnisse aus der kommerziellen Luftfahrt. Ausnahmen werden gemacht, wo sie weltweite Aufmerksamkeit auf sich zogen. Wir haben etwa 10.000 Totalschäden in den vergangenen 80 Jahren gesichtet und eine Auswahl getroffen. Ein wichtiges Kriterium war, dass es dazu auch nähere Informationen gab, was einen Großteil der Unfälle im sowjetischen Block, in China und in Afrika schon mal ausschloss. Außerdem achteten wir auf regionale Schwerpunkte von etablierten Airlines aus dem deutschsprachigen Raum, aus Europa und Nordamerika. Und schließlich sollten es Unfälle mit Signalwirkung sein, aus denen man etwas gelernt hat und die Veränderungen bewirkt haben.

Andreas Fecker

Lfd. Nr.	Datum	Flug	Flugzeugtyp	Airline	Opfer	Unfallort
01	**08.01.1945**	**PA 161**	**Martin M-130**	**Pan Am**	**23**	**Port of Spain, Trinidad**
02	10.01.1945	AA 6001	Douglas DC-3-277B	American Airlines	24	Burbank-Hollywood, CA, USA
03	**10.01.1945**		**Junkers Ju-52/3m**	**Deutsche Lufthansa**	**6**	**Prnjavor, Bosnien**
04	**14.01.1945**		**Junkers Ju-52/3m**	**Aeroflot Tajikistan**	**3**	**Dushanbe, Tadschikistan**
05	23.02.1945		Douglas DC-3-277	American Airlines	17	Glade Mountain, GA, USA
06	**14.04.1945**	**CA 142**	**Douglas DC-3-313A**	**Pennsylvania-Central Airlines**	**20**	**Morgantown, WV, USA**
07	**21.04.1945**		**Focke-Wulf Fw 200KB-1**	**Deutsche Lufthansa**	**21**	**Piesenkofen, Deutschland**
08	27.04.1945		Lockheed 18 Lodestar	Page Airways	6	Washington D.C., USA
09	03.08.1945		Sikorsky S-43	Pan Am	4	Fort de France, Martinique
10	13.11.1945		Douglas C-49A (DC-3)	ANA	16	Tacloban, Philippinen
11	**04.11.1945**		**Boeing 314**	**Pan Am**	**0**	**Honolulu, HI, USA**

01 – Missglückte Wasserung eines Flugbootes vor der Küste von Trinidad nach dem zweiten Versuch. Von 30 Personen an Bord starben 23, als sich das Flugboot beim harten Aufprall überschlug und zerbrach.

03 – Flugkapitän Karl Luft flog die Lufthansa-Ju 52/3m, Werknummer 641 382, »D-AUSS«, *»Josef Langheld«* nach Bosnien. Er stürzte aus unbekannten Gründen bei der Ortschaft Prnjavor nahe Banja Luka ab. Die Absturzstelle musste damals erst von Partisanen »freigekämpft« werden. Namensgeber der Ju 52, *»Josef Langheld«*, war selbst Flugzeugführer der Lufthansa, der am 24. Januar 1942 mit der Fw 58 D-OVXF *Elbe* (3104) bei Kaltenkirchen abgestürzt war. Die Lufthansa hatte in ihrer späteren Phase ihre Ju 52 nach abgestürzten DLH-Flugzeugführern benannt.

04 – Ein Brand im rechten Motor entzündete den Treibstofftank. Das Flugzeug stürzte in die Bergwüste von Rangon, Tadschikistan. Die Maschine war im Krieg schon mehrfach durch Beschuss beschädigt worden, wurde schließlich von Russland beschlagnahmt, repariert und der Aeroflot zugeführt.

06 – CA 142 unterschritt im Anflug die Sicherheitsmindesthöhe. Die Maschine flog gegen einen Berg in den Allegheny Mountains. Es gab keine Überlebenden.

07 – Die *»Hessen«* sollte die Flugleitung der Lufthansa von Berlin nach München bringen und danach mit spanischen Botschaftern weiter nach Spanien fliegen. Der am Morgen des 21. April geplante Start wurde wegen Feindaktivitäten verschoben. Trotz Gewitters startete die *»Hessen«* gegen 20:25 Uhr Richtung München. Gegen 21:50 Uhr forderten

zu 07: 1949 tauchte ein Ungar mit dem Versicherungsschein August Künstles, des Flugkapitäns der »Hessen«, bei der Stadtverwaltung von Neumarkt-Sankt Veit auf. Ein Jahr später wurde bekannt, dass die Fw 200 bei Piesenkofen (Landkreis Regensburg) abgestürzt sein musste. Obwohl man in der gesamten näheren Umgebung vom Absturz wusste, war nie etwas an die Öffentlichkeit gekommen. Nach Augenzeugenberichten wurde rekonstruiert, dass das Triebwerk Nummer 1 durch Vergaserbrand oder Blitzschlag Feuer gefangen hatte. Es explodierte und riss dabei das Ende der Tragfläche weg, das Flugzeug stürzte unkontrolliert ab.

zu 11: Das Flugboot Boeing 314 der Pan American World Airways mit der Registrierung NX 18601

die Piloten eine Funkpeilung vom Flughafen München. Da befand sich das Flugzeug auf Höhe von Straubing. Um 22:00 Uhr wurden die Motorgeräusche der Fw 200 über dem Flughafen München gehört, doch wegen des schlechten Wetters konnte das Flugzeug nicht landen und flog weiter Richtung Barcelona. Kurz danach brach der Funkkontakt zur *»Hessen«* ab. Über ihren Verbleib wurde in den Tagen nach dem Verschwinden heftig spekuliert, aber die Absturzstelle konnte jahrelang nicht gefunden werden.

11 – Nach Ausfall zweier Motoren landete die Boeing 314 vor dem Strand von Honolulu. Beim Versuch, das Flugboot an Land zu schleppen, wurde es beschädigt. Die US Navy versenkte es dann durch Kanonenbeschuss.

zu 11: Hawaii Clipper von der Brücke der USS *San Pablo*, bevor es versenkt wurde. Die rechte Tragfläche ist beschädigt, Motor Nummer 4 wurde bei der Landung von einer Welle abgerissen.

Lfd. Nr.	Datum	Flug	Flugzeugtyp	Airline	Opfer	Unfallort
01	**31.01.1946**	**UA 14**	**Douglas DC-3-194H**	**United Airlines**	**21**	**Elk Mountain, CO, USA**
02	03.03.1946		Douglas DC-3-277B	American Airlines	25	Thing Mountain, CA, USA
03	**23.03.1946**		**Avro 691 Lancastrian C.1**	**BOAC für Qantas**	**10**	**Indischer Ozean**
04	16.05.1946		Douglas C-47A (DC-3)	Viking Air Transport	27	Richmond, VA, USA
05	07.09.1946		Avro 685 York I	BSAA	24	Bathurst (Banjul), Gambia
06	18.09.1946		Douglas DC-4-1009	Sabena	27	Gander, Neufundland, Kanada
07	27.09.1946		Douglas DC-3A-228D	Panair do Brasil	25	Rio de Janeiro, Brasilien
08	03.10.1946		Douglas C-54E (DC-4)	American Overseas Airlines	39	Gander, Neufundland, Kanada
09	13.11.1946		Douglas DC-3A	Western Air Lines	11	Burbank-Hollywood, CA, USA
10	14.11.1946		Douglas C-47A (DC-3)	KLM	26	Amsterdam, Niederlande
11	27.11.1946		Douglas C-47A (DC-3)	LACSA	23	San José, Costa Rica
12	23.12.1946		Avro 685 York I	FAMA	21	Rio de Janeiro, Brasilien
13	24.12.1946		Douglas DC-3A	Western Air Lines	12	bei San Diego, CA, USA
14	**25.12.1946**		**Douglas C-47 (DC-3)**	**CNAC**	**62**	**Schanghai, China**

01 – In den frühen Jahren der Instrumentenfliegerei häuften sich Navigationsfehler und Disziplinlosigkeiten, Abkürzungsversuche wie in diesem Fall, wo eine DC-3 viel zu früh einen Sinkflug einleitete, der jäh an der Flanke eines Berges in Wyoming endete, hundert Meter unterhalb des 2200 m hohen Gipfels. 21 Menschen ließen dabei ihr Leben.

03 – Die Avro 691 Lancastrian gehörte der BOAC, wurde aber auch auf Flügen der Qantas zwischen Sydney und London eingesetzt. Britische Crews flogen sie von London nach Karatschi, wo sie von Australiern übernommen wurde. Sie verschwand auf dem Flug von Colombo (Ceylon/Sri Lanka) nach Learmouth (Nordost-Australien), wahrscheinlich auf Höhe der Cocos-Inseln. Der Absturz aus unbekannter Ursache löste die bis dato größte Suche der Royal Air Force aus. Zwei Tage danach wurden schwache Radiosignale aufgefangen, was auf eine erfolgreiche Wasserung hindeutete. Trotzdem war die Suche vergeblich.

14 – Schwarzer Tag in der chinesischen Luftfahrtgeschichte. Am 25.12. stürzten zwei DC-3 und eine Curtiss C-46 der chinesischen CNAC rund um Schanghai wegen schlechten Wetters ab. Dabei kamen 62 Menschen ums Leben.

zu 03: Avro 691 Lancastrian der BOAC

Lfd. Nr.	Datum	Flug	Flugzeugtyp	Airline	Opfer	Unfallort
01	**11.01.1947**		**Douglas DC-3**	**BOAC**	**8**	**Stowting, UK**
02	**12.01.1947**	**EA 665**	**Douglas DC-3**	**Eastern Air Lines**	**18**	**Galax, VA, USA**
03	22.01.1947		Douglas DC-3	Avianca	17	Puerto Araujo, Kolumbien
04	**26.01.1947**		**Douglas DC-3**	**KLM**	**22**	**Kopenhagen, Dänemark**
05	**15.02.1947**		**Douglas DC-4**	**Avianca**	**53**	**Cerro El Tablazo, Kolumbien**
06	14.03.1947		Douglas DC-3	Air France	23	Château-Bernard, Frankreich
07	08.04.1947		Douglas DC-3	LAV	27	Caracas, Venezuela
08	**29.05.1947**	**UA 521**	**Douglas DC-4**	**United Airlines**	**43**	**New York-LaGuardia, USA**
09	30.05.1947	EA 605	Douglas DC-4	Eastern Air Lines	53	Bainbridge, MD, USA
10	13.06.1947		Douglas DC-4	Pennsylvania-Central AL	50	Charles Town, WV, USA
11	23.08.1947		Short S.25 Sandringham	BOAC	10	Bahrain
12	16.10.1947		Bristol 170 Freighter I	TAI	41	Mittelmeer
13	24.10.1947	UA 608	Douglas DC-6	United Airlines	52	Bryce Canyon, UT, USA
14	**26.10.1947**	**PA 923**	**Douglas DC-4**	**Pan Am**	**18**	**Annette Island, AK, USA**

01 – Unterwegs von London nach Bordeaux geriet die DC-3 vor der Landung in tiefhängende Wolken. Eine Ausweichlandung in Paris Le Bourget scheiterte ebenfalls am schlechten Wetter. So wurde unnötig Sprit verbrannt. Der Captain entschied sich, nach England zurückzufliegen. Bis nach London reichte der Treibstoff nicht. Beim Versuch, in Lympe (Nähe Folkstone) zu landen, ging der DC-3 der Sprit aus.

02 – Ein weiterer Fall von Undiszipliniertheit. Die DC-3 mit 18 Personen an Bord begann ihren Sinkflug viel zu früh, statt das festgelegte Verfahren auszufliegen. Sie krachte nördlich von Winston-Salem gegen einen Berg. Es gab keine Überlebenden.

04 – Die DC-3 der KLM war unterwegs von Amsterdam nach Stockholm, mit Zwischenlandung in Kopenhagen. Beim Start in Kopenhagen stieg sie steil nach oben, hatte einen Strömungsabriss und kippte über die linke Tragfläche ab. Sie stürzte steil zur Erde und ging in Flammen auf. Alle 22 Insassen kamen ums Leben. Unter den Passagieren war auch Prinz Gustaf Adolf und die amerikanische Sopranistin und Schauspielerin Grace Moore, zu deren Gedenken Elvis Presley seine Ranch »Graceland« benannte.

05 – Wieder eine Abweichung von der geplanten Route. Auf der gewählten Route stand der 3200 m hohe Cerro El Tablazo im Weg, dessen Gipfel in den Wolken steckte. 53 Insassen der DC-4 ließen ihr Leben.

08 – LaGuardia Tower stellte UA 521 vor die Wahl, einen durchziehenden Sturm abzuwarten oder sofort zu starten. Der Tower schob noch nach, dass sich ein anderes Flugzeug im Anflug befand. Der Pilot entschied sich für einen sofortigen Start, rollte auf die Piste 18 und gab Gas. Er spürte allerdings, dass die Steuerung schwergängig war und entschied sich 300 m vor Ende der Piste für einen Startabbruch. Er durchbrach den Zaun, krachte über den Grand Central Parkway und kam 200 m hinter dem Ende der Piste vor einem Schulgebäude zum Erliegen. Das Flugzeug ging in Flammen auf, von den 48 Insassen überlebten nur fünf. Die Ursache für die schwergängige Steuerung war eine Ruderverriegelung (Gustlock), die vor dem Anlassen des Flugzeugs übersehen wurde.

14 – PA 923, eine DC-4, war unterwegs von Seattle nach Juneau mit Zwischenlandung auf Annette Island in der bergigen Küstenregion Alaskas. Die Crew brach aber den Anflug wegen tiefhängender Wolken und stark böigem Wind ab und entschied sich zum Weiterflug nach Juneau. Der Steigflug endete jäh 70 m unterhalb des Gipfels von Tamgas Mountain.

zu 14: Tamgas Mountain auf Annette Island, Alaska

Lfd. Nr.	Datum	Flug	Flugzeugtyp	Airline	Opfer	Unfallort
01	06.01.1948		Douglas DC-3D	Air France	16	Gonesse, Frankreich
02	07.01.1948		C-47A (Douglas DC-3)	Coastal Air Lines	18	Savannah, GA, USA
03	**28.01.1948**		**C-47B (Douglas DC-3)**	**Airline Transport Carriers**	**32**	**Coalinga, CA, USA**
04	30.01.1948		Avro 688 Tudor 1	BSAA	31	Westatlantik
05	10.02.1948		C-47B (Douglas DC-3)	KLM Interinsulair Bedrijf	19	Padalarang, Indonesien
06	12.03.1948		C-54G (Douglas DC-4)	Northwest Airlines	30	Mount Sanford, AK, USA
07	**05.04.1948**		**Vickers 610 Viking 1B**	**BEA**	**15**	**Berlin-Gatow, Deutschland**
08	**15.04.1948**	**PA 1-10**	**Lockheed L-049 Conny**	**Pan Am**	**30**	**Shannon, Irland**
09	12.05.1948		Douglas DC-4-1009	Sabena	31	Magazini, DR Kongo
10	17.06.1948		Douglas DC-6	United Airlines	43	Mount Carmel, PA, USA
11	04.07.1948		Douglas DC-6	SAS	32	Northwood, UK
12	01.08.1948		Latécoère 631	Air France	52	Dakar, Senegal
13	29.08.1948		Martin 2-0-2	Northwest Airlines	37	Winona, WI, USA
14	20.10.1948		Lockheed L-049 Conny	KLM	40	Glasgow, UK
15	15.12.1948		C-47A (Douglas DC-3)	LANSA	30	Bogotá, Kolumbien

03 – Die Crew hatte an jenem Tag den Auftrag, 28 ausgewiesene Mexikaner von Oakland nach Mexiko zu fliegen. Der Captain entschied sich kurzfristig, nicht die vorgesehene Maschine mit 32 Sitzplätzen zu nehmen, sondern eine mit 26 Sitzen. Diese war auch schon seit sieben Stunden für die 100-Stunden-Inspektion überfällig. Drei Passagiere saßen nicht-angeschnallt auf dem Gepäck. Nahe Coalinga geriet der linke Motor wegen eines Kerosinlecks in Brand, explodierte schließlich und riss den linken Flügel ab. Neun Passagiere wurden herausgerissen und stürzten zur Erde, während das Flugzeug in Spiralen folgte. Am Los Gatos Creek schlug die Maschine auf. In der offiziellen Presseerklärung standen nur die Namen des Captains, des Kopiloten, der Flugbegleiterin und eines Einwanderungsbeamten. Die Passagiere wurden als »28 Deportees« bezeichnet. Sie wurden in einem Massengrab verscharrt. Über diesen Unfall schrieb Woody Guthrie den Song »Deportee – Plane Wreck at Los Gatos«. Künstler wie Willie Nelson, Johnny Cash, Joan Baez, Dolly Parton und Bruce Springsteen machten den Song erst richtig populär und rückten den Umgang mit illegalen mexikanischen Farmarbeitern ins Licht der Öffentlichkeit.

07 – Als die von den Siegermächten besetzte Stadt Berlin unaufhaltsam auf die sowjetische Blockade zusteuerte, begannen die Sowjets die Versorgungsflüge auf den drei Korridoren zu stören. Kampfflugzeuge flogen Scheinangriffe, kreuzten den Flugweg, zwangen die zivilen Flugzeuge zum Ausweichen. Am 5. April befand sich eine Vickers Viking der BEA mit 14 Personen an Bord im Anflugverfahren auf den Flugplatz Gatow im britischen Sektor, als eine sowjetische YAK-3 sie unterflog und direkt neben ihr nach oben zog. Die Flugzeuge kollidierten mit den Tragflächen und stürzten ab. Die Yak schlug in der Heerstraße auf, die Vickers bei Hahneberg. Der internationale Zwischenfall beschleunigte den Beginn der Berliner Blockade von Juni 1948 bis Mai 1949.

zu 08: Eine Lockheed Constellation der Pan Am Ende der 1940-er Jahre auf dem Londoner Flughafen. Eine typgleiche Maschine verunglückte am 15.04.1948 in Shannon.

08 – Für diesen Unfall war möglicherweise ein sogenannter Pfennigartikel verantwortlich. Auf dem Flug von Kolkata nach New York, mit Zwischenlandungen in Damaskus, Istanbul, Brüssel, London und Shannon, hatte die Crew mehrfach Ausfälle der Instrumentenbeleuchtung. Nach der Landung konnte diese jeweils wiederhergestellt werden. In London wurde auch der Fehler gefunden, aber es stand kein Ersatzteil zur Verfügung. Trotzdem vertraute die Crew darauf, dass man auch die nächste Nachtlandung in Shannon schaffen werde. Der Himmel war bedeckt, die Hauptwolkenuntergrenze lag bei 130 m. Der erste Anflug endete mit einem Fehlanflugverfahren. Beim zweiten Landeversuch streifte das Fahrwerk eine Steinmauer kurz vor der Piste, Räder und Triebwerke wurden abgerissen, der Rumpf zerbrach, die 30 Personen an Bord kamen ums Leben.

14 – Die Lockheed L-049-46-25 Constellation der KLM war unterwegs von Amsterdam nach New York mit Zwischenlandung in Glasgow-Prestwick. Kapitän war einer der erfahrensten KLM-Piloten, Koene Dirk Parmentier, einer der Gewinner des MacRobertson-Luftrennens von England nach Australien. Geplanter Start war 20:00 Uhr. In letzter Minute musste die Crew noch zusätzliche Ladung für Reykjavik an Bord nehmen und diese zusätzliche Zwischenlandung einplanen. Das verzögerte den Start um eine Stunde und 10 Minuten. Die Wettervorhersage des königlich-holländischen Wetterdienstes für Prestwick war optimistisch, eine leichte Bewölkung sollte sich bis zur geplanten Ankunftszeit nach 23 Uhr aufgelöst haben. Stattdessen nahmen die Wolken zu, die Sicht wurde schlechter. Am Ausweichflughafen Shannon waren die Verhältnisse noch miserabler. Prestwick hatte zwei Pisten, die Hauptpiste 32 war für einen radarkontrollierten Präzisionsanflug ausgerüstet. Die Piste 26 kreuzte sie, war aber kürzer und nicht für Instrumentenanflüge geeignet. Die Constellation hätte für eine Landung auf der Hauptpiste mit 20 Knoten Seitenwind von links zurechtkommen müssen. Parmentier ließ sich daher vom Radar bis über den Flugplatz führen und entschloss sich dann zu einem Sichtanflug auf die Piste 26. Er kurvte nach links für einen Gegenanflug, verlor aber den Sichtkontakt zur kurzen Piste. Der Wind trieb ihn zusätzlich nach Osten. Die Wolkenuntergrenze lag inzwischen bei 90 m, leichter Regen erschwerte die Sicht. Während er auf den Endanflug einkurvte, erwischte er in 140 m Höhe eine Hochspannungsleitung, die 132.000 Volt führte. Das beschädigte Flugzeug geriet sofort in Brand. Der Versuch einer Notlandung scheiterte an der in vieler Hinsicht fehlerhaften Anflugkarte mit falschen Höhenangaben. Die Maschine schlug fünf Meilen östlich des Flughafens an einem Hügel auf. Wegen Kompetenzstreitigkeiten dauerte es über eineinhalb Stunden, bis Rettungsfahrzeuge an der Unfallstelle eintrafen! Zu dieser Zeit waren von den 40 Personen an Bord nur noch sechs am Leben, die dann im Verlauf der nächsten 24 Stunden auch noch starben.

Mit ausschlaggebend war das Kartenmaterial der KLM. Statt die offiziellen Karten der Briten zu benutzen, verwendete man Karten der US Air Force aus Kriegszeiten, die schon damals Fehler enthielten.

Minimum Enroute Altitude: Die MEA ist eine Mindesthöhe, welche auf dem Segment einer Luftstraße geflogen werden darf. Die Angabe findet sich entlang des Segments in der Streckenkarte.

Minimum Sector Altitude: Die MSA (Sicherheitsflughöhe) sagt dem Piloten, in welcher Mindestflughöhe er sicher fliegen kann, ohne mit Bodenobjekten (Bebauung, Türme, Antennen, Hochspannungsleitungen oder Berge) zu kollidieren.

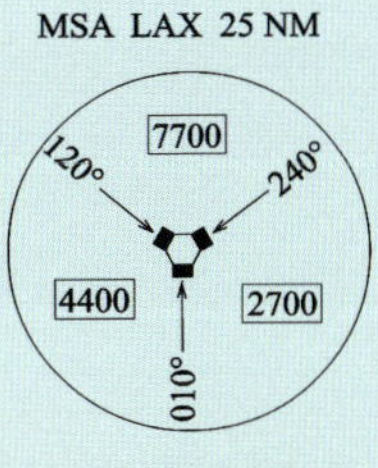

Bei diesen Mindesthöhen ist bereits ein Sicherheitsabstand von 1000 Fuß, bei bergigem Gelände 2000 Fuß einkalkuliert. Die Sicherheitsflughöhe wird in Bezug auf die ICAO-Standardatmosphäre von 1013,2 Hektopascal angegeben.

Minimum Holding Altitude: Die MHA ist die Mindesthöhe, die ein Luftfahrzeug einzuhalten hat, welches sich in einem Holding befindet. Angabe im Holding-Symbol.

Minimum Vectoring Altitude: Die MVA ist die niedrigste Höhe über NN, die für die Radarführung von IFR-Flügen durch die Flugsicherung unter Berücksichtigung der Sicherheitsmindesthöhe und der Luftraumstruktur genutzt werden kann. Sie gewährt zum einen eine Hindernisfreiheit von 1000 Fuß über dem höchsten Hindernis im Umkreis von 8 km, zum anderen einen Luftraumpuffer von 500 Fuß oberhalb der Obergrenze des unkontrollierten Luftraums.

Minimum Descent Altitude: Die MDA ist die Höhe, die bei einem Nicht-Präzisionsanflug auf keinen Fall unterschritten werden darf, bevor die Landebahn bzw. die Anflugbefeuerung in Sicht ist.

Decision Altitude: Die DA bezeichnet die Entscheidungshöhe, ob ein Anflug fortgesetzt wird, über Normalnull (NN). Man verwendet sie ausschließlich bei CAT I-Anflügen, sie wird barometrisch gemessen.

Descision Height: Die DH bezeichnet die Entscheidungshöhe, ob ein Anflug fortgesetzt wird, über der Landebahnschwelle. Man verwendet sie bei den ILS-Kategorien CAT II/III. Sie wird über Radarhöhenmessung gemessen.

Emergency Safe Altitude: Die ESA bezeichnet eine Sicherheitsflughöhe, die einen Abstand von mindestens 1000 Fuß über nicht-bergigem Gebiet und 2000 Fuß über bergigem Gebiet über dem höchsten Hindernis sicherstellt. Sie gilt im Radius von 100 nautischen Meilen um eine Navigationsanlage, die ein veröffentlichtes Anflugverfahren bedient.

Lfd. Nr.	Datum	Flug	Flugzeugtyp	Airline	Opfer	Unfallort
01	**24.02.1949**		**Douglas DC-3**	**TAM Peru**	**22**	**Cuzco, Peru**
02	**10.03.1949**		**Lockheed 18 Lodestar**	**Queensland Airlines**	**21**	**Coolangatta, Australien**
03	**07.06.1949**		**Curtiss C-46D**	**Strato-Freight**	**53**	**San Juan, Puerto Rico**
04	23.06.1949		Lockheed L-749-79-33 Conny	KLM	33	Bari, Italien
05	12.07.1949		Lockheed L-749-79-33 Conny	KLM	45	Bombay, Indien
06	06.08.1949		Bristol 170 Freighter 21	Shell Ecuador	34	Salasaca Hill, Ecuador
07	13.08.1949		Douglas C-47 (DC-3)	SAETA	32	Bojacá, Kolumbien
08	19.08.1949		Douglas C-47A (DC-3)	BEA	24	Manchester, UK
09	26.09.1949		Douglas DC-3A	Mexicana	24	Popocatepetl, Mexiko
10	28.10.1949		Lockheed L-749-79-46 Conny	Air France	48	São Miguel, Azoren, Portugal
11	**01.11.1949**	**EA 537**	**Douglas C-54B (DC-4)**	**Eastern Air Lines**	**55**	**Washington, D.C., USA**
12	20.11.1949		Douglas C-47A (DC-3)	Aero Holland	34	Oslo-Fornebu, Norwegen
13	29.11.1949		Douglas DC-6	American Airlines	28	Dallas, TX, USA

01 – Als bei der DC-3 auf dem Weg zum Start in Cuzco das linke Fahrwerk kollabierte, schlug der linke Propeller am Boden auf. Die Propellerblätter durchschlugen das Cockpit und verletzten den Captain. Während das Flugzeug zum Stillstand kam, brach ein Feuer an Bord aus. Während sich nur zwei Passagiere durch den Heckausgang aus dem brennenden Flugzeug retten konnten, zwängten sich zwei Crewmitglieder durch das Loch, das der Propeller geschlagen hatte. Der Captain erlag später seinen Verletzungen.

02 – Wenn Beinfreiheit zum Absturz führt. Eine zweimotorige Lockheed Lodestar startete in Coolangatta (Queensland), vollbesetzt mit 18 Passagieren an Bord. Nach dem Einziehen des Fahrwerks stieg sie steil nach oben. Kurz vor dem Strömungsabriss kippte sie nach rechts. Die Crew hielt dagegen, dann kippte sie nach links, ging in eine Spirale über, stürzte in einen Sumpf und brannte aus. Schnell fand man heraus, dass der Schwerpunkt des Flugzeugs im Loadsheet falsch berechnet war. Die Sitzabstände waren um jeweils 25 Millimeter vergrößert worden. Bei der vollbesetzten Maschine wurde der Schwerpunkt dadurch um 42 Prozent hinter die mittlere aerodynamische Flügeltiefe (Mean Aerodynamic Chord) verlagert. Nach Einziehen des Fahrwerks wanderte er sogar noch weiter nach hinten. Der richtige Schwerpunkt hätte zwischen 28,5 und 39 Prozent liegen müssen.

03 – Die Curtiss C-46 Commando ist ein ehemaliger Militärtransporter. Er wurde für 62 Passagiere und ein Gesamtstartgewicht von 20.412 kg zugelassen. Die US-amerikanische Airline Strato-Freight erhielt einen Auftrag, Familien von Puerto Rico nach Miami zu fliegen. Nach der Ankunft in San Juan unterzog man die Maschine einer Teilwartung. Beide Pratt & Whitney-Motoren wurden überprüft. Als der rechte Motor mehrere Fehlzündungen hatte, tauschten die Techniker 13 Zündkerzen aus. Dabei ignorierten sie, dass 30 der 36 vorhandenen Kerzen für diesen Motor gar nicht zugelassen waren. Am 07. Juni, 20 Minuten nach Mitternacht, startete die Maschine in Richtung Miami. Im Lademanifest standen 75 Passagiere. Fünf hatten Kleinkinder im Arm, 14 waren zwischen zwei und zwölf Jahre alt, mindestens fünf erwachsene Passagiere mussten sich einen Sitz mit einer anderen Person teilen. Außerdem war das Flugzeug um 1682 kg überladen. Kurz nach dem Start fiel der rechte Motor aus. Der linke schaffte es nicht, die überladene Maschine in eine sichere Höhe zu bringen. Die C-46 stürzte 200 m vor der Küste ins Wasser. Von den 75 Passagieren und der sechsköpfigen Crew konnten sich 28 retten. Der Airline wurde die Betriebserlaubnis entzogen.

11 – Eine Lockheed P-38 Lightning der bolivianischen Luftwaffe führte einen Testflug am National Airport in Washington D. C. durch. Als das rechte Triebwerk nicht mehr rund lief, rief er Washington Tower und bat wegen »Engine Trouble« um Landeinstruktionen. Während er auf Antwort wartete, kreiste er in 3500 Fuß Höhe über dem Flughafen. Schließlich meldete sich der Tower und fragte zurück, ob er landen wolle. »Ja, Triebwerkprobleme, es ist dringlich.« Der Tower gab der Lightning die Landefreigabe. »Cleared to land number 2 on Runway 3.«

Nummer 1 im Anflug war eine DC-4 von Eastern Airlines. Da die P-38 mit Luftnotlage von oben kam, schickte sie der Tower in eine linke Platzrunde, erhielt aber keine Antwort. Daraufhin brach der Lotse die EA 537 nach links weg. Die DC-4 reagierte sofort und brach die Landung 800 m vor der Piste ab. In der Linkskurve stießen die beiden Flugzeuge zusammen. In der DC-4 starben 55 Menschen, der Fighterpilot überlebte schwerverletzt.

Die Unfalluntersuchungskommission gab die Schuld dem Piloten der P-38. Er habe keine eindeutige Landefreigabe erhalten und die notwendige Umsicht vermissen lassen.

zu 11: Typgleiche C-54 (DC-4) in militärischer Version

Lfd. Nr.	Datum	Flug	Flugzeugtyp	Airline	Opfer	Unfallort
01	**07.03.1950**	**NW 307**	**Martin 2-0-2**	**Northwest Orient Airlines**	**15**	**Minneapolis, MS, USA**
02	**12.03.1950**		**Avro 689 Tudor 5**	**Fairflight**	**80**	**Llandow, UK**
03	**05.06.1950**		**Curtiss C-46F**	**Westair Transport**	**28**	**Melbourne, Australien**
04	12.06.1950		Douglas DC-4-1009	Air France	46	Bahrain
05	14.06.1950		Douglas DC-4-1009	Air France	40	Bahrain
06	31.08.1950		Lockheed L-749A Conny	TWA	55	Wadi Natrun, Ägypten
07	04.09.1950		Douglas DC-3-229	Robinson Airlines	16	Utica, NY, USA
08	21.09.1950		Douglas C-47A (DC-3)	JAT	10	Zagreb, Jugoslawien
09	17.10.1950		Douglas C-47A (DC-3)	BEA	28	Mill Hill, UK
10	31.10.1950		Vickers 610 Viking 1B	BEA	28	London, UK
11	**03.11.1950**	**AI 245**	**Lockheed L-749 Conny**	**Air India**	**48**	**Montblanc, Frankreich**
12	07.11.1950		Martin 2-0-2	Northwest Orient Airlines	21	Butte, MT, USA
13	13.11.1950		Douglas C-54B (DC-4)	Curtiss Reid Flying Services	58	Grenoble, Frankreich
14	22.11.1950		Douglas DC-3C	New Tribes Mission	21	Mount Moran, WY, USA
15	15.12.1950		Douglas C-47 (DC-3)	AVENSA	31	Páramo, Venezuela
16	30.12.1950		Douglas C-47A (DC-3)	Aerolineas Argentinas	14	Cobo, Argentinien

01 – Flug NW 307 der Northwest Orient Airlines von Washington D.C. nach Winnipeg, Kanada, mit Zwischenlandungen in Detroit, Madison, Rochester und Minneapolis war um 12:30 Uhr gestartet. Um 20:23 Uhr entschied der Captain, in Rochester wegen gefrierendem Regen nicht zu landen und flog nach Minneapolis weiter. Doch auch dort war das Wetter alles andere als angenehm: 1200 bis 800 m Sicht, Wolkenuntergrenze in 300 m, 27 Knoten Wind mit 40 Knoten in Böen. Der Tower informierte die Crew, dass sie bereits zwei Stromausfälle hatten. Sollten sie sich nicht mehr melden, wird es wahrscheinlich wieder passiert sein. Nach Passieren des Outer Markers bei 4,7 Meilen erhielt die Crew die Landefreigabe. 800 m vor dem Aufsetzpunkt der Piste 35 flog die Maschine gegen den Fahnenmast eines Friedhofs, der allerdings 200 m links vom Kurs stand. Die Crew versuchte das beschädigte Flugzeug in der Luft zu halten, überflog den Tower. Nach weiteren 7 km brach die linke Tragfläche ab, 800 m weiter stürzte das Flugzeug in ein Wohnhaus. 13 Menschen an Bord und zwei Bewohner kamen dabei ums Leben. Die wahrscheinliche Ursache war der Versuch, das Flugzeug statt nach Instrumenten nach Sicht zu landen.

02 – Das bis dahin schlimmste Luftfahrtunglück ereignete sich am Flughafen von Llandow in Wales. 78 irische Schlachtenbummler reisten mit einer gecharterten Avro 689 Tudor 5 von Dublin zum Austragungsort. Das Flugzeug war für 60 Passagiere zugelassen. Die Airline baute allerdings 18 zusätzliche Sitze ein. Im Anflug auf Llandow flog die Maschine laut Augenzeugen ungewöhnlich niedrig. Der Captain gab Vollgas und zog die Maschine mit einem Anstellwinkel von 35 Grad steil nach oben. Auf etwa 100 m Höhe riss die Strömung ab, die Avro zerschellte am Boden. Zwei Passagiere auf den zusätzlichen Sitzen im Heck überlebten unverletzt, ein dritter überstand den Crash bewusstlos in der Bordtoilette. Insgesamt star-

zu 02: Die Trümmer der Avro Tudor auf dem Flugplatz der Royal Air Force Llandow

ben 80 Personen. Als Ursache legte man sich auf die Verschiebung des Schwerpunktes fest, der sich außerhalb der Toleranz befand.

03 – Auf dem Flug von Puerto Rico nach North Carolina mit einer überladenen Curtiss C-46 überhitzte zuerst der rechte Motor, dann der linke. Die Crew wusste, dass sie es nicht bis zum Festland schaffen würden und bereitete ihre 62 Passagiere auf die nächtliche Notwasserung vor. Gegen 22 Uhr setzte die C-46 kontrolliert auf dem Wasser auf. Die See war ruhig. Die Crew öffnete die Türen und die Notausgänge, die laut Handbuch vor dem Aufsetzen hätten geöffnet werden sollen. So verlief die Evakuierung unkoordiniert. Manche Passagiere kletterten auf die Tragflächen, andere sprangen einfach ins Meer. Alle sieben Schlauchboote für je 10 Personen wurden über Bord geworfen. Fünf davon schwammen in der Dunkelheit davon, da niemand die Leinen festhielt. Zwei Boote bliesen sich auf. 34 Passagiere und drei Crewmitglieder konnten die beiden Boote schwimmend erreichen. Fünf abgefeuerte Seenotraketen verglühten unbeobachtet. Um 23:31 Uhr bemerkte ein Suchflugzeug ein Licht und gab die Position an die Küstenwache weiter. Beim ersten Tageslicht drehte ein Zerstörer der US Navy bei und nahm die »Schiffbrüchigen« auf.

11 – Die Lockheed L-749 Constellation befand sich auf dem Flug von Bombay nach London, mit Zwischenlandungen in Kairo und Genf. Im Anflug auf Genf meldete Air India ihre Position mit »4700 m über Voiron«. Tatsächlich flog sie 60 Meilen östlich davon auf das Montblanc-Massiv zu. Eine sofortige Suche nach dem verschollenen Flugzeug war wegen schlechter Sicht und stürmischem Wetter nicht möglich. Erst zwei Tage später konnte ein Schweizer Suchflugzeug das Wrack knapp unterhalb des 4677 m hohen Nebengipfels *Rocher de la Tournette* sichten. Es dauerte weitere vier Tage, bis sich eine Rettungsmannschaft zu der zerschellten Maschine hochgearbeitet hatte. Überlebende wurden nicht gefunden. Wäre das Flugzeug nur 30 m weiter westlich geflogen, wäre der Unfall nicht passiert. Was allerdings die Ursache war, dass sich die Maschine 60 Meilen vom Kurs befand, konnte nicht festgestellt werden. (15 Jahre später sollte wieder ein Flugzeug der Air India gegen den Montblanc fliegen.)

Lfd. Nr.	Datum	Flug	Flugzeugtyp	Airline	Opfer	Unfallort
01	03.02.1951		Douglas DC-4-1009	Air France	29	Buéa, Kamerun
02	02.03.1951	MC 16	Douglas DC-3A	Mid-Continent Airlines	16	Sioux City, IA, USA
03	11.03.1951		Douglas R5D-1 (DC-4)	Pacific Overseas Airlines	24	Hongkong
04	06.04.1951		Douglas C-47A (DC-3)	Southwest Airways	22	Refugio Pass, CA, USA
05	22.06.1951	PA 151	Lockheed L-049 Conny	Pan Am	40	Sanoyea, Liberia
06	30.06.1951	UA 610	Douglas DC-6	United Airlines	50	Fort Collins, CO, USA
07	21.07.1951		Douglas DC-4	Canadian Pacific	37	Sitka, AK, USA
08	24.08.1951	UA 615	Douglas DC-6B	United Airlines	50	Oakland, CA, USA
09	08.09.1951		Douglas C-47B (DC-3)	VASP	10+3	São Paulo, Brasilien
10	12.09.1951		Douglas DC-3	STAAP	39	Palma, Spanien
11	21.11.1951		Douglas C-47A (DC-3)	Deccan Airways	16	Kolkata, Indien
12	29.12.1951		Curtiss C-46A	Continental Charters	26	Salamanca, NY, USA

01 – Auf dem Flug von Douala (Kamerun) nach Niamey (Niger) flog die Air France Douglas DC-4 gegen den Mount Kamerun. Der Vulkan ist 4040 m hoch. Die DC-4 flog in 2600 m Höhe. Allerdings herrschte Nebel, und die Crew flog in die Sonne. Als Unfallursache einigte man sich auf schlechte Streckenplanung und nachlässige Navigation.

02 – Flug 16 startete frühmorgens in Kansas City zu einem Flug nach Minneapolis mit Zwischenlandungen in Omaha und Sioux City. Im Anflug auf Sioux City traf die Crew auf tiefhängende Wolken, schlechte Sicht, Schneetreiben und Ostwind mit 14 Knoten. Betriebspiste war Runway 35. Der Captain bat darum, auf der Piste 13 landen zu dürfen. Der Tower bot der Maschine wahlweise die Piste 13 oder 17 an, wies aber auf die Querwinde hin. Es folgte ein Irrflug über dem Flughafen, mit mehreren Kurven, bis die Maschine 200 m nordwestlich der Piste 17 nach einem Strömungsabriss aufschlug.

05 – Flug PA 151 von Johannesburg nach New York mit Zwischenlandungen in Leopoldville, Accra, Monrovia und Dakar verlief nach Plan. In Leopoldville, dem heutigen Kinshasa, wurden Zündkerzen und Magnetkontakte ersetzt. Der Start in Accra erfolgte kurz vor Mitternacht. Um 02:20 Uhr befand sich Pan Am 151 im Anflug auf Monrovia. Der Tower erteilte die Freigabe zum Sinkflug auf 3000 Fuß. Fünf Minuten später erhielt die Crew die Freigabe zum Endanflug mit dem neuesten Wetter: Hauptwolkenuntergrenze von 1000 Fuß, leichter Regen und eine Sicht

von 5 km. Nach kurzer Funkstille informierte PA 151 den Tower, dass das Funkfeuer von Monrovia mit dem Funkfeuer von Dakar gestört würde und dass man in 15 Minuten zurück sei. Das war der letzte Funkkontakt mit PA 151. 60 NM nordöstlich vom Flughafen Monrovia flog die Maschine in 1050 Fuß bei aufliegenden Wolken gegen einen Berg. Offenbar war sich die Crew ihrer Position nicht bewusst und wähnte sich im Endanflug auf Monrovia.

zu 06: Die Einschlagstelle in den Rocky Mountains

06 – United Airlines UA 610 startete abends um 19:15 Uhr in San Francisco in Richtung Chicago, mit Zwischenlandungen in Oakland, Salt Lake City und Denver. Abflug in Salt Lake um 01:47 Uhr. Die DC-6 stieg auf 15.000 Fuß, um über die Rocky Mountains zu kommen. Westlich von Cheyenne sollte die Crew einen Kurs von 210 Grad anlegen, bis sie auf den Kurs 168 Grad in Richtung Denver folgen konnten. Gleichzeitig bat UA 610 um einen Sinkflug auf 8500 Fuß. Da aber das Einschwenken auf den Kurs 168 nicht erfolgte, geriet die DC-6 in das Hochgebirge der Rocky Mountains. Am Crystal Peak (4222 m) schlug sie um 2 Uhr morgens in die Bergflanke ein. Eine mögliche Ursache könnte die Verwechslung der beiden Navigationsgeräte im abgedunkelten Cockpit gewesen sein, die direkt nebeneinander liegen.

zu 06: Ein Schwesterschiff des Unglücksfliegers

Lfd. Nr.	Datum	Flug	Flugzeugtyp	Airline	Opfer	Unfallort
01	10.01.1952		Douglas C-47B (DC-3)	Aer Lingus	23	Cwm Edno, Wales, UK
02	**19.01.1952**	**NM 324**	**Douglas C-54E (DC-4)**	**Northwest Orient Airlines**	**36**	**Sandspit, Kanada**
03	03.03.1952		SNCASE SE.161/P7 Languedoc	Air France	38	Nizza, Frankreich
04	22.03.1952		Douglas DC-6	KLM	45	Frankfurt, Deutschland
05	**24.03.1952**		**Lockheed 18 Lodestar**	**SATT**	**18**	**Gao, Mali**
06	29.03.1952		Douglas DC-3	TACA de Venezuela	12	San Felipe, Venezuela
07	11.04.1952		Douglas DC-4	Pan Am	52	San Juan, Puerto Rico
08	29.04.1952		Boeing 377 Stratocruiser	Pan Am	50	Carolina, MA, USA
09	14.10.1952		Douglas C-47 (DC-3)	Aerovias Brasil	14	San Francisco, CA, USA
10	22.11.1952		Lisunov Li-2P	TABSO	30	Etropole, Bulgarien
11	06.12.1952		Douglas DC-4	Cubana	37	Bermuda

02 – Northwest Orient Airlines führte einen Charterflug für die amerikanischen Streitkräfte durch. Flug 324 war unterwegs von Tokio über die Aleuten-Insel Shemya und Anchorage nach McChord Air Force Base (AFB) in der Nähe von Seattle. Nach dem Start in Elmendorf AFB bei Anchorage um 21:11 Uhr. Um 00:03 Uhr auf der Höhe von Sitka, Alaska, meldete NW 324 den Motorausfall von Nummer 1 mit stehendem Propeller. Der Captain bat um eine Sicherheitslandung in Sandspit auf den zu Kanada gehörenden Queen Charlotte Islands. Alles verlief glatt, die Räder waren schon am Boden, bis sich der Pilot nach etwa einem Drittel der 5000-Fuß-Piste für einen Fehlanflug entschied. Doch die DC-4 war zu langsam, die Strömung riss ab, die Maschine setzte auf dem Wasser auf und kam 1600 m vom Land zum Erliegen. Alle Passagiere konnten das Flugzeug mehr oder weniger unverletzt verlassen. Trotzdem überlebte keiner der 36 Insassen die arktische Kälte des winterlichen Ozeans.

05 – Eine Lockheed Lodestar der französischen Charter-Airline Société Africaine des Transports Tropicaux hatte einen Charterauftrag von Nizza nach Abidjan mit Zwischenlandungen in Algier, El Golia und Tamanrasset. Hier übernachteten Crew und Passagiere. Der Weiterflug am folgenden Tag nach Abidjan sah Tankstopps in Gao und Ouagadougou vor. Die Crew übernachtete nach der Landung in Abidjan. Für den Rückflug am folgenden Tag war eine Übernachtung in Tamanrasset vorgesehen. Doch Flug und Tankstopp in Gao verzögerten sich, die Ankunft in Tamanrasset bei Tageslicht war nicht mehr zu machen. Flughafen und Piste hatten auch keinerlei Befeuerung. Also entschloss sich der Captain, die Nacht in Gao zu verbringen und plante einen Start am nächsten Morgen um 09:00 Uhr. Er kommunizierte auch, dass er sehr müde sei. Im Laufe des Abends meldete sich die Airline bei ihm und befahl einen frühen Start um 03:00 Uhr morgens. Als er am frühen Morgen bei der Wetterberatung auftauchte und seinen Flugplan aufgab, traf er auch den Fluglotsen. Er beschwerte sich, dass er todmüde sei. Außerdem müsse er, von den Tankstopps abgesehen, von Gao bis Nizza ohne weitere Pause durchfliegen, sein Flugzeug habe keinen Autopiloten, und er müsse auch noch den Job des Navigators machen. Er hatte geradezu Angst vor dem Flug und bestürmte den Fluglotsen, ihm den Start zu verbieten.

Doch der Lotse hatte dafür keine Handhabe, da der Flugplan ordnungsgemäß aufgegeben war. Schließlich wurden die Passagiere beladen, das Flugzeug rollte zum Start. Sieben oder acht Minuten lang ließ der Captain die Motoren hochdrehen, als würde er hoffen, es könnte sich doch noch ein technischer Defekt zeigen. Dann löste er die Bremsen und begann seinen Startlauf. Nach 900 m hob die Lodestar ab, fiel aber 15 Sekunden später wieder zurück auf den Boden. Das Wrack wurde 2 km hinter dem Pistenende gefunden. Von den 21 Menschen an Bord überlebten nur drei.

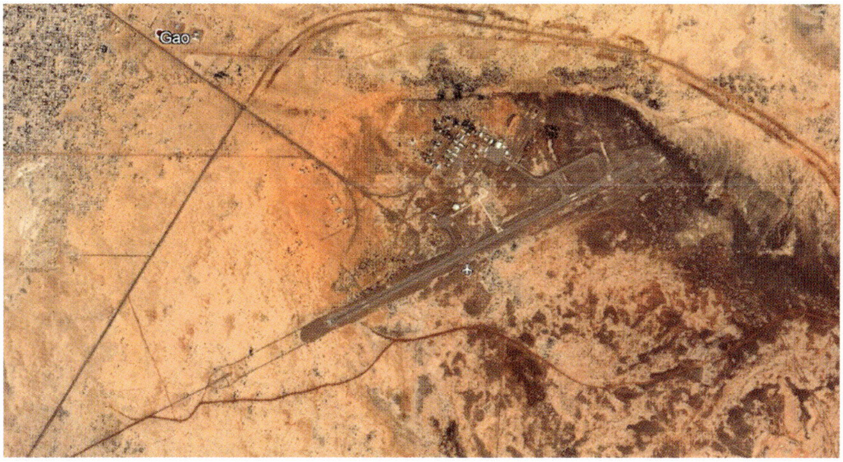

zu 05: Der Flughafen von Gao in Mali

Maximum Crew Duty Time

Beim Studium lange zurückliegender Flugunfälle stößt man immer wieder auf Fälle von Übermüdung, besonders zu der Zeit, als noch mit vielen Zwischenlandungen geflogen wurde. Wenn dann der Arbeitstag zur Neige ging, abendlicher Regen einsetzte, die Erschöpfung ihren Tribut forderte, dann wurden die Landungen schwieriger und die Entscheidung, trotzdem noch zu einem Ausweichflughafen zu fliegen, unwahrscheinlicher. Der Unfall von Little Rock im Jahr 1999 ist ein Beispiel dafür, dass trotz neuerer Erkenntnisse die fliegenden Besatzungen und ihre Arbeitszeiten ein Kostenfaktor waren, an dem man »arbeiten konnte«.

Die europäische Agentur für Flugsicherheit EASA nahm sich diesen Komplex vor und erarbeitete ein Regelwerk mit 244 Seiten, das seit Frühjahr 2016 für alle Staaten Europas verbindlich ist. Um das Dokument in der Praxis anzuwenden, braucht man nicht nur einen Vollzeitanwalt, es ist fast nur noch durch Computerprogramme zu bewältigen. In dem Dokument, das der körperlichen und geistigen Erschöpfung im Flugdienst Rechnung trägt, werden erstmals Begriffe definiert, die in der Vergangenheit von Personalbüros gerne im Interesse der Firma ausgelegt werden konnten: **Bereitschaftszeit, Reservezeit, Akklimatisation, Unterkunft, angemessene Unterkunft, Flugzeit, Blockzeit, früher Beginn, spätes Ende, Nachtdienst; Ruheraum (unterteilt in Class 1, Class 2 und Class 3 Rest Facility), Split Duty und Ultra Long Range Operation.** Festgeschrieben ist auch, dass Bereitschaftszeit KEINE Dienstzeit ist, jedoch zu 25 Prozent als Dienst im Sinne kumulativer Dienstzeiten zählt. Außerdem wird in die Berechnung einbezogen, dass das Durchfliegen mehrerer Zeitzonen Auswirkungen auf den Biorhythmus und die Akklimatisations- und Erholungszeiten hat. Die EASA musste besonders beim Nachtdienst medizinisch-wissenschaftliche Erkenntnisse in ein Regelwerk umsetzen. Schließlich müssen die Bestimmungen gerichtsfest sein.

Lfd. Nr.	Datum	Flug	Flugzeugtyp	Airline	Opfer	Unfallort
01	05.01.1953		Vickers 610 Viking 1B	BEA	27	Belfast, UK
02	07.01.1953		Curtiss C-46F	Associated Air Transport	40	Fish Haven, ID, USA
03	**02.02.1953**		**Avro 685 York I**	**Skyways**	**39**	**Neufundland, Kanada**
04	14.02.1953		Douglas DC-6	National Airlines	46	Mobile Point, AL, USA
05	20.03.1953		Douglas C-54G (DC-4)	Transocean Air Lines	35	Alvarado, CA, USA
06	29.03.1953		Vickers 616 Viking 1B	Central African Airways	13	Mkwaya, Tansania
07	10.04.1953		Lockheed 18 Lodestar	Caribbean International	13	Kingston, Jamaica
08	16.04.1953		Douglas C-47A (DC-3)	Aigle Azur	30	Hanoi, Vietnam
09	02.05.1953		de Havilland DH-106 Comet 1	BOAC	43	Kolkata, Indien
10	09.05.1953		Douglas C-47A (DC-3)	Air India	18	Delhi, Indien
11	17.05.1953		Douglas DST-318 (DC-3)	Delta Air Lines	19	Marshall, TX, USA
12	12.07.1953		Douglas DC-6	Transocean Air Lines	58	Wake Island, HI, USA
13	01.09.1953		Lockheed L-749A Conny	Air France	42	Mont Le Cimet, Frankreich
14	01.09.1953		Douglas C-49K (DC-3)	Regina Cargo Airlines	21	Vail, WA, USA
15	**16.09.1953**	**AA 723**	**Convair CV-240-0**	**American Airlines**	**28**	**Albany, NY, USA**
16	**14.10.1953**		**Convair CV-240-12**	**Sabena**	**44**	**Kelsterbach, Deutschland**
17	**29.10.1953**	**BCPA 304**	**Douglas DC-6**	**British Commonwealth Pacific AW**	**19**	**Half Moon Bay, CA, USA**
18	03.11.1953		Douglas DC-3-314	LAB	28	Tarabuco, Bolivien

03 – Die britische Fluggesellschaft Skyways transportierte im Auftrag der Regierung Soldaten und ihre Familien zwischen den Auslandseinsatzgebieten und dem Mutterland. Auf einem solchen Flug von Lajes AFB nach Gander in Neufundland sendete der Bordfunker ein SOS-Signal, gefolgt von einer Koordinate 255 Seemeilen von Gander entfernt über dem Atlantik. Doch trotz der Suche über einem Gebiet von 68.000 Quadratmeilen fand man keine Spur des Flugzeugs mit den 39 Personen an Bord. Aber man entdeckte etwas anderes: Auf dem vorherigen Flug von Jamaica nach Lajes war die Crew 9 Stunden im Dienst. Ihnen hätte eine Pause von mindestens 9 Stunden zugestanden. Doch die Betankung und Wartung in Lajes hatte nur 4 Stunden gedauert, und es ist unwahrscheinlich, dass sich die sechsköpfige Besatzung in dieser Zeit ausruhen konnte. Die Mannschaft war also bis zum Absturz über 19 Stunden ununterbrochen im Dienst! Rechnerisch hätte die Crew gar nicht vor einer Gesamtdienstzeit von 23 Stunden in Gander ankommen können. Und zum guten Schluss hätte der Flug auch noch mit einer anspruchsvollen Nachtlandung beendet werden müssen.

15 – American Airlines Flug AA 723 von Boston nach Chicago mit Zwischenlandungen in Hartford und Albany startete um 07:14 Uhr in Hartford (CT) im Vertrauen darauf, dass sich das Wetter in Albany bis zur Ankunft verbessern würde. Mehrere Flugzeuge flogen bereits in der Warteschleife, zwei versuchten vergeblich einen Anflug, bis eine dritte Maschine um 08:16 Uhr die Landung schaffte. Nun war AA 723 an der Reihe. Doch der Anflug auf Piste 19 wurde abgebrochen, weil sich die Landeklappen nicht bewegen ließen. Ein zweiter Versuch, nach Sicht auf Piste 10 zu landen, endete an drei Funkmasten, die im Bodennebel versteckt waren. Teile des linken und rechten Flügels wurden abgeschert, 500 m weiter schlug die Convair am Boden auf.

16 – Kurz nach dem Start der Sabena in Frankfurt zu einem Flug nach Brüssel stürzte die Convair bei Kelsterbach ab. Bei der Ursachensuche stieß man auf verschlissene Zündkerzen, deren Bleiablagerung offenbar bei Erwärmung einen Kurzschluss erzeugte. Auch die Entscheidung des Captains, den Start nicht abzubrechen und bei zu niederer Geschwindigkeit die Klappen einzufahren, dürfte zum Unglück mit 44 Opfern beigetragen haben.

17 – Der Flug von Sydney über Nadi (Fiji), Canton (Kiribati), Honolulu (Hawaii) und San Francisco nach Vancouver (BC) verlief bis zur Landung in Hawaii nach Plan. Am 28. Oktober um 22:59 Uhr erfolgte der Start in Honolulu für den 9-Stunden-Flug nach San Francisco. Um 08:07 Uhr erhielt die DC-6 die Freigabe für den Sinkflug nach Sichtflugregeln und der Auflage, 500 Fuß über den Wolken zu bleiben. Wolkenobergrenze war an jenem Morgen 1500 Fuß. Um 08:39 Uhr meldete Flug 304 die Position über dem Half Moon Bay Fan Marker. Drei Minuten später war zu hören: »Südosten, wir biegen jetzt auf das ILS ein.« Das war aber von der Zeit gar nicht möglich. Es wird deshalb vermutet, dass der Captain im Südwesten war, sich aber viel weiter östlich wähnte und der Überzeugung war, er könne den Flug nach Sicht beenden. Die Küstenberge sind nicht zuletzt wegen der 100 m hohen Redwood-Bäume südlich der San Francisco Bay bis zu 500 m hoch. Die Baum- und Bodenberührung erfolgte kurz unterhalb des Gipfels.

zu 17: Redwoodbestand in den kalifornischen Küstenbergen

Lfd. Nr.	Datum	Flug	Flugzeugtyp	Airline	Opfer	Unfallort
01	10.01.1954	BA 781	de Havilland DH-106 Comet 1	BOAC	35	Elba, Italien
02	11.01.1954		Douglas C-47A (DC-3)	Avianca	21	Manizales, Kolumbien
03	13.03.1954		Lockheed L-749A Conny	BOAC	33	Singapur
04	25.03.1954		Douglas C-53-DO (DC-3)	Aeronaves de México	18	Monterrey, CA, USA
05	08.04.1954	SA 201	de Havilland DH-106 Comet 1	BOAC	21	San Lucido, Italien
06	23.04.1954		Douglas C-47A (DC-3)	Aerolineas Argentinas	25	Sierra del Vilgo, Argentinien
07	09.08.1954		Lockheed L-749A-79 Conny	Avianca	30	Terceira-Lajes, Portugal
08	22.08.1954		Douglas C-47 (DC-3)	Braniff Airways	12	Mason City, IA, USA
09	23.08.1954	KL 608	Douglas DC-6B	KLM	21	Nordsee
10	05.09.1954	KL 633	Lockheed L-1049C-55-81 Super Conny	KLM	28	Shannon, Irland
11	04.12.1954		Douglas C-47A (DC-3)	Aigle Azur, op.for Air Laos	28	Luang Prabang, Laos
12	18.12.1954		Douglas DC-6B	LAI	26	New York, NY, USA
13	25.12.1954		Boeing 377 Stratocruiser	BOAC	28	Glasgow, UK

01 – BA 781 befand sich auf dem Flug von Rom nach London. Um 10:51 Uhr, kurz vor Elba, gab es einen kurzen Austausch über Funk mit dem Captain einer anderen BOAC-Maschine, der aber mitten im Satz abriss. Die Comet war zu dem Zeitpunkt auf 27.000 Fuß. Sie verlor rapide an Höhe und stürzte bei Elba ins Meer. Bei der Bergung wurde schnell klar: Das Flugzeug war in der Luft auseinandergebrochen. Teppichfetzen wurden im Leitwerk gefunden, Farbschrammen an der Flugzeughaut stammten von den Armlehnen der Passagiersitze. Sogar der Abdruck einer Münze war am Blech des Wracks zu sehen. Schließlich stellten die Experten fest, dass

Um die Ursache herauszufinden, stellte die BOAC ein baugleiches Flugzeug zur Verfügung. Man hängte es in einen großen Wassertank und pumpte Wasser in das Flugzeug, um den Druck zu simulieren, dem die Maschine ausgesetzt ist. Und tatsächlich, nach 3000 simulierten Flügen konnten die Experten feststellen, dass der Bruch vom vorderen ADF-Fenster im Dach ausging. Es war eines der beiden Sichtfenster für eine Peilantenne, die zur Navigation diente. Statt Glas hatte man Fiberglas verwendet. Weitere Schwächen waren die Nietlöcher rund um die Fenster des Flugzeugs, denn sie wurden gestanzt und nicht gebohrt. So konnten sich Haarrisse rund um die Niete bilden. Mittlerweile wurden alle Flugzeuge dieses Typs gegroundet.

zu 01: Diese Klappe über dem Cockpit wurde als Ursache für den Absturz identifiziert. Sie hatte sich losgerissen.

Die Comet der Serien 1 und 2 wurden danach ausgemustert. Aber die Erkenntnisse führten zu grundlegenden Veränderungen im Flugzeugbau. Die Fenster wurden verkleinert und abgerundet, in die Rümpfe wurden Spanten eingebaut, die eine Ausdehnung von Haarrissen verhindern sollten, der Materialermüdung wurde mehr Aufmerksamkeit geschenkt. Bisher waren dies keine Faktoren, da die Flugzeuge in geringeren Höhen unterwegs und nicht diesen hohen Druckunterschieden ausgesetzt waren. Und noch eine Verbesserung setzte sich industrieweit durch: Der Flugschreiber wurde erfunden.

der Bruch am Dach begann, ein Fenster wurde herausgerissen und traf das Höhenruder, das Heck riss ab, die Tragflächenverkleidung, die Flügelspitzen, das Cockpit brachen weg, und das Kerosin vom Tank setzte den Rest des Wracks in Brand.

05 – South African Airways hatte sechs von BOAC gemietete de Havilland DJ-106 Comet in ihrer Flotte. Nach dem Unfall von Elba waren erst einmal alle Comet gegrounded. An der Zelle wurden zahlreiche Veränderungen durchgeführt, Anfang Februar wurde ein Drucktest gemacht. Am 24. Februar durfte das Flugzeug wieder geflogen werden, am 23. März wieder im Passagierdienst. Am 7. April landete die Maschine in Rom und wurde betankt. Doch die Tankuhr des Mitteltanks zeigte auf leer, obwohl der Tank voll war. Die Ursache schien ein Koaxialkabel zu sein, das erst in England bestellt werden musste. Also wurde der Start um 24 Stunden verschoben. Um 18:32 Uhr rollte die Maschine zum Start. Um 18:57 Uhr meldete sie sich im Raum Neapel auf 35.000 Fuß. Alles schien normal. Um 19:05 Uhr erhielt Kairo eine erste Meldung von SA 201 mit der Startzeit in Rom und der erwarteten Ankunftszeit in Kairo. Seit diesem Zeitpunkt gilt das Flugzeug als verschollen, abgestürzt vor der kalabrischen Küste. Da keine Trümmer gefunden wurden, wird vermutet, dass sie ebenfalls wie ihr Schwesterschiff vor Elba in der Luft auseinandergebrochen ist.

09 – Die DC-6 der KLM war am 22.August von New York nach Amsterdam gestartet. Nach der Zwischenlandung in Shannon rollte sie um 09:29 Uhr wieder zum Start. Zwei Stunden später war KLM 608 unter Kontrolle von Amsterdam Area Control. Die DC-6 wurde zuerst auf 5500 Fuß freigegeben, dann auf 4500, schließlich auf 3500. Um 11:35 Uhr sollte sie auf 2500 Fuß sinken, doch KL 608 antwortete nicht mehr. Nach umfangreicher Suche bei tiefhängenden Wolken, Nebel und schwerer See fand man um 16:10 Uhr erste Flugzeugteile vor der Küste.

Die Ursachenforschung endete nach 15 Monaten in Vermutungen: Überhitzung der Elektronik, Elektrofeuer, Rauchentwicklung, Explosion einer Druckkartusche, geplatztes Cockpitfenster, Ausfall des Autopiloten.

zu 09: Baugleiche DC-6 der KLM

Lfd. Nr.	Datum	Flug	Flugzeugtyp	Airline	Opfer	Unfallort
01	12.01.1955	TW 694	Martin 2-0-2A	TWA	13	Cincinnati, OH, USA
02	13.02.1955	SN 503	Douglas DC-6	Sabena	29	Monte Terminillo, Italien
03	19.02.1955	TW 260	Martin 4-0-4	TWA	16	Albuquerque, NM, USA
04	**18.05.1955**	**EC 104**	**Douglas C-47B (DC-3)**	**East African Airways**	**20**	**Kilimanjaro, Tansania**
05	17.07.1955	BN 560	Convair CV-340-32	Braniff Airways	22	Chicago, IL, USA
06	**04.08.1955**	**AA 476**	**Convair CV-240-0**	**American Airlines**	**30**	**Fort Leonard, MO, USA**
07	26.08.1955		Douglas DC-3A	Cruzeiro do Sul	13	Castelo, Brasilien
08	**21.09.1955**		**Canadair C-4 Argonaut**	**BOAC**	**15**	**Tripolis, Libyen**
09	**06.10.1955**	**UA 409**	**Douglas DC-4**	**United Airlines**	**66**	**Medicine Bow Peak, WO, USA**
10	17.11.1955	17K	Douglas C-54 (DC-4)	Peninsular Air Transport	28	Seattle, WA, USA
11	21.12.1955	EA 642	Lockheed L-749A Conny	Eastern Air Lines	17	Jacksonville, FL, USA

04 – Die DC-3 von East African Airways startete in Daressalam um 10:39 Uhr zu einem Flug nach Nairobi. Letzter Funkkontakt war um 11:56 Uhr über einem See südlich des Mount Kilimanjaro. Die Maschine flog auf Flugfläche 105 über den Wolken nach Sicht. Suchmannschaften fanden das Wrack vier Tage später in 4632 m Höhe des 5895 m hohen Bergmassivs.

Statt einen kleinen Umweg zu fliegen, der ihn auf sicherer Route an den Zielflughafen gebracht hätte, wählte der Pilot den direkten Weg nach Nairobi. Möglicherweise hat er sich unterwegs überreden lassen, dicht an den Berg heranzufliegen. Dafür hatte er aber keine Wetterberatung. Und schließlich war der Berg in Wolken gehüllt. Das hatte alle 20 Personen an Bord das Leben gekostet.

06 – American Airlines Flight 476 war auf dem Flug von Tulsa nach New York über Joplin, Springfield und St. Louis. Start in Springfield war um 11:56 Uhr. Um 12:17 Uhr fragte der Kopilot über verschiedene Frequenzen: »Hört jemand American 476?« Die Bodenstation von American Airlines in Springfield antwortete, erhielt aber keine Reaktion. Zwei American-Airlines-Maschinen, eine in der Nähe von Springfield, die andere bei St. Louis, fingen dann den Funkspruch auf, dass die Number-2-Engine brenne. Kurz darauf folgte: »Springfield, hört ihr Flug 476? Wir haben ein wüstes Triebwerkfeuer!« Das war der letzte Funkspruch der Crew.

Die Maschine versuchte eine Notlandung in Fort Leonard Wood-Forney American Army Field (AAF). Doch kurz vor der Piste brach der rechte Flügel an der Motoraufhängung, die Maschine stürzte in einen Wald.

Es stellte sich heraus, dass der zwölfte Zylinder des rechten Triebwerks defekt war. Dadurch trat angereicherter Treibstoff durch die defekte Zuleitung in das Kurbelwellengehäuse. Die heißen Auspuffgase setzten das Gemisch in Brand. Obwohl die Crew die CO_2-Kartuschen auslöste, konnte der Brand nicht gelöscht werden. Das Ventil zum Haupttank ließ sich nicht mehr absperren. Die Verkabelung dafür war bereits beschädigt. So wurde das Feuer weiter direkt vom Tank geschürt. Als Hauptursache wurde die Installation eines fehlerhaften Zylinders festgestellt.

08 – Die C-4 Argonaut der BOAC war unterwegs von London nach Kano, Nigeria, mit Zwischenlandungen in Rom und Tripolis. Die Sicht war schlecht in Tripolis, starker Wind machte der Crew zu schaffen. Die ersten drei Landeversuche wurden abgebrochen. Beim vierten Versuch war die Maschine zu tief, bekam 400 m vor der Piste Baumberührung und stürzte ab. Statt nach seinen Instrumenten zu fliegen, hatte sich der Captain darauf konzentriert, die Runway-Befeuerung nicht aus den Augen zu verlieren. Die gab ihm aber wegen der schlechten Sicht nicht die notwendige Referenz zur Höhe, Fluglage und der korrekten Anfluglinie.

09 – United Airlines Flug UA 409 war unterwegs von New York nach San Francisco, mit Zwischenlandungen in Chicago, Denver und Salt Lake City. Der Start in Denver war um 06:33 Uhr, der Flug fand auf einer festgelegten Route statt, aber nach Sichtflugregeln, geplante Flughöhe 10.000 Fuß. Einziger Pflichtmeldepunkt war Rock Springs, Wyoming. Nach dem Start gab es keinen Funkkontakt mehr zu UA 409.

Als die Pflichtmeldung um 08:11 Uhr nicht einging, begann man das Flugzeug zu suchen. Um 11:40 Uhr wurde das Wrack unterhalb des Gipfels des Medicine Bow Peak (12.018 Fuß/3663 m) gefunden. Das Flugzeug war zum Zeitpunkt des Einschlages auf 11.570 Fuß Höhe, aber 20 Meilen westlich des geplanten Kurses.

zu 09: Am Medicine Bow Peak wurde eine Plakette angebracht, die an das Unglück erinnert. Auf einem Trail entlang des Desaster Wall sind noch Trümmerteile der DC-4 zu sehen.

Lfd. Nr.	Datum	Flug	Flugzeugtyp	Airline	Opfer	Unfallort
01	18.02.1956		Avro 685 York C.1	Scottish Airlines	50	Malta
02	**20.02.1956**		**Douglas DC-6B**	**TAI**	**52**	**Kairo, Ägypten**
03	**01.04.1956**	**TW 400**	**Martin 4-0-4**	**TWA**	**22**	**Pittsburgh, PA, USA**
04	20.06.1956	253	Lockheed L-1049E-55 Super Conny	LAV	74	New York, NY, USA
05	24.06.1956		Canadair C-4 Argonaut	BOAC	32	Kano, Nigeria
06	**30.06.1956**	**TW 2**	**Lockheed L-1049-54-80 Super Conny**	**TWA**	**70**	**Grand Canyon, AZ, USA**
07	**30.06.1956**	**UA 718**	**Douglas DC-7**	**United Airlines**	**58**	**Grand Canyon, AZ, USA**
08	29.08.1956		Douglas DC-6B	Canadian Pacific	15	Cold Bay, AK, USA
09	17.11.1956		Douglas C-49G-DO (DC-3)	ARPA	36	Cerro El Rucio, Kolumbien
10	24.11.1956		Douglas DC-6B	LAI	34	Paris, Frankreich
11	24.11.1956		Iljuschin Il-12B	CSA	23	Eglisau, Schweiz
12	27.11.1956		Lockheed L-749-79 Conny	LAV	25	Caracas, Venezuela
13	09.12.1956		Canadair DC-4M2 North Star	TCAL	62	Mount Slesse, Kanada

02 – Die DC-6 der Transports Aériens Intercontinentaux (TAI) war auf dem Weg von Saigon nach Paris, mit Zwischenlandungen in Karatschi und Kairo. Bei diesem Flug saß der Kopilot auf dem linken Sitz, ein Check Captain auf dem rechten Kopilotensitz. Start in Karatschi war um 17:15 Uhr. Bis um 02:30 Uhr am 20. Februar verlief der Flug unauffällig. Um 02:24 Uhr meldete sie sich bei Kairo Center in 8500 Fuß im Sinkflug für einen Anflug nach Sichtflugregeln (VFR). Um 02:40 Uhr meldete die Crew Sichtkontakt zum Flughafen Kairo und wurde für einen VFR-Anflug freigegeben. Nach dem Gegenanflug hatten beide Piloten gute Sicht auf die Piste. Da sie noch in 4500 Fuß waren, befürchteten beide, dass aus dieser Landung nichts mehr wird. Sie fahren das Fahrwerk aus, setzen die Klappen und drücken die Höhe weg, ohne die Geschwindigkeit zu reduzieren. Das Flugzeug sinkt auf 2000 Fuß, 1500 Fuß unterhalb der Minimum Sector Altitude. Die Maschine schlägt ungebremst am Boden auf und zerbirst. Feuer bricht aus.

zu 02: Als Ursache wurde festgelegt, dass der Captain den Kopiloten nicht eng genug überwacht habe. Letzterer war ausschließlich darauf fixiert, seine Position im Endanflug durch die Instrumente festzustellen. Allerdings konnte auch eine Übermüdung durch den langen Flug nicht ausgeschlossen werden.

03 – Trans World Airlines TW 400 startete in Pittsburgh zu einem Flug nach Newark. Der Kopilot saß auf dem linken Sitz, er wurde von einem Check Captain auf dem rechten Sitz überprüft. Kaum war die Maschine 100 Fuß in der Luft, gierte das Flugzeug nach links um die Hochachse. Fast gleichzeitig leuchtete das Feuerwarnlicht von Zone 1 an, allerdings blieb die Feuerklingel stumm. Der FO (First Officer, Kopilot) zog instinktiv den Hebel für die Nummer-1-Engine zurück. Der Captain hatte das Feuerwarnlicht nicht bemerkt, entdeckte stattdessen den Schubverlust und zog den Kraftstoff-Mischhebel in Leerlaufstellung. Der FO wollte die Propellerblätter manuell auf neutral stellen, aber der Captain informierte ihn, dass das System dies automatisch machen würde. Das passierte jedoch nicht, weil der Gashebel bereits hinter die Stellung gebracht war, die das automatische Feathersystem aktivieren

zu 06/07: Der Zusammenstoß zweier Flugzeuge über dem Grand Canyon mit 128 Toten führte zu einer Änderung der Flugsicherheitsregeln.

würde. Das Flugzeug gierte weiter nach links wegen des Luftwiderstandes durch Propeller Nummer 1. 500 m hinter der Piste schlug die Martin auf. Als Ursache für den Feueralarm stellte sich später eine falsch installierte Klammer am Auspuff heraus. So konnte heißes Gas an den Überhitzungs-Thermostat gelangen. Ausschlaggebend für den Absturz war jedoch die unkoordinierte Reaktion der Crew in der sehr kurzen Zeit, die für Analyse und Lösung des Problems zur Verfügung stand. Das mündete in einen nicht zu überwindenden Luftwiderstand.

06/07 – Trans World Airlines, Flug TW 2, eine Lockheed L-1049 Super Constellation mit 70 Personen an Bord sollte um 08:30 Uhr in Los Angeles zu ihrem Flug nach Kansas City starten. Um 09:01 Uhr, mit 31 Minuten Verspätung, rollte sie schließlich auf die Piste. Hinter ihr stand United Flight 718, eine DC-7 mit 58 Personen an Bord nach Chicago. Um 09:04 Uhr hob United 718 von der Piste ab. Beide Maschinen erhielten geringfügig unterschiedliche Abflugrouten. TW 2 folgte danach einem Kurs von 059 Grad und stieg auf 19.000 Fuß. UA 718 war freigegeben nach 21.000 Fuß und folgte einem Kurs von 046 Grad. Über der Painted Desert in Arizona würden sich die Kurse kreuzen. Das war auch der Grund, weshalb TW 2 auf Nachfrage nicht auf 21.000 Fuß steigen durfte. Sie erhielt aber die Erlaubnis, nach Sicht 1000 Fuß über der Wolkenobergrenze zu fliegen. Und diese war zufällig bei 20.000 Fuß.

Beide Flugzeuge trafen sich in spitzem Winkel über dem Grand Canyon an der Einmündung des Little Colorado. Die DC-7 schlitzte die Constellation von der Schwanzflosse bis zum Cockpit auf. Dabei verlor die DC-7 ihre linke Tragfläche. Beide Maschinen stürzten zur Erde.

Warum keine der Besatzungen das jeweils andere Flugzeug gesehen hatte, ist unklar. Manchmal fliegt man an Wolkenfetzen vorbei, die Streben der Cockpitfenster können im Weg sein, ungenügende Verkehrsinformationen mangels Radar und Personal, Ablenkung im Cockpit, vielleicht auch eine Ansage an die Passagiere zum Grand Canyon, vielleicht wurde auch ein Schwenker links, dann rechts gemacht, damit die Passagiere sähen, was unter ihnen liegt.

Flugsicherung

Der Grand Canyon Air Crash markiert eine Zeitenwende in der Flugsicherung der Vereinigten Staaten. Im oberen Luftraum durfte nicht mehr nach Sichtflugregeln geflogen werden, die Radarabdeckung wurde ausgebaut, das Netz der Bereichs- und Bezirkskontrollstellen wurde verdichtet, die Kommunikation verbessert. Die Zahl der Zusammenstöße ging seither deutlich zurück.

Lfd. Nr.	Datum	Flug	Flugzeugtyp	Airline	Opfer	Unfallort
01	01.02.1957	NE 823	Douglas DC-6A	Northeast Airlines	20	Rikers Island, NY, USA
02	14.03.1957	BA 411	Vickers 701 Viscount	BEA	20 + 2	Wythenshawe, UK
03	18.03.1957		Douglas C-53 (DC-3)	LAB	19	Sayari, Bolivien
04	**07.04.1957**		**Curtiss C-46A**	**Varig**	**40**	**Bagé, Brasilien**
05	08.04.1957		Douglas C-47B (DC-3)	Air France	32	Biskra, Algerien
06	10.04.1957		Douglas C-47A (DC-3)	REAL	26	Ilha Anchieta, Brasilien
07	01.05.1957		Vickers 610 Viking 1B	Eagle Aviation	34	Star Hill, UK
08	**09.05.1957**	**111**	**Bristol 170 Freighter 21**	**Aviaco**	**37**	**Madrid, Spanien**
09	**16.07.1957**	**KL 844**	**Lockheed L-1049C-55-81 Super Conny**	**KLM**	**58**	**Biak, Indonesien**
10	**11.08.1957**	**MC 315**	**Douglas DC-4**	**Maritime Central Airways**	**79**	**Issoudun, Kanada**
11	03.10.1957		Curtiss C-46A	Lebanese International	27	Beirut, Libanon
12	**03.11.1957**		**Douglas C-54A (DC-4)**	**Karl Herfurtner**	**6 + 1**	**Düsseldorf, Deutschland**
13	08.11.1957	PA 7	Boeing 377 Stratocruiser	Pan Am	44	Honolulu, HI, USA
14	08.12.1957	AR 670	Douglas DC-4	Aerolineas Argentinas	61	Bolivar, Argentinien

04 – Die C-46 startete in Bagé, Brasilien, zu einem Flug nach Porto Allegre mit 40 Personen an Bord. Nach dem Einziehen des Fahrwerks entstand ein Brand im linken Fahrwerkgehäuse. Der Captain vermutete die Ursache des Feuers fälschlicherweise im linken Motor und arbeitete eine falsche Checkliste ab. Er stellte den linken Propeller auf neutral, kehrte in die Platzrunde zurück, um wieder zu landen. Im Endanflug versuchte er vergeblich, das Fahrwerk herauszufahren. Um eine Bauchlandung zu vermeiden, gab er Vollgas, um noch eine Platzrunde zu fliegen. Dabei brach der linke Flügel oberhalb des Fahrwerkgehäuses ab.

08 – Aviaco Flug Nummer 111 kam aus Santiago de Compostela. Als sie Madrid Barajas anflog, hatte sie Funkausfall. Die Sichtzeichen waren für Piste 32 ausgelegt. Der Captain verfuhr nach Funkausfallprozedur, fädelte sich auf den Gegenanflug ein und blickte zum Tower, von wo er ein grünes Licht mit Hilfe einer Lichtkanone als Landefreigabe erwartete. Dazu neigte er sein Flugzeug leicht nach links, um den Tower im Blickfeld zu behalten. Nach Erhalt der Landefreigabe drehte er hart nach rechts. Das Flugzeug geriet in ein rechtes Trudeln, stürzte ab und fing Feuer. Die Experten legten sich fest, dass »die Maschine sehr langsam flog, der Captain sich nur auf das Licht konzentriert hatte und in der geringen Höhe keine Chance mehr hatte, dagegenzuhalten. Obwohl dies ein seltenes Phänomen sei, tritt es laut Statistik nach 500, 7000 und sogar nach 13.000 Flugstunden auf.«

09 – KLM Flug KL 844, eine Lockheed L-1049 C Super Constellation, startete in Biak, Niederländisch Neuguinea (heute Indonesien), nach Amsterdam, mit der nächsten Zwischenlandung in Manila. Start war auf Piste 10 um 03:32 Uhr. Gleich nach dem Start bat die Crew den Tower, die Piste erleuchtet zu lassen, und ließ sich einen Low Approach (niederer Überflug über die Piste) genehmigen. Die Constellation flog eine 180-Grad-Kurve, um entgegen der Startrichtung zur Piste zu fliegen, verlor aber an Höhe und

zu 10/12: Cockpit einer DC-4

schlug hart auf dem Wasser auf. Alle 58 Menschen an Bord fanden den Tod. Ein technischer Defekt war nachträglich nicht mehr feststellbar (das Wrack lag in 250 m Tiefe). Vielleicht war es ja auch eine Kombination von Technikversagen mit leichtsinnigem Flugmanöver. In jedem Fall sollte dergleichen nicht mit vollbesetzten Passagiermaschinen im Liniendienst stattfinden dürfen.

10 – Maritime Central Airways Flug 315 war mit einer DC-4 unterwegs von London nach Toronto, mit Tankstopps in Keflavik, Island, und Goose Bay, Neufundland. Start in London war um 21:48 Uhr, in Keflavik nach einer gut einstündigen Pause um 05:12 Uhr. Um 13:20 Uhr informierte die Crew Goose Bay, dass man nur einen Überflug machen werde und ohne zu landen nach Montreal weiterfliegen würde. Die Maschine erreichte Quebec um 18:07 Uhr, errechnete Ankunftszeit für Montreal war 19:02 Uhr. Letzter Radiokontakt war um 18:10 Uhr. Da flog die DC-4 in 6000 Fuß in eine hochaktive Cumulonimbuswolke mit starkem Regen und böigen Winden ein. Das Flugzeug wurde mit der Nase nach unten fast senkrecht zu Boden geschmettert und schlug mit 200 Knoten auf.

12 – Karl Herfurtner in Düsseldorf war eine kleine, private Luftreederei. Auf dem Flug von Düsseldorf über Reykjavik nach New York befand sich ein Vertreter des Düsseldorfer Verkehrsministeriums an Bord, der sich angeblich von der Professionalität der kleinen Airline überzeugen wollte.

Am Abend vor dem Abflug schlug er dem Captain vor, während des Starts den Ausfall von zwei Motoren zu simulieren, um die Reaktion des Kopiloten zu testen. Wie verabredet saß dann der junge Kopilot Peter van der Helden auf dem linken Sitz, der Behördenvertreter stand nicht angeschnallt hinter den beiden im Cockpit. Der eigentlich erfahrene Flugkapitän Stahnke zog gleich nach dem Start auf der Piste 15 die beiden linken Triebwerkshebel zurück und stellte die Propeller in Segelstellung. Zusätzlich fuhr er die Klappen ein. Die Maschine streifte mit der Tragfläche das Finanzamt und setzte es in Brand, es stürzte danach in eine Kleingartenanlage.

Sechs Menschen kamen sofort ums Leben, die Flugbegleiterin, Tochter des Firmeninhabers, starb am Tag danach im Krankenhaus.

Dass die DC-4 auch mit zwei von vier Motoren fliegen kann, ist bekannt. Aber dies beim Start einem unvorbereiteten Kopiloten mit Passagieren an Bord als überraschenden Test unterzuschieben, widerspricht allen Regeln und zeugt nicht von Verantwortungsbewusstsein.

Lfd. Nr.	Datum	Flug	Flugzeugtyp	Airline	Opfer	Unfallort
01	**06.02.1958**	**BA 609**	**Airspeed AS.57 Ambassador 2**	**BEA**	**23**	**München-Riem, Deutschland**
02	**19.02.1958**		**Consolidated Catalina IIA (PBY-5A)**	**Réseau Aérien Interinsulaire**	**15**	**Raiatea, Franz. Polynesien**
03	27.02.1958		Bristol 170 Freighter 21E	Manx Airlines	35	Winter Hill, UK
04	24.03.1958		Douglas C-47A (DC-3)	Indian Airlines	20	Kathmandu, Nepal
05	**06.04.1958**	**CA 67**	**Vickers 745D Viscount**	**Capital Airlines**	**47**	**Saginaw TriCity Apt, MI, USA**
06	07.04.1958		Douglas C-47A (DC-3)	AREA Ecuador	32	Cerro Illiniza, Ecuador
07	**20.05.1958**	**CA 300**	**Vickers 745D Viscount**	**Capital Airlines**	**11**	**Brunswick, MD, USA**
08	**21.04.1958**	**UA 736**	**Douglas DC-7**	**United Airlines**	**47**	**Arden, NV, USA**
09	18.05.1958		Douglas DC-7C	Sabena	61	Casablanca, Marokko
10	09.08.1958		Vickers 748D Viscount	Central African Airways	36	Benghazi, Libyen
11	14.08.1958		Lockheed L-1049H-01-06-162 Super Conny	KLM	99	Shannon, Irland
12	14.10.1958		Lockheed L-1049G-82 Super Conny	LAV	23	Maracaibo, Venezuela
13	15.10.1958		Douglas C-47A (DC-3)	TAM	20	Villa Montes, Bolivien
14	22.10.1958		Vickers 701C Viscount	BEA	31	Anzio, Italien

01 – BA 609, eine Airspeed AS.57 war unterwegs von Belgrad nach Manchester. Um 14:17 Uhr landete sie in München-Riem zum Auftanken, um 15:31 Uhr war sie wieder startklar. An Bord befand sich die Fußballmannschaft von Manchester United und ihr Trainer- und Betreuerstab. Zweimal wurde der Startlauf wegen eines unregelmäßigen Ladedrucks an beiden Motoren abgebrochen. Die Piloten beschlossen, einen letzten Versuch zu unternehmen, bevor sie die Maschine an die Techniker übergeben würden, damit sie die Triebwerke öffnen und neu justieren könnten. Um 16:00 Uhr rollte die Maschine wieder zum Start, die Motoren schienen jetzt gleichmäßig zu laufen. Bei 117 Knoten fiel die Geschwindigkeit auf 105 Knoten ab, für einen Startabbruch war es zu spät. Zum Abheben hätte sie 119 Knoten gebraucht. Die Airspeed durchbrach den Zaun, streifte ein Wohnhaus mit dem linken Flügel, das Heck wurde abgerissen, das Haus geriet in Brand. Das Cockpit prallte gegen einen Baum, der Rumpf gegen eine Holzgarage, in der ein Lastwagen und Benzin gelagert waren. Es kam zu einer Explosion. Der Torwart Harry Gregg rettete eine schwangere Frau und ihre Tochter aus dem Wrack. Anschließend zog er die reglos im Schneematsch liegenden Mitspieler Dennis Viollet

Eingangs suchte man die Schuld beim Captain und einer ungenügenden Enteisung. Als Beweis diente ein Foto, auf dem man Schnee oder Eis auf den Flügeln zu erkennen glaubte. Nach einer Untersuchung des Negativs wurde dies revidiert. Als Hauptursache wurde jetzt die ungenügende Räumung der Startbahn von Schnee und Matsch festgelegt. Dadurch wurde der Geschwindigkeitsabfall verursacht. Der Captain wurde rehabilitiert.

und Bobby Charlton von der Maschine weg, bevor diese explodierte. Von den 44 Personen an Bord kamen 23 ums Leben.

02 – Die PBY-5A Catalina war auf dem Flug von Papeete nach Raiatea. Im Anflug auf die Lagune herrschte Windstille, der Himmel war grau, keine Welle auf dem Wasser. Die Sonne stand rechts hinter ihm, die gleißende Altostratusschicht blendete. Das Flugboot setzte zur Landung auf dem Wasser an. Wegen der Konturlosigkeit konnte der Pilot die Wasseroberfläche nicht erkennen. Der rechte Tragflächenschwimmer schlug plötzlich im Wasser auf. Der Aufprall riss das Flugzeug herum. Es versank innerhalb von 10 Minuten. Der Captain, französischer Jagdflieger im zweiten Weltkrieg, hatte als Fluglehrer und Linienpilot Flugerfahrung und viele tausend Flugstunden auf DC-3, DC-4 und DC-6, auf diesem Flugzeugtyp aber gerade einmal 36 Flugstunden, während der Kopilot mit 6600 Flugstunden ebenfalls ein alter Hase mit Vorerfahrung beim Militär und fünf verschiedenen Passagierflugzeugen, darunter sogar die Ju 52, war. Vor allem aber flog er schon seit Jahren auf der Catalina. Als Ursache gilt das Glattwasser, ein Zustand, dem alle Amphibienflieger mit Vorsicht und Respekt gegenübertreten.

05 – Die Vickers Viscount war auf dem Flug von Newark nach Chicago mit Zwischenlandungen in Detroit, Flint und Saginaw. Abflug in Flint war um 23:02 Uhr Ortszeit. Da Saginaw mit seinem Tri-City-Airport keinen eigenen Kontrollturm hatte, rief die Crew von unterwegs Saginaw Radio, holte sich das aktuelle Wetter und kündigte ihre Landung gegen 23:20 Uhr an. Dort wurde die Maschine von Zeugen gesehen, wie sie unter den Wolken in die Platzrunde einflog, den Endanflug etwas überschoss, steil zurückkurvte, um auf den Endanflug zu kommen. Dann verlor sie plötzlich an Höhe, stürzte ab und ging in Flammen auf. Die vermutete Ursache ist ein Eisbrocken, der sich gelöst hatte und im Spalt vom Höhenruder verklemmt hatte.

zu 05: Eine Vickers Viscount der Capital Airlines

07 – Nur sechs Wochen später erwischte es wieder eine Vickers Viscount der Capital Airlines. Diesmal wurde sie allerdings von einer T-33 der Air National Guard gerammt, nachdem diese den Airliner überholt hatte und ihm den Flugweg abschnitt. Beide Flugzeuge stürzten ab.

08 – United Airlines 736 war unterwegs von Los Angeles über Denver, Kansas City, Washington D.C. und New York. Um 07:37 Uhr startete die DC-7 in Los Angeles. Zugewiesene Flughöhe war 21.000 Fuß. Gleichzeitig startete in Nellis AFB bei Las Vegas eine F-100 zu einem Übungsflug. In dem Tandemcockpit saßen ein Fluglehrer und ein Flugschüler. Die F-100 war unter Kontrolle von Nellis, die DC-7 war unter Kontrolle der zivilen CAA. Beide wussten nichts voneinander. Als die F-100 in einen Sinkflug überging, traf sie die DC-7 fast frontal in 21.000 Fuß. Die errechnete Zusammenprallgeschwindigkeit war 1230 km/h.

Segregated Airspace Verantwortlichkeiten im Luftraum

Der Unfall hatte zur Folge, dass die US-amerikanische CAA aufgelöst und die FAA gegründet wurde. Diese Behörde erhielt die absolute Hoheit über den Luftraum der Vereinigten Staaten, einschließlich aller fliegerischen Aktivitäten des Militärs. Gleichzeitig wurde die Luftraumüberwachung großflächig intensiviert. In den Jahren danach gingen die gefährlichen Begegnungen und Zusammenstöße zurück.

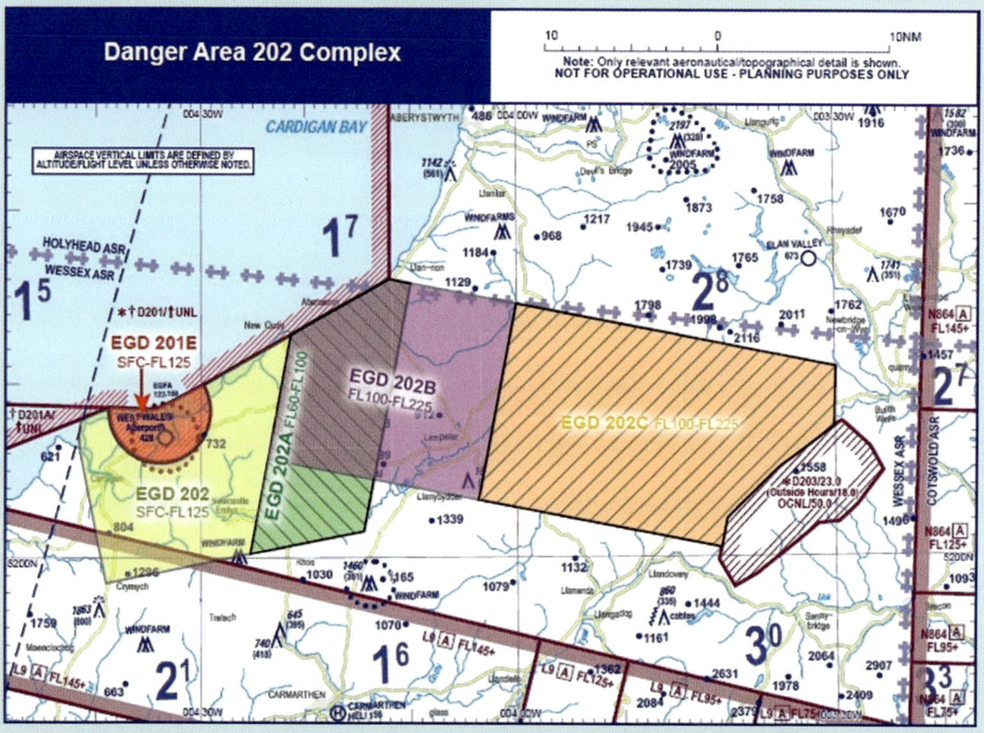

zu 08: In den Navigationskarten wurden nach und nach Schutzgebiete, Gefahrengebiete und Sperrgebiete eingezeichnet, die bis zum heutigen Tag angepasst, gepflegt und veröffentlicht werden.

Lfd. Nr.	Datum	Flug	Flugzeugtyp	Airline	Opfer	Unfallort
01	11.01.1959	LH 502	Lockheed L-1049G Super Constellation	Lufthansa	39	Rio de Janeiro, Brasilien
02	**16.01.1959**	**AU 205**	**Curtiss C-46A**	**Austral Lineas Aéreas**	**52**	**Mar del Plata, Argentinien**
03	**03.02.1959**	**AA 320**	**Lockheed L-188A Electra**	**American Airlines**	**65**	**New York, NY, USA**
04	04.03.1959		Baade 152	VEB Flugzeugwerke Dresden	4	Dresden, Deutschland
05	**12.05.1959**	**CA 75**	**Vickers 745D Viscount**	**Capital Airlines**	**31**	**Chase, MD, USA**
06	26.06.1959	TW 891	Lockheed L-1649A Starliner	TWA	68	Mailand, Italien
07	23.09.1959		SAAB Scandia 90A-1	VASP	20	São Paulo, Brasilien
08	**24.09.1959**	**TI 307**	**Douglas DC-7C**	**TAI**	**54**	**Bordeaux, Frankreich**
09	24.09.1959	RV 3	Douglas C-54B (DC-4)	Reeve Aleutian Airways	16	Great Sitkin Island, AK, USA
10	29.09.1959	BF 542	Lockheed L-188A Electra	Braniff Airways	34	Buffalo, TX, USA
11	29.10.1959	2C 214	Douglas C-47A (DC-3)	Olympic Airways	19	Avlon Attiki, Griechenland
12	21.11.1959	FG 202	Douglas DC-4	Ariana Afghan Airlines	24	Beirut, Libanon
13	**01.12.1959**	**AL 371**	**Martin 2-0-2**	**Allegheny Airlines**	**26**	**Williamsport, PA, USA**

01 – Die Super Constellation der Lufthansa war mit 29 Passagieren und zehn Mann Besatzung unterwegs von Hamburg über Frankfurt, Paris, Lissabon, Dakar, Rio de Janeiro nach Buenos Aires. Im Anflug auf Rio bei regnerischem Wetter geriet das Flugzeug zu tief, das Bugrad berührte die Wasseroberfläche. Die Crew konnte die Constellation nicht mehr unter Kontrolle bringen, die Maschine stürzte in Strandnähe, wenige Meter vor Pistenbeginn ab.

Das Ergebnis der Untersuchung betonte neben dem fliegerischen Fehler nach brasilianischen Bestimmungen eine Überschreitung der maximalen Flugzeit, die allerdings nach deutschen Bestimmungen noch im Rahmen lag.

02 – Die C-46 Commando war unterwegs von Buenos Aires nach Mar del Plata mit 47 Passagieren und einer 5-köpfigen Crew, ein 400-km-Flug. Start in Buenos Aires war um 19:50 Uhr. Der erste Anflug auf Piste 12 mündete in einem Fehlverfahren. Statt jedoch dem veröffentlichten Fehlanflugverfahren zu folgen und zum Flughafen zurückzukehren, leitete der Captain einen Sinkflug ein und schlug auf dem Meer auf.

Als Ursache einigte man sich darauf, dass der Pilot nicht mit dem Flughafen und dem Fehlanflugverfahren über See vertraut war. Seine Verwirrung beeinträchtigte sein Urteilsvermögen und seine Fähigkeiten, das NDB (ungerichtetes Funkfeuer) funktionierte nicht, und wegen des Wetters war die Sicht behindert.

zu 02: Eine Curtiss C-46 »Commando« der USAF

03 – Die Lockheed Electra war unterwegs von Chicago nach New York, LaGuardia Airport. Die Crew flog einen ILS Backbeam Approach auf Piste 22. Die Electra sank in Richtung Piste, bis sie mit ausgefahrenem Fahrwerk 1,5 km vor der Piste auf dem Wasser aufschlug und versank.

Als Ursachen wurden festgelegt: wenig Erfahrung mit dem Flugzeug, falsche Anflugtechnik mit Autopilot, falsches Höhenmesser-Setting, schlechtes Wetter, falsche Interpretation der Instrumente sowie optische Täuschungen und visuelle Fehleinschätzungen.

Der **Backbeam Approach** ist ein Verfahren, das viel Konzentration und Erfahrung voraussetzt: Der Localizer wird dabei nämlich auch von der anderen Seite angeflogen. Dabei gibt es allerdings keine Gleitweginformation. Ein solcher Anflug ist ein reiner Non-Precision-Anflug, die Mindestsinkflughöhen MDA/MDH sind sehr hoch. Außerdem erhält man das Kurssignal seitenverkehrt. Ist beim Backbeam-Anflug die Localizer-Anzeige zu weit rechts, muss man nach rechts steuern, um auf den richtigen Kurs zu kommen. (In Deutschland ist dieses Anflugverfahren nicht mehr zugelassen.)

05 – Die Vickers Viscount von Capital Airlines, CA 75 startete in New York um 15:29 Uhr zu einem Flug nach Atlanta. Eine Reihe von Sturmzellen säumte die Route. CA 75 bat darum, bei Washington Center bleiben zu dürfen. Um 16:10 Uhr informierte der Pilot die Lotsen, er würde die Geschwindigkeit reduzieren, weil die Luft immer rauer würde. Das war der letzte Funkspruch von CA 75. Die Turbulenzen zerrten an der Maschine, in wenigen Minuten brach das Flugzeug auseinander, Höhenruder, Triebwerksgondeln, Tragflächen, Seitenruder schlugen einzeln auf dem Boden auf.

08 – Die DC-7 der TAI startete zum Linienflug von Paris nach Abidjan mit Zwischenlandungen in Bordeaux und Bamako. Start in Bordeaux war um 22:23 Uhr. Unmittelbar danach überflog die Maschine in 30 m Höhe eine Stelle ohne Beleuchtung. Statt weiter zu steigen, bekam sie 3 km hinter Pistenbeginn Baumberührung und stürzte ab.

Die Untersuchungskommission stellte den Flug nach und versuchte die Ursache als eine Kombination höchst widriger Umstände zu erklären: Während der ersten Flugphase resultierte die Beschleunigung in einem Abflachen der Steigrate. Während dieser Periode ist die Crew gefordert mit Ablesen der Instrumente, Einbuße des Zeitgefühls, Abwesenheit von Orientierungspunkten am Boden. In dieser Phase kann es passieren, dass der Pilot eine Linie fliegt, die ihn wieder zum Boden zurückbringt, wenn die Steigrate nicht eingehalten und der Höhenmesser nicht beobachtet wird.

13 – Allegheny Airlines Flug 371 war auf dem Flug von Philadelphia nach Cleveland mit Zwischenlandungen in Harrisburg, Williamsport, Bradford und Erie. Start in Harrisburg war um 09:06 Uhr mit 22 Passagieren und 4 Personen als Besatzung, 300 kg Gepäck, Post und Fracht. Williamsport hatte keinen Tower, alle Kommunikation ging über Williamsport Radio. Von dort erhielt AL 371 auch das aktuelle Wetter mit einer Hauptwolkenuntergrenze von 300 m, verhangenem Himmel, 1600 m Sicht mit leichtem Schneefall und leichtem Wind. Um 09:33 Uhr wurde der Anflug freigegeben, AL 371 verließ die 4000 Fuß. Um 09:41 Uhr meldete sich AL 371 auf dem Endanflug. Während der Captain auf den Endanflug einkurvte, orientierte er sich offenbar an der Anzeige eines Fluxgate-Kompasses, der zur Magnetfeldmessung diente. Dieses Gerät war wahrscheinlich von der Person versehentlich mit dem Fuß aktiviert worden, die in Harrisburg zugestiegen war und auf dem Klappsitz im Cockpit Platz genommen hatte. Der Kompass hatte eine Ablage von 80 Grad! Statt mit einem Kurs von 270 Grad in Richtung Piste, flog er nun mit 190 Grad in dichter werdendem Schneetreiben nach Süden und zerschellte an einem Berg 2 km südlich des Flughafens.

Es war schon damals so: Nach dem Flugunfall kommen Anwälte, Experten und cockpitferne Bürokraten mit Schlips und Anzug an den grünen Tisch, befragen Zeugen und suchen nach Schuldigen. Aber am Ende kommt eine Verbesserung heraus, die den Luftverkehr in der Zeit danach sicherer macht.

Materialprüfung, Stress- und Biegetests bei heutigen Flugzeugen

Die Hersteller vergeben die Ermüdungs- und Bruchversuche von neuen Flugzeugen meist an die Industrie. Damit ist der Verdacht auf Mauschelei ausgeschlossen. Bei Firmen wie der IABG in Dresden oder Erding werden dann die Bauteile in riesigen Folterkammern in Gerüsten fixiert, gerüttelt, geschüttelt, nach oben und nach unten gebogen. Über zwei bis drei Jahre hinweg werden 60.000 simulierte Flüge im Zeitraffer durchgeführt, das ist mehr als die Lebenserwartung eines Flugzeugs. Darüber hinaus werden noch einmal 60.000 Flüge gemacht. Jede dieser Testreihen endet mit einer akribischen Prüfung der getesteten Bauteile. Beim A380 wurden die Flügelspitzen acht Meter nach oben und zwei Meter nach unten gezogen. Dieser Zehn-Meter-Ausschlag ist vorgeschrieben. Wenn es diesen Test nicht besteht, erhält das Flugzeug keine Zulassung. Was bis dahin nicht kaputtgegangen ist, geht auch nicht kaputt.

Schließlich erfolgt am fertigen Flugzeugprototyp noch der Bruchtest. Wie viel Kraft muss aufgewendet werden, bis der Flügel bricht und das Flugzeug zerstört ist? Er darf schließlich brechen, aber erst jenseits eines bestimmten Wertes.

Auch wenn die Testreihe noch nicht abgeschlossen ist, ab einer gewissen Anzahl von bestandenen Tests darf das Flugzeug in Serie gehen. Die Testreihen laufen trotzdem weiter, die künstliche Alterung wird fortgesetzt, wichtige Erkenntnisse werden dann in der laufenden Produktion umgesetzt.

Lfd. Nr.	Datum	Flug	Flugzeugtyp	Airline	Opfer	Unfallort
01	**18.01.1960**	**CA 20**	**Vickers 745D Viscount**	**Capital Airlines**	**50**	**Charles City, VA, USA**
02	**21.01.1960**	**AV 671**	**Lockheed L-1049E-55 Super Conny**	**Avianca**	**37**	**Montego Bay, Jamaika**
03	05.02.1960		Douglas DC-4	LAB	59	Cochabamba, Bolivien
04	17.03.1960		Lockheed L-188C Electra	Northwest Orient Airlines	63	Cannelton, IN, USA
05	19.04.1960		Curtiss C-46D	Lloyd Aéreo Colombiano	37	Bogotá, Kolumbien
06	22.04.1960		Douglas C-54A (DC-4)	Sobelair	35	Bunia, DR Kongo
07	**10.06.1960**	**TN 538**	**Fokker F-27 Friendship 100**	**TAA**	**29**	**Mackay, Australien**
08	14.06.1960		Lockheed L-749A Conny	Pacific Northern Airlines	14	Mount Gilbert, AK, USA
09	07.09.1960		Douglas DC-6	Aerolineas Argentinas	31	Salto, Uruguay
10	26.09.1960	OS 901	Vickers 837 Viscount	Austrian Airlines	31	Moskau, Sowjetunion
11	04.10.1960		Lockheed L-188A Electra	Eastern Air Lines	62	Boston, MA, USA
12	29.10.1960		Curtiss C-46F	Arctic Pacific	22	Toledo, OH, USA
13	**16.12.1960**	**UA 826**	**Douglas DC-8-11**	**United Airlines**	**84+6**	**New York, NY, USA**
14	**16.12.1960**	**TW 266**	**Lockheed L-1049 Super Conny**	**TWA**	**44**	**Miller AAS, NY, USA**
15	**17.12.1960**		**Convair C-131D (CV-340)**	**USAF**	**20+32**	**München, Deutschland**

01 – Unterwegs von Washington nach Norfolk stieß die Vickers Viscount der Capital Airlines in 8000 Fuß auf Vereisung. Zwei Motoren blieben stehen, die Propellerblätter in Neutralstellung. Die Crew suchte in tieferen Luftschichten nach besseren Konditionen, doch auch die beiden verbliebenen Motoren vereisten. Neustartversuche blieben zunächst erfolglos. Auch der Versuch, im Sturzflug die Propeller wieder zum Drehen zu bringen, blieb erfolglos, weil sich die Propeller nicht mehr aus der Neutralstellung bewegen ließen. Schließlich konnte der Motor Nummer 4 wieder gestartet werden, der aber allein nicht mehr den Sinkflug stoppen konnte. Die Maschine stürzte fast senkrecht in einen Wald. Die Ursache war die verspätete Zuschaltung des Vereisungsschutzes. Für das Bewegen der Propellerblätter stand dann nicht mehr genügend Energie bereit. Das Civil Aviation Board CAB gab dem Captain die Schuld an dem Unfall. Obwohl er 12.000 Stunden Flugerfahrung habe, habe er es versäumt, den Anflug rechtzeitig abzubrechen.

02 – Die Super Constellation der Avianca war auf dem Flug von New York nach Bogotá über Montego Bay und Barranquilla. Auf dem ersten Teilstück blieb der Motor Nummer 3 stehen, worauf die Crew um 16:57 Uhr in Miami landete. Eine neue Propellersteuerung wurde installiert. Diese erfühlt die Propellergeschwindigkeit und justiert die Propellerblatteinstellung. Während der Testläufe entdeckten die Techniker einen Defekt im Motor Nummer 2. Die Reparatur zog sich bis spät in die Nacht. Um 00:12 Uhr Ortszeit startete Flug 671 zu dem restlichen, 850 km langen Teilstück nach Montego Bay. Eine gute Stunde später begann der Kopilot den Anflug auf den Flughafen. In 2000 Fuß übernahm er nach Sicht, setzte das Flugzeug aber derart hart auf die Piste, dass das Fahrwerk brach. Die Maschine schlitterte die Piste entlang, fing Feuer, überschlug sich und blieb auf dem Dach liegen. Beide Piloten überlebten, von den 46 Passagieren und Flugbegleitern kamen 37 ums Leben. Die Schuld für den Unfall gab man dem Captain, der nicht rechtzeitig eingegriffen hatte und daher in letzter Konsequenz für die Sicherheit eines Fluges verantwortlich ist.

07 – Die Fokker Friendship F-27 der Trans Australia Airlines startete um 17 Uhr in Brisbane zu einem Flug nach Mackay mit Zwischenlandungen in Maryborough und Rockhampton. Landung in Rockhampton war um 19:12 Uhr. Die Wettervorhersage für Mackay enthielt leichten Nebel. Der erfahrene Captain nahm daraufhin noch etwas mehr Sprit an Bord, um gegebenenfalls auch noch nach Townsville fliegen zu können. In Rockhampton stiegen weitere Passagiere zu, Start war um 19:52 Uhr. Um 20:40 Uhr kam die Fokker über Mackay in 13.000 Fuß an. Der Flughafen war zu der Zeit wegen Nebel geschlossen. Captain Pollard informierte den Tower, dass er über dem Flughafen warten würde, bis sich der Nebel lichtete. Um 22:00 Uhr wurde die Sicht besser. Um 22:05 Uhr bestätigte TN 538 die Freigabe für den Anflug auf Piste 32. Danach blieben alle weiteren Kontaktversuche erfolglos. Um 22:10 Uhr leitete die Flugsicherung die Suche ein. Um 3 Uhr morgens entdeckte ein Motorboot 5 Meilen östlich von Mackay Flugzeugtrümmer und Koffer im Meer.

Die Unfalluntersuchung dauerte drei Monate und kam trotzdem zu einem wenig befriedigenden Ergebnis, das zu größten Teilen auf Vermutungen und Wahrscheinlichkeiten beruhte. Da bis zum Aufschlag im Meer alle technischen Systeme zu funktionieren schienen, konzentrierte man sich auf den Höhenmesser. Verbaut war ein sogenannter »Three-Pointer Altimeter«. Dieser Höhenmesser hat drei Zeiger, je einen für die Tausender, für die Hunderter und für die Zehner. Bei dieser Art der Anzeige hatte es in der Vergangenheit schon oft Schwierigkeiten beim Ablesen und Interpretieren im Tausender- und im Zehntausenderbereich gegeben. In Folge dieses Unfalls wurden diese Geräte aus der Fliegerei entfernt. Eine weitere mögliche Ursache war der Anflug nach Sicht über die spiegelglatte See, die im Mondschein lag und wenig Konturen bot. Daher beschloss man die Ausrüstung aller Passagierflugzeuge in Australien nicht nur mit Flugdatenschreibern, sondern auch mit Cockpit Voice Recordern.

13/14 – Wieder einmal zwei Flugzeuge, die sich treffen sollten! Trans World Flug 266 startete pünktlich um 09:00 Uhr in Columbus, Ohio, mit einer Super Constellation zum Flug nach New York. Um 09:11 Uhr startete UA 826, eine DC-8 der United Airlines in Chicago, ebenfalls mit Ziel New York.

Um 10:12 Uhr rief UA 826 New York Air Route Traffic Control Center (ARTCC). Von dort erhielt sie die Freigabe für den Sinkflug auf FL 250 (Flugfläche). Um 10:15 Uhr erhielt sie die eindeutige Anweisung: »Freigabe Limit Preston Intersection über Jet 60V nach Allentown, direkt Robbinsville über Victor 123 auf Flugfläche 250.« Zehn Minuten später wurde ihr eine »Abkürzung über Victor 30 nach Victor 123« angeboten. Damit sparte das Flugzeug 11 Meilen Flugstrecke. Dann erfolgte die Freigabe zum Sinkflug auf FL 110. Und gleich darauf um 10:30 Uhr die Freigabe auf 5000 Fuß. UA 826 antwortete mit: »Wir verlassen 14.000 Fuß nach 5000 Fuß.« Die Gegenfrage war dann: »Es sieht so aus, Sie schaffen es nach Preston in 5000 Fuß?« – »Wir versuchen es.« Um 10:32 Uhr folgte ein Schlüsselsatz: »United 826, sollten Sie über Preston warten müssen, fliegen Sie nach Südwesten, rechts herum, 1-Minuten-Schleifen.« Nur eine Minute später wurde UA 826 aufgefordert, auf die Frequenz von (New York) Idlewild Approach Control zu gehen. Damit ging die Anweisung unter, über Preston zu halten, bis Approach Control sie für den Anflug freigab. Die DC-8 war damit bereits hinter der Preston Intersection unterwegs in Richtung Victor 123, über Miller Army Air Station, ohne dass die Crew das bemerkte. Sie meldete sich bei Approach mit den Worten: »UA 826 im Anflug auf Preston Intersection in 5000 Fuß.«

Zu dieser Zeit war die TWA Constellation ebenfalls kurz vor Miller Army Air Station und bereitete sich auf einen Runway 04 ILS Approach (Instrumentenlandesystem) in LaGuardia Airport vor. Das Flugzeug sank auf 5000 Fuß, als es die Warnung erhielt: »Verkehr um halb-drei, 6 Meilen Richtung Nordosten«. Es war die DC-8 von United. Um 10:33 Uhr gab LaGuardia Approach Control die Trans World zum Sinkflug auf 1500 Fuß frei. Und gleich darauf: »...das muss ein Jet sein, zu Ihrer Rechten in drei Uhr, eine Meile, Richtung Nordosten!«

In 5200 Fuß drang das Triebwerk Nummer 4 der United DC-8 in das Cockpit der Trans World Constellation. Das Flugzeug zerbrach in drei Teile und stürzte brennend auf Miller Army Air Station in Staten Island. Die DC-8 flog noch 13 km weiter, bevor sie in ein Wohngebiet in Brooklyn stürzte und noch fünf Personen am Boden tötete.

15 – Die Convair der USAF war mit 20 Personen an Bord in München-Riem gestartet. Das Wetter war neblig, die Maschine war schwer und vollgetankt, einer der zwei Motoren stotterte. Die Crew entschloss sich auf Höhe der Theresienwiese, umzukehren und wieder in Riem zu landen. Bei diesem Manöver kollidierte der abgesenkte Flügel mit der Turmspitze der Sankt-Paul-Kirche. Die Tragfläche zerbrach, das Flugzeug stürzte auf die Kreuzung Bayerstraße/Martin-Greif-Straße, rammte eine vollbesetzte Straßenbahn und explodierte. 32 Menschen kamen am Boden ums Leben, viele Passagiere in der Straßenbahn erlitten großflächige Brandwunden. Ursache für den Motorausfall war angesammeltes Wasser in einer Kraftstoffpumpe. Einer der Überlebenden sagt heute über das Unglück: »Ich habe das Erlebnis verarbeitet. Ich will aber betonen: Der einzige, der uns Brandopfer nicht im Stich gelassen hat, war der damalige Oberbürgermeister Hans-Jochen Vogel.«

zu 15: Absturz im Herzen Münchens, die Bayerstraße in Bahnhofsnähe

Lfd. Nr.	Datum	Flug	Flugzeugtyp	Airline	Opfer	Unfallort
01	**03.01.1961**	**AY 311**	**Douglas C-47A (DC-3)**	**Aero OY**	**25**	**Koivulahti, Finnland**
02	24.01.1961	GA 424	Douglas C-47A (DC-3)	Garuda	21	Mount Burangrang, Indonesien
03	**15.02.1961**	**SN 548**	**Boeing 707-329**	**Sabena**	**72+1**	**Brüssel, Belgien**
04	03.04.1961	LA 621	Douglas DC-3C	LAN Chile	24	Linares, Chile
05	12.06.1961	KL 823	Lockheed L-188C Electra	KLM	20	Kairo, Ägypten
06	30.06.1961		Curtiss C-46A	TSA	24	Buenos Aires, Argentinien
07	11.07.1961	UA 859	Douglas DC-8-12	United Airlines	17+1	Denver, CO, USA
08	12.07.1961	OK 511	Iljuschin Il-18V	CSA	72	Casablanca, Marokko
09	**19.07.1961**	**AR 644**	**Douglas DC-6**	**Aerolineas Argentinas**	**67**	**Pardo, Argentinien**
10	**21.07.1961**	**CKA 779**	**Douglas DC-6A**	**Alaska Airlines**	**6**	**Shemya AFB, AK, USA**
11	**01.09.1961**	**TW 529**	**Lockheed L-049 Conny**	**TWA**	**78**	**Chicago, IL, USA**
12	10.09.1961		Douglas DC-6B	President Airlines	83	Shannon, Irland
13	12.09.1961	AF 2005	SE-210 Caravelle III	Air France	77	Rabat, Algerien
14	17.09.1961	NW 706	Lockheed L-188C Electra	Northwest Orient Airlines	37	Chicago, USA
15	08.11.1961	201/8	Lockheed L-049 Conny	Imperial Airlines	77	Richmond, VA, USA
16	23.11.1961	AR 322	de Havilland DH-106 Comet 4	Aerolineas Argentinas	52	São Paulo, Brasilien
17	21.12.1961	BA 226	de Havilland DH-106 Comet 4B	BEA	27	Ankara, Türkei

01 – Das schwerste Flugzeugunglück Finnlands passierte auf dem Flug von Kronoby nach Vaasa mit einer DC-3, zehn Kilometer vor der Landung. Die Flugsicherung hatte der Crew freie Wahl der Flughöhe erteilt. Somit musste sie nur auf die Sicherheitsmindesthöhe achten. Kurz vor der Landung ging das Flugzeug in etwa 50 m Höhe unter einem Winkel von 70 Grad in eine Linkskurve und stürzte in einen Wald. Alle 25 Personen an Bord starben.

Technische Ursachen wurden bei der Maschine ausgeschlossen. Die Piloten hatten in der Nacht zuvor kaum geschlafen und Alkohol in erheblichen Mengen zu sich genommen. Bei der Obduktion der Piloten stellte man beim Kopiloten eine Blutalkoholkonzentration von 1,56 Promille und beim Captain 2,0 Promille fest.

03 – Die Boeing 707 der belgischen Airline Sabena war unterwegs von New York nach Brüssel. Im Endanflug auf Zaventem, kurz vor dem Aufsetzen auf Piste 20 in 300 m Höhe, gab der Captain Schub und zog das Fahrwerk ein. Ein kurz zuvor gelandetes Kleinflugzeug befand sich noch auf der Piste. SN 548 flog einige Warteschleifen in 1500 Fuß. Die Kurven wurden aber immer enger, zum Schluss neigte sich das Flugzeug um 90 Grad. Auch die Nase bäumte sich auf. Der Captain konnte das Flugzeug zwar jedes Mal wieder aufrichten, er verlor aber an Geschwindigkeit, sodass die 707 abstürzte. Alle 72 Menschen an Bord kamen ums Leben. An Bord war auch das 18-köpfige Eiskunstlauf-Nationalteam der USA, das zur Weltmeisterschaft in Prag anreiste.

09 – Auf dem Flug von Buenos Aires nach Comodoro Rivadavia geriet die DC-6 der Aerolineas Argentinas in schwere Turbulenzen beim Durchfliegen von Kumulonimbus-Wolken. Das Flugzeug brach dabei auseinander.

Als Ursache wird eine unzureichende Planung seitens des Captains und der Flugwetterberatung genannt.

10 – Flug CKA 779 von Alaska Airlines war im Auftrag der USAF von Travis AFB in Kalifornien nach Tachikawa in Japan unterwegs. Die erste Zwischenlandung war in Anchorage, die zweite auf Shemya AFB, auf der Inselkette der Aleuten. Abflug in Anchorage war um 19:40 Uhr. Über den Ausfall von Teilen der Anflug-, Schwellen- und Pistenbefeuerung auf Shemya wurde der Pilot nicht informiert. Um 01:45 Uhr rief die DC-6 Shemya Radar für einen GCA-Anflug (Ground Controlled Approach). Der Himmel war bedeckt, die Sicht 1600 Meter mit Nebel. Bei zehn Meilen lag die Maschine gut auf dem Kurs und auf dem Gleitpfad. Auch während des Anflugs versäumte es der GCA Controller, die DC-6 über Ausfälle in der Befeuerung zu informieren. Zwei Meilen vor der Piste war die DC-6 schon unterhalb des Gleitpfades. Dort, wo normalerweise die Anflugbefeuerung visuelle Unterstützung geben sollte, sackte die Maschine durch und schlug 200 Fuß vor der Schwelle auf. Die DC-6 zerbrach und geriet in Brand.

Als Ursache gelten offiziell der mangelhafte Zustand der Befeuerung, die ausgebliebene Information darüber und die ungenügenden Korrekturanweisungen durch den GCA Controller.

11 – TW 529 war eine Lockheed Constellation der Trans World Airlines von Boston nach San Francisco über New York, Pittsburgh, Chicago, Las Vegas und Los Angeles. Nach dem Start in Chicago um 02:00 Uhr Ortszeit arbeitete sich ein 128-mm-Stahlbolzen im rechten Höhenruder aus seiner Führung. Das Ruder schlug aus, die Maschine bäumte sich auf, das rechte Seitenruder brach ab, die Maschine wurde unkontrollierbar und stürzte ab. 78 Menschen starben.

zu 10: Nächtliches Zwielicht und Nebel in der Polarregion Alaskas. Typisches Wetter auf Shemya

Lfd. Nr.	Datum	Flug	Flugzeugtyp	Airline	Opfer	Unfallort
01	**01.03.1962**	**AA 1**	**Boeing 707-123B**	**American Airlines**	**95**	**Jamaica Bay, NY, USA**
02	**04.03.1962**	**SN 153**	**Douglas DC-7C**	**Sabena**	**111**	**Douala, Kamerun**
03	16.03.1962		Lockheed L-1049H Super Conny	Flying Tiger Line	107	Pazifik
04	22.04.1962		Douglas C-47A (DC-3)	AVISPA	40	Bahía Solano, Kolumbien
05	06.05.1962		Douglas C-47A (DC-3)	Channel Airways	12	Kanalinseln
06	09.05.1962		Convair CV-240-0	Cruzeiro do Sul	23	Vitoria, Brasilien
07	**12.05.1962**		**PBV-1A Canso (PBY-5A)**	**Eastern Provincial Airways**	**15**	**Godthåb, Grönland**
08	**03.06.1962**	**AF 007**	**Boeing 707-328**	**Air France**	**130**	**Paris, Frankreich**
09	**22.06.1962**	**AF 117**	**Boeing 707-328**	**Air France**	**113**	**Pointe-à-Pitre, Guadeloupe**
10	07.07.1962	AZ 771	Douglas DC-8-43	Alitalia	94	Junnar, Indien
11	19.07.1962	MS869	de Havilland DH-106 Comet 4C	UAA	26	Mount Khao Yai, Thailand
12	22.07.1962		Bristol 175 Britannia 314	Canadian Pacific	27	Honolulu, HI, USA
13	12.10.1962		Convair CV-440-62	Iberia	18	Carmona, Spanien
14	23.11.1962		Vickers 745D Viscount	United Airlines	17	Ellicott City, MD, USA
15	27.11.1962		Boeing 707-441	Varig	97	Lima, Peru
16	30.11.1962		Douglas DC-7B	Eastern Air Lines	25	New York, NY, USA
17	14.12.1962		Lockheed L-049 Conny	Panair do Brasil	50	Paraná da Eva, Brasilien

01 – American Airlines Flight AA 1 startete um 10:07 Uhr in New York zu einem Non-Stopp-Flug nach Los Angeles. An Bord der Boeing 707 waren 87 Passagiere und acht Mann Besatzung. Nach dem Start sollte die Maschine in 1600 Fuß eine Linkskurve in Richtung 290 Grad fliegen. Doch das Flugzeug kippte immer weiter, über 90 Grad hinaus, die Nase zeigte fast senkrecht erdwärts. Die Boeing explodierte in sumpfigem Gelände. Nach monatelanger forensischer Ursachensuche konzentrierte sich der Verdacht auf einen möglichen Kurzschluss in der automatischen Rudersteuerung.

Bei der Untersuchung des Produktionsprozesses entdeckten die Unfallforscher, dass beim Bündeln der Kabelbäume durch den Zulieferer Metallpinzetten benutzt wurden, mit denen die Isolierung der Drähte hätte beschädigt werden können. Ein Nachweis konnte aber nicht geführt werden.

02 – Die DC-7 der Sabena war unterwegs von Luxemburg, Maputo, Douala und zurück über Lissabon nach Luxemburg. Start in Douala war um 18:20 Uhr. Die Piste 12 misst 3 km, die Temperatur lag bei 30 Grad Celsius. Die DC-7 war mit 111 Personen und Gepäck mit einer Tonne überladen. Der Captain nutzte fast die gesamte Pistenlänge für den Startlauf. Er hatte aber Schwierigkeiten, an Höhe zu gewinnen. 1500 m hinter dem Pistenende hatte er Baumberührung und stürzte in einen Sumpf. Die Rettungskräfte brauchten sechs Stunden, um in dem unwegsamen Sumpfgelände, teilweise schwimmend, das Wrack zu erreichen. Eine Ursache konnte wegen der Zerstörung und der schwierigen Bergung nicht schlüssig festgestellt werden. Eine Vermutung geht in Richtung auf ein verklemmtes Höhenruder, was durch die Erschütterungen bei dem langen Startlauf aufgetreten sein könnte.

07 – Das Flugboot Consolidated Catalina von Eastern Provincial Airways flog mit 18 Passagieren und drei Crewmitgliedern im Auftrag von Greenlandair von Kangerlussuaq nach Godthåb. Nach dem Start schloss sich die Klappe des Bugrads nicht richtig und ließ einen Spalt von 7 cm offen. Die Crew riskierte trotzdem die Landung am Ufer von Godthåb. Eindringendes Wasser riss zuerst die Klappe, dann den Bug weg, das Flugzeug sank sofort. 15 Passagiere starben, drei weitere und die Crew überlebten.

08 – Die Boeing 707 der Air France war betankt und beladen mit 122 Passagieren für den Flug von Paris-Orly nach Atlanta und Houston über New York. Mit einer zehnköpfigen Besatzung rollte Flug AF 007 um 11:32 Uhr zum Start. Die Beschleunigung verlief normal, Entscheidungsgeschwindigkeit V1 für einen Startabbruch war 147 Knoten. Da waren 1500 m zurückgelegt. Rotationsgeschwindigkeit war 158 Knoten. Die wurde bei 1800 m erreicht. Doch das Flugzeug verhielt sich nicht normal, der Bug hob sich nur leicht an. Dann erfolgte der Startabbruch. Die Nase senkte sich wieder, das Fahrwerk hüllte sich in dicken Rauch. Die Boeing war bei 2600 m vom Pistenbeginn und hatte eine Geschwindigkeit von 179 Knoten. Nur noch 680 m Restpiste standen zur Verfügung. Die 707 überschoss die Piste und raste mit 160 Knoten ins Gras. 300 m nach Pistenende überquerte das Flugzeug die Ringstraße, das rechte Fahrwerk brach, Triebwerk Nummer 2 riss ab, das brennende Flugzeug schlitterte gegen die Betonsockel der Befeuerung. Am Ortsrand von Villeneuve-le-Roi schlug der Rumpf in ein Haus ein. Drei Stewardessen überlebten verletzt im hinteren Teil des Flugzeugs, eine starb später im Krankenhaus. Ein Defekt am Höhenruder hatte die vertikale Rotation des Flugzeugs verhindert.

09 – Flug AF 117, eine nagelneue Boeing 707 der Air France, war mit 103 Passagieren und einer zehnköpfigen Besatzung unterwegs von Paris-Orly nach Santiago de Chile mit Zwischenlandungen auf den Azoren, Pointe-à-Pitre auf der französischen Karibikinsel Guadeloupe, Caracas, Bogotá und Lima. Der Flughafen auf Guadeloupe liegt auf 6 m Höhe über dem Meer, auf der westlichen Hälfte der Insel erhebt sich ein Bergrücken bis auf fast 1000 m. Der Anflug erfolgte um 4 Uhr morgens, über der Insel tobte ein heftiges Gewitter. Das VOR (UKW-Drehfunkfeuer) war als Hauptnavigationshilfe ausgefallen, die Crew navigierte nach einem ungerichteten Funkfeuer (NDB). Doch der Empfang wurde durch das Gewitter gestört, die Maschine befand sich dadurch 15 km weiter westlich als vermutet und leitete den Sinkflug ein. In 420 m Höhe schlug sie in die Flanke des Berges ein. Es gab keine Überlebenden.

(Kartografische Darstellung der Absturzstelle siehe unter 1968, Seite 59)

Der Chief Test Pilot der Boeing Company, Tex Johnston, übte in seinen im Jahr 2000 erschienenen Memoiren *Jet-Age Test Pilot* harsche Kritik an den Air-France-Piloten von damals: »Die Besatzungen tauchten gewöhnlich mit Verspätung zum Crew-Training auf, gelegentlich wurde das Flugzeug vorher auch nicht gewartet. ... Trotz vielen zusätzlichen und in meinen Augen exzessiven Flugtrainingsstunden konnte sich der Chefpilot nicht qualifizieren.« Schriftlich informierte er den CEO von Air France: »Ich habe nicht geglaubt, dass sich der Kapitän für die 707 qualifizieren könnte.« Später »... hat ein Instruktor von Air France den Chefpiloten qualifiziert. Auf seinem zweiten Flug als Kapitän setzte er das Flugzeug bei schlechtem Wetter gegen einen Berg.«

Lfd. Nr.	Datum	Flug	Flugzeugtyp	Airline	Opfer	Unfallort
01	**01.02.1963**	**ME 265**	**Vickers 754D Viscount**	**MEA**	**14 + 87**	**Ankara, Türkei**
02	**12.02.1963**	**NW 705**	**Boeing 720-051B**	**Northwest Orient Airlines**	**43**	**Everglades, FL, USA**
03	02.03.1963	PR 984	Douglas C-47B (DC-3)	Philippine Air Lines	27	Mt. Boca, Philippinen
04	15.03.1963	LB 915	Douglas DC-6B	LAB	39	Tacora Vulkan, Peru
05	14.04.1963		Vickers 759D Viscount	Icelandair	12	Oslo, Norwegen
06	03.05.1963		Convair CV-340-59	Cruzeiro do Sul	37	São Paulo, Brasilien
07	03.05.1963		Douglas DC-6B	Air Afrique	55	Mt. Cameroon, Kamerun
08	03.06.1963	NW 293	Douglas DC-7CF	Northwest Orient Airlines	101	Annette Island, AK, USA
09	01.07.1963		Douglas C-47B (DC-3)	Varig	15	Passo Fundo, Brasilien
10	03.07.1963	NZ 441	Douglas DC-3C	New Zealand National Airways	23	Mt. Ngatamah, Neuseeland
11	**28.07.1963**	**MR 869**	**de Havilland DH-106 Comet 4C**	**UAA**	**63**	**Bombay, Indien**
12	**12.08.1963**	**IT 2611**	**Vickers 708 Viscount**	**Air Inter**	**15 + 1**	**Lyon, Frankreich**
13	**04.09.1963**	**SR 306**	**SE-210 Caravelle III**	**Swissair**	**80**	**Dürrenäsch, Schweiz**
14	11.09.1963		Vickers 610 Viking 1B	Airnautic	40	Pic de la Roquette, Frankreich
15	08.11.1963	OY 217	Douglas C-47A (DC-3)	Aero OY	22	Mariehamn, Finnland
16	29.11.1963	831	Douglas DC-8-54F	TCAL	118	Ste-Thérèse-de-Blainville, Kanada
17	08.12.1963	PA 214	Boeing 707-121	Pan Am	81	Elkton, MD, USA

01 – Um 11:22 Uhr startete auf der Etimesgut Airbase nahe von Ankara eine C-47 der türkischen Luftwaffe zu einem Instrumenten-Übungsflug. Der Schüler saß dabei auf dem linken Sitz unter einer undurchsichtigen Haube, damit er sich ausschließlich auf die Instrumente konzentrieren konnte. Der Fluglehrer saß rechts und hatte freie Sicht auf den Luftraum.

Eine Vickers Viscount der Middle East Airlines, Flug 265, war zu dieser Zeit unterwegs von Nicosia nach Ankara. Um 13:00 Uhr erhielt ME 265 die Freigabe zum Anflug auf Piste 03. Um 13:09 Uhr meldete sie sich über dem NDB im Sinkflug von 8000 nach 6500 Fuß.

Gleichzeitig hatte die C-47 ihr Trainingsprogramm beendet und kehrte nach Etimesgut zurück.

Die Kurse der beiden Flugzeuge kreuzten sich, die beiden rechten Propeller der Viscount schnitten sich ins Heck der Militärmaschine, während die linken Propeller der C-47 den Rumpf der Viscount aufschlitzten. Erste Passagiere wurden durch die Öffnung gerissen.

Nachdem sich die kurzzeitig verhakten Flugzeuge wieder getrennt hatten, stürzten sie fast senkrecht in eine Wohngegend von Ankara. 87 Menschen kamen am Boden ums Leben, alle 14 Insassen an Bord und die beiden Militärpiloten starben.

02 – NW 705 war unterwegs quer durch den Kontinent von Miami nach Portland, Oregon, mit Zwischenstopps in Chicago, Spokane und Seattle. Start war um 13:35 Uhr Ortszeit. Wegen regionaler Gewitter bat der Captain um individuelle Radarführung, statt dem veröffentlichten Instrumentenabflugverfahren zu folgen. Die Crew gab der Flugsicherung Anhaltspunkte zu den Flugbedingungen zwischen den Gewitterwolken, kommentierte auch die Turbulenzen und empfahl den Kollegen am Boden, anderen Flügen nicht mehr diese Route zuzuweisen. Nach kurzer Funkstille informierte der Captain: »Wir sind gerade auf 17.000 Fuß angekommen.« Gleich darauf (13:47:25 Uhr) wurde das Flugzeug mit einer Steigrate von 9000 ft/m auf 19.235 Fuß getragen. Die Geschwindigkeit sank von 270 auf 215 Knoten. Dann sackte es wieder durch.

Vertikale Beschleunigungskräfte von +1 G bis −2,8 G ließen das Flugzeug bei 10.000 Fuß zerbrechen, die Einzelteile stürzten in die Sümpfe der Everglades.

11 – MR 869 war eine de Havilland Comet 4C, unterwegs von Tokio nach Bahrain, über Hongkong, Bangkok und Bombay, das heutige Mumbai. Kurz vor Bombay, um 01:46 Uhr, erhielt die Crew die Freigabe zum Sinkflug von 7000 auf 4000 Fuß. Auf Wunsch der Crew sollte ein Backbeam ILS für Piste 09 geflogen werden. Das ist ein Verfahren, bei dem man die Rückseite des Kurssenders nutzt. Allerdings zeigt dann der Azimuth-Teil des ILS-Empfängers seitenverkehrt an. Deshalb informierte der Fluglotse den Captain, dass dies hierzulande nicht erlaubt sei, und bot ihm Radarführung auf den Radial 270 des VOR, und von dort einen VOR-Anflug auf 09 an. Für einen längeren Endanflug landeinwärts kündigte der Pilot an, er würde zuerst noch ein Stück in entgegengesetzter Richtung über das Meer fliegen. Die Flugsicherung warnte, dass sechs bis sieben Meilen vor ihnen starke Turbulenzen und Starkregen herrschten. Daraufhin leitete der Captain sechs Meilen westlich des Platzes eine Linkskurve ein, um wieder zurückzukehren. Während dieser Kurve verlor die Crew die Kontrolle über das Flugzeug. Die Comet stürzte ins Meer. Das Wrack konnte nicht geborgen werden.

12 – Im Anflug auf Lyon sank die Vickers Viscount von Air Inter von Flugfläche 150 auf 4000 Fuß. Lyon Control bat IT 2611 darum, über Tramoyes in 3000 Fuß zu halten. Die Crew bat darum, wegen Gewitters auf 2500 Fuß sinken zu dürfen. Lyon gab die Maschine für einen Straight-in-Anflug frei. IT 2611 bestätigte. Das war das letzte, was man von ihr hörte. Das Flugzeug streifte Bäume, das Dach eines Farmhauses und stürzte auf ein freies Feld.

Die Unfallforscher kamen zum Schluss, dass die Landung normal hätte erfolgen können, hätte die Flugsicherung nicht unter einem Gewitter halten lassen. Möglicherweise wurde die Crew durch einen Blitzschlag geblendet und verlor so die Piste aus den Augen.

13 – Den Flug von Zürich nach Rom über Genf führte die Swissair mit einer Caravelle III durch. Flug SR 306 rollte bei dichtem Nebel um 07:00 Uhr los, Sicht (RVR) war 180 m auf Piste 34 und 60 m auf Piste 16. Ein Follow-Me-Fahrzeug brachte sie an den Pistenkopf der Runway 34. Da für einen Caravelle-Start 400 m Sicht gefordert waren, sagte der Captain, er würde die halbe Piste hinabrollen, um sich ein Bild von den Sichtverhältnissen entlang der Runway zu machen.

Die Crew ließ dabei die Triebwerke mehrfach aufheulen, ein Versuch, um einen Sichttunnel in den Nebel zu blasen. Da dieser Tunnel nur wenige Minuten frei war, rollte die Maschine danach schnell weiter, bremste wieder ab und legte den nächsten Tunnel an. Um 07:12 Uhr war die Caravelle wieder zurück am Pistenkopf. Um 07:13 Uhr wurde sie zum Start freigegeben.

Während des Steigflugs sahen Zeugen am Boden, wie eine lange, weiße Flamme am linken Flügelansatz herausschlug. Um 07:20 Uhr war die Maschine auf 9000 Fuß.

Um 07:21 Uhr war ein Mayday-Ruf zu hören. Um 07:22 Uhr schlug die Maschine bei

Dürrenäsch auf, 35 km hinter dem Flughafen Zürich. Alle 80 Insassen kamen beim Absturz ums Leben.

43 Passagiere kamen aus dem Bauerndorf Humlikon. Es waren 19 Ehepaare und 5 Einzelpersonen, darunter sämtliche Mitglieder des Gemeinderates. Sie wollten nach Genf reisen, um sich dort über Schädlingsbekämpfung informieren zu lassen. Mehr als 40 Kinder wurden zu Waisen. Für die meisten dieser Passagiere war es der erste Flug überhaupt. Humlikon hatte damals 217 Einwohner, es verlor also auf einen Schlag ein Fünftel der Einwohner.

zu 13: 40 Kinder wurden mit einem Schlag zu Waisen gemacht. Ein Dorf verliert seine Zukunft.

Das Feuer war im Fahrwerkschacht durch die überhitzten Bremsen während des langen Rollvorgangs und der Triebwerksläufe entstanden. Während dieses Verfahrens erhitzten sich offenbar die Räder so stark, dass die Magnesiumfelgen ihre Festigkeit verloren und beim Wenden am Abflugpunkt mindestens eine Felge brach, deren Bruchstücke man später fand. Wahrscheinlich wurden beim Einziehen des Fahrwerks Hydraulikleitungen, die durch den Fahrwerkschacht führten, beschädigt – entweder durch die Hitze oder mechanisch durch die defekte Felge –, worauf sich die auslaufende und damals noch leicht brennbare Hydraulikflüssigkeit an den heißen Bremsen entzündete. Dies führte zum vollständigen Ausfall des Hydrauliksystems, wodurch das Flugzeug nicht mehr steuerbar war.

Lfd. Nr.	Datum	Flug	Flugzeugtyp	Airline	Opfer	Unfallort
01	**25.02.1964**	**EA 304**	**Douglas DC-8-21**	**Eastern Air Lines**	**58**	**New Orleans, LA, USA**
02	**01.03.1964**	**901A**	**Lockheed L-049 Conny**	**Paradise Airlines**	**85**	**Genoa Peak, NV, USA**
03	08.03.1964		C-47A (DC-3)	Líneas Aéreas Taxader	28	Facatativá, Kolumbien
04	28.03.1964	AZ 045	Vickers 785D Viscount	Alitalia	45	Mt Somma, Italien
05	17.04.1964	ME 444	SE-210 Caravelle III	MEA	49	Dhahran, Saudi Arabien
06	07.05.1964	773	Fairchild F-27A	Pacific Air Lines	44	San Ramon, CA, USA
07	**09.07.1964**	**UA 823**	**Vickers 745D Viscount**	**United Airlines**	**39**	**Parrottsville, TN, USA**
08	**15.07.1964**	**D-ABOP**	**Boeing 720-030B**	**Lufthansa**	**3**	**Ansbach, Deutschland**
09	04.09.1964		Vickers 701C Viscount	VASP	39	Nova Friburg, Brasilien
10	02.10.1964		Douglas DC-6B	UTA	80	Mt Alcazaba, Spanien
11	09.10.1964		Iljuschin Il-14P	Tarom	31	Cugir, Rumänien
12	15.11.1964	ZA 114	Fairchild F-27A	Bonanza Air Lines	29	Las Vegas, NV, USA
13	20.11.1964	LF 267	Convair CV-440	Linjeflyg	31	Helsingborg, Schweden
14	23.11.1964	TW 800	Boeing 707-331	TWA	50	Rom, Italien

01 – Flug EA 304 von Eastern Air Lines war unterwegs von Mexico City nach New York City über New Orleans, Atlanta und Washington D.C. An Bord der DC-8 waren 51 Passagiere und sieben Besatzungsmitglieder. Bei der Übernahme der Maschine in Mexico City berichtete der Captain des vorigen Fluges von einem Ausfall des Pitch Trim Compensators, einer Einrichtung zur automatischen Höhentrimmung bei Turbulenzen. Die Reparatur war bereits für die Stunde nach der Landung in New York geplant. Im Flugplan für den Rückflug setzte die Crew bereits eine niedrigere Geschwindigkeit an. Nach einer Stunde Auftankzeit in New Orleans startete EA 304 um 01:59 Uhr. Während die DC-8 durch Wolken auf 4000 Fuß stieg, stellte sich das Höhenruder auf 2 Grad, die Nase ging dabei nach unten. Heftige Scherwinde zerrten an dem Flugzeug. Heftige Ruderausschläge brachten das Flugzeug in eine Fluglage, aus der der Captain nicht mehr herauskam. Die DC-8 schlug in einem Winkel von über 20 Grad auf dem Lake Pontchartrain auf. Da wirkt der Aufschlag auf dem Wasser wie ein Aufschlag auf Granit.

02 – Paradise Airlines betrieb mit drei von TWA geleasten Lockheed Constellations Charterflüge von und nach Las Vegas. Ein Jahr nach Betriebsaufnahme war Flug 901A unterwegs von Oakland nach Tahoe Valley mit Zwischenlandungen in Salinas und San José.

Nach dem Start in San José um 10:40 Uhr flog die Crew bis Sacramento nach Instrumenten und wechselte dann zum Sichtflug, da der Tahoe Valley Airport kein anerkanntes Instrumentenanflugverfahren besaß. Um 10:57 Uhr tauschte sich Flight 901A über Funk mit einem anderen Paradise-Flug (802) über das Wetter am Lake Tahoe aus. Der Captain von Flug 802 berichtete über Vereisung in 12.000 Fuß, Schneeschauer über dem See und aufliegende Wolken in den umgebenden Bergen.

Die Crew von Flug 901A stieg daraufhin auf 15.000 Fuß. Im Anflug auf Tahoe Valley entschied sich die Crew aufgrund des Wetters für eine Ausweichlandung in Reno.

Der Kopilot war ein Kenner der örtlichen Bergwelt. Er schlug vor, über den Daggett Pass zu fliegen, für dessen Überquerung

zu 07: Eine typgleiche Vickers Viscount

9000 Fuß genügen würden. Doch entweder irrten sie sich über ihre augenblickliche Position, oder sie konnten wegen Vereisung nicht die notwendige Höhe erreichen, jedenfalls flogen sie in 8675 Fuß Höhe gegen den Berggipfel von Genoa Peak, 5 km nördlich der geplanten Route. Als Ursache wurde festgelegt: »Geographische Desorientierung und Fliegen unterhalb der für gebirgiges Gelände vorgeschriebenen Mindesthöhe.«

07 – Flug UA 823 war eine Vickers Viscount 745D von United Airlines. Sie war unterwegs von Philadelphia nach Huntsville mit Zwischenlandungen in Washington D.C. und Knoxville, Tennessee.

UA 823 startete in Washington um 6:36 Uhr und erwartete die Ankunft in Knoxville um 18:13 Uhr. Die Crew meldete sich bei der Flugsicherung über Holston Mountain VOR in Flugfläche 140. Geschätzte Ankunftszeit in Knoxville um 18:21 Uhr. Sie bat um Sinkflug auf 8000 Fuß.

Der Captain beendete daraufhin den Flug nach IFR (Blindflugregeln) und eröffnete die letzte Strecke nach Sichtflugregeln. Die Flugsicherung bot trotzdem an, dass sie auf ihrer Frequenz bleiben dürften. UA 823 bestätigte das um 18:02 Uhr.

Das war das letzte Lebenszeichen aus dem Flugzeug. Die Crew entdeckte offenbar um diese Zeit ein Feuer an Bord. Das Flugzeug wich daraufhin von seinem Kurs ab und sank auf 500 Fuß. Um 18:10 Uhr sahen Zeugen die Maschine in 500 Fuß Höhe, wie sie eine Rauchwolke hinter sich herzog.

zu 08: Die Boeing 720 ist ein Derivat der Boeing 707. Sowohl der Rumpf als auch die Reichweite wurden verkürzt. Es wurden nur 154 Stück davon gebaut.

Drei Kilometer vor der Absturzstelle wurde ein Passagier beobachtet, der ein Notausstiegfenster über dem Flügel öffnete und ausstieg. Er fiel senkrecht zur Erde und überlebte den Sturz nicht. Gleich danach bäumte sich das Flugzeug auf, trudelte über die linke Tragfläche und stürzte ab. Die Ursache für den Brand konnte nicht bestimmt werden.

08 – Um 09:33 Uhr startete eine dreiköpfige Lufthansa-Crew in Frankfurt mit einer Boeing 720, ein Boeing-707-Derivat, zu einem Werkstattflug. In 13.000 Fuß meldeten sie das Beenden des Instrumentenfluganteils. Der Rest sollte nach Sichtflugregeln geflogen werden.

Zwischen Kitzingen und Röthenbach/Pegnitz wollten sie einige Prüfungsmanöver fliegen, verbotenerweise auch ein bis zwei Fassrollen. Dabei dreht man das Flugzeug schraubenartig horizontal um die Längsachse. Nach der ersten gelungenen Fassrolle sollte im fliegerischen Übermut noch eine zweite folgen. Dabei verloren sie in der Rückenlage jedoch die Kontrolle über das Flugzeug. Die überlastete 720 zerbrach in einer Höhe von ca. 4000 Fuß. Die Trümmer stürzten bei Petersdorf in einem Umkreis von mehreren hundert Metern auf ein Feld und verursachten einen Waldbrand. Die Crew kam ums Leben. Der Unfall gab der Geschäftsführung Anlass, auf die fliegerische Disziplin hinzuweisen. Ein Passagierflugzeug ist kein Doppeldecker, auch wenn einmal keine Passagiere an Bord sein sollten.

Lfd. Nr.	Datum	Flug	Flugzeugtyp	Airline	Opfer	Unfallort
01	06.02.1965	LA 107	Douglas DC-6B	LAN Chile	87	San José Vulkan, Chile
02	**08.02.1965**	**EA 663**	**Douglas DC-7B**	**Eastern Air Lines**	**84**	**Jones Beach, NY, USA**
03	22.03.1965	AV 676	C-47 (DC-3)	Avianca	29	Pan de Azucar, Kolumbien
04	31.03.1965		Convair CV-440-62	Iberia	50	Tanger, Marokko
05	10.04.1965		Handley Page HPR-7 Herald 207	Alia	54	Damaskus, Syrien
06	14.04.1965	BR 1030X	C-47B (DC-3)	BUA	26	Kanalinseln
07	05.05.1965	IB 401	Lockheed L-1049G Super Conny	Iberia	30	Teneriffa Los Rodeos, Spanien
08	20.05.1965	PK 705	Boeing 720-040B	PIA	121	Kairo, Ägypten
09	16.08.1965	UA 389	Boeing 727-22	United Airlines	30	Lake Michigan, MI, USA
10	11.09.1965	60	Douglas DC-3A-197	Filipinas Orient Airways	10	Hamburg-Fuhlsbüttel, Deutschland
11	17.09.1965	PA 292	Boeing 707-121B	Pan Am	30	Antigua
12	**27.10.1965**		**Vickers 951 Vanguard**	**BEA**	**36**	**London, UK**
13	**08.11.1965**	**AA 383**	**Boeing 727-23**	**American Airlines**	**58**	**Cincinnati, OH, USA**
14	**11.11.1965**	**UA 227**	**Boeing 727-22**	**United Airlines**	**43**	**Salt Lake City, UT, USA**

02 – Flug EA 663 von Eastern Air Lines war in Boston zu einem Flug nach Atlanta gestartet. Zwischenlandungen gab es in New York, Richmond, Charlotte und Greenville-Spartanburg. Die DC-7 war mit 79 Passagieren und 5 Mann Besatzung unterwegs. Nach dem Start in New York um 18:20 Uhr folgte sie einer Standard Instrument Departure. In 3000 Fuß wurde sie auf 8000 Fuß freigegeben und erhielt eine Rechtskurve Kurs 150 Grad. Gleich darauf erhielt sie eine Kurskorrektur nach 90 Grad. Immer noch im Steigflug wurde sie zu einer Rechtskurve in Richtung 170 Grad angewiesen und erhielt gleichzeitig einen Hinweis auf kreuzenden Verkehr in der 2-Uhr-Position, 5 Meilen entfernt unter ihnen. EA 663 meldete den Sichtkontakt. Es handelte sich um Pan American PA 212. Die Boeing 707 wurde radargeführt zum Endanflug auf Piste 31R in JFK (John F. Kennedy Airport). Um 18:24 Uhr war die 707 angewiesen worden, Kurs 020 Grad zu fliegen und zu melden, wenn sie im Sinkflug 3000 Fuß erreicht hätten. Sie wurden auch auf EA 663 als kreuzenden Verkehr im Steigflug aus 3000 Fuß aufmerksam gemacht.

Als die DC-7 von 90 Grad nach 170 kurvte, war sie in einer 35-Grad-Schräglage und konnte die 707 vier Meilen rechts und 700 Fuß unter ihr nicht mehr sehen. Als die DC-7 auf 170 Grad ausrollte, war die Pan Am fast vor ihr auf Kollisionskurs. In diesem Moment folgte PA 212 der Anweisung, nach links auf 360 Grad zu gehen. Beide Piloten missinterpretierten die Situation und wichen sich gegenseitig aus. Der Pan-Am-Captain riss seine Maschine hart nach rechts und drückte sie nach unten. Der Eastern-Pilot wich hart nach rechts aus und riss die DC-7 nach oben. Dabei geriet sie in eine ungewohnte Fluglage, die Crew war räumlich desorientiert und konnte die Maschine nicht mehr kontrollieren. Das Flugzeug stürzte ins Meer und zerbarst.

12 – Um 23:17 startete die Vickers Vanguard in Edinburgh in Richtung London Heathrow. Über dem Haltepunkt Garston VOR entschied sich der Captain um 00:15 für einen

Anflug auf 28R trotz schlechter Sicht. Der Kopilot flog den ILS-Approach unter der Überwachung durch einen Fluglotsen am Präzisionsradar, während der Captain nach Lichtern und Anhaltspunkten für die Landung nach Sicht Ausschau hielt. Pistensicht war nur 350 m. Um 00:23 Uhr informierte der Captain die Flugsicherung, sie würden die Landung abbrechen. Er entschied sich dann für einen zweiten Versuch, dieses Mal auf Piste 28L mit einer Pistensicht von 500 m. Da das ILS jedoch nur Gleitpfadangaben und keinen Landekurs abstrahlte, sprach ihn ein Fluglotse mit einem Präzisionsradar herunter. Bei einer halben Meile war der Lotse nicht zufrieden mit der Position der Vanguard und wollte den Anflug abbrechen, bemerkte aber, dass der Pilot schon wieder einen Overshoot begann.

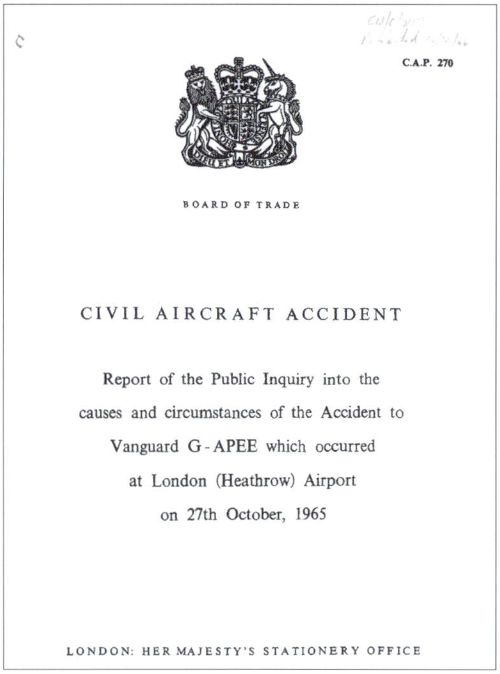
C.A.P. 270

BOARD OF TRADE

CIVIL AIRCRAFT ACCIDENT

Report of the Public Inquiry into the causes and circumstances of the Accident to Vanguard G-APEE which occurred at London (Heathrow) Airport on 27th October, 1965

LONDON: HER MAJESTY'S STATIONERY OFFICE

zu 12: Darstellungen des Vanguard flap gates der abgestürzten Vickers 951 aus dem offiziellen Untersuchungsbericht

FIG. 2.

Vanguard flap gate with latest B.E.A. modification showing flap lever in up (zero degrees) position.

FIG. 10.

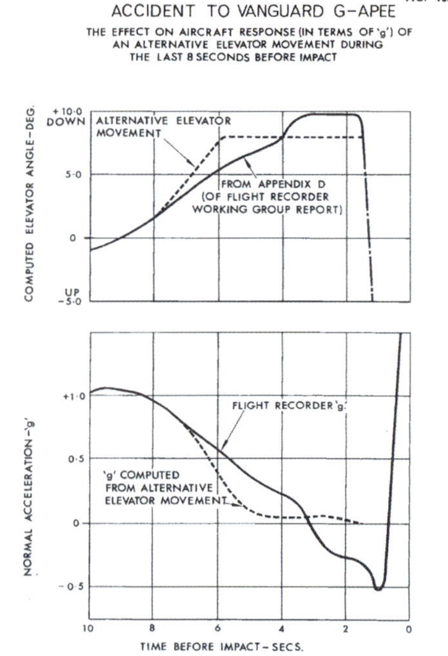

B.O.T. C.A.DEPT. C.OPS.10.D.O. DRG.No.4791. 17·8·66.

Um 00:35 Uhr erklärte der Captain, dass sie die Landung abgebrochen hätten, weil sie absolut nichts gesehen hätten. Er bat darum, über Garston VOR zu halten und auf bessere Sicht zu warten. Um 00:46 Uhr landete eine andere Vanguard auf Piste 28R beim ersten Versuch. Obwohl es keine Sichtverbesserung gab, entschied sich der Captain um 01:11 Uhr für einen weiteren Versuch auf 28R, offenbar ausgelöst durch die erfolgreiche Landung der anderen Vanguard. Während des Anflugs musste jedoch eine andere Vanguard die Landung abbrechen. Um 01:18 Uhr war er wieder im Anflug auf 28R. Um 01:22 Uhr informierte der Präzisionsanflug-Controller die Crew, sie sei nun eine drei viertel Meile vor der Schwelle und genau auf der Mittellinie. 22 Sekunden später meldete der Captain, sie würden die Landung wieder abbrechen. Der Kopilot zog stark nach oben, der Captain fuhr die Klappen, allerdings nicht 20 Grad, sondern auf 5 Grad. Da die Maschine nicht schneller wurde, gab der Kopilot am Höhenruder nach. Die Geschwindigkeit stieg jetzt auf 138 Knoten und der VSI (Vertical Speed Indicator) zeigte eine Steigrate von 850 Fuß/Minute. Der Kopilot drückte deshalb die Nase nach unten. Vier Sekunden vor dem Aufschlag zeigte der VSI eine steile Steigrate, obwohl die Maschine an Höhe verlor. Das Flugzeug schlug mit dem Heck auf die Piste, fing Feuer und zerbarst.

Zahlreiche Faktoren führten zu diesem Unfall:

1. Schlechte Sicht
2. Müdigkeit
3. Ungeduld
4. Desorientierung
5. Wenig Erfahrung mit Overshoots im Nebel
6. Übervertrauen auf Luftdruckinstrumente
7. Ausbildungslücken
8. Falsche Klappensetzung
9. Falsche Entscheidung, nicht zum Ausweichflughafen zu fliegen

13 – AA 383, eine Boeing 727 von American Airlines, startete um 17:38 Uhr in New York nach Cincinnati. Um 18:55 Uhr war die Boeing unter Kontrolle von Cincinnati Approach, wo ihnen stufenweise ein Sinkflug auf 4000 Fuß zugewiesen wurde. Um 18:57 Uhr meldete AA 383 den Flughafen in Sicht und bat ihn nach VFR anfliegen zu dürfen. Das wurde mit dem Hinweis auf Niederschlag im Westen und Süden des Flughafens genehmigt. Um 18:58 Uhr informierte Approach Control, AA 383 sei sechs Meilen im Südosten des Flughafens, und schickte sie auf die Cincinnati Tower-Frequenz. Eine Minute später gab sie der Tower Controller zur Landung auf Pis-

zu 12: Aufnahme nach dem Absturz der Vickers 951 Vanguard in London-Heathrow am 27.10.1965. Es waren 36 Opfer zu beklagen.

zu 13: Eine Boeing 727 der American Airlines

te 18 (heute 18C) frei. Während des Anflugs verschlechterte sich die Sicht, und es begann zu regnen. Der Tower informierte American 383 darüber und fragte, ob die Crew die Piste noch immer in Sicht habe. AA 383 antwortete: »Kaum noch. Wir setzen uns auf das ILS.«

Die 727 hatte zu diesem Zeitpunkt eine Sinkrate von 2100 Fuß/Minute bei 160 Knoten. Fünf Meilen vor der Piste war sie in 1400 Fuß, Flugplatzhöhe war 853 Fuß. Die Sinkrate fiel auf 625 ft/m, die Geschwindigkeit nahm ab. Nachdem das Flugzeug den Ohio River überflogen hatte, crashte es in den Boden. Von den 62 Menschen an Bord überlebten eine Stewardess und drei Passagiere.

Als Ursachen wurde festgelegt, dass die Crew ...

... den Höhenmesser falsch interpretiert und Meereshöhe, Druckhöhe und Platzhöhe (Cincinnati liegt auf 853 Fuß ü. d. M.) durcheinandergebracht hatte. Ihr Sinkflug zielte auf 725 Fuß, 165 Fuß unter der Platzhöhe.

... beim Wechsel von Instrumentenflug auf Sichtflug die Prioritäten nicht umgestellt hatte.

... den Einflug in das Schlechtwettergebiet nicht richtig interpretiert hatte.

... möglicherweise auch Lichter an Häusern und Straßen im Flusstal des Ohio fälschlich als Flughafenlichter interpretierte.

... schließlich den Sichtanflug trotz rasch umschlagender Wetterbedingungen nicht beendete.

14 – Flug UA 227, eine Boeing 727 der United Airlines, startete um 10:35 Uhr Ortszeit in New York City zum Flug nach San Francisco über Cleveland, Chicago, Denver und Salt Lake City. Start in Denver war um 16:54 Uhr Ortszeit. Um 17:35 Uhr begann UA 227 den Sinkflug aus FL 310 nach Salt Lake City. Die Flugsicherung führte die Maschine per Radar. Um 17:47 Uhr gab Salt Lake Approach UA 227 für einen ILS-Anflug auf Runway 34L frei. UA 227 reduzierte auf 250 Knoten und meldete die Piste in Sicht aus 10.000 Fuß Höhe. Die Boeing wurde an den Tower für einen Sichtanflug übergeben. Um 17:49 Uhr erhielt sie die Landefreigabe. Der Outer Marker (Voreinflugzeichen, Sender) wurde in 2000 Fuß über dem Gleitpfad überflogen, Sinkrate war über 2000 Fuß/Minute, etwa dreimal so viel wie von United Airlines empfohlen.

Der Kopilot versuchte zu beschleunigen, aber der Captain schlug ihm auf die Hand und sagte: »Noch nicht.« Als dann der Captain übernahm und doch noch Schub gab, war es zu spät. Die Maschine schlug 100 m vor der Schwelle mit 15-facher Erdbeschleunigung auf, das Hauptfahrwerk brach weg, die Maschine schlitterte über die Piste. Die Tanks rissen auf, der Funkenflug setzte das Flugzeug in Brand.

Es war nicht der Aufschlag, der schließlich 43 Menschenleben kostete, sondern das Feuer. Erkenntnisse aus der Flugunfalluntersuchung ergaben eine reichlich bunte Ausbildungsgeschichte des Captains: Er hatte sein erstes Jet-Übergangstraining nicht bestanden und musste auf die DC-6 zurück. Nachdem er endlich umgeschult war, bestand er seine routinemäßige jährliche Instrumentenprüfung nicht ...

Lfd. Nr.	Datum	Flug	Flugzeugtyp	Airline	Opfer	Unfallort
01	14.01.1966	AV 4	Douglas C-54B (DC-4)	Avianca	56	Cartagena, Kolumbien
02	**24.01.1966**	**AI 101**	**Boeing 707-437**	**Air India**	**117**	**Montblanc, Frankreich**
03	**28.01.1966**	**LH 005**	**Convair CV-440-0**	**Lufthansa**	**46**	**Bremen, Deutschland**
04	04.02.1966	NH 60	Boeing 727-81	All Nippon	133	Tokio-Haneda, Japan
05	**04.03.1966**	**CP 402**	**Douglas DC-8-43**	**Canadian Pacific**	**64**	**Tokio-Haneda, Japan**
06	**05.03.1966**	**BA 911**	**Boeing 707-436**	**BOAC**	**124**	**Fujiyama, Japan**
07	22.04.1966	280/D	Lockheed L-188C Electra	American Flyers	83	Ardmore, OK, USA
08	27.04.1966	501	Lockheed L-749A Conny	LANSA	49	Mount Talaula, Peru
09	06.08.1966	BN 250	BAC One-Eleven 203AE	Braniff Airways	42	Falls City, NE, USA
10	01.09.1966	BY 105	Bristol 175 Britannia 102	Britannia Airways	98	Ljubljana, Slowenien
11	22.09.1966	149	Vickers 832 Viscount	Ansett-ANA	24	Winton, Australien
12	01.10.1966	956	Douglas DC-9-14	West Coast Airlines	18	Wemme, OR, USA

02 – Es gibt offenbar eine tragische Verbindung zwischen Air India und dem Montblanc. Am 3.11.1950 zerschellte bereits eine Lockheed Constellation an dem Berg, nachdem sich der Captain an einer anderen Position vermutet hatte. Am 24.01.1966 war Air India mit einer Boeing 707 unterwegs von Beirut nach Genf. Um 07:02 Uhr meldete sich der Captain bei der Flugsicherung auf Flugfläche 190 im Anflug auf Genf. Er wurde daraufhin angewiesen, die Höhe zu halten, es sei denn, er habe den Gipfel in Sicht. Die Antwort des Captains war, man überfliege den Gipfel in diesem Moment. Der Radarlotse korrigierte ihn sofort und sagte: »Sie haben noch fünf Meilen zum Montblanc.« Das beantwortete der Captain mit »Roger« und verließ die angewiesene Flughöhe. Fünf Minuten später zerschellte die Boeing 60 m unterhalb des Gipfels. Informationsaustausch und Anweisungen waren nicht eindeutig. Der Captain könnte gemeint haben, er sei fünf Meilen NEBEN dem Montblanc und habe ihn also tatsächlich schon passiert.

03 – Die Convair 440 der Lufthansa von Frankfurt über Bremen nach Hamburg war bis zum höchstzulässigen Startgewicht vollgetankt. Das Wetter im Norden der Republik war schlecht, die Crew musste sogar damit rechnen, bis nach Stuttgart ausweichen zu müssen.

Während des Anflugs in Bremen lag die Wolkenuntergrenze bei 100 m, die Sicht bei 700 m. LH 005 setzte zur Landung an, doch die Rückenwindkomponente betrug 6 Knoten, zu stark für die Convair. Captain Saalfeld entschied sich in 10 m Höhe durchzustarten. Die 21 Tonnen schwere Maschine kippte nach links ab und schlug auf einem nahegelegenen Feld auf. Noch heute, mehr als 50 Jahre später, ist auf Luftbildern die Bodenveränderung zu sehen, die durch den Brand entstanden ist. Die Feuerwehr brauchte damals 40 Minuten, die 2500 Liter brennendes Flugbenzin zu löschen.

05 – Canadian Pacific Flight 402 startete in Hongkong um 16:14 Uhr zu einem Flug nach Vancouver mit Zwischenlandung in Tokio. Dort war schlechtes Wetter, Regen, geringe Sicht. Nach einer Stunde in der Warteschleife entschloss sich die Crew zu einem Landeversuch, die Alternative war der Ausweichflughafen Taipeh. Tokio ATC führte die Maschine bis 3000 Fuß, doch das Wetter wurde immer schlimmer. Der Captain entschied sich für Taipeh. Als die Maschine bereits wieder auf 11.500 Fuß in Richtung Taiwan flog, meldete Tokio ATC eine Wetterverbesserung mit einer Pistensicht von einem Kilometer. CP 402 machte auf dem Absatz kehrt und flog zurück nach Tokio Haneda. Wieder flogen sie unter GCA (bodenkontrolliert) auf Runway 33R. Bei einer Meile vom Aufsetzpunkt war das Flugzeug 7 m unterhalb des Gleitpfades und erhielt den Befehl, sofort zu steigen. Doch die DC-8 sackte weiter nach unten, kollidierte mit der Anflugbefeuerung und brannte aus.

06 – Die Boeing 707 der BOAC war am selben Tag unterwegs von San Francisco nach Hongkong mit Zwischenstopps in Honolulu und Tokio. Eigentlich wurde sie dort um 16:45 Uhr erwartet. Wegen des schlechten Wetters am Zielflughafen wich BA 911 nach Fukuoka aus, um dort die Nacht zu verbringen. Am folgenden Morgen flog die 707 dann nach Tokio. Um 13:58 Uhr Ortszeit startete die Boeing zum letzten Teil der Reise nach Hongkong. Noch während des Abflugs bat der Captain die Flugsicherung, nach Sicht fliegen zu dürfen, um näher an den Fujiyama heranzukommen. Man würde dann später nach IFR (Blindflugregeln) weiterfliegen. Als das Flugzeug in 16.000 Fuß von Südosten auf den Fujiyama zuflog, geriet es in schwere Klarluftturbulenzen (CAT), die der Struktur zusetzten. Nach und nach brach das Leitwerk ab, das linke Höhenruder, der rechte Flügel, die Triebwerke, das Rumpfvorderteil, bis die 707 zerbrach. 124 Menschen an Bord starben. Das Flugzeug hinterließ ein 16 km langes Trümmerfeld. An Bord war eine Reisegruppe von 26 Ehepaaren, die 63 Kinder als Waisen hinterließen.

Das war der letzte Unfall in einem Cluster von fünf Totalschäden in Japan, allein im Jahr 1966. Er brachte die Gesamtrechnung auf insgesamt 186 Tote.

zu 06: Der Fujiyama ist verführerisch schön. Er strahlt nichts als Frieden aus, und doch hat der majestätische Berg schon viele Menschenleben gekostet.

Lfd. Nr.	Datum	Flug	Flugzeugtyp	Airline	Opfer	Unfallort
01	**05.03.1967**	**527**	**Convair CV-580**	**Lake Central Airlines**	**38**	**Marseilles, OH, USA**
02	**05.03.1967**	**RG 837**	**Douglas DC-8-33**	**Varig**	**51 + 5**	**Monrovia, Liberia**
03	30.03.1967	DL 9877	Douglas DC-8-51	Delta Air Lines	6 + 13	New Orleans, LA, USA
04	11.04.1967		Douglas DC-4	Air Algérie	35	Tamanrasset, Algerien
05	20.04.1967		Bristol 175 Britannia 313	Globe Air	126	Nicosia, Zypern
06	26.04.1967		C-47 (DC-3)	Avianca	17	Sogamoso, Kolumbien
07	**04.06.1967**		**Canadair C-4 Argonaut**	**BMA**	**72**	**Stockport, UK**
08	23.06.1967	MO 40	BAC One-Eleven 204AF	Mohawk Airlines	34	Blossburg, PA, USA
09	30.06.1967	TG 601	SE-210 Caravelle III	Thai Airways International	24	Hongkong
10	**19.07.1967**	**PI 22**	**Boeing 727-22**	**Piedmont Airlines**	**79**	**Hendersonville, NC, USA**
11	19.07.1967		Douglas DC-4-1009	Air Madagascar	42	Antananarivo, Madagaskar
12	20.11.1967	TW 128	Convair CV-880	TWA	70	Covington, KY, USA

01 – Lake Central Airlines Flug 527 war unterwegs von Chicago über Detroit, Lafayette, Cincinnati, Columbus (Indiana) nach Toledo. Um 19:52 Uhr startete die Convair CV-580 in Columbus. Um 20:05 Uhr gab es den letzten Funkkontakt mit der Flugsicherung. Kurz darauf zerlegte sich der Propeller des Nummer 2-Motors. Ein Blatt durchschlug die Kabinenwand, Kabel und Hydraulikleitungen wurden durchtrennt, die Convair stürzte ab.

Als Ursache wurde festgestellt, dass alle vier Propellerblätter an der Nabe abgerissen waren, über die die Blattverstellung gesteuert wurde. Alles deutete zuerst auf einen Wartungsfehler. Der Aufsichtsrat entließ noch im selben Monat den Chef der Airline. Erst ein halbes Jahr später, nach aufwendigen metallurgischen Untersuchungen, kam heraus, dass bei der Herstellung der Welle die zur Materialhärtung erforderliche Nitrierung vergessen wurde. Bei einer Überprüfung aller Propellerantriebe, die von dem Zulieferer stammten, wurden zehn nicht gehärtete Torque Pistons gefunden, die bereits verbaut waren.

02 – Die brasilianische Varig flog mit RG 837 von Rom Fiumicino nach Monrovia in Liberia. Start um 21:08 Uhr. Um 02:50 Uhr war die Maschine im Anflug auf die liberianische Hauptstadt. Während des Anflugs hatte der Captain die erleuchtete Piste in Sicht, entschloss sich aber für einen Instrumentenanflug auf das VOR aus 4500 Fuß. Als er die Küstenlinie bei 4,5 Meilen in Richtung Piste überflog, war die DC-8 auf 1800 Fuß, das Fahrwerk war unten, die Klappen auf 35 Grad.

Der Kopilot rief die Geschwindigkeit und Höhe alle 100 Fuß aus, bis Nebelbänke die Sicht auf die Piste verdeckten. Der Captain fuhr die Landeklappen ganz aus und sagte seinem Kopiloten, die Ansagen seien nicht mehr notwendig, er solle lieber Ausschau nach der Piste halten. Da hatte die DC-8 eine Höhe von 800 Fuß, sie hätte aber auf 520 sein sollen. Der Captain erhöhte die Sinkgeschwindigkeit auf 1200 bis 1500 Fuß, indem er Schub zurücknahm und die Nase nach unten drückte. Nach dem Durchfliegen der Nebelbank schrie der Kopilot: »Ich sehe die Piste, wir sind zu niedrig!« Die DC-8 schlug eine Meile vor der Piste auf, schlitterte noch ein paar hundert Meter über den Boden und brannte aus. Als Ursache wurde eine inkonsequente Durchführung des Instrumentenanflugs und der ungebrochene steile Sinkflug festgelegt.

07 – Die C-4 ist eine kanadische Weiterentwicklung der DC-4. Wenn sie an die BOAC geliefert wurden, erhielten sie den Zusatz »Argonaut«. Eine von ihnen war als Charterflug unterwegs von Palma de Mallorca nach Manchester. Start war um 04:06 Uhr UTC. Um 08:56 Uhr begann sie ihren Anflug auf Manchester. Die Radarkontrolle führte sie zum ILS-Localizer für Piste 24. Um 09:01 Uhr war sie 9 Meilen im Endanflug. Da die DC-4 links von der Mittellinie flog, fragte der Radarlotse, ob sie denn das ILS empfangen könnten. Der Captain bejahte und meinte, er würde den Kurs gleich korrigieren. Kurz darauf fiel Motor Nummer 4 aus, 15 Sekunden später noch Motor Nummer 3 auf derselben Seite. Bei 6 Meilen fragte der Controller noch einmal, ob das ILS-Signal empfangen würde. Da keine Antwort kam, wiederholte der Lotse die Frage. Diesmal antwortete der Captain: »Wir brechen die Landung ab, wir haben ein Problem mit der Drehzahl.«

Da war die Geschwindigkeit nur noch 116 Knoten. Die Crew hatte zunehmend Schwierigkeiten, die Geschwindigkeit zu halten, und kämpfte gegen jeden Meter Höhenverlust. Noch immer verniedlichte der Captain den 50-prozentigen Motorenausfall als »kleines Problem«. Erst als er bei 7 Meilen im spitzen Winkel auf den Landekurs zuflog und nur noch 230 m über Grund war, alarmierte die Flugsicherung die Rettungsdienste. Bei 5 Meilen befand sich die Maschine auf der Mittellinie, hatte aber nur noch 150 m Höhe. Die Geschwindigkeit war nur noch 105 Knoten. Genau vor ihnen lag die Stadt Stockport. Die »Argonaut« prallte mit dem linken Flügel gegen ein dreistöckiges Haus und crashte zwischen Wohn- und Bürogebäuden zu Boden. Personen und Polizeibeamte, die sich zufällig am Unglücksort befanden, schafften es noch, zwölf Menschen aus dem brennenden Wrack zu retten. Alle anderen Passagiere, die zwar den Aufprall überlebten, kamen in den Flammen ums Leben.

1. Die wahrscheinliche Ursache für den Ausfall des ersten Motors war ein unbeabsichtigtes Umpumpen des Treibstoffs im Flug. Der Ausfall des zweiten Motors hatte entweder dieselbe Ursache, oder aber die Crew war sich unsicher, welcher Motor zuerst ausgefallen war, und nahm versehentlich den Propeller des gesunden Motors auf antriebslose Windmühlenstellung.
2. Ort und Design des Cockpit-Schalters für das Umpumpen zwischen den Tanks war systembedingt unübersichtlich und mit geringem Abstand zwischen den Rastern.
3. Eine Mitschuld wurde allen Technikern und Piloten gegeben, die diesen Missstand zwar bemerkt, aber nicht gemeldet und für Abhilfe gesorgt hatten.

10 – Piedmont Airlines Flug PI 22 startete um 11:58 Uhr in Asheville N.C. zu einem Flug nach Roanoke Va. Die Boeing 727 war angewiesen, in Startbahnrichtung geradeaus weiterzufliegen, bis sie 5000 Fuß passiert hatte, um dann auf Kurs zu gehen und weiter auf FL 210 zu steigen. Gleichzeitig erhielt eine ankommende Cessna die Freigabe für einen anderen Instrumentenanflug als den geplanten, mit einer Sinkflugbegrenzung auf 6000 Fuß. Als dann PI 22 die 5000 passierte, wurde der verunsicherte Cessna-Pilot für den weiteren Anflug freigegeben. Dieser befand sich in einem anderen Verfahren und stieß deshalb mit der Boeing 727 zusammen. Als Ursache wurde mangelhafte Flugvorbereitung seitens des Cessna-Piloten festgelegt. Die Flugsicherung versäumte es, eine eindeutige und korrekte Anflugfreigabe zu erteilen.

Lfd. Nr.	Datum	Flug	Flugzeugtyp	Airline	Opfer	Unfallort
01	**05.03.1968**	**AF 212**	**Boeing 707-328C**	**Air France**	**63**	**Pointe-à-Pitre, Guadeloupe**
02	24.03.1968	EI 712	Vickers 803 Viscount	Aer Lingus	61	Tuskar Rock, Irland
03	**20.04.1968**	**SA 228**	**Boeing 707-344C**	**South African Airways**	**123**	**Windhoek, Namibia**
04	03.05.1968	BN 352	Lockheed L-188A Electra	Braniff Airways	85	Dawson, TX, USA
05	02.08.1968	AZ 660	Douglas DC-8-43	Alitalia	12	Mailand, Italien
06	**09.08.1968**	**EG 802**	**Vickers 739A Viscount**	**British Eagle**	**48**	**Langenbruck, Deutschland**
07	10.08.1968	PI 230	Fairchild FH-227B	Piedmont Airlines	35	Charleston, WV, USA
08	11.09.1968	AF 1611	SE-210 Caravelle III	Air France	95	Nizza, Frankreich
09	**25.10.1968**	**NE 946**	**Fairchild FH-227C**	**Northeast Airlines**	**32**	**Lebanon, NH, USA**
10	**02.12.1968**	**WC 55**	**Fairchild F-27B**	**Wien Consolidated**	**39**	**Iliamna, AK, USA**
11	12.12.1968	PA 217	Boeing 707-321B	Pan Am	51	Caracas, Venezuela
12	24.12.1968	AL 736	Convair CV-580	Allegheny Airlines	20	Bradford, PA, USA
13	27.12.1968	NC 453	Convair CV-580	North Central Airlines	27+1	Chicago, IL, USA

01 – Air France Flug AF 212 war unterwegs von Santiago de Chile nach Paris mit Zwischenlandungen in Quito, Caracas, Pointe-à-Pitre und Lissabon. An Bord der nagelneuen Boeing 707 mit gerade einmal 43 Betriebsstunden waren 52 Passagiere und 11 Besatzungsmitglieder. Start in Caracas war um 19:27 Uhr, der Flug nach Pointe-à-Pitre auf der Insel Guadeloupe würde eine Stunde und acht Minuten dauern. Drei Minuten früher als erwartet, um 20:09 Uhr, begann der Anflug mit einer Freigabe zum Sinkflug auf FL 90. Um 20:21 Uhr passierte die Boeing FL 150. Die Crew erhielt den Hinweis auf eine vorausfliegende Maschine in FL 80. Um 20:24 Uhr erreichte AF 212 FL 90. Nach mehreren vergeblichen Versuchen stellte die Crew um 20:29 Uhr Kontakt mit Pointe-à-Pitre-Tower her. Der Tower gab die Maschine erneut zum Sinkflug auf FL 90 frei und forderte den Piloten auf, »das Erreichen der Flugfläche oder die Sicht auf die Runway« zu melden. Als eine hell erleuchtete Stadt an der Küste in Sicht kam (Basse Terre), vermutete der Captain irrtümlich, er befinde sich kurz vor Pointe-à-Pitre und der Flughafen sei nur noch eine Minute weg. Um 20:29 Uhr meldete die Crew, sie seien in FL 90 und sie wären noch gut eine Minute vom Flughafen entfernt. Keine 60 Sekunden später meldete die Crew Sichtkontakt zum Flughafen und wurde für einen Sichtanflug auf Piste 11 freigegeben. Die Boeing befand sich aber noch über bergigem Gebiet und schlug in 1200 m Höhe am Vulkan La Grande Soufrière (1467 m) ein. Ursächlich war der Beginn des Sinkfluges an einem Punkt, der nicht zuverlässig identifiziert wurde. 1962 war eine andere Boeing

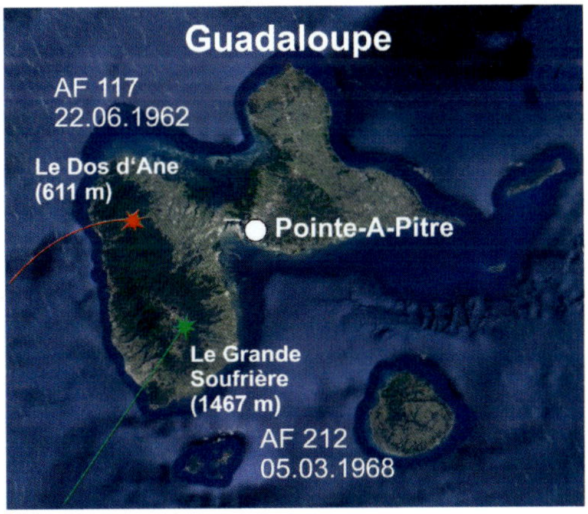

zu 01: Unglücksort der AF 212 am 05.03.1968 auf Guadeloupe, einer Schicksalsinsel von Air France.

707 der Air France ebenfalls im Westteil der Insel unter ähnlichen Umständen gegen einen Berg geflogen.

03 – Die Boeing 707 der South African Airways war unterwegs von Johannesburg nach London mit Zwischenlandungen in Windhoek, Luanda, Las Palmas und Frankfurt. Um 20:49 Uhr Ortszeit erfolgte der Start in Windhoek. Die Nacht war sehr dunkel, kein Mond, keine Wolken am Himmel. Auch das flache Terrain war konturlos, ohne Licht oder jegliche Referenz, der Horizont war nicht erkennbar. SA 228 stieg auf 650 Fuß. Die Crew reduzierte von Start- auf Steigleistung. Statt weiter zu steigen, verlor die Maschine jedoch an Höhe. 30 Sekunden später schlug sie 5 km weiter am Boden auf und hinterließ einen Trümmerteppich von 1400 m Länge und 200 m Breite.

1. Die Maschine war bis zum Crash in tadellosem Zustand, sodass sich die Nachforschungen auf menschliche Einflüsse konzentrierten.
2. Während des Steigflugs wurden die Klappen in 650 Fuß Höhe eingefahren, die Schubhebel von Start- auf Steigleistung zurückgenommen.
3. Offenbar war der Captain der Überzeugung, dass die Maschine noch immer steigen würde. Er veränderte die Trimmung, um die Steigfluglage beizubehalten. Allerdings war er da bereits im Sinkflug.
4. Der Kopilot hatte die Instrumente nicht im Auge behalten oder bemerkte den Höhenverlust nicht.

Beitragende Faktoren könnten gewesen sein:

- Start in totaler Finsternis ohne visuelle Referenzen
- Falsche Trimmung
- Räumliche Desorientierung
- Beschäftigung mit den After-Take-off-Checks

Beide Piloten hatten früher die Boeing 707 Typ A und B geflogen. Bei diesem Typ C ist der Variometer (Steigmesser) an einer anderen Stelle im Instrumentenbrett. Auch eine Fehlinterpretation der Tausenderanzeige am Höhenmesser kam immer wieder vor. Schließlich könnte auch ein Vogel oder eine Fledermaus gegen die Scheibe geflogen sein und die Crew abgelenkt haben.

06 – Die Vickers Viscount der British Eagle International Airlines war in London gestartet und unterwegs nach Innsbruck. Flug EG 802 meldete sich bei der Münchener Flugsicherung über Allersberg VOR. Munich Radar gab die Viscount zum Sinkflug auf FL 120 frei, erhielt aber keine Antwort mehr. Auf dem Radar war nur noch ein Echo zu sehen, das wenige Sekunden später verschwand. Um 13:04 Uhr stürzte die Maschine bei Langenbruck (Bayern) auf die Autobahn A9.

Die wahrscheinliche Ursache war ein Ausfall der Bordelektrik während des Sinkflugs in den Wolken. Das führte zu falschen Anzeigen der wichtigsten Instrumente; als dann auch noch die Kompasskreisel ausfielen, war die Crew orientierungslos. Die auftretenden Kräfte führten zu Strukturschäden an der Zelle, das Flugzeug war nicht mehr steuerbar und zerschellte am Boden.

09 – NE 946 war eine Fairchild F-227 von Northeast Airlines. Sie startete um 17:42 Uhr zu einem Flug nach Montpelier (VT) über Lebanon (NH). Der Flug nach Lebanon war kurz, um 18:08 Uhr konnte sie ihre Reiseflughöhe von 8000 Fuß verlassen. Um 18:10 Uhr schickte der Radar Controller die Fairchild auf die Frequenz des Fluginformationsdienstes. Der Himmel war bedeckt, die Sicht gut. NE 946 flog einen abgekürzten VOR Approach aus 4500 Fuß auf Piste 25, unterbrach aber den Sinkflug nicht bei 2800 Fuß, der Höhe, in der sie noch einmal über das VOR fliegen sollte. Dahinter erstreckte sich hügeliges Gelände mit der höchsten Erhebung von 2237 Fuß. Ohne genau zu wissen, wie weit sie noch von der Piste entfernt waren, wähnten sich die Piloten im Endanflug, setzten den Sinkflug auf die Minimum Descent Altitude von 1880 Fuß fort, bekamen dabei Baumberührung und stürzten ab.

10 – Wien Consolidated Airlines, später Wien Air Alaska, war eine der ersten Fluggesellschaften der USA. Ihr Netzwerk hatte mehr Destinationen als jede andere Airline mit Ausnahme der Aeroflot. Allerdings wurden die Maschinen im rauen Wetter Alaskas schwer mitgenommen. So startete die Fairchild F-27 mit 36 Passagieren und drei Besatzungsmitgliedern in Anchorage (ANC) um 08:46 Uhr zu einem Flug nach Iliamna (ILI) mit Zwischenlandungen in Dillingham (DLG), Big Mountain (BMX) und King Salmon (AKN). Zwischen San Pedro Bay und Iliamna beobachteten Zeugen einen Feuerball und schwarzen Rauch hinter dem Flugzeug. Kurz darauf fielen Einzelteile zur Erde, die F-27 folgte in Spiralen. Als Ursache wurden Klarluftturbulenzen identifiziert, die in keiner Wettervorhersage auftauchten. Darüber hinaus werden verdeckte Vorschädigungen vermutet, die von früheren Turbulenzerfahrungen in der heftigen Wetterküche der Brooks Range stammten.

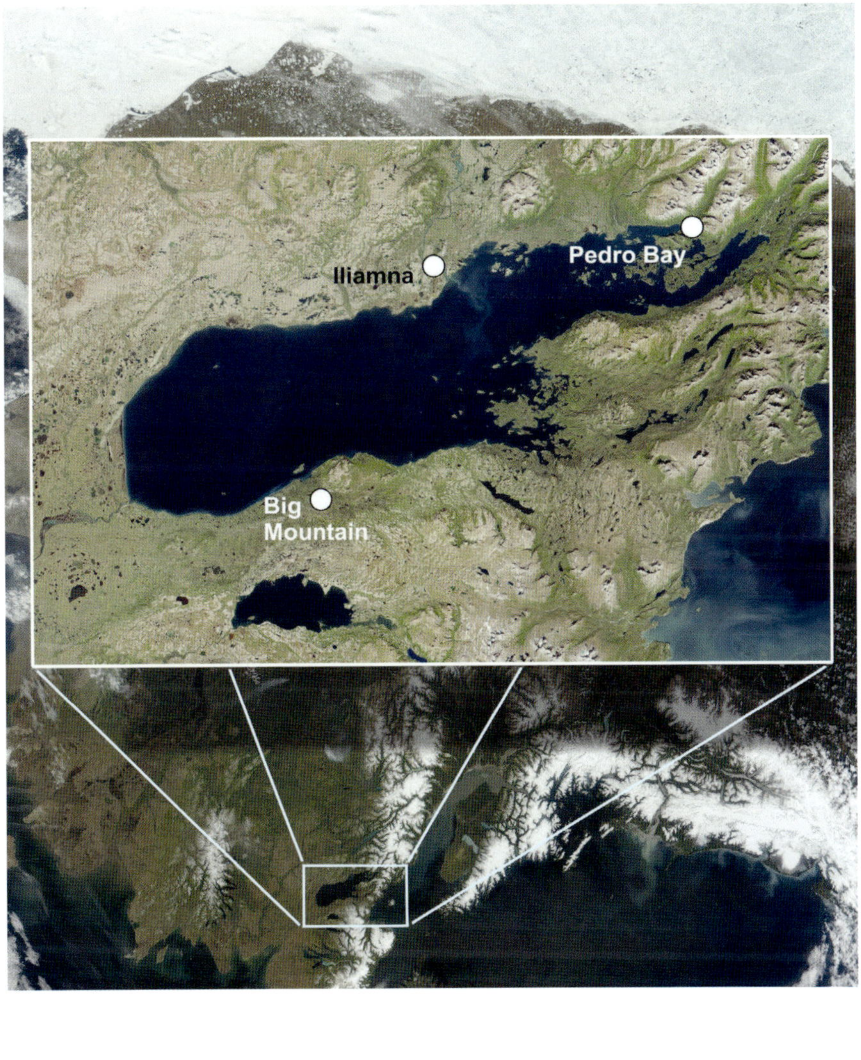

zu 10: Iliamna Lake ist unter Lachsfischern berühmt.

Lfd. Nr.	Datum	Flug	Flugzeugtyp	Airline	Opfer	Unfallort
01	**13.01.1969**	**SK 933**	**Douglas DC-8-62**	**SAS**	**15**	**Santa Monica Bay, CA, USA**
02	**18.01.1969**	**UA 266**	**Boeing 727-22C**	**United Airlines**	**38**	**Los Angeles, CA, USA**
03	**18.02.1969**	**708**	**C-49J (DC-3)**	**Hawthorne Nevada**	**35**	**Lone Pine, CA, USA**
04	**16.03.1969**	**VE 742**	**Douglas DC-9-32**	**AVENSA, op.for VIASA**	**84 + 71**	**Maracaibo, Venezuela**
05	20.03.1969		Iljuschin Il-18D	UAA	100	Assuan, Ägypten
06	04.06.1969	MX 704	Boeing 727-64	Mexicana	79	Monterrey, CA, USA
07	09.09.1969	AL 853	Douglas DC-9-31	Allegheny Airlines	82	Shelbyville, IN, USA
08	21.09.1969	MX 801	Boeing 727-64	Mexicana	27	Mexico City, Mexiko
09	26.09.1969		Douglas DC-6B	LAB	74	La Paz, Bolivien
10	19.11.1969	MO 411	Fairchild FH-227B	Mohawk Airlines	14	Glenn Falls, NY, USA
11	**03.12.1969**	**AF 212**	**Boeing 707-328B**	**Air France**	**62**	**Caracas, Venezuela**
12	08.12.1969	OA 954	Douglas DC-6B	Olympic Airways	90	Athen, Griechenland

01 – Die DC-8 der SAS, Flug 933, kam aus Kopenhagen. Sie war in Seattle zwischengelandet, eine neue Crew hatte das Flugzeug übernommen und war jetzt im Anflug auf Los Angeles. Wegen dichtem Verkehr wurde die DC-8 um 17:32 Uhr in eine Warteschleife zuerst über Bakersfield, dann über Fillmore geschickt. Dort musste die Maschine 90 Minuten halten, bevor sie für einen Backbeam Approach auf das ILS freigegeben wurde. Da SAS ihren Crews nicht erlaubte, Backbeam Approaches zu fliegen, beschloss der Captain, das VOR für den Anflug auf Piste 07R zu nutzen. Da beide Verfahren im Profil ähnlich sind und die gleiche Runway bedienen, verschwieg der Captain diesen Umstand. Die Flugsicherung bat darum, die Geschwindigkeit auf 160 Knoten zu reduzieren. Vor der DC-8 flog eine Cessna 177 auf dieselbe Piste an.

SK 933 wurde daher gebeten, die Geschwindigkeit auf 153 Knoten zu drosseln. Der Captain fuhr das Fahrwerk aus und wollte die Checkliste abarbeiten, wurde aber wiederholt durch den Funkverkehr unterbrochen. Der Captain wähnte sich bei 14 Meilen im Endanflug, der Kopilot bei elf. Die Bugradanzeige stand auf *unsicher*. Wieder wurde die Checkliste vom Anflugcontroller unterbrochen, der darum bat, wegen der vorausfliegenden Cessna die Geschwindigkeit auf das Minimum zu drosseln. SK 933 reduzierte auf 128 Knoten. Approach bat nun die Cessna, die Geschwindigkeit auf 110 Knoten zu erhöhen, was der Pilot ablehnte.

Die DC-8 hätte die Klappen ganz ausfahren müssen, um die geringe Geschwindigkeit von 126 Knoten halten zu können. Da aber das Bugrad noch unsicher war, konnten die Klappen nicht über 26 Grad ausgefahren werden. Sonst wäre bei unsicherer Bugrad-

Ursächlich war die Häufung zahlreicher kleiner Fehler, die einzeln gesehen keine Tragweite gehabt hätten. So aber führten sie zu einem Zusammenbruch der Cockpitdisziplin, zu Kommunikationsfehlern, Missverständnissen. Die Ablenkung durch die fehlende Bugradanzeige (schuld war ein loses Kabel), die Aktivitäten des Bordingenieurs und das vorausfliegende Kleinflugzeug verhinderten zum Beispiel, dass die Checklisten zeitgerecht verlesen wurden. So fiel nicht auf, dass der Kopilot seinen Höhenmesser nicht auf den örtlichen Luftdruck eingestellt hatte. So zeigte der eine andere Höhe an als der des Captains.

anzeige ein Warnhorn angegangen, welches man nicht abschalten konnte. Der Bordingenieur beugte sich zwischen die Piloten und überprüfte die Sicherungen für die Fahrwerkanzeige. Er blätterte im Handbuch und ging dann zum unteren Sichtfenster, um zu prüfen, ob das Bugrad ausgefahren und verriegelt ist. Als er aufstand, um wieder auf seinen Platz zu gehen, schlug die Maschine sechs Meilen vor der Piste auf dem Wasser auf. Von der neunköpfigen Crew überlebten sechs, von den 36 Passagieren wurden 24 gerettet.

02 – United Airlines war unterwegs von Los Angeles nach Milwaukee über Denver. Bei der Boeing 727 war der Generator Nummer 3 schon seit drei Tagen außer Betrieb. Das Problem war der Airline bekannt. Trotzdem durfte das Flugzeug fliegen, weil gemäß Zulassungsbestimmungen nur zwei Generatoren gefordert waren. Voraussetzung dafür war allerdings, dass der Ladestrom während des Fluges beobachtet wurde.

UA 266 startete in L.A. um 18:17 Uhr. Um 18:18 Uhr ertönte ein Feueralarm in Triebwerk Nummer 1. Kurz nachdem die Crew die Nummer 1 abgeschaltet hatte, fiel der Strom vom Generator Nummer 2 aus. Generator Nummer 3 stand bekanntlich nicht zur Verfügung. Nach anderthalb Minuten konnte Strom von einer Batterie angezapft werden. Doch auch diese 50 Volt hielten nur 9 bis 15 Sekunden. Das Flugzeug zerschellte auf dem pazifischen Ozean. Wegen der Wassertiefen von 300 m konnte auch das Wrack nicht geborgen werden.

Ursache war offenbar der Stromausfall und damit der Ausfall jeglicher Instrumentenbeleuchtung, mit der Höhe, Geschwindigkeit, Richtung und Fluglage hätten abgelesen werden können. 38 Menschen bezahlten das mit ihrem Leben. Die Öffentlichkeit war sehr beunruhigt über die Absturzserie der Boeing 727. Ein Dutzend Totalschäden in sechs Jahren war etwas, was man nicht mit Hochglanzprospekten überdecken konnte. Rückblickend urteilen Fachleute, dass das Flugzeug durchaus sicher war, aber die Piloten seien nicht ausreichend darauf geschult worden. Erst als man hier nachsteuerte, wurde die Boeing 727 in dem darauffolgenden Jahrzehnt zum Bestseller.

03 – Hawthorne ist eine Kleinstadt in Nevada mit eigenen Casinos. Eines dieser Casinos wurde schon 1945 gegründet und betrieb eine eigene Charter-Airline, um Kunden an Las Vegas vorbei in die eigenen Etablissements zu fliegen. Wenn es sein musste, auch nur für eine Nacht. Am Morgen des 18. Februar um 03:50 Uhr startete die DC-3 in Hawthorne zum Rückflug nach Burbank/Hollywood. Doch zwischen der Kleinstadt in Nevada und dem Vorort von Los Angeles türmt sich die Sierra Nevada, und mitten drin der höchste Berg Nordamerikas, außerhalb Alaskas, der Mount Whitney (4421 m). Das Wetter war schlecht, Schneestürme wüteten in den Bergen. Die DC-3 wich von ihrer geplanten Route ab und prallte in 3587 m Höhe gegen den nackten Fels. Als das Flugzeug überfällig war, begann eine Suche entlang der Strecke, in den Bergen, mit Luftunterstützung, die ein halbes Jahr dauerte. In ihrem

zu 03: Die Trümmer der DC-3 am Mount Whitney

zu 03: Die DC-3 prallte während eines nächtlichen Schneesturms gegen die majestätische Ostflanke des Mount Whitney.

Verlauf stürzten fünf Flugzeuge ab, fünf Menschen kamen dabei ums Leben. Schließlich wurden das Wrack und die 35 Leichen gefunden. Das Wrack war nur über einen neunstündigen Aufstieg zu erreichen.

04 – Start einer DC-9 der Venezolana Internacional de Aviación (VIASA) in Maracaibo zu ihrem Flug nach Miami. Vor dem Start berechnete die Crew die Startkonfiguration auf Grundlage der Temperaturfühler entlang der Piste. Diese waren jedoch allesamt fehlerhaft. Folglich war die Startstrecke länger, die Klappen waren falsch gesetzt, die Maschine gewann keine Höhe, flog in eine Hochspannungsleitung und stürzte in die Stadt, was weiteren 71 Menschen das Leben kostete. Alle 84 Menschen an Bord kamen ums Leben.

11 – Air France wieder einmal, auf dem Weg von Caracas nach Pointe-à-Pitre, jenem Schicksalsflughafen auf der Schicksalsinsel Guadeloupe, wo erst im vergangenen Jahr eine Boeing 707 gegen einen Berg geflogen war. Wieder war es eine Boeing 707, wieder mit derselben Flugnummer AF 212, wieder war sie in Caracas gestartet. Doch diesmal explodierte das Flugzeug kurz nach dem Start in Caracas und stürzte ins Meer.

Alle Dokumente der Flugunfalluntersuchung sind für 60 Jahre unter Verschluss des französischen Geheimdienstes. Öffentliche Aufklärung ist also nicht vor dem Jahr 2029 zu erwarten. Doch so viel sickerte trotzdem durch: Im Wrack wurden Spuren von Nitrocellulose, Nitroglyzerin und Trinitrotoluol (TNT) gefunden …

Lfd. Nr.	Datum	Flug	Flugzeugtyp	Airline	Opfer	Unfallort
01	13.01.1970	PH 208B	Douglas C-47B (DC-3)	Polynesian Airlines	32	Apia, Samoa
02	04.02.1970	AR 707	Avro 748-105 Srs. 1	Aerolineas Argentinas	37	Loma Alta, Argentinien
03	15.02.1970		Douglas DC-9-32	Dominicana	102	Santo Domingo, Dom. Rep.
04	**21.02.1970**	**SR 330**	**Convair CV-990**	**Swissair**	**47**	**Würenlingen, Schweiz**
05	**21.02.1970**		**Caravelle**	**Austrian Airlines**	**0**	**Frankfurt, Deutschland**
06	06.03.1970		Handley Page HP-137 Jetstream 1	Bavaria Fluggesellschaft	11	St. Moritz, Schweiz
07	14.03.1970		Fairchild FH-227B	Paraense Transp. Aéreos	38	Belém, Brasilien
08	03.07.1970	DA 1903	de Havilland DH-106 Comet 4	Dan-Air Services	112	Sierra del Montseny, Spanien
09	**05.07.1970**	**AC 621**	**Douglas DC-8-63**	**Air Canada**	**109**	**Toronto, Kanada**
10	09.08.1970	502	Lockheed L-188A Electra	LANSA	99+2	Cuzco, Peru
11	14.11.1970	So 932	Douglas DC-9-31	Southern Airways	75	Huntington, WV, USA
12	27.11.1970	CL 3/26	Douglas DC-8-63CF	Capitol Airways	47	Anchorage, AK, USA
13	07.12.1970		BAC One-Eleven 424EU	Tarom	19	Constanta, Rumänien
14	31.12.1970		Nord 262E	Rousseau Aviation	30	Algier, Algerien

04 – Die Convair Coronado der Swissair war unter der Flugnummer SR 330 von Zürich nach Tel Aviv unterwegs. An Bord befanden sich 38 Passagiere und 9 Besatzungsmitglieder. Start war um 13:14 Uhr. Neun Minuten nach dem Start explodierte eine Bombe im Gepäckraum. Die Coronado war da bereits auf 4300 m Höhe. Die Crew erklärte Luftnotlage, Feuer an Bord, Druckabfall, Navigation ausgefallen. Der Rauch verhinderte zusehends die Sicht auf die Instrumente, und die Piloten verloren die Orientierung. Die Coronado driftete nach Westen ab und verlor stark an Höhe. Der letzte Funkspruch des Kapitäns um 13:33 Uhr lautete: »We are crashing – goodbye everybody – goodbye everybody.« Dann fiel der Strom aus, die Maschine stürzte mit 770 km/h in steilem Sturzflug bei Würenlingen im Kanton Schwyz ab. Die Volksfront zur Befreiung Palästinas übernahm noch am selben Tag die Verantwortung, widerrief das jedoch zwei Tage später. Die Bomben der PFLP hatten eigentlich der israelischen Fluggesellschaft El Al gegolten. Deren Fracht wurde jedoch samstags über andere Flughäfen umgeleitet, was den Attentätern offenbar nicht bekannt war.

05 – Am selben Tag explodierte 20 Minuten nach dem Start in Frankfurt eine in einem Postkorb versteckte Bombe an Bord einer Caravelle während des Fluges von Frankfurt nach Wien. Das Flugzeug war mit 33 Passagieren und fünf Besatzungsmitgliedern besetzt. Die Bombe riss ein Loch von einem halben Quadratmeter in die Unterseite des Rumpfes. Die Crew konnte aber trotzdem wenden und wieder sicher in Frankfurt landen. Keine der 38 Personen an Bord wurde verletzt. Das Paket mit der Bombe war ebenfalls für die El-Al-Maschine von Frankfurt nach Tel Aviv vorgesehen. Die israelische Airline, die für ihre besonders strengen Sicherheitsmaßnahmen bekannt ist, hatte jedoch den Transport verweigert, weshalb es in die Maschine der AUA von Frankfurt über Wien nach Tel Aviv verladen wurde.

09 – Air Canada Flug AC 621 war eine fast fabrikneue DC-8, an diesem Morgen unterwegs von Montreal nach Los Angeles mit Zwischenlandung in Toronto. An Bord waren 100 Passagiere und eine neunköpfige Besatzung. Captain und Kopilot kannten sich von früheren Flügen. Auf Wunsch des Captains wurde beim Verlesen der Landecheckliste der Punkt »Störklappen entriegeln« ausgelassen. Er wollte die Klappen aus Gewohnheit erst im Ausgleiten über der Befeuerung kurz vor dem Aufsetzen auf der Piste entriegeln lassen. Die beiden Piloten hatten schon oft über dieses Verfahren diskutiert, und beide wollten die Störklappen nicht wie in der Checkliste vorgeschrieben zu Beginn des Anfluges entriegeln, um ein versehentliches Ausfahren auszuschließen. Während der Captain die Entriegelung über der Anflugbefeuerung wünschte, bevorzugte der Kopilot die Entriegelung nach dem Aufsetzen am Boden. Ausgerechnet auf diesem Flug hatten die beiden wieder einmal diese Diskussion, die der Captain mit den Worten beendete: »Also gut, gib sie mir im Ausgleiten« (on the flare). Als sich nun AC 621 über der Anflugbefeuerung befand, sagte der Captain schlicht »Okay«. Der Kopilot fuhr daraufhin die Störklappen aus. Die DC-8 befand sich zu dem Zeitpunkt noch 20 m über Grund und sackte sofort durch. Der Captain begriff, was geschehen war, gab volle Power auf alle vier Triebwerke und zog an der Steuersäule. Die Nase ging nach oben, das Heck schlug auf der Piste auf, Triebwerk Nummer 4 riss ab, der Tank schlug leck, die Maschine hob wieder ab, die Störklappen fuhren wieder ein. Die DC-8 stieg auf 3100 Fuß und zog Feuer und Rauch hinter sich her. Eine Notlandung auf Piste 32 war wegen der Trümmerteile nicht mehr möglich. So holte der Captain weiter aus, um auf die Piste 23 anzufliegen. Während dieses Flugmanövers explodierte das Triebwerk Nummer 3 und riss von der Tragfläche. Eine weitere Explosion im Flügeltank riss einen großen Teil der Tragfläche ab. AC 621 schlug 10 km nordwestlich des Flughafens auf und brannte aus. Es gab keine Überlebenden. Zwar gab man den Piloten die Schuld an dem Unfall. Trotzdem wurden acht Änderungsempfehlungen an den Hersteller ausgesprochen.

zu 09: Eine Air Canada Douglas DC-8-43 CF-TJC

Lfd. Nr.	Datum	Flug	Flugzeugtyp	Airline	Opfer	Unfallort
01	06.06.1971	RW 706	DC-9-31	Hughes Airwest	49	Duarte, CA, USA
02	**07.06.1971**	**AL 485**	**Convair CV-580**	**Allegheny Airlines**	**28**	**New Haven, CT, USA**
03	03.07.1971	JD 63	NAMC YS-11A-217	TOA Domestic	68	Yokotsu (Berg), Japan
04	30.07.1971	NH 58	Boeing 727-281	All Nippon	162	Shizukuishi, Japan
05	28.08.1971	MA 731	Iljuschin Il-18V	Malev	32	Kopenhagen, Dänemark
06	**04.09.1971**	**AS 1866**	**Boeing 727-193**	**Alaska Airlines**	**111**	**Juneau, AK, USA**
07	**06.09.1971**	**DR 112**	**BAC One-Eleven 515FB**	**Paninternational**	**22**	**Hamburg-Fuhlsb., Deutschland**
08	16.09.1971	MA 110	Tupolew Tu-134	Malev	49	Kiew, Ukraine
09	28.09.1971	SC 332	Douglas DC-3A-414A	Cruzeiro do Sul	32	Sena Madureira, Brasilien
10	02.10.1971	BE 806	Vickers 951 Vanguard	BEA	63	Aarsele, Belgien
11	21.10.1971	804	ATECO Westwind II	Chicago & Southern Airlines	16	Peoria, IL, USA
12	09.12.1971		HAL-748	Indian Airlines	21	Cumbum, Indien
13	**24.12.1971**	**508**	**Lockheed L-188A Electra**	**LANSA**	**91**	**Puerto Inca, Peru**

02 – Auf dem Flug von Washington D.C. nach Newport News VA, mit Zwischenlandungen in Groton (CT), New London, New Haven (CT) und Philadelphia befand sich die Convair mit 31 Personen an Bord auf dem Endanflug zur Landung in New Haven auf Piste 02. Wolkenuntergrenze war in 100 Fuß über Grund, Zeugen sprachen von 20 m Sicht im Nebel. AL 485 war zu einem VOR-Anflug auf New Haven freigegeben, Minima lagen bei 380 Fuß Wolkenuntergrenze und 1600 m Sicht. Bereits zuvor in Groton brauchte AL 485 wegen der schlechten Sicht und den tiefhängenden Wolken drei Anflüge. Spätere Nachforschungen ergaben, dass sich der Captain trotz einer Minimum Descent Altitude (MDA) von 610 Fuß jedes Mal weiter nach unten getastet hatte, beim zweiten Anflug auf 175 Fuß, beim dritten gar auf 125 Fuß! Als er nun bei ähnlichen Wetterverhältnissen auf New Haven anflog und der Kopilot ihn auf die MDA von 380 Fuß hinwies, befahl ihm der Captain, scharf nach unten zu schauen. Dieser antwortete: »Man sieht nicht durch den Dreck hindurch.« Dann rief er: »Wir sind keine 20 Fuß vom Wasser!« Drei Sekunden später streifte die Convair die Dächer von drei Strandhäusern, stürzte ab und ging in Flammen auf. Drei Menschen überlebten. Warum der Captain die Landung erzwingen wollte, statt zum Ausweichflughafen zu fliegen, konnte er nicht mehr beantworten.

06 – Flug AS 1866 war eine Boeing 727 von Alaska Airlines. Sie war unterwegs von Anchorage nach Seattle mit Zwischenlandungen in Cordova, Yakutat, Juneau und Sitka. Start war in Anchorage um 09:13 Uhr. Um 11:54 Uhr verließ AS 1866 die Reiseflughöhe zum Sinkflug auf 10.000 Fuß, wurde aber gleich darauf gebeten, auf 12.000 Fuß zu gehen und über Howard Intersection zu halten, da eine Piper Apache nach dem Start in Juneau noch nicht identifiziert war. Captain Adams engagierte sich als Relais zwischen Anchorage Center und der Piper Apache, die mit Vereisung und tiefhängenden Wolken zu kämpfen hatte, um über die Tongass-Berge in Richtung Whitehorse zu kommen. Dies wurde später als ein Beitrag zum Konzentrationsverlust bewertet. Die verschiedenen Intersections auf dem Anflugkurs nach Juneau werden von den

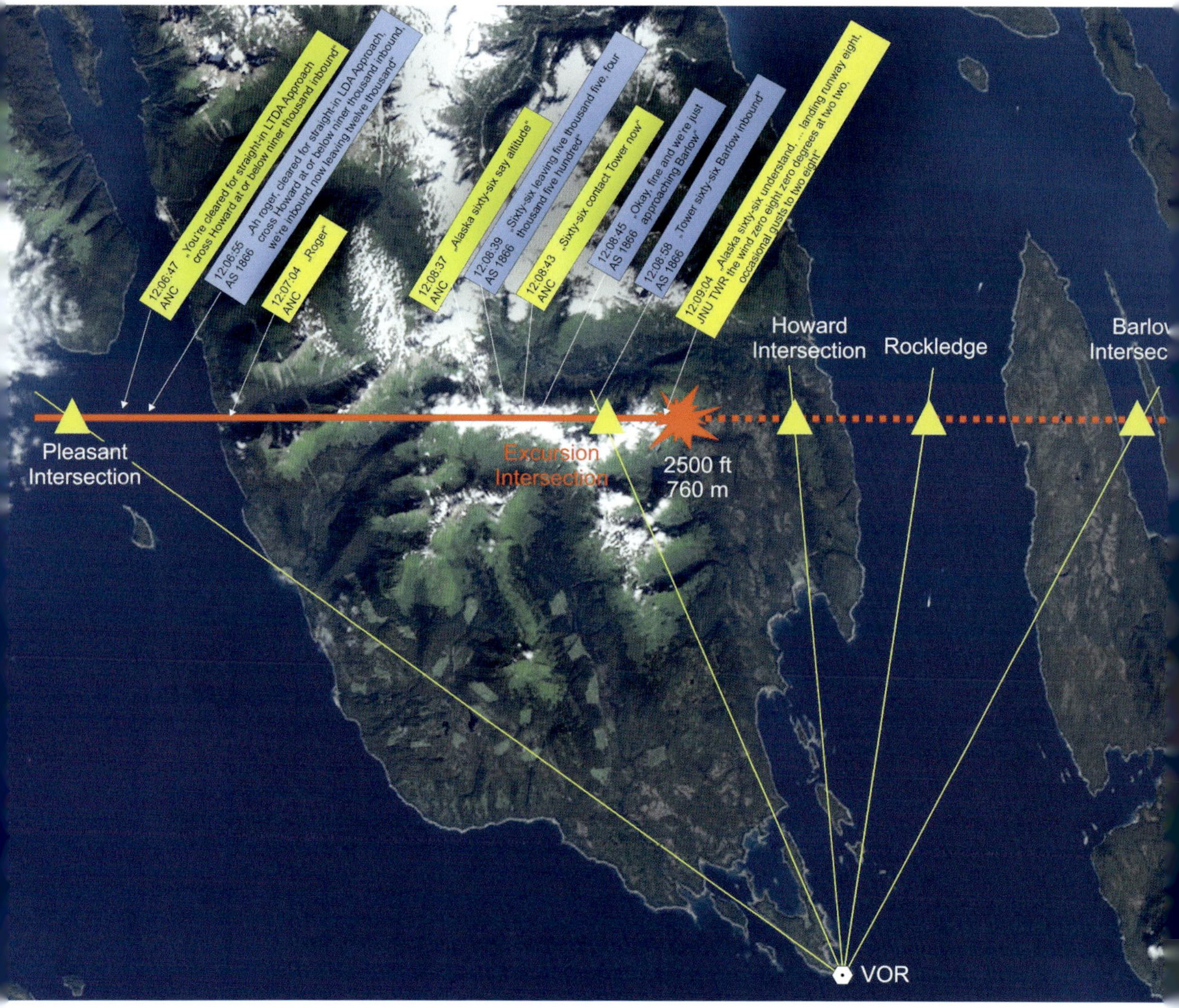

Schnittpunkten mit dem Landekurssender in Juneau und einem VOR abseits des Kurses markiert. Diese Schnittpunkte bestimmter VOR-Radiale werden mit Namen bezeichnet. In Anflugrichtung auf Juneau sind dies die Punkte Pleasant, Excursion, Howard, Rockledge und Barlow. Die Flugsicherung benutzt diese Punkte, um Staffelung herzustellen und Sinkflugfreigaben zu erteilen. Es war im vorliegenden Fall möglich, dass ein abgestrahlter VOR Radial von den Küstenbergen reflektiert wurde und im Cockpit eine fal-

Bei der Untersuchung kam heraus, dass Änderungen in der Anflugkarte zu spät bei der Airline und ihren Piloten angekommen waren. Insbesondere die Überflughöhe von Barlow und Howard wurde zuvor geändert. Allerdings hätte das keinen Einfluss auf die Abläufe gehabt. Die Kommission forderte eine sofortige Aufrüstung der Navigationsanlagen von Juneau mit einer DME-Komponente. Die Hauptstadt Alaskas hat den zweifelhaften Ruhm, einen der schwierigsten Flughäfen der USA zu haben.

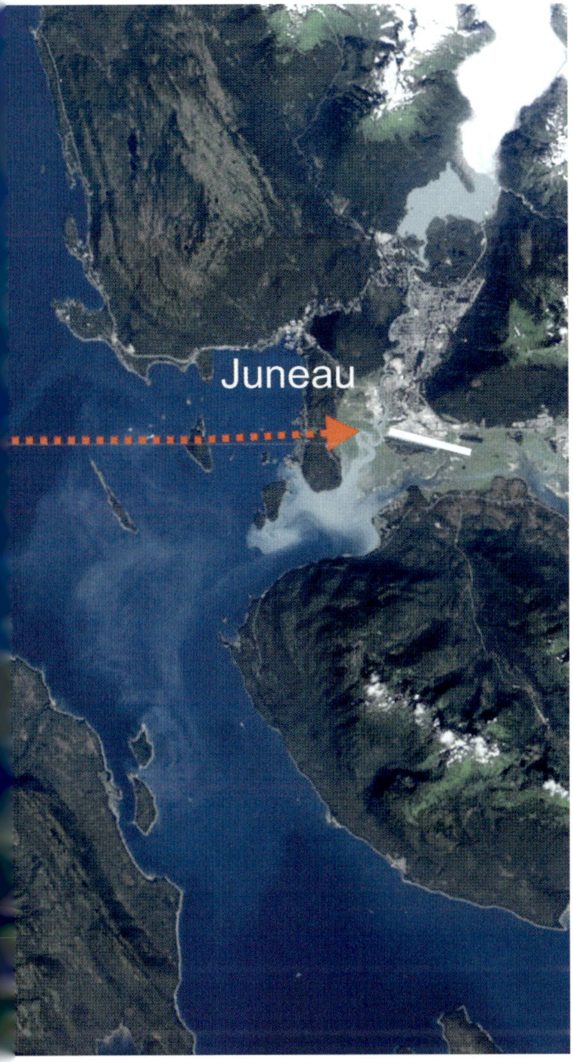

zu 06: Geografische Darstellung des Funkverkehrs am 04.09.1971 zwischen der Flugsicherung und der Boeing 727-193 der Alaska Airlines mit der Flugnummer AS 1866. Beim Absturz in Juneau verloren 111 Passagiere ihr Leben. Der Autor dieses Buches war auf diesen Flug gebucht. Eine kurzfristige Umbuchung rettete ihm das Leben.

sche Anzeige erzeugte. Als sich die Crew nämlich über Howard Intersection wähnte, war sie tatsächlich neun Meilen westlich von Excursion. Um 12:06:47 Uhr erhielt AS 1866 die Freigabe für den Sinkflug auf Juneau. Dabei war ihre tatsächliche Position noch zwischen Pleasant und Excursion Intersection, als Captain Adams den Sinkflug auf 4500 Fuß einleitete. Den Bergrücken hätte er eigentlich in 6500 Fuß überfliegen müssen. Beim Frequenzwechsel zum Tower war er noch zwei Meilen vor dem Aufprall, westlich von Howard.

07 – Hausfrauen sollten das wissen: Wird in der häuslichen Küche eine Pfanne mit Öl oder Fett zu lange und zu stark erhitzt, beginnt es erst zu sieden, dann zu rauchen. Dabei entstehen feinste Partikel mit einer sehr großen Oberfläche, die schon mit dem in der Luft vorhandenen Sauerstoff reagieren. Das Rauch-Luftgemisch entzündet sich dabei selbst. Bei brennendem Öl oder Fett ent-

(weiter auf Seite 72)

zu 07: Am 06.09.1971 verunglückte eine BAC One-Eleven der Paninternational kurz nach dem Start in Hamburg-Fuhlsbüttel trotz einer meisterhaft durchgeführten Notlandung.

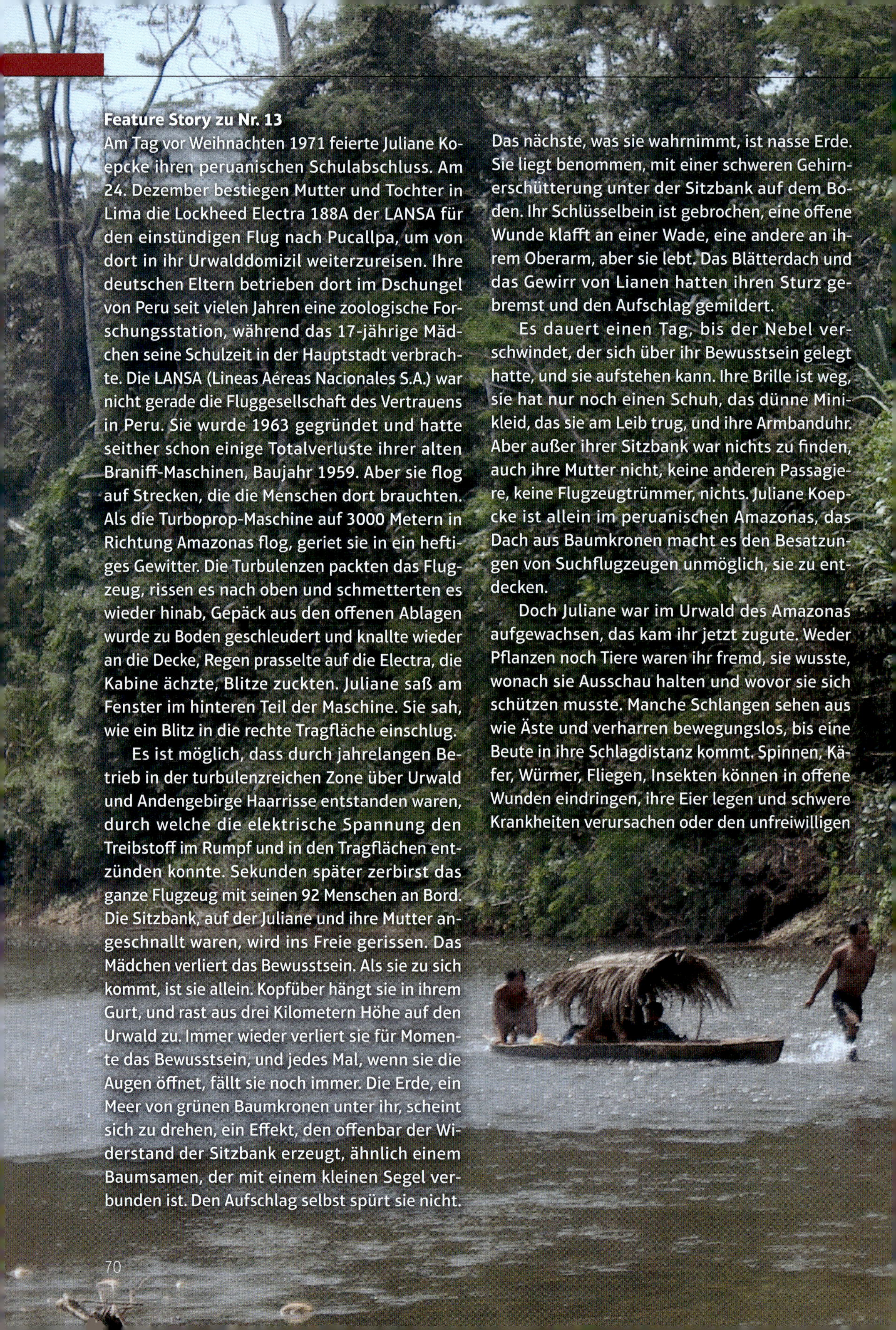

Feature Story zu Nr. 13

Am Tag vor Weihnachten 1971 feierte Juliane Koepcke ihren peruanischen Schulabschluss. Am 24. Dezember bestiegen Mutter und Tochter in Lima die Lockheed Electra 188A der LANSA für den einstündigen Flug nach Pucallpa, um von dort in ihr Urwalddomizil weiterzureisen. Ihre deutschen Eltern betrieben dort im Dschungel von Peru seit vielen Jahren eine zoologische Forschungsstation, während das 17-jährige Mädchen seine Schulzeit in der Hauptstadt verbrachte. Die LANSA (Lineas Aéreas Nacionales S.A.) war nicht gerade die Fluggesellschaft des Vertrauens in Peru. Sie wurde 1963 gegründet und hatte seither schon einige Totalverluste ihrer alten Braniff-Maschinen, Baujahr 1959. Aber sie flog auf Strecken, die die Menschen dort brauchten. Als die Turboprop-Maschine auf 3000 Metern in Richtung Amazonas flog, geriet sie in ein heftiges Gewitter. Die Turbulenzen packten das Flugzeug, rissen es nach oben und schmetterten es wieder hinab, Gepäck aus den offenen Ablagen wurde zu Boden geschleudert und knallte wieder an die Decke, Regen prasselte auf die Electra, die Kabine ächzte, Blitze zuckten. Juliane saß am Fenster im hinteren Teil der Maschine. Sie sah, wie ein Blitz in die rechte Tragfläche einschlug.

Es ist möglich, dass durch jahrelangen Betrieb in der turbulenzreichen Zone über Urwald und Andengebirge Haarrisse entstanden waren, durch welche die elektrische Spannung den Treibstoff im Rumpf und in den Tragflächen entzünden konnte. Sekunden später zerbirst das ganze Flugzeug mit seinen 92 Menschen an Bord. Die Sitzbank, auf der Juliane und ihre Mutter angeschnallt waren, wird ins Freie gerissen. Das Mädchen verliert das Bewusstsein. Als sie zu sich kommt, ist sie allein. Kopfüber hängt sie in ihrem Gurt, und rast aus drei Kilometern Höhe auf den Urwald zu. Immer wieder verliert sie für Momente das Bewusstsein, und jedes Mal, wenn sie die Augen öffnet, fällt sie noch immer. Die Erde, ein Meer von grünen Baumkronen unter ihr, scheint sich zu drehen, ein Effekt, den offenbar der Widerstand der Sitzbank erzeugt, ähnlich einem Baumsamen, der mit einem kleinen Segel verbunden ist. Den Aufschlag selbst spürt sie nicht. Das nächste, was sie wahrnimmt, ist nasse Erde. Sie liegt benommen, mit einer schweren Gehirnerschütterung unter der Sitzbank auf dem Boden. Ihr Schlüsselbein ist gebrochen, eine offene Wunde klafft an einer Wade, eine andere an ihrem Oberarm, aber sie lebt. Das Blätterdach und das Gewirr von Lianen hatten ihren Sturz gebremst und den Aufschlag gemildert.

Es dauert einen Tag, bis der Nebel verschwindet, der sich über ihr Bewusstsein gelegt hatte, und sie aufstehen kann. Ihre Brille ist weg, sie hat nur noch einen Schuh, das dünne Minikleid, das sie am Leib trug, und ihre Armbanduhr. Aber außer ihrer Sitzbank war nichts zu finden, auch ihre Mutter nicht, keine anderen Passagiere, keine Flugzeugtrümmer, nichts. Juliane Koepcke ist allein im peruanischen Amazonas, das Dach aus Baumkronen macht es den Besatzungen von Suchflugzeugen unmöglich, sie zu entdecken.

Doch Juliane war im Urwald des Amazonas aufgewachsen, das kam ihr jetzt zugute. Weder Pflanzen noch Tiere waren ihr fremd, sie wusste, wonach sie Ausschau halten und wovor sie sich schützen musste. Manche Schlangen sehen aus wie Äste und verharren bewegungslos, bis eine Beute in ihre Schlagdistanz kommt. Spinnen, Käfer, Würmer, Fliegen, Insekten können in offene Wunden eindringen, ihre Eier legen und schwere Krankheiten verursachen oder den unfreiwilligen

Wirt bei lebendigem Leib von innen auffressen. Juliane findet einen kleinen Bach und folgt ihm. Er würde sie an einen Flusslauf führen, dem sie folgen konnte. Und vielleicht würde dort das Blätterdach den Blick freigeben, denn immer wieder hörte sie Suchflugzeuge über den Baumwipfeln. Ständig versperren gefallene Baumstämme, Gestrüpp, Schilfgras, Wurzelwerk und vermoderndes Holz den Weg. Die Nächte verbringt sie ohne Schutz auf dem stets feuchten Boden. Am dritten Tag stößt sie auf ein Triebwerk der Electra, am vierten Tag auf eine Sitzbank mit drei toten Passagieren. Durch die Wucht des Aufpralls fuhr diese fast einen Meter tief in den weichen Boden, kopfüber, nur die Füße der Opfer ragten nach oben. Auch weitere Trümmerteile waren dort verstreut.

Tagelang arbeitet sie sich weiter, den Bach entlang, der immer breiter wird, bis sie den Ruf eines Zigeunerhuhns hört. Sie weiß, dass diese Vögel an Flüssen siedeln. Die Hoffnung steigt, dass sie an ein breiteres Gewässer kommen wird, wo sie vielleicht auf Menschen trifft. Am Fluss wird das Fortkommen einfacher. Doch sie weiß, dass im seichten Uferschlick giftige Stachelrochen lauern, daher begibt sie sich in die Mitte des Flusses und lässt sich treiben. Dort teilt sie sich das Wasser mit Piranhas und Kaimanen, aber sie kennt deren Verhalten und fürchtet sich nicht. Nachts sucht sie Schlaf, der nicht kommen will, Regen kühlt ihren Körper aus, der Wind lässt sie schlottern, die Einsamkeit verzweifeln. Zu essen hat sie nichts, ein paar Bonbons, die sie in ihrer Tasche fand, hat sie längst aufgelutscht.

Die nachlassende Kraft kompensiert sie mit nächtlichen Gebeten. Ihr ist bewusst, dass ihr Überleben ein Wunder ist, ein Geschenk. Sie fühlt sich verpflichtet, ihren Teil zu ihrer Rettung beizutragen, nicht aufzugeben, um den Erhalt ihres geschenkten Lebens zu kämpfen. Mittlerweile machen ihr ihre Wunden zu schaffen. Die Ränder begannen zu faulen, zentimeterlange Würmer krochen aus der Brutstätte an ihrem hinteren Oberarm. Während sie tagsüber im Wasser treibt, verbrennt die Sonne ihre Haut. Der Hunger schwächt sie weiter, die Müdigkeit setzt ihr genauso zu wie die Halluzinationen von Früchten und Speisen. Immer wieder kämpft sie gegen die Erschöpfung an, gegen die Versuchung sich aufzugeben, gegen den Gedanken, es habe alles keinen Zweck.

Und am zehnten Tag entdeckt sie am Ufer ein Boot. Und einen Weg zu einem überdachten Unterstand. Und einen Außenbordmotor. Und ein Fass voller Benzin. Sie benutzt das Benzin, um ihre Wunde am Oberarm auszuwaschen. Dreißig Madenwürmer pult sie mit einem aufgebogenen Ring aus der schwärenden Wunde heraus. Es sind noch längst nicht alle. Am folgenden Tag kommen Waldarbeiter zu der Hütte und bringen Juliane zur nächsten Siedlung. In einer Krankenstation wird ihr geschundener Körper endlich versorgt.

Natürlich ging die Nachricht von der Rettung in Windeseile um den Erdball und natürlich gaben sich Journalisten die Klinke in die Hand. Und das hält bis heute an. Juliane Koepcke hat mittlerweile in Biologie promoviert und geheiratet. Sie pendelt zwischen ihrer Dienststelle in Deutschland und Peru, denn ihre Liebe zum peruanischen Urwald und der Forschungsstation ihrer Eltern ist ungebrochen. Das Trauma hat sie in einem Buch verarbeitet, das sich zu lesen lohnt: »Als ich vom Himmel fiel«. Darin räumt sie mit den Legenden auf, die über ihr Leben und Überleben geschrieben wurden. Sie schreibt auch, dass sie es satt ist, nach jedem Flugzeugabsturz von Journalisten bedrängt zu werden, oder dass man von ihr Ratschläge erwartet, was mögliche Überlebende nun tun sollten.

Wer aus einem zerbrechenden Flugzeug geschleudert wurde, 3 Kilometer im freien Fall zur Erde stürzte, durch die Äste eines Urwaldriesen brach und 50 Meter weiter unten auf den Boden krachte, dem wurde das Leben nicht nur ein zweites Mal geschenkt. Dass das auch noch an Heiligabend passierte, macht das Wunder nicht kleiner. Aber Juliane Koepcke musste noch lange und hart darum kämpfen, dieses Geschenk auch zu behalten. Ihre Geschichte und ihr Lebenswille mögen ein Vorbild für alle Menschen sein, die sich in einer schweren Lebenslage befinden, die sich verlassen fühlen und ohne Hoffnung sind.

steht eine Temperatur von mehr als 1000 Grad Celsius. Versucht man nun den Brand mit Wasser zu löschen, kommt es zur Katastrophe: Da Wasser schwerer ist, gelangt es unter das überhitzte Fett. Es kommt zu einer explosionsartigen Verdampfung des Wassers. Aus dem einen Liter Wasser werden fast 1700 Liter Wasserdampf. Durch die schlagartige Volumenvergrößerung des Wassers verteilt sich der fetthaltige Wasserdampf über die Küche. Die erneute Oberflächenvergrößerung setzt im Nu die ganze Küche in Brand.

Deshalb machte man sich die Wassereinspritzung schon frühzeitig in bestimmten Situationen zunutze. Wird besonders viel Schub benötigt, zum Beispiel beim Start mit schwerster Beladung, verkürzten Pisten, hoch gelegenen Flugplätzen oder heißem Wetter, wird zum Brennstoffgemisch destilliertes Wasser in die Brennkammer der Triebwerke eingespritzt. Gemeinsam mit dem Küchendesaster ist den Triebwerken nämlich die Ausdehnung des Gemischs. Die Wärmeenergie wird in Volumenarbeit umgesetzt und treibt die Turbine an. Dadurch beginnt ein Kreislauf. Die Schaufeln saugen die Luft vorne an, im Herzen des Triebwerks wird sie durch Schaufelräder verdichtet. Hinter dem Verdichter oder Kompressor sitzt die Brennkammer.

Paninternational war eine deutsche Bedarfsfluggesellschaft mit Sitz in München. Am 06.09.1971 war DR 112 unterwegs von Hamburg-Fuhlsbüttel nach Málaga. An Bord der BAC One-Eleven waren 115 Passagiere und sechs Besatzungsmitglieder. Minuten nach dem Start fingen beide Triebwerke Feuer. Kapitän und Kopilotin gelang es noch, die Maschine 3 km weiter in einer meisterhaften fliegerischen Leistung auf der Höhe von Hasloh auf die Autobahn A7 zu setzen. Doch dann kam eine Brücke. Cockpit und Tragflächen rissen ab, 22 Personen kamen sofort ums Leben. Von den 99 Personen, die den Unfall überlebten, waren 45 zum Teil schwer verletzt.

Ursache war, dass die Tanks für die Wassereinspritzung bei sogenannten Nassstarts neben Wasser auch Kerosin enthielten. Bei Wartungsarbeiten auf dem Flughafen Düsseldorf hatte tags zuvor ein Mitarbeiter von Paninternational 100 Liter Kerosin in zwei 60-Liter-Kanister abgefüllt. Diese wurden von einem Flugzeugelektriker ins Lager geräumt. Es wurde auch festgestellt, dass sich in Düsseldorf die Schichten überschnitten hatten und die Zuständigkeiten nicht klar geregelt waren. So hat man die Kerosinkanister zusammen mit weiteren drei Kanistern destilliertem Wasser mit der Unfallmaschine mit nach Hamburg genommen. Dort befüllte am nächsten Tag ein Wart die Tanks der Wassereinspritzanlage unter Aufsicht eines Piloten. Als der Wart bemerkte: »Hier stinkt's aber nach Sprit«, sagte der Pilot: »Hier stinkt alles nach Sprit.« Kerosin hat ein geringeres spezifisches Gewicht als Wasser. Daher geriet beim Start zunächst das untenstehende Wasser in die Triebwerke – und dann das Kerosin.

13 – LANSA Flug 508 war eine Lockheed Electra auf dem Flug von Lima nach Pucallpa an Heiligabend 1971. 40 Minuten nach dem Start geriet die Maschine in FL 210 über den Anden in ein schweres Gewitter. Nach 20 Minuten schlug ein Blitz ein, die rechte Tragfläche geriet in Brand und brach weg. Das Flugzeug zerbarst in mehrere Einzelteile. Eine 17-jährige Passagierin stürzte an ihren Sitz festgeschnallt 3000 Meter in den Urwald – und überlebte.

Lfd. Nr.	Datum	Flug	Flugzeugtyp	Airline	Opfer	Unfallort
01	07.01.1972	IB 602	Convair CV-340-68B	Iberia	104	Ibiza, Spanien
02	12.04.1972	VP xxx	NAMC YS-11A-211	VASP	25	Rio de Janeiro, Brasilien
03	16.04.1972	BM 392	Fokker F-27 Friendship 200	ATI	18	Ardinello di Amaseno, Italien
04	18.04.1972	EC 720	Vickers Super VC10-1154	East African Airways	43	Addis Abeba, Äthiopien
05	05.05.1972	AZ 112	Douglas DC-8-43	Alitalia	115	Palermo, Italien
06	12.06.1972	AA 96	Douglas DC-10-10	Pan Am	0	Windsor, Kanada
07	14.06.1972	JL 471	Douglas DC-8-53	JAL	82+4	Delhi, Indien
08	15.06.1972	CX 700Z	Convair CV-880	Cathay Pacific	81	Pleiku, Vietnam
09	18.06.1972	BE 548	Hawker Siddeley HS-121 Trident 1C	BEA	118	Staines, UK
10	**14.08.1972**		**Iljuschin Il-62**	**Interflug**	**156**	**Königs Wusterhausen, Deutschland**
11	**13.10.1972**		**Fairchild FH-227D**	**Uruguayan AF**	**29**	**El Tiburcio, Argentinien**
12	21.10.1972	OA 506	NAMC YS-11A-500	Olympic Airways	37	Athen, Griechenland
13	27.10.1972	IT 696	Vickers 724 Viscount	Air Inter	60	Noirétable, Frankreich
14	08.12.1972	UA 553	Boeing 737-222	United Airlines	43 + 2	Chicago, IL, USA
15	23.12.1972	BU 239	Fokker F-28 Fellowship 1000	Braathens	40	Oslo, Norwegen
16	**29.12.1972**	**EA 401**	**Lockheed L-1011-385-1 TriStar 1**	**Eastern Air Lines**	**101**	**Everglades, FL, USA**

10 – Die Iljuschin IL-62 der ostdeutschen Fluggesellschaft Interflug startete um 16:29 Uhr in Berlin-Schönefeld nach Burgas an der Schwarzmeerküste mit 156 Personen an Bord. In der Nähe von Cottbus traten Schwierigkeiten mit dem Höhenruder auf. Die Crew machte kehrt, um nach Berlin zurückzufliegen. Unterwegs ließ sie Treibstoff ab. Zehn Kilometer vor dem rettenden Flughafen zerbrach das Heck mit Höhen- und Seitenruder, die Maschine stürzte bei Königs Wusterhausen ab. Als Ursache erkannte man eine undichte Heißluftleitung der Klimaanlage. Die heißen Dämpfe hatten die Isolie-

(weiter auf Seite 76)

zu 10: An der Absturzstelle der Iljuschin Il-62 der ostdeutschen Fluglinie Interflug in Königs Wusterhausen erinnert eine Gedenkstätte an die 156 Todesopfer vom 14.08.1972.

Feature Story zu Nr. 11

Am **13. Oktober 1972** startete eine Rugby-Mannschaft vom argentinischen Mendoza mit einer Fairchild-Hiller FH-227D der Luftwaffe Uruguays zu einem Spiel ins 195 Kilometer entfernte Santiago de Chile. Der Flug über die Anden war Routine. Kapitän Julio Cesar Ferradas hatte 5117 Flugstunden im Log und hatte bereits 29-mal die Anden überquert. An jenem Tag konnte er aber nicht direkt fliegen, weil sich hohe Wolken über den Berggipfeln türmten. Er stieg auf 5000 Meter und folgte der wolkenverhüllten Gebirgskette nach Süden, bis er sich über einem Pass wähnte, den er in seiner Höhe sicher überqueren konnte. Die Längen der Strecken berechnete er mit dem Fahrtanzeiger und der Stoppuhr. Was er nicht einberechnet hatte, war der starke Gegenwind.

Als er die Flugsicherung in Santiago rief und seine vermeintliche Position über dem chilenischen Curicó angab, bat er um Sinkflug in Richtung Santiago. Doch in Wahrheit befand er sich ca. 90 km östlich, unter ihm Berge mit 4500 Metern Höhe. Der Sinkflug wurde genehmigt, Ferradas tauchte in die Wolken ein. Das Flugzeug wurde von heftigen Turbulenzen geschüttelt. Plötzlich erschien vor dem Cockpitfenster der Gipfel des 4200 Meter hohen Vulkans Tinguiririca. Ein Ausweichen war nicht mehr möglich. Beim Kontakt mit dem Felsen brach die rechte Tragfläche und nahm das Heckleitwerk gleich mit. Sechs Passagiere wurden durch das klaffende Loch herausgerissen. Die linke Tragfläche brach an einem zweiten Berg ab. Ein Propeller schlitzte dabei den Rumpf auf. Wie ein Torpedo schoss die flügellose Röhre weiter, prallte auf einen steilen, schneebedeckten Hang und rutschte 600 Meter in die Tiefe. Auf 3600 Meter blieb die Flugzeug-Karkasse in einer Schneewehe stecken. Das Cockpit wurde dabei eingedrückt, die Piloten zerquetscht.

Von den 45 Personen überlebten 33 den Crash. Doch niemand war auf nächtliche Temperaturen um die minus 40 Grad vorbereitet. Schließlich war es Sommer auf der südlichen Halbkugel, der aber noch nicht in dieser Höhe angekommen war. Den folgenden Morgen sahen nur noch 28 von ihnen. Die Überlebenden nutzten den halboffenen Rumpf und errichteten aus Trümmern, Koffern, T-Shirts und Rugbytrikots einen provisorischen Unterschlupf, wo sie sich halbwegs vor der Kälte der kommenden Nacht schützen konnten. Niemand ahnte, dass sie die nächsten **72 Tage und Nächte** darin verbringen würden. Außer ein paar Energieriegeln und einigen Flaschen Wein gab es kaum Essbares an Bord. Im Gepäck fand sich aber ein Transistorradio, mit dessen Hilfe sie die Nachrichten über die Suche verfolgen konnten. Suchmannschaften aus Chile, Argentinien und Uruguay waren mit Flugzeugen unterwegs, suchten jedoch überwiegend auf der chilenischen Seite der Anden. Außerdem war der weiße Rumpf im Schnee aus der Luft nicht auszumachen. Am elften Tag hörten sie in den Nachrichten, dass die Suche eingestellt wurde, weil sich niemand vorstellen konnte, dass jemand bei diesen Temperaturen überleben kann.

Während sich nun Resignation breitmachte, schlug die Stunde des 23-jährigen Fernando Parrado, der bei dem Absturz seine Mutter und seine Schwester verloren hatte. Er kommentierte die niederschmetternde Nachricht mit den Worten »Endlich mal gute Neuigkeiten!« – »Was zum Teufel soll daran gut sein, wenn man uns aufgegeben hat?« – »Weil wir jetzt unsere Rettung selbst in die Hand nehmen werden.« Tatsächlich entfachte er in der Gruppe damit neuen Lebensmut. Ein Problem war der Hunger. Die Gruppe versuchte, das Leder der Koffer zu kauen. Sitzpolster wurden aufgeschnitten, in der Hoffnung Stroh darin zu finden. Bei Temperaturen zwischen minus 20 und minus 40 Grad benötigt der Körper Brennstoff, besonders in großen Höhen. Also trafen sie gemeinsam die pragmatische Entscheidung, sich vom gefrorenen Fleisch der Toten zu ernähren.

In den folgenden Tagen beriet die Gruppe, wie man Hilfe holen könnte. Da begrub eine Lawine die Röhre mit drei Meter hohem Schnee. Acht der Überlebenden starben dabei, darunter auch die letzte der Frauen. Drei Tage waren sie in dem Wrack eingeschlossen, das nun auch noch voller Schnee war. Wieder war es Nando Parrado, dem es gelang, eine Eisenstange durch das Dach der Röhre zu rammen, damit wieder frische Luft hereinkam. Erkundungen in die nähere Umgebung zeigten schnell, dass ein Marsch durch den Schnee wegen der Höhe, dem Hunger, der Austrocknung des Körpers, der Schneeblindheit und der eiskalten Nächte eine Anstrengung bedeuten würde, mit der ein Abstieg ins Tal nur schwer zu überleben sein würde. Trotzdem beschlossen die vier stärksten der Gruppe, auf argentinischer Seite ihr Glück zu versuchen. Unter ihnen natürlich Nando Parrado. Als die Männer ein paar hundert Meter tiefer an dem abgerissenen Heck vorbeikamen, fanden sie die Batterien des Flugzeugs, die noch intakt schienen. Prompt keimte der Plan, sie an das Funkgerät des Flugzeugs anzuschließen. Doch die Batterieblöcke waren viel zu schwer, um sie zum Wrack hochzutragen. Also beschlossen sie, statt weiter ins Ungewisse abzusteigen, am folgenden Tag wieder hinaufzuklettern, das Radio auszubauen und es zu den Batterien zu bringen. Tagelang versuchten sie vergeblich, das Funkgerät zum Laufen zu bringen. Denn die Geräte aus dem Cockpit benötigten Wechselstrom, die Batterien lieferten Gleichstrom. Nach einigen eisigen Nächten im Heck des Flugzeugs stiegen sie wieder auf zu den anderen. Es war Nando Parrado, der auf die Idee kam, Quilt-Isolierung aus dem Flugzeug herauszureißen und einen Schlafsack für das Expeditionsteam zu nähen. Nähzeug hatten sie im Schminkkoffer einer der Frauen gefunden.

Am **12. Dezember** brachen drei der Männer auf: Nando Parrado, Roberto Canessa und Antonio Vizintín. Diesmal wandten sie sich nach Westen, was einen Aufstieg auf 4650 Meter Höhe bedeutete. Nach drei Tagen erreichten sie den Bergkamm. Doch dahinter breiteten sich mitnichten die grünen Täler Chiles aus, sondern Berge soweit das Auge reichte. Parrado weigerte sich, aufzugeben. Und wenn er schon sterben müsste, dann auf dem Weg nach Westen, wo sie Hilfe vermuteten. Er schickte Vizintín zurück, weil sonst die mitgenommene Verpflegung nicht reichen würde. Fünf Tage lang schlugen sie sich durch die Berge, bis sie zur Schneegrenze absteigen konnten. Am 20. Dezember sichteten sie drei Männer zu Pferd auf der anderen Seite eines Flusses. Es dauerte noch einen weiteren Tag, bis die Retter bei Parrado und Canessa ankamen.

Parrado kletterte an Bord des Hubschraubers und führte das Rescue Team zum Camp der Freunde. **Am 23. Dezember**, 72 Tage nach dem Absturz, und ein Tag vor Weihnachten landete der Hubschrauber mit dem letzten der 16 Überlebenden am Krankenhaus in Santiago de Chile. Bei uns redete man vom »Drama in den Anden«, in Südamerika vom »Wunder in den Anden«. Ich sehe darin ein eindrucksvolles Beispiel von Mut und Durchhaltewillen, positivem Denken, auch in scheinbar ausweglosen Situationen.

Nando Parrado wurde inzwischen zu einem gefragten Redner. Er hält Vorträge bei den größten Konzernen der Welt über Leadership, Freundschaft, Zusammenhalt, Motivation und Strategien. Einer seiner Lehrsätze ist: **»Es ist besser eine Entscheidung zu treffen und dabei einen Fehler zu machen, als sich nicht zu entscheiden. Denn es ist immer Zeit, umzukehren.«**

rung der elektrischen Kabel geschmolzen. Das führte zu Kurzschlüssen und Lichtbogen, die zu einem Brand im Heckladeraum ausarteten. Dort lagerte auch noch leicht entzündliches Enteisungsmittel, das als Brandbeschleuniger wirkte. Es gab damals in der IL-62 weder eine Sichtverbindung zum Laderaum noch einen Brandmelder, so war sich die Crew nicht bewusst, welches Ausmaß ihr Problem mit dem Höhenruder tatsächlich hatte. Der eindeutige Konstruktionsfehler wurde vom Konstruktionsbüro Iljuschin nie bestätigt. Allerdings wurden stillschweigend Sichtfenster und Brandmelder eingebaut sowie regelmäßige Klimasonderkontrollen angeordnet. Den Opfern wurde eine große Gedenkstätte errichtet. Dieses Vorgehen war nicht untypisch für die Sowjetunion: Stillschweigen, vertuschen und nacharbeiten. Üblicherweise wurden Schuldige gesucht und bestraft. Ob es dabei die Richtigen getroffen hat, darf bezweifelt werden.

16 – EA 401 war eine Lockheed Tristar L-1011. Sie startete um 21:10 Uhr in New York zu einem Flug nach Miami. Während des Landeanflugs auf Miami International erhielten die Piloten keine Anzeige über die Verriegelung des Bugfahrwerks. Das Fahrwerk wurde mehrfach ein- und ausgefahren. Die Verriegelung des Hauptfahrwerks wurde durch zwei grüne Lichter angezeigt, die des Bugfahrwerks überhaupt nicht. Es bestand folglich die Möglichkeit, dass entweder eine Kontrollleuchte defekt, das Bugfahrwerk nicht eingerastet war, oder gar beides. Um 23:34 Uhr wurde EA 401 angewiesen, Warteschleifen in 2000 Fuß über Grund zu fliegen. Um 23:37 Uhr befahl der Captain seinem Bordingenieur, durch die Bodenluke in den Elektronikraum hinabzusteigen, von wo man über ein Sichtfenster das Fahrwerkbein sehen konnte. Spezielle Markierungen ließen einen zuverlässigen Rückschluss über den Status zu. Mittlerweile diskutierte der Captain mit dem Kopiloten, ob ein Kontrollleuchtenfehler vorliegen könnte. Beim Versuch, das Birnchen auszuwechseln, schaltete der Captain den Autopiloten aus, ohne dies zu bemerken. Ganz allmählich verlor das Flugzeug an Höhe.

zu 16: Marschlandschaft in den Everglades

Auch ein Audio-Warnton, der eine +/– 250-Fuß-Abweichung von der eingestellten Höhe signalisierte, entging der Aufmerksamkeit der Crew.

Um 23:42 Uhr bemerkte der Kopilot den Höhenverlust. Sieben Sekunden später bekam die Tristar Bodenberührung. Das Flugzeug brach auseinander, Einzelteile verteilten sich über 5000 Quadratmeter weichem Sumpfland der Everglades. Von den 176 Menschen an Bord fanden 101 den Tod.

Die gesamte Crew richtete ihre ungeteilte Aufmerksamkeit auf die Behebung eines ärgerlichen, aber relativ kleinen Problems, statt das Flugzeug zu fliegen.

Man kann sich vorstellen, wie schwer es ist, ein Flugzeug mitten aus dem Sumpfland zu bergen und an den Trümmerteilen die Ursache für den Absturz aufzuklären!

Lfd. Nr.	Datum	Flug	Flugzeugtyp	Airline	Opfer	Unfallort
01	22.01.1973		Boeing 707-3D3C	Alia	176	Kano, Nigeria
02	**21.02.1973**	**LN 114**	**Boeing 727-224**	**Libyan Arab Airlines**	**108**	**Isma'iliya, Ägypten**
03	05.03.1973	IB 504	Douglas DC-9-32	Iberia	68	bei Nantes, Frankreich
04	**10.04.1973**	**IM 435**	**Vickers 952 Vanguard**	**Invicta Int. Airways**	**108**	**Basel-Mühlhausen, Schweiz**
05	31.05.1973	IC 440	Boeing 737-2A8	Indian Airlines	48	Delhi, Indien
06	20.06.1973	AM 229	Douglas DC-9-15	Aeroméxico	27	Puerto Vallarta, Mexiko
07	11.07.1973	RG 820	Boeing 707-345C	Varig	123	Paris, Frankreich
08	22.07.1973	PA 816	Boeing 707-321B	Pan Am	78	Papeete, Tahiti
09	**23.07.1973**	**OZ 809**	**Fairchild FH-227B**	**Ozark Air Lines**	**38**	**Saint Louis, MO, USA**
10	31.07.1973	DL 723	Douglas DC-9-31	Delta Air Lines	88	Boston, MA, USA
11	13.08.1973	AO 118	SE-210 Caravelle 10R	Aviaco	85 + 1	La Coruña, Spanien
12	17.12.1973	PA 110	Boeing 707-321B	Pan Am	30	Rom, Italien
13	22.12.1973		SE-210 Caravelle VI-N	Sobelair	106	Tanger, Marokko

02 – Libyan Arab Airlines, eine Boeing 727, war unterwegs von Tripolis nach Kairo mit Zwischenlandung in Bengasi. Der Captain und Flugingenieur waren als Ausbilder von der Air France ausgeliehen. Während des Anflugs auf Kairo umflogen sie das Gebiet eines Sandsturms. Dabei traten auch Schwierigkeiten mit einem nicht funktionierenden Funkfeuer auf. Während der Captain mit dem Flugingenieur in französischer Sprache diskutierte, ob vielleicht ein Bordgerät nicht funktionierte, war der libysche Kopilot auf sich allein gestellt. Auch die Flugsicherung in Kairo war keine Hilfe. So geriet das Flugzeug in israelischen Luftraum. Zwei israelische Abfangjäger vom Typ F-4 Phantom II setzten sich neben die Boeing und bedeuteten ihnen mit Handzeichen, zu folgen. Der Kopilot verstand das nicht und winkte zurück. Als auch Warnschüsse mit Leuchtspurmunition nichts nutzten, erhielten die Militärpiloten den Befehl, auf die Tragflächen zu schießen. Die Boeing versuchte in den Dünen notzulanden und explodierte dabei. 108 Menschen starben, fünf überlebten, darunter der Kopilot. Der israelische Verteidigungsminister Mosche Dajan bezeichnete später den Abschuss als Fehler. Er übernahm die Verantwortung, entschuldigte sich bei den Familien und sorgte für finanzielle Entschädigungen.

04 – Flug IM 435 war eine Vickers Vanguard der Britischen Invicta International Airways auf dem Flug von London über Bristol nach Basel. An Bord waren 139 Passagiere und eine sechsköpfige Besatzung. Der Flug verlief bis zum Anflug auf Basel normal. Das Wetter dort war schlecht, 700 bis 1000 m Sicht, Hauptwolkenuntergrenze 150 m und leichter Schneefall. Um 08:55 Uhr wurde der Outer Marker BN überflogen. Als nächstes sollte die Maschine das Funkfeuer MN ansteuern, um sich dann auf den Endanflug zu setzen und den Gleitpfad des ILS hinabzufliegen. Die Maschine erhielt die Erlaubnis, auf 2500 Fuß zu sinken. Tatsächlich befand sich IM 435 zu diesem Zeitpunkt allerdings südwestlich des Flughafens, ungefähr 15 km südlich des Funkfeuers BN.

Die Vanguard war nun auf einem Irrflug über dem Raum Basel, wie man ihn selten findet. Um 09:08 Uhr alarmierte der Meteorologe der Wetterwarte Binningen 8 km südlich des Flughafens, dass dort eine viermoto-

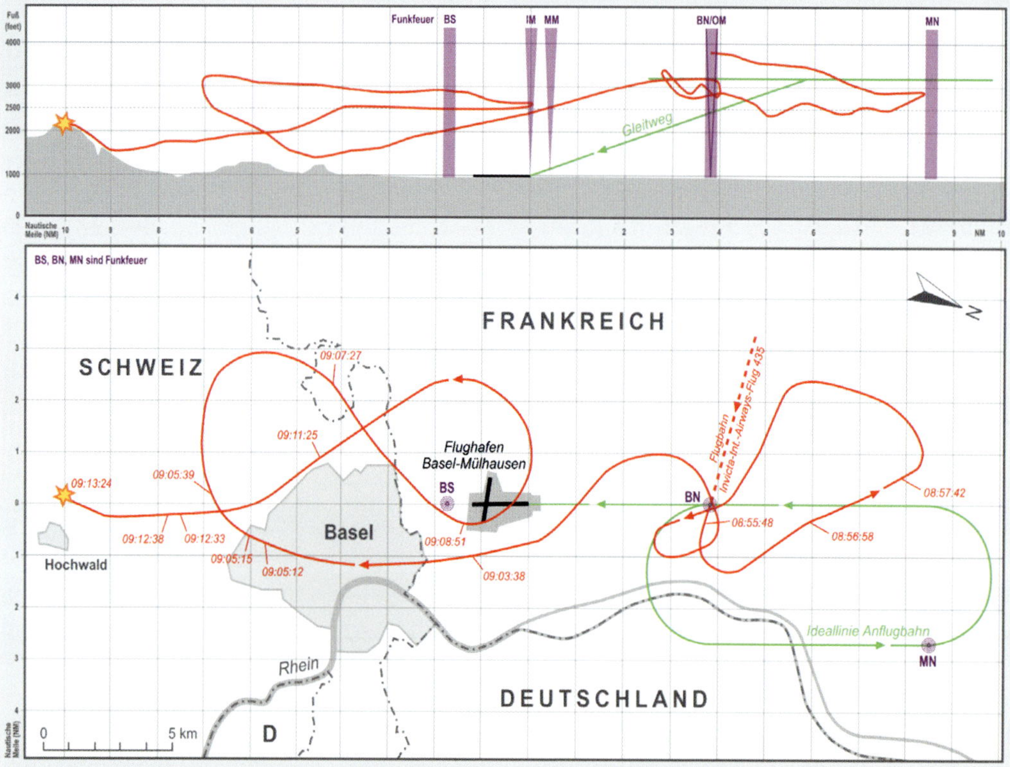

zu 04: Darstellung des Irrflugs der Vickers Vanguard am 10.04.1973 bei Basel

Der Anflug war von Anfang an verkorkst. Ursächlich für diesen Unfall waren zudem schlampig ausgeführte Lötstellen an den Navigationsinstrumenten, die zu erratischen Anzeigen des Radiokompasses führten. Die Empfänger von Localizer Nummer 1 und Gleitpfad Nummer 2 waren defekt, es gab keinen Abgleich der Anzeigen zwischen Captain und Kopilot. Alles zusammen führte zu einer Orientierungslosigkeit der Piloten.

Kapitän Anthony Dorman war kanadischer Staatsbürger und hatte 1963 eine Flugausbildung bei der kanadischen Luftwaffe angefangen. Diese wurde aber wegen mangelnder Begabung abgebrochen. Daraufhin erwarb er 1966 einen zivilen Flugschein, den er später auf Verkehrsflugzeuge ausweitete. 1969 wurde ihm in Nigeria auf Grundlage der kanadischen Pilotenlizenz und einer angeblich erfolgreich absolvierten Instrumentenflugprüfung die Erlaubnis erteilt, Verkehrsflugzeuge im Instrumentenflug zu führen. Bei der späteren Überprüfung stellte sich jedoch heraus, dass in seinem Fluglogbuch keine solche Prüfung verzeichnet war. Später bestand er in England Instrumentenflugprüfungen auf Flugzeugen der Typen DC-3, DC-4 und Vickers Vanguard. In jedem dieser Fälle benötigte er mehr als einen Versuch. Die gesamte Flugerfahrung Dormans konnte nicht festgestellt werden, weil bei der Untersuchung des Flugunfalls Diskrepanzen im Fluglogbuch Dormans zutage traten. Für Invicta flog er 1088 Stunden auf einer Vickers Vanguard. In Basel war er bereits 33-mal gelandet, davon neunmal bei einer Instrumentenlandung.

Der Kopilot Ivory Terry war britischer Staatsbürger. Er hatte seine Flugausbildung im Oktober 1944 bei der Royal Air Force begonnen und eine Flugerfahrung von 9172 Stunden, davon 1256 Stunden auf dem Typ des verunglückten Flugzeugs. Er war zuvor 61-mal in Basel gelandet, davon 14-mal mit Instrumentenanflug.

rige Maschine 50 m über dem Boden herumflöge. Man solle sie sofort anweisen zu steigen. Doch noch während des Telefonats mit dem Meteorologen meldete IM 435 das Überfliegen des Funkfeuers MN, das sich rund 18 km nördlich des Flughafens befindet. Die Anflugkontrolle forderte daraufhin die Flugzeugbesatzung auf, zu wenden und auf südsüdwestlichem Kurs das Funkfeuer BN anzusteuern. Die Piloten hatten aber zu diesem Zeitpunkt nicht das Funkfeuer BN rund 6 km nördlich des Flughafens, sondern das unmittelbar südlich der Piste liegende Funkfeuer BS überflogen.

Um 9:11:10 Uhr fragte der Kontrollturm Zürich an, ob Basel ein Flugzeug in Richtung Hochwald beobachte, da auf dem Zürcher Radarschirm ein unidentifiziertes Echo etwa drei bis fünf Meilen südwestlich des Basler Flughafens erscheine. Der Fluglotse in Basel verneinte dies zunächst, stellte aber dann selbst ein Echo fest, das sich in südlicher Richtung bewegte. Noch während dieses Telefonats meldete sich Flug 435 und erklärte, man habe das Funkfeuer BN erreicht. Der Kontrollturm gab daraufhin die Landung frei.

Der Fluglotse versuchte sich nach dem Ende des Telefonats um 9:12:10 Uhr zu vergewissern, ob sich die Vickers tatsächlich an angegebener Stelle befand, und um 9:12:33 Uhr bestätigten die Piloten, die Maschine befände sich auf dem Gleitpfad. Der Fluglotse verlangte um 9:13:03 Uhr von Flug 435 die aktuelle Höhe. Der Pilot bestätigte 1400 Fuß. Der Hinweis des Fluglotsen, die Maschine befinde sich *nicht* auf dem Gleitpfad, sondern südlich des Flughafens, wurde von der Crew nicht mehr beantwortet. Die Vanguard prallte um 9:13:27 Uhr gegen einen bewaldeten Berghang 16 km südlich des Flughafens. Von den 145 Personen an Bord überlebten 37 im Heck des Flugzeugs.

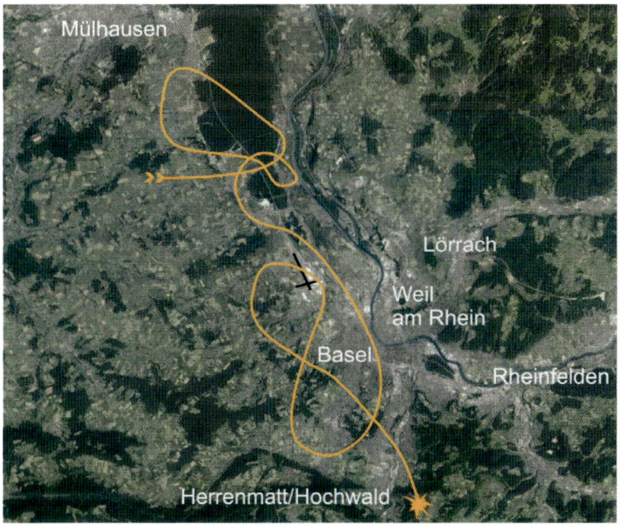

09 – Ozark Air Lines war eine regionale Zubringer-Airline mit Sitz in St. Louis. OZ 809 war eine Fairchild FH-227 auf dem Flug von Nashville (BNA) nach St. Louis (STL) mit Zwischenstopps in Clarksville, TN (CKV), Paducah, KY (PAH), Cape Girardeau, MO (CGI) und Marion, IL (MWA). Abflug in Marion war um 17:05 Uhr. Um 17:26 Uhr war OZ 809 im Anflug auf das 70 Meilen entfernte St. Louis und wurde gebeten, in ein Holding zu gehen und auf besseres Wetter zu warten. Kurz darauf rief der Kopilot die Anflugkontrolle und sagte, dass er das letzte Wetter abgehört hätte und er jetzt den Anflug beginnen möchte. Approach gab ihn frei für das ILS und schickte ihn zum Tower. Der Tower gab OZ 809 zur Landung frei. Gleich darauf schickte er eine Warnung hinterher: »Es sieht so aus, als würde ein Gewitter genau durch den Endanflug gehen.« Der Kopilot antwortete: »Roger, wir sehen das.« Gleich darauf wurde die Fairchild von einem Abwind erfasst und zu Boden gedrückt. Ursache für den Unfall war eine veraltete Wetterbeobachtung, die für die Piloten von einem Tonband abrufbar war.

Lfd. Nr.	Datum	Flug	Flugzeugtyp	Airline	Opfer	Unfallort
01	01.01.1974	ICH 897	Fokker F-28 Fellowship 1000	Itavia	38	Turin, Italien
02	30.01.1974	PA 806	Boeing 707-321B	Pan Am	97	Pago Pago, Amerikanisch Samoa
03	**03.03.1974**	**TK 981**	**Douglas DC-10-10**	**THY**	**346**	**Bois d'Ermenonville, Frankreich**
04	13.03.1974	SI 802	Convair CV-440	Sierra Pacific Airlines	36	Bishop, CA, USA
05	04.04.1974		Douglas DC-4	Wenela	78	Francistown, Botswana
06	22.04.1974	PA 812	Boeing 707-321B	Pan Am	107	Denpasar, Indonesien
07	11.08.1974		Iljuschin Il-18V	Air Mali	47	Linoghin, Burkina Faso
08	12.08.1974	AV 610	C-47 (DC-3)	Avianca	27	Cali, Kolumbien
09	14.08.1974		Vickers 749 Viscount	LAV	48	Porlamar, Venezuela
10	07.09.1974		Fokker F-27 Friendship 600	Garuda	33	Bandar Lampung, Indonesien
11	08.09.1974	TW 841	Boeing 707-331B	TWA	88	Kefalonia, Griechenland
12	**11.09.1974**	**EA 212**	**Douglas DC-9-31**	**Eastern Air Lines**	**72**	**Charlotte, NC, USA**
13	15.09.1974	VN 706	Boeing 727-121C	Air Vietnam	75	Phan Rang, Vietnam
14	**20.11.1974**	**LH 540**	**Boeing 747-130**	**Lufthansa**	**59**	**Nairobi, Kenia**
15	01.12.1974	TW 514	Boeing 727-231	TWA	92	Upperville, VA, USA
16	04.12.1974	MP 138	Douglas DC-8-55F	Martinair Holland	191	Maskeliya, Sri Lanka

03 – Turkish Airlines Flug TK 981 war eine DC-10 auf dem Flug von Istanbul nach London mit Zwischenlandung in Paris-Orly. Von den 167 Passagieren stiegen 50 in Paris aus. Wegen eines Streiks bei British Airways wurden noch 216 Passagiere auf dieses Flugzeug nach London umgebucht, darunter eine ganze Rugby-Mannschaft mit 17 Spielern und 48 japanische Bank-Management-Azubis. Um 12:28 Uhr startete TK 981 nach London. In 6000 Fuß Höhe riss die linke hintere Ladeluke zum Gepäckraum aus ihrer Verriegelung, der Überdruck entwich explosionsartig, der Kabinenboden brach nach unten durch. Dabei wurden alle Kabel und Leitungen zum Heck zerstört, wo Mitteltriebwerk, Seiten- und Höhenruder saßen. Zwei Sitzreihen wurden herausgerissen und stürzten zu Boden. Das Mitteltriebwerk fiel aus, das Flugzeug neigte die Nase nach unten und raste steuerlos mit 800 km/h zur Erde. Niemand an Bord überlebte.

Zwei Jahre zuvor war bereits ein ähnlicher Fall bei American Airlines (AA 96 am 12.06. 1972) über Windsor, Ontario, aufgetreten. Damals konnten die Piloten das Flugzeug und die Passagiere durch eine Notlandung in Detroit retten. Auch in diesem Fall brach der Boden durch, Leitungen wurden zerstört. Doch der Captain brachte das Flugzeug behutsam auf den Boden. Als Folge dieses Zwischenfalls hat McDonnell Douglas den Schließmechanismus der Ladeluke verbessert und ein Sichtfenster angebracht. Alle Luftfahrtbehörden und Airlines, die die DC-10 flogen, erhielten Listen, welche Maschinen umgerüstet werden sollten. Nur zwei Flugzeuge fehlten darauf, die waren ursprünglich von All Nippon Airways bestellt worden. ANA stornierte jedoch den Kauf. Die beiden »Ladenhüter« mit den Baunummern 46704/29 und 46705/33 wurden schließlich ohne das verbesserte Verriegelungssystem im Dezember 1972 an Turkish Airlines abgegeben … Hier hätte die oft belächelte Penibilität des klassischen »Buchhalters mit Ärmelschonern« einen schweren Unfall verhindert!

12 – EA 212 war eine DC-9 der Eastern Air Lines auf dem Flug von Charlston, South Carolina, nach Chicago über Charlotte, North Carolina. Start war um 07:00 Uhr morgens in Charlston. An Bord waren 78 Passagiere und eine vierköpfige Crew. Der Cockpit Voice Recorder zeichnete noch kurz vor dem Anflug auf Charlotte belanglose Gespräche auf, die nichts mit ihrem Flug zu tun hatten. Noch zweieinhalb Minuten vor dem Crash diskutierten die Piloten die Hauptattraktion eines Freizeitparks, der sich in ihrer 11-Uhr-Position befand. 35 Sekunden lang dauerte diese Unterhaltung, und ihre ganze Aufmerksamkeit schien sich dem Freizeitpark zu widmen. In dieser Zeit sank das Flugzeug durch die zugewiesene Anflughöhe von 1800 Fuß am Final Approach Fix. Das Horn der Bodenwarnung brachte die Crew in die Realität zurück. Plötzlich war Hektik, Klappen, Fahrwerk, die Höhen wurden nicht angesagt, die Geschwindigkeit war zu hoch, die Sinkrate zu steil. Baumberührung, Aufschlag, Feuer. 72 Menschen starben, nur zehn überlebten den Unfall.

14 – Auf dem Flug von Frankfurt nach Johannesburg landete die Boeing 747 der Lufthansa in Nairobi. Dort übernahm eine neue Crew die Maschine mit 140 Passagieren und der 17-köpfigen Crew. Der Kopilot flog die Boeing. Während des Starts traten heftige Vibrationen direkt nach dem Abheben auf. Die Crew interpretierte das als Triebwerksproblem, zog das Fahrwerk ein und verringerte die Steigleistung. 1100 m hinter dem Startbahnende schlug das Heck auf, brach hinter der Flügelwurzel ab und geriet sofort in Brand. Hier überlebte niemand. Die Menschen im vorderen Teil der Boeing konnten sich fast alle retten. Auch die Cockpit-Crew überlebte. Ursache waren die nicht ausgefahrenen Vorflügelklappen. Der Schalter für diese Auftriebshilfen war zwar umgelegt, aber die dafür notwendige Hydraulik war zuvor nicht aktiviert worden. Die Schuld wurde auf Lufthansa wegen Defiziten im Abarbeiten der Checklisten und auf Boeing verteilt, weil kein Schutz gegen Fehlbedienung eingebaut war. 59 Menschen ließen ihr Leben.

zu 14: Der Absturz der Lufthansa-Maschine in Nairobi war gleichzeitig der erste Totalverlust einer Boeing 747.

Lfd. Nr.	Datum	Flug	Flugzeugtyp	Airline	Opfer	Unfallort
01	09.01.1975	GW 261	DHC-6 Twin Otter 100	Golden West Airlines	12	Whittier, CA, USA
02	30.01.1975	TK 345	Fokker F-28 Fellowship 1000	THY	42	Istanbul, Türkei
03	03.02.1975		Hawker Siddeley HS-748	Philippine Air Lines	33	Manila, Philippinen
04	**09.02.1975**	**GAF 5063**	**Transall C-160D**	**Deutsche Luftwaffe**	**42**	**Suda, Kreta, Griechenland**
05	27.02.1975	VP 640	Embraer EMB-110C Bandeirante	VASP	15	São Paulo, Brasilien
06	**04.04.1975**		**C-5 Galaxy**	**USAF**	**138**	**bei Saigon, Vietnam**
07	16.03.1975		Fokker F-27 Friendship	LADE	52	San Carlos Bariloche, Argentinien
08	**24.06.1975**	**EA 66**	**Boeing 727-225**	**Eastern Air Lines**	**113**	**New York, NY, USA**
09	03.08.1975		Boeing 707-321C	Alia	188	Agadir, Marokko
10	20.08.1975	OK 540	Iljuschin Il-62	CSA	126	Damaskus, Syrien
11	**01.09.1975**	**IF 1107**	**Tupolew Tu-134**	**Interflug**	**27**	**Leipzig, Deutschland**
12	30.09.1975	MA 240	Tupolew Tu-154A	Malev	60	Beirut, Libanon
13	27.10.1975		Convair CV-440-12	TAM	67	Cerro Colorado, Bolivien

04 - GAF 5063 ist eine Transall der Bundeswehr mit Heimatflughafen Hohn. Kommandant war ein erfahrener Hauptmann mit 5200 Flugstunden. An diesem Tag flog er auf dem Kopilotensitz, weil er seinem früheren Kommodore den linken Sitz angeboten hatte. Der wollte den Trip nach Kreta nutzen, um seinen Flugschein zu erhalten. Das Hohner Geschwader war mit drei Maschinen unterwegs nach Suda, um Soldaten des FlaRaketen-Bataillons 39 zum Übungsschießen nach Kreta zu bringen. Um 14:22 Uhr meldete der Kopilot dem Kontrollturm des griechischen Militärflughafens Suda den Überflug über das TACAN in 9000 Fuß. Das war ein Irrtum, denn die Transall flog auf einen Bergrücken

Arbeiten TACAN-Sender und -Empfänger einwandfrei, rotieren die Navigationsnadeln auf dem Bordinstrument, sobald die Maschine das TACAN-Funkfeuer überfliegt. Das konnte allerdings auch schon mal bei einer Annäherung vorzeitig passieren. Der Inübunghalter auf dem linken Sitz dürfte diese verfrühte Anzeige mit einer korrekten Positionsangabe verwechselt haben und das Flugzeug deshalb zu früh mit einer Rechtskurve auf den Endanflug gesteuert haben. Dem Kopiloten wird die Fehlanzeige entgangen sein, weil er gerade Eintragungen in das Bordlog vorgenommen hatte. Dem Navigator schließlich ist der Fehler entgangen, weil er just zu diesem Zeitpunkt eine Meldung an das Heimatgeschwader und an das Lufttransportkommando in Münster abgesetzt hatte. – An der Suchaktion beteiligten sich griechische und deutsche Suchtrupps, US-Flugzeuge und Schiffe der 6. US-Flotte. Am folgenden Morgen entdeckte ein griechischer SAR-Hubschrauber die Trümmer zwischen den Gebirgszügen Laki und Imalos. Die Bergung der Opfer in der Schneewüste erwies sich als ungeheuer schwierig, denn die Wrackteile der völlig zerstörten Transall waren in der lawinengefährdeten hochalpinen Bergregion weit verstreut. Nur unter Einsatz ihres eigenen Lebens konnten die Suchmannschaften die Unfallstelle erreichen. Starke Sturmböen von 50 Knoten pro Stunde und Neuschnee bis zu eineinhalb Meter erlaubten in den Folgetagen oftmals keine Bergungseinsätze. Eine Woche dauerte die Bergung der Toten. Es gab in 50 Jahren (1968 bis heute) Flugbetrieb bei der Bundeswehr nur vier Abstürze von Transall, Kreta war der erste.

zu, der von dichtem Schneegestöber verdeckt war. Zweifellos fiel der Pilot einer Fehlanzeige des TACAN-Instruments zum Opfer. Die Griechen wähnten die Maschine im Anflug auf den Flughafen und wiesen den Piloten an, auf 1600 m zu sinken. Die Transall zerschellte in 1700 m Höhe am Hang des Malotyra.

06 – In der letzten Phase des Vietnamkrieges 1975 wurden ca. 3000 Babies und Kleinkinder, überwiegend Waisen, aus Saigon ausgeflogen. Die Evakuierung unter dem Namen Operation Babylift erfolgte unter Feindbeschuss. Während auf Saigon Mörsergranaten hagelten, holten die Amerikaner mit ca. 300 Flügen von Starliftern und Galaxies insgesamt 110.000 Zivilisten aus der umkämpften Stadt. Bei der ersten C-5 Galaxy war die Ladeluke im Heck nicht richtig verriegelt. Drei der sieben Schlösser waren bei der letzten Wartung in Kalifornien falsch installiert worden. Die Ladeluke wurde herausgerissen, die Dekompression verursachte weitere Schäden, die Steuerung funktionierte nicht mehr. Die Crew kämpfte gegen den Absturz, sank auf 4000 Fuß, drehte mit Hilfe einer verbliebenen Steuerklappe und der Bremsklappen um und flog zurück nach Saigon. Drei Meilen im Endanflug verlor das gigantische Flugzeug an Höhe, der Captain setzte die Maschine in ein Reisfeld. Dort schlitterte sie 800 m weit, bevor sie an einem Graben zerschellte und in vier Teile zerbrach. 138 Menschen, überwiegend Kinder, starben dabei.

08 – EA 66 war eine Boeing 727 von Eastern Air Lines, unterwegs von New Orleans nach New York City mit 124 Personen an Bord. Im Anflug auf JFK International Piste 22L erhielten sie Radarunterstützung zum Umfliegen eines Gewitterkerns mit Vektoren zum ILS-Anflug. Um 15:59 Uhr informierte der Radarcontroller alle anfliegenden Maschinen, dass im Endanflug auf 22L heftige Scherwinde gemeldet wurden. Die vorausfliegende EA 902 hatte ihren ersten Anflug bereits abgebrochen und war nun auf ihrem zweiten Versuch. Der Captain von EA 902 warnte: »Der Scherwind hat uns nach rechts gerissen und nach unten auf 250 Fuß gedrückt. Die Speed ging runter und die Sinkrate stieg auf 1500 Fuß/Minute.« Der Captain von EA 66 bemerkte zu seinem Kopiloten: »Das ist bescheuert!«

Mittlerweile war EA 902 gelandet und empfahl dringend, die Piste zu wechseln. Davor hatte schon eine Flying Tiger Tristar Scherwinde gemeldet und einen Runway Change empfohlen. Der Tower antwortete: »Als ihr gelandet seid, hatten wir eine Anzeige von 15 Knoten.« Worauf der Tristar-Captain zurückkam: »Es ist mir wurscht, was ihr für eine Anzeige habt. Ich sag euch nur, dass es fürchterliche Scherwinde im Endanflug gibt und ihr dringend die Landerichtung auf Nordwesten ändern solltet!«

Als EA 66 eine halbe Meile im Endanflug war, prasselte Regen auf sie ein, die Boeing wurde hin und hergerissen, sie bäumte sich auf, streifte die Anflugbefeuerung und crashte auf den Rockaway Boulevard am Airport. Nur 11 von den 124 Personen an Bord überlebten. Als Ursache wurde festgelegt, dass sich EA 66 trotz gefährlicher Scherwinde nicht dazu entschließen konnte, zu einem anderen Flughafen auszuweichen. Der Flugsicherung wurde zum Vorwurf gemacht, dass sie trotz mehrfacher Hinweise auf gefährliche Scherwinde nicht die Piste gewechselt hatte.

11 – IF 1107 war eine Tupolew Tu-134 der DDR-Fluggesellschaft Interflug. Sie war auf dem Flug von Stuttgart nach Leipzig. An Bord der Tupolew waren Besucher der Leipziger Messe. In Leipzig herrschte Nebel, weshalb sich die Besatzung für einen Anflug mit Präzisionsradar (PAR) entschloss. Ein Radarcontroller spricht dabei die Maschine den

Gleitpfad herunter. Beim Durchfliegen der Entscheidungshöhe von 60 m geht in diesem Fall die Verantwortung auf den Flugzeugführer über. Ist die Piste an der Entscheidungshöhe nicht in Sicht, hat der Pilot zwingend ein Durchstartmanöver zu beginnen. Doch der Interflug-Pilot entschloss sich, sich bis zur Piste »vorzutasten«. Der Fluglotse griff nicht ein. Etwa 1000 m vor der Landebahn kollidierte das Flugzeug 3 m über Grund mit dem Sendemast eines Funkfeuers. Das linke Triebwerk riss ab, die Tu-134 prallte am Boden auf, überschlug sich mehrfach, zerbrach in drei Teile und fing Feuer. 27 der 28 Passagiere kamen ums Leben, Captain, Kopilot und Navigator überlebten.

Als Ursache legte man schnell menschliches Versagen fest. Der Flugkapitän wurde zu fünf Jahren Haft verurteilt, Kopilot, Navigator und der Fluglotse zu je drei Jahren. Die Strafen wurden später zur Bewährung ausgesetzt.

Mahnmale zu Flugzeugunglücken: links Invicta von 1973 (Seite 77), unten Flash Airlines in Sharm-el-Sheikh 2004 (Seite 179)

Teneriffa, Smolensk, Mannheim, München, Überlingen, Mailand, Mont Sainte-Odile, Peggy's Cove, Ramstein, Gonesse, Takamagahara, Lexington, Los Angeles: All diese Orte haben eines gemeinsam, sie waren Schauplätze von Flugzeugkatastrophen. Eine weitere Gemeinsamkeit sind Gedenkstätten, Denkmäler, Kapellen, Schreine, Stelen, Tafeln, Plaketten und Inschriften, die an die Menschen erinnern, welche dort ihr Leben verloren haben. Wer sich nun einen kaltherzigen Airline-Chef vorstellt, der mit Blick auf die Aktionäre versucht, mit der Einweihung eines Denkmals und einer Trauerrede wieder zur Tagesordnung überzugehen, denkt zu kurz. Ein solches **Denkmal** ist ein Ort für Angehörige, die mit dem Unglück abschließen wollen, ein Ort der Trauerarbeit, eine Pilgerstätte, um einen Jahrestag zu begehen, jeder auf seine Weise. Es ist aber auch gleichermaßen ein Mahnmal für Piloten, Fluglotsen, Ingenieure; ein Ort, zu dem ein Technik-Chef seine Mitarbeiter führen kann, um sie zu gewissenhafter Arbeit zu motivieren: **Denk mal** darüber nach, was passieren kann, wenn Du Deinen Job nicht gewissenhaft machst! **Denk mal** an die Familien, die ihren Vater verlieren könnten, an die Kinder, deren Mutter nie mehr zurückkommt, nur weil Du mal nicht mit dem Kopf bei der Sache bist …

Lfd. Nr.	Datum	Flug	Flugzeugtyp	Airline	Opfer	Unfallort
01	**01.01.1976**	**ME 438**	**Boeing 720-023B**	**MEA**	**81**	**Al Qaysumah, Saudi Arabien**
02	20.01.1976		Hawker Siddeley HS-748	TAME Ecuador	34	Loja, Ecuador
03	06.03.1976		Iljuschin Il-18E	Aeroflot / Armenia	111	Verkhnyaya, Russland
04	27.04.1976	AA 625	Boeing 727-95	American Airlines	37	Saint Thomas, US Virgin Islands
05	28.07.1976	OK 001	Iljuschin Il-18V	CSA	76	Bratislava, Slowakei
06	15.08.1976	EH 232	Vickers 785D Viscount	SAETA	59	Chimborazo Vulkan, Ecuador
07	**10.09.1976**	**BE 476**	**Hawker Siddeley HS-121 Trident**	**British Airways**	**63**	**Vrbovec, Jugoslawien**
08	**10.09.1976**	**JP 550**	**Douglas DC-9-32**	**Inex-Adria Aviopromet**	**113**	**Vrbovec, Jugoslawien**
09	19.09.1976	TK 452	Boeing 727-2F2	THY	154	Isparta, Türkei
10	06.10.1976	CU 455	Douglas DC-8-43	Cubana	73	Bridgetown, Barbados
11	23.11.1976	OE 830	NAMC YS-11A-500	Olympic Airways	50	Kozani, Griechenland
12	25.12.1976	MS 864	Boeing 707-366C	EgyptAir	52 + 19	Bangkok, Thailand

01 – ME 438 war eine Boeing 747 der Middle East Airlines, die am Abend des 31.12.1975 für einen Flug von Beirut nach Abu Dhabi und Muscat vorbereitet wurde. Doch an einem Triebwerk traten technische Probleme auf. Eilig stellte man eine Boeing 720 als Ersatz bereit, die dann frühmorgens um 02:10 Uhr am 1. Januar mit 81 Menschen an Bord in Beirut startete. Um 05:30 Uhr wurde das Flugzeug über der saudischen Wüste von einer Bombe zerrissen. Dahinter steckten Aufständische aus Oman. Der Zeitzünder war so eingestellt, dass die Bombe erst nach Ankunft in Muscat explodieren sollte. Offenbar war es nicht der Plan, dass Menschen zu Schaden kämen.

07/08 – Der Zusammenstoß über Zagreb zwischen einer Hawker Siddeley Trident der BEA und einer DC-9 der jugoslawischen Airline Inex Adria war eine Kette von Fehlleistungen der Flugsicherung auf allen Ebenen. Die Trident war unterwegs mit 54 britischen Passagieren von London nach Istanbul, die Inex mit 108 deutschen Urlaubern von Split nach Köln. Die Koordination zwischen den Fluglotsen im unteren und im oberen Luftraum war schlampig, der Controller im oberen Luftraum war mit 12 Maschinen überlastet, sein Assistent war nicht am Arbeitsplatz, auch der Wachleiter hatte nicht bemerkt, dass der Controller überlastet war. Eigentlich sollte der diensthabende Lotse längst abgelöst werden, aber der Nachfolger war nicht zur Stelle. Die Übergabe einer weiteren Maschine aus dem unteren Luftraum erfolgte wortlos und wurde nicht aktiv bestätigt, der Lotse im unteren Luftraum wies seine DC-9 auch noch an, vor der Übergabe den Transponder auf Standby zu stellen. Dadurch wurde die Maschine für den übernehmenden Lotsen unsichtbar. Als die Inex dann auf die Frequenz kam, antwortete der übernehmende Lotse auf Serbokroatisch, was wiederum die britische Crew der Trident nicht verstehen konnte. Zwar gab er der Inex sofort Anweisung, den Steigflug abzubrechen und wies auf die Trident hin, aber da war es bereits zu spät. Der Cockpit Voice Recorder zeichnete die letzten Worte des jugoslawischen Kopiloten auf: »Wir sind erledigt. Goodbye. Goodbye.« Im Kontrollraum fiel der Fluglotse in Ohnmacht, ein anderer verlor die Sprache. Die ganze Schicht wurde erst einmal von der Polizei verhaftet.

zu 07/08: Hauptangeklagter war der Fluglotse aus dem oberen Luftraum. Er erhielt sieben Jahre Gefängnis. Er hatte an jenem Tag übrigens schon die dritte 12-Stunden-Schicht hintereinander. Bei den 800 DM Monatsgehalt konnte er sich keine Wohnung leisten und schlief im Sendehäuschen eines Funkfeuers. Die sieben Mitangeklagten wurden freigesprochen.

Warum die Inex Adria so dringend in den oberen Luftraum musste? Der untere Luftraum wurde geräumt, weil die Boeing von Staatspräsident Tito unterwegs war. Die war zwar schon 14 Minuten vor dem Zusammenstoß gelandet, aber der Luftraum war noch nicht wieder freigegeben.

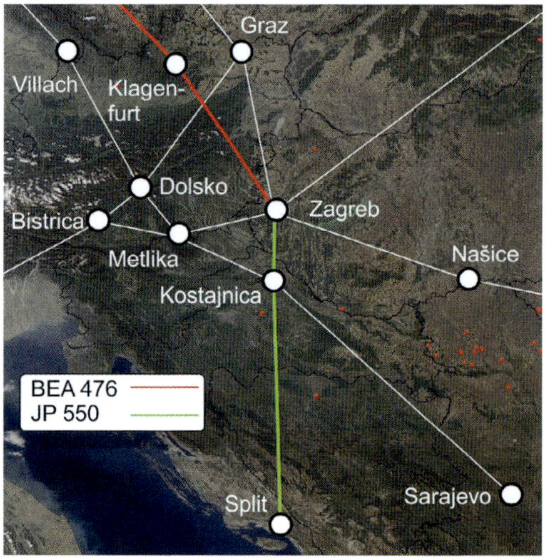

zu 07/08: Dieser Unfall wurde zum Lehrstück dafür, wie man eine Übergabe NICHT macht. Eine Übergabe gilt erst dann als vollzogen, wenn der übernehmende das Gespräch verstanden und bestätigt hat. Bei Annäherungsgeschwindigkeiten von über 1000 km/h blieb vor den Zeiten von TCAS keine Chance mehr, einander auszuweichen.

Lfd. Nr.	Datum	Flug	Flugzeugtyp	Airline	Opfer	Unfallort
01	01.03.1977	AI 855	Douglas C-47A (DC-3)	Alyemda	19	Aden, Jemen
02	**27.03.1977**	**PA 1736**	**Boeing 747-121**	**Pan Am**	**335**	**Teneriffa, Spanien**
03	**27.03.1977**	**KL 4805**	**Boeing 747-206B**	**KLM**	**248**	**Teneriffa, Spanien**
04	04.04.1977	SO 242	Douglas DC-9-31	Southern Airways	63 + 9	New Hope, GA, USA
05	08.09.1977		DHC-6 Twin Otter 300	Burma Airways	25	Mt. Loi Hsam Hsao, Myanmar
06	21.09.1977	MA 203	Tupolew Tu-134	Malev	29	Urziceni, Rumänien
07	27.09.1977	JL 715	Douglas DC-8-62H	JAL	34	Kuala Lumpur, Malaysia
08	**13.10.1977**	**LH 131**	**Boeing 737-230C**	**Lufthansa**	**4**	**Mogadischu, Somalia**
09	19.11.1977	TP 425	Boeing 727-282	TAP	131	Funchal, Portugal
10	21.11.1977	AU 9	BAC One-Eleven 420EL	Austral Lineas Aéreas	46	San Carlos Bariloche, Argentinien
11	04.12.1977	MH 653	Boeing 737-2H6	MAS	100	Tanjong Kupang, Malaysia
12	13.12.1977	216	C-53 (DC-3)	Air Indiana	29	Evansville, IN, USA
13	18.12.1977	VS 730	SE-210 Caravelle 10R	SATA	36	Funchal, Portugal
14	29.12.1977		Vickers 764D Viscount	SAN Ecuador	24	Cuenca, Ecuador

Feature zu Nr. 02/03

Der 27. März 1977 war kein guter Tag im Tower von Los Rodeos. Fernando Azcúnaga Aaransay war schon seit 8:00 Uhr morgens im Dienst. Es war kaum Verkehr auf dem kleinen Provinzflughafen im Norden Teneriffas. Aber auch die ruhigste Idylle kann durch kranke Gehirne jäh gestört werden. Um 12:30 Uhr explodierte im 100 Kilometer entfernten Las Palmas Airport auf der Nachbarinsel Gran Canaria eine Bombe im Passagierterminal, ein Werk der Separatistenbewegung der Kanarischen Inseln. Las Palmas wurde geschlossen, alle anfliegenden Maschinen auf die anderen Flughäfen der Inselgruppe umgeleitet. Auf Los Rodeos füllte sich das Vorfeld im Nu. Neben einer Boeing 737 der Braathens Airways stand eine Boeing 727 von Sterling, eine SATA DC-8, eine KLM Boeing 747 und eine Pan Am 747. Weitere Flugzeuge wurden auf dem Rollweg abgestellt. Nur die Piste blieb frei. Der Flugbetrieb brach zusammen, weitere Landungen waren nicht mehr möglich. Die Konfusion war allgegenwärtig. Passagiere wurden teilweise entladen, manche Maschinen wurden betankt, die Telefone standen nicht still, Ground Agents wollten vom Tower wissen, wo welche Maschine stand, wie es mit dem Wetter weiterginge, wie lange die Flugzeuge hierbleiben würden.

Als um 15:00 Uhr Las Palmas überraschend schnell wieder öffnete, erfuhr das Chaos auf Los Rodeos noch eine Steigerung. Trotz dichten Nebels wollten die Airlines so schnell wie möglich ihre Passagiere nach Las Palmas bringen und ihre Flugplan-Umläufe so gut wie möglich wieder aufholen. Pan Am 1736, eine Boeing 747, war sofort bereit, die Triebwerke anzulassen, befand sich aber eingepfercht von dem KLM-Jumbo, KL 2805, dessen Kapitän beschlossen hatte, jetzt noch zu tanken, um in Las Palmas keine weitere Zeit zu verlieren. Den Amerikanern blieb nichts anderes übrig, als zu warten, bis auch die KLM losrollen konnte.

Der Koordinationsaufwand auf dem Tower war außergewöhnlich hoch, die Controller waren die meiste Zeit nur zu zweit, wie immer am Sonntag. Eigentlich wollte man sich im Radio den Fußball-Krimi Spanien gegen Ungarn anhören, der in Alicante ausgetragen wurde. Aber daran war jetzt nicht mehr zu denken.

Fernando Azcúnaga arbeitete auf der Approach Position und las den Piloten die Streckenfreigaben vor, sein Partner machte die Vorfeldkontrolle. Weil die Cockpit-Crews aus den unterschiedlichen Ländern dessen Englisch aber nicht so gut verstanden, holte Azcúnaga sie frühzeitig auf seine Frequenz.

Verstopfte Rollwege

Da der westliche Teil des Rollweges mit parkenden Maschinen versperrt war, musste die KLM auf der Piste entgegen der späteren Startrichtung durch den Nebel rollen, am Pistenende umdrehen und sich zum Start aufstellen. Der Pan-Am-Jumbo sollte der KLM bis zum Exit Nummer drei folgen, dort die Piste verlassen und den parallel verlaufenden Rollweg bis zum Ende nehmen.

PAN AM: TOWER, WOULD YOU CONFIRM THAT YOU WANT THE CLIPPER[1] 1736 TO TURN LEFT AT THE ***THIRD*** INTERSECTION[2]?

TOWER: THIRD ONE, SIR, ONE TWO THREE THIRD, THIRD ONE, SIR.

PAN AM: VERY GOOD, THANK YOU.

Dass Exit C4 viel besser geeignet gewesen wäre, um mit einer Boeing 747 die Runway zu verlassen, war Fernando in diesem Moment nicht bewusst. Es herrschte dichter Nebel, die Situation war aus den verschiedensten Gründen im wahrsten Sinne des Wortes unübersichtlich, und mit rollenden Jumbos hatte man auf diesem Flughafen wenig Erfahrung, es kam auch zu Verwechslungen von Rufzeichen.

TOWER: CLIPPER ***7136***, REPORT LEAVING RUNWAY.

PAN AM: CLIPPER ***1736***.

Es war einer dieser Tage, an dem Fernando Azcúnaga sich wünschte, sie hätten ein Bodenradar. Stattdessen war sogar die Centerline-Befeuerung ausgefallen.

Um 17:05:50 bat der Kopilot (FO) der KLM um die Übermittlung der Streckenfreigabe.

KLM: KLM 4805 IS NOW READY FOR TAKE OFF AND WE ARE WAITING FOR OUR ATC CLEARANCE.

TOWER: KLM EIGHT SEVEN ZERO FIVE, YOU ARE CLEARED TO THE PAPA BEACON, CLIMB TO AND MAINTAIN FLIGHT LEVEL NINER ZERO, RIGHT TURN AFTER TAKEOFF, PROCEED WITH HEADING ZERO FOUR ZERO UNTIL INTERCEPTING THE THREE TWO FIVE RADIAL FROM LAS PALMAS VOR.

KLM: EH ROGER SIR, WE ARE CLEARED TO EH THE PAPA BEACON, FLIGHT LEVEL NINE ZERO, RIGHT TURN OUT, ZERO FOUR ZERO UNTIL INTERCEPTING THE THREE TWO FIVE. ***WE ARE NOW ...EH... TAKING OFF.***

TOWER: OKAY...

Der Rest der Tower Transmission: «...READBACK CORRECT, STAND BY FOR TAKE OFF. I WILL CALL YOU« wurde von einem Pfeifton überlagert, wie er entsteht, wenn mehrere Nutzer gleichzeitig auf derselben Frequenz senden. Was Fernando nicht hörte, war der Funkspruch von Pan Am 1736, der sowohl den Tower als auch die KLM darauf aufmerksam machen sollte, dass die Pan Am immer noch auf der Runway war. Azcúnaga wusste das aber sehr wohl, weshalb er den Amerikanern Anweisung gab, das Verlassen der Piste zu melden.

TOWER: PAPA ALPHA 1736 REPORT RUNWAY CLEAR.

PAN AM: OKAY. WE'LL REPORT WHEN (WE ARE) CLEAR.

Zum besseren Verständnis des Lotsenberufes ist es angebracht, genau hier die subtile Dynamik im Cockpit des KLM-Jumbo und die vielfältigen Faktoren zu untersuchen, die die Crew damals veranlasste, die sonst übliche Vorsicht beiseite zu lassen.

Psychologischer Druck

Die Crew stand wegen der unvorhergesehenen Ausweichlandung auf Los Rodeos unter enormem Zeitstress. Kurz zuvor hatte die holländische Regierung die Arbeits- und Ruhezeitregelung verschärft. Eine Überschreitung der Crew Duty Time lag nicht mehr im Ermessensbereich der Kapitäne. Je länger der Aufenthalt auf Los Rodeos dauerte, umso unsicherer wurde es, nach dem kurzen Flug nach Gran Canaria noch nach Amsterdam zurückkehren zu können. Die Nacht in Las Palmas zu verbringen, würde problematisch für alle Beteiligten. Die dort bereits wartenden Passagiere müssten zurück in ihre Hotels und würden womöglich keine Zimmer mehr kriegen. Die Versorgung von über 200 Passagieren

1 Rufzeichen der Pan American World Airways (1927 – 1991)
2 Abrollweg

mit Mahlzeiten und Übernachtungen womöglich in Turnhallen würde einen großen Aufwand bedeuten, die Umplanung in der Rotation der Flugzeuge hätte weitreichende Konsequenzen im KLM-System. Würden hingegen anhängige Arbeitsniederlegungen von Fluglotsen in Spanien oder Frankreich den einmal angetretenen Rückflug weiter verzögern, drohten der Crew empfindliche Geldstrafen. Dies wurde während des Rollvorgangs im Cockpit diskutiert. Da auch die Sicht in Los Rodeos nur zeitweilig auf 900 Meter aufriss, herrschte die Devise: »Nichts wie weg hier!«

Scheinerhaltung

Es kam auch noch zum Tragen, dass der 50-jährige KLM-Captain kein regulärer Linienpilot war, sondern Leiter der Ausbildung mit 11.700 Flugstunden, davon 1545 auf der Boeing 747, im Schnitt waren das gerade mal 250 Stunden pro Jahr auf diesem Muster. In den vergangenen sechs Jahren hatte er im Durchschnitt nur 21 Stunden pro Monat auf der 747 verbracht, heute flog er seit 12 Wochen wieder zum ersten Mal. Einen Großteil seiner Zeit verbrachte er mit der Pilotenausbildung im Simulator. Es dürfte auch eine Rolle gespielt haben, dass *er* es war, der zwei Monate zuvor seinem heutigen Kopiloten den Checkflug für die 747-Zulassung abgenommen hatte. Seitdem hatte dieser gerade mal 95 Stunden auf diesem Muster geflogen.

Ein Ausbilder oder Instruktor-Pilot lebt in zwei Welten, deren Eigenschaften sich überlappen, einer »unrealen« Welt im Simulator, und einer »realen« Welt im tatsächlichen Flugdienst. Als Ausbilder ist es seine Aufgabe, so viele Inhalte wie möglich in eine Simulator-Stunde zu pressen. Dazu werden zeitraubende Verfahren, wie das lästige Warten auf eine Flugsicherungsfreigabe, grundsätzlich abgekürzt.

Im Simulator spielt der Ausbilder den Fluglotsen, der die Freigaben gibt. Er ist der, der Anfragen des Schülers beantwortet, und er macht das zügig, artikuliert und eindeutig, denn er will ja die Reaktion des Schülers sehen. Bei der Ausbildung im Simulator wird er stets dieselben Phrasen verwenden. Alles geht nach Checkliste: ausführen, abhaken und vergessen. In der wirklichen Welt ist das anders. Ein Zögern in der Stimme sollte da schon mal die Aufmerksamkeit erregen.

Bei allen Airlines der Welt herrscht eine gewisse Spannung im Cockpit, wenn Piloten aus der Führungsebene zwischendurch in den Liniendienst gehen, um ihre Zulassung zu erhalten. Man sagt seinem Vorgesetzten auch nicht gerne, dass er Mist baut. Der 32-jährige Kopilot war ganz darauf bedacht, das Timing des Captains nicht zu verzögern.

Zeitabfolge

So schob der KLM-Captain, nachdem er sein Flugzeug auf der Bahn gewendet hatte, sofort die Triebwerkshebel nach vorne. Hier intervenierte der FO (First Officer, Kopilot) noch und sagte: »Augenblick, wir haben noch keine ATC-Freigabe.«

Statt seinen Fehler einzugestehen, nahm der Captain die Gase noch mal heraus und antwortete: »Ich weiß. Auf geht's. Frag nach.«

Was nun folgte, muss unter verschiedenen Winkeln betrachtet werden, denn genau hier wurden von den einzelnen Seiten mehrere Gelegenheiten versäumt, das Unglück zu verhindern.

Der Kopilot bat den Tower um die Strecken- und Startfreigabe. Er erhielt allerdings nur die Streckenfreigabe, keine Takeoff Clearance. Während der FO die Streckenfreigabe zurück las, die auch einen »right turn after takeoff« enthielt, gab der Captain schon wieder Gas. Diesmal traute sich der Ko nicht, seinem ehemaligen Ausbilder und Check-Captain schon wieder in die Parade zu fahren. Deshalb beendete er den Readback mit den fast verlegenen Worten: ***»WE ARE NOW ...EH... TAKING OFF«.***

Filtereffekt

Menschen, deren wichtigstes Arbeitsmittel die Kommunikation ist, müssen wissen, wie unsere Sinne funktionieren. Aus der Summe aller an unserem Ohr ankommenden Geräusche werden die Informationen herausgefiltert, die für unsere Entscheidungen mittelbar oder unmittelbar erforderlich sind. In einem ersten Filterverfahren sortieren

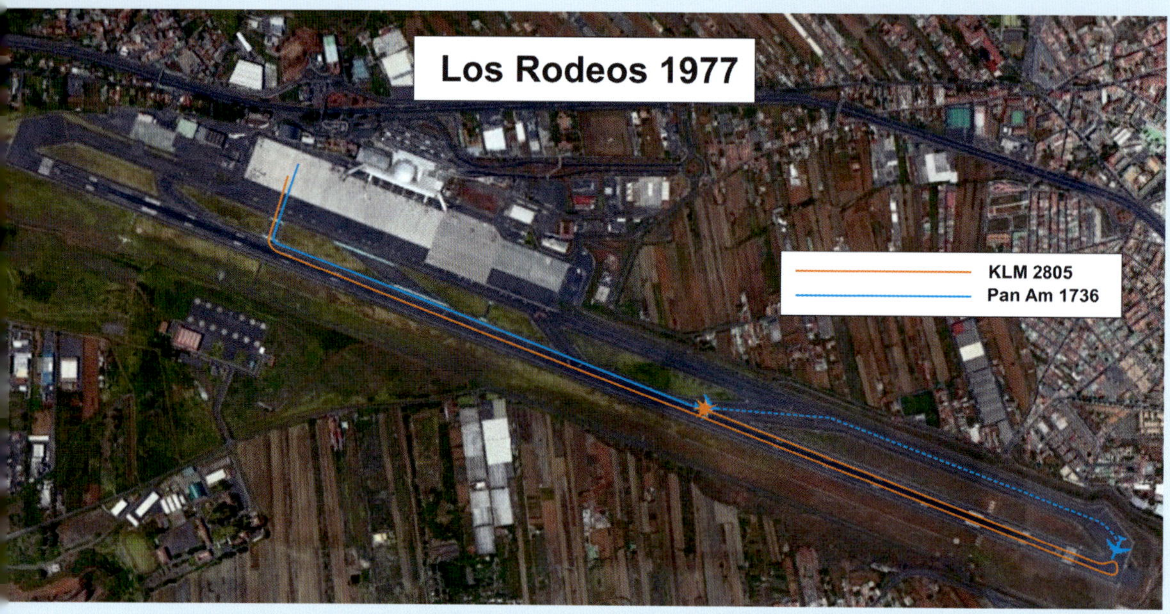

zu 02/03: Der Zusammenstoß zweier Flugzeuge auf dem Flugplatz Los Rodeos im Norden Teneriffas ist ein weiteres Lehrbeispiel oberflächlicher Kommunikation. Mitteilungen galten als gesendet, wurden aber nicht verstanden und verinnerlicht. Überlagerungen wurden nicht erkannt und geklärt.

wir die Informationen aus, die einer Entscheidung bedürfen, ein zweiter Filter legt die Infos zur Seite, die wir für später brauchen. Was übrig bleibt, wird sofort entschieden, möglichst nach Priorität korrekt geordnet. Bevor es soweit kommt, muss die ankommende Information jedoch richtig verstanden und eingeordnet werden. Und hier liegt bereits der erste Schlüssel für das richtige Handeln. Er wird auch als »Filtereffekt« bezeichnet. Wenn 20 Flugzeuge auf einer Frequenz sind, wird (und kann) sich ein Pilot nur auf die Informationen konzentrieren, die mit seinem Rufzeichen beginnen, bzw. auf Maschinen, von denen er weiß, dass sie in seiner Nähe sind. Wie fein dieser Filter eingestellt ist, bzw. wie viele Informationen zum Verstand durchdringen dürfen, wird von der Arbeitsbelastung abhängen, die zu gerade dieser Zeit in einem Cockpit anfällt.

Vor einem Start unter Zeitdruck bei nur mal 900 Meter Sicht wird dieser Filter sehr weit geschlossen sein. Ist man hingegen auf 30.000 Fuß Höhe und hat nichts zu tun, weil der Autopilot das Fliegen übernommen hat, wird man interessiert auf jeden Spruch achten, der ans Ohr dringt.

Missverständnis

Im vorliegenden Fall lässt sich aus der Antwort des Towers einschließlich der fatalen Sprechpause »OKAY….. STAND BY FOR TAKE OFF…. I WILL CALL YOU« auf eine gewisse Verständnislosigkeit schließen. Das STAND BY FOR TAKE OFF…. I WILL CALL YOU wurde bekanntermaßen überlagert durch die Meldung des Pan-Am-Kopiloten: »AND WE'RE STILL TAXIING DOWN THE RUNWAY – THE CLIPPER ONE SEVEN THREE SIX«. Diese Überlagerung erzeugte den eingangs erwähnten, für alle Teilnehmer hörbaren Pfeifton. Nur die Worte CLIPPER ONE SEVEN THREE SIX waren wieder zu hören. Der Tower antwortete: »PAPA ALPHA ONE SEVEN THREE SIX, REPORT RUNWAY CLEAR«.

Pan Am: »OKAY, WE'LL REPORT WHEN WE'RE CLEAR.«

Aber hier befand sich die KLM bereits im Startlauf.

Überlagerung

Wäre die Crew der KLM in der Lage gewesen, genau hinzuhören, hätte sie den Wortlaut womöglich sogar verstehen können, aber eben mit der

Überlagerung. Wegen diesem Umstand überwand die Anweisung den Filter aber nicht.

Tragischerweise hatte nämlich der Controller nur dieses eine Mal während des ganzen Tages das Rufzeichen »Papa Alpha 1736« an Stelle des sonst üblichen »Clipper 1736« benutzt.

Ein weiterer Beleg für die variable Funktion des Filters passierte im KLM-Cockpit. Der Flugingenieur, der seine Hauptarbeit schon hinter sich hatte, wurde auf diesen verstümmelten Dialog zwischen Pan-Am-Cockpit und Tower aufmerksam. Clear von was? Er vergewisserte sich »Ist der Amerikaner noch nicht von der Bahn?« – »Wie bitte?«, fragte der Captain. »Ist sie nicht von der Bahn, die Pan American?« Worauf Captain und FO gleichzeitig sagten: »Ja«. Da ihr Jumbo gerade auf eine Nebelbank mit 400 Meter Sicht zurollte, waren beide Piloten voll auf den Startvorgang konzentriert und schüttelten die Frage des Flugingenieurs einfach ab. Es konnte nicht sein, was nicht sein durfte.

Okay?

Wie zu sehen ist, gab es verschiedene Dialoge, die das Missverständnis begünstigten. Der wohl verhängnisvollste Dialog aber war »WE ARE NOW ...EH... TAKING OFF«. Oder »WE ARE NOW AT TAKEOFF«. Gefolgt von der abgeschnittenen Antwort »OKAY...«

Obwohl diese Information auf drei verschiedenen Recordern war, lässt sich nicht eindeutig heraushören, was der KLM-Kopilot wirklich sagte. Sicher ist nur, die Situation war ihm unangenehm. Wollte er den Fehler zugunsten seines Kapitäns für den Moment kaschieren, in der Hoffnung, dass die Startfreigabe sofort nachgereicht wurde?

Der Controller hingegen ging davon aus, die KLM wäre ***at Takeoff Position.*** Er bestätigte das Zurücklesen der Streckenfreigabe, sagte dann ***»OKAY..... «***, bekam dann aber womöglich Zweifel. Daher fügte er nach kurzem Nachdenken hinzu: »STAND BY FOR TAKE OFF.... I WILL CALL YOU.« Damit wollte er die unsichere Situation klären. Die kurze Sprechpause versuchte der Pan-Am-FO zu nutzen, um alle Beteiligten zu warnen, dass der zweite Jumbo noch immer auf der Bahn sei. Da der Tower Controller aber noch etwas hinzufügen wollte, hatte er den Mikrofonknopf noch gedrückt.

Das Wort OKAY ist vieldeutig. Für den Controller mag es die Bedeutung gehabt haben, »ich hab verstanden« oder es war vielleicht nur eine Floskel, um Zeit zum Überlegen zu gewinnen, ähnlich dem deutschen »Ähhh« oder dem italienischen »Dunque« oder dem französischen »Alors«.

Der KLM-Crew im bereits begonnenen Startlauf mag es signalisiert haben »Verstanden«, oder »Abgehakt«. Sie war ohnehin schon unterwegs und raste auf den amerikanischen Jumbo zu. Um 17:06:49 Uhr krachten die beiden Flug-

zu 02/03: Der Kopilot der KLM hatte den Fehler seines Captains verstanden, traute sich aber nicht, ihn energisch zu stoppen.

zu 02/03: Der Super-Gau, auf den die Welt gewartet hat, ist passiert: Zwei Jumbos stoßen zusammen. 583 Opfer.

zu 02/03: 70 Menschen aus dem Pan-Am-Jumbo überlebten, neun erlagen später ihren Verletzungen.

zu 02/03: Der Tower wusste zuerst nicht, dass ein zweites Flugzeug beteiligt war. Im dichten Nebel löschte die Feuerwehr anfangs nur die KLM, bis jemand den zweiten Brand entdeckte.

zeuge ineinander. 583 Menschen starben. Und natürlich veränderte sich um 17:06:49 Uhr auch das Leben des Fernando Azcúnaga Aaransay.

Dieser Unfall wurde zu dem klassischen Lehrstück, an dem seither Generationen von Fluglotsen lernen konnten, wie Missverständnisse fast zwangsläufig entstehen und wie wichtig eine technisch saubere Arbeit ist. Nach Abschluss der Untersuchungen hat die ICAO weltweit die Verfahren verbessert, damit sich Ähnliches nicht wiederholt. Allerorts wird jungen wie alten Controllern eingeschärft, sich peinlich genau an die Phraseologien zu halten. Die subtilen Hintergründe, die zu diesem Unfall führten, wird man allerdings nicht aus Büchern erlernen können. Hier ist auf die Erfahrung zu verweisen, die man sich im Laufe eines Arbeitslebens aneignen wird. Alles zusammen bildet die Herausforderung, der sich ein Fluglotse stellen muss.

08 – LH 131 ist eine Boeing 737, getauft auf den Namen »Landshut«, am 13. Oktober 1977 unterwegs von Palma de Mallorca nach Frankfurt mit 92 Insassen. Unterwegs wird sie von vier Palästinensern entführt und landet in Rom zum Tanken. Nach weiteren Zwischenlandungen fliegt sie nach Mogadischu, wo sie von einem Kommando der GSG-9 gewaltsam befreit wird. Die Entführung ist eine der dramatischsten in der Geschichte der Fliegerei. Damit sollten RAF-Terroristen befreit werden, die in deutschen Gefängnissen einsaßen.

Diana Müll ist damals 19 Jahre alt, attraktiv, sie hatte gerade bei einem Schönheitswettbewerb eine Reise nach Mallorca gewonnen. Statt in Frankfurt landete sie zuerst in Rom, dann in Larnaka auf Zypern, dann in Bahrain, dann in Dubai, dann in Aden und schließlich in Mogadischu, am 17. Oktober 1977. Nächtliche Landeversuche in Beirut, Damaskus, Amman, Bagdad, Kuweit, Masirah und Rivan scheitern, die Behörden schließen die Flughäfen. Trotz Spritmangel untersagt auch Aden die Landung und versperrt die Piste mit Fahrzeugen. Captain Schumann setzt die Maschine neben der Bahn auf. Er wird später vom Anführer der Terrorbande vor den Augen der Passagiere erschossen.

Als der somalische Unterhändler auf dem Tower in Mogadischu ein Auftanken der Maschine ablehnt, werden die Passagiere durchnummeriert. Der Anführer würde dann für die Erschießungen die Nummern aufrufen, Diana Müll ist Nummer Eins. Und als sich der Tower weiterhin weigert, ruft er das Mädchen nach vorne an die offene Tür. In der einen Hand hält der Anführer ein Mikrofon, mit der anderen hält er Diana die Pistole an die Schläfe. »Ich zähle von zehn bis null, dann stirbt Diana. Sie ist 19 Jahre alt.« Bei null angekommen, schreit der Tower: »Wir tanken auf!«

Ein Tankwagen fährt vor. Aber es findet sich im ganzen Mittleren Osten kein Land, das die Entführer und die Maschine aufnehmen will. Darauf beschließen die Terroristen, das Flugzeug an Ort und Stelle mitsamt allen Menschen an Bord zu sprengen. Sie übergießen die Passagiere mit Whiskey, Gin, Cognac und Wodka aus der Bordbar. Doch hinter und unter der Maschine wartet bereits die GSG-9, die der Landshut von Airport zu Airport gefolgt war. Um 00:05 Uhr stürmen die Beamten das Flugzeug. Blendgranaten desorientieren die Terroristen. Die menschenverachtenden Fanatiker werden erschossen, eine von ihnen schwer verletzt. Keine Geisel kommt zu Schaden. Das Flugzeug wurde später instandgesetzt und verkauft. Heute steht die »Landshut« im Friedrichshafener Dornier-Museum.

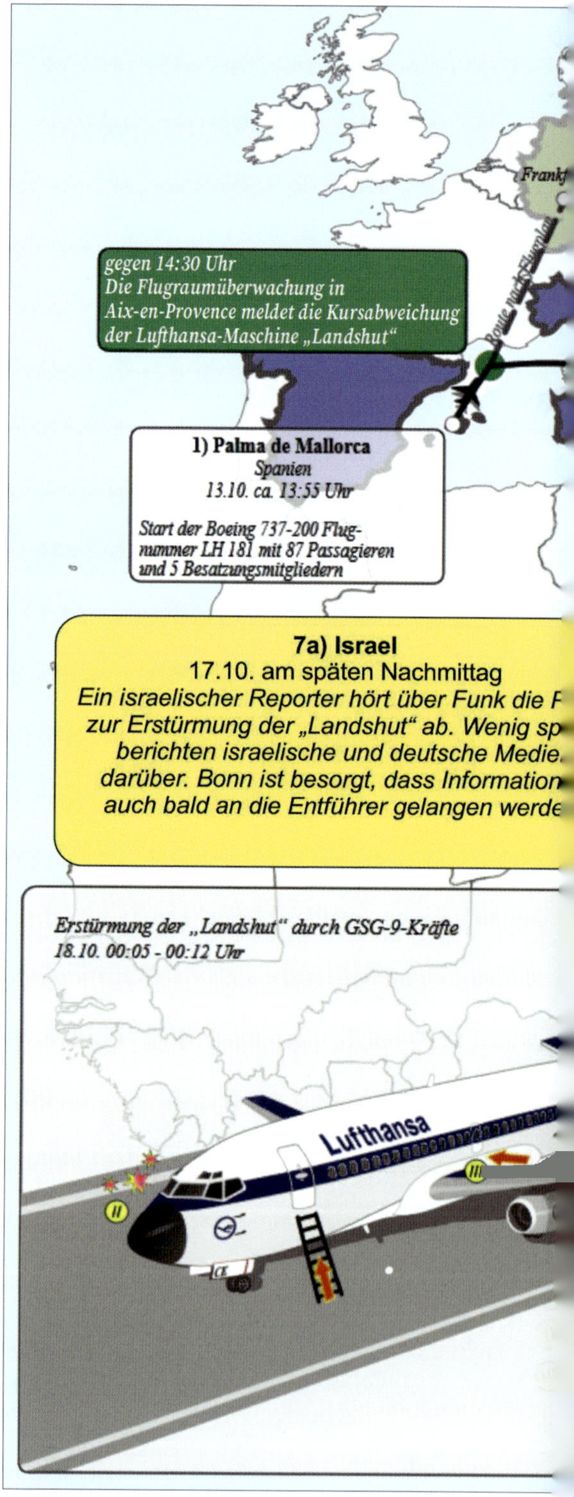

zu 08: Darstellung der Entführung der Lufthansa-Maschine »Landshut« vom 13. bis 18.10.1977.

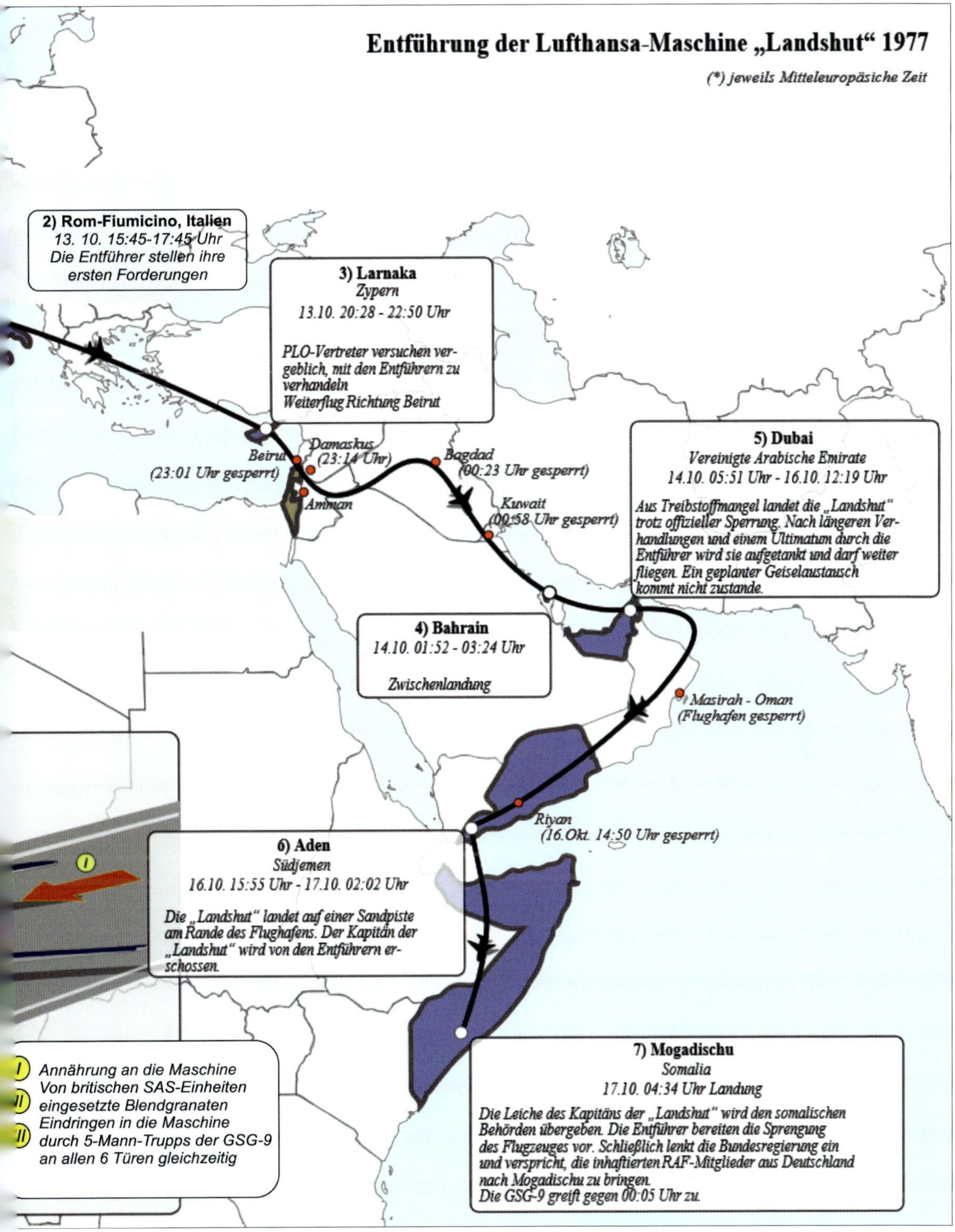

Entführung der Lufthansa-Maschine „Landshut“ 1977
(*) jeweils Mitteleuropäische Zeit
2) Rom-Fiumicino, Italien
13. 10. 15:45-17:45 Uhr
Die Entführer stellen ihre ersten Forderungen
3) Larnaka
Zypern
13.10. 20:28 - 22:50 Uhr
PLO-Vertreter versuchen vergeblich, mit den Entführern zu verhandeln
Weiterflug Richtung Beirut
Beirut
(23:01 Uhr gesperrt)
Damaskus
(23:14 Uhr)
Amman
Bagdad
(00:23 Uhr gesperrt)
Kuwait
(00:58 Uhr gesperrt)
5) Dubai
Vereinigte Arabische Emirate
14.10. 05:51 Uhr - 16.10. 12:19 Uhr
Aus Treibstoffmangel landet die „Landshut“ trotz offizieller Sperrung. Nach längeren Verhandlungen und einem Ultimatum durch die Entführer wird sie aufgetankt und darf weiter fliegen. Ein geplanter Geiselaustausch kommt nicht zustande.
4) Bahrain
14.10. 01:52 - 03:24 Uhr
Zwischenlandung
Masirah - Oman
(Flughafen gesperrt)
Riyan
(16.Okt. 14:50 Uhr gesperrt)
6) Aden
Südjemen
16.10. 15:55 Uhr - 17.10. 02:02 Uhr
Die „Landshut“ landet auf einer Sandpiste am Rande des Flughafens. Der Kapitän der „Landshut“ wird von den Entführern erschossen.
I
I Annährung an die Maschine
II Von britischen SAS-Einheiten eingesetzte Blendgranaten
III Eindringen in die Maschine durch 5-Mann-Trupps der GSG-9 an allen 6 Türen gleichzeitig
7) Mogadischu
Somalia
17.10. 04:34 Uhr Landung
Die Leiche des Kapitäns der „Landshut“ wird den somalischen Behörden übergeben. Die Entführer bereiten die Sprengung des Flugzeuges vor. Schließlich lenkt die Bundesregierung ein und verspricht, die inhaftierten RAF-Mitglieder aus Deutschland nach Mogadischu zu bringen.
Die GSG-9 greift gegen 00:05 Uhr zu.

Lfd. Nr.	Datum	Flug	Flugzeugtyp	Airline	Opfer	Unfallort
01	**01.01.1978**	**AI 855**	**Boeing 747-237B**	**Air India**	**213**	**Bombay, Indien**
02	10.02.1978	EV 23	Beech 99	Columbia Pacific Airlines	17	Richland, WA, USA
03	10.02.1978		C-47A (DC-3)	TAMU	44	Artigas, Uruguay
04	11.02.1978	PW 314	Boeing 737-275	Pacific Western	42	Cranbrook, Kanada
05	01.03.1978		Fokker F-28 Fellowship 1000	Nigeria Airways	16	Kano, Nigeria
06	03.03.1978		Hawker Siddeley HS-748	LAV	47	Punta Mulatos, Venezuela
07	03.09.1978		Iljuschin Il-18D	Air Guinee	15	Conakry, Guinea
08	03.09.1978	RH 825	Vickers 782D Viscount	Air Rhodesia	38	Whamira Hills, Zimbabwe
09	09.09.1978		DHC-6 Twin Otter 100	L.A. del Centro	18	Mexico City, Mexiko
10	**25.09.1978**	**PS 182**	**Boeing 727-214**	**PSA**	**135 + 7**	**San Diego, CA, USA**
11	**15.11.1978**	**LL 001**	**Douglas DC-8-63CF**	**Loftleidir**	**183**	**Colombo, Sri Lanka**
12	23.12.1978	AZ 4128	Douglas DC-9-32	Alitalia	108	Palermo, Italien

01 – Die Boeing 747 von Air India, Flug AI 855, startete am Abend des 1. Januar in Bombay (Mumbai) zu einem Flug nach Dubai. An Bord waren 213 Personen. Um 20:12 Uhr zog der Captain das Fahrwerk ein. Nach einer Minute Geradeausflug neigte der Captain das Flugzeug in eine flache Rechtskurve über das offene Meer in Richtung Dubai. Nach dem Ausrollen verharrte der künstliche Horizont in der Rechtsneigung. Der Captain neigte deshalb das Flugzeug nach links, der künstliche Horizont zeigte aber trotzdem eine rechte Neigung an. Auf dem Stimmenrekorder ist zu hören, wie der Captain eine Andeutung macht, dass sein Instrument nicht richtig funktioniere. Der Kopilot antwortete, dass seines richtig anzeige, bot aber keine Hilfe an, irgendetwas zu korrigieren. Über dem nächtlichen Meer ließen sich auch keine Konturen erkennen. Inzwischen flog die Boeing immer noch in einer Linkskurve. Der Bordingenieur wies darauf hin, dass das dritte Gerät zwischen den beiden Piloten die korrekte Fluglage anzeige und warnte den Captain, er solle nicht nach seinem Instrument fliegen. Doch da hatte die Maschine bereits eine Querneigung von 40 Grad. Der Captain war aber räumlich so desorientiert, dass er die Boeing nicht mehr aufrichten konnte. Fünf Sekunden später schlug sie auf dem Wasser auf. Es gab keine Überlebenden.

Als Ursache gilt neben dem Ausfall des linken ADI die nächtliche Desorientierung im Raum des Captains und mangelhafte Crew-Koordination.

10 – Die Boeing 727 mit der Flugnummer PS 182 war ein Flug von Sacramento nach San Diego mit Zwischenlandung in Los Angeles. Beim Anflug auf San Diego, morgens um 08:53 Uhr, war sie in Kontakt mit San Diego Approach Control. Um 08:57 Uhr war sie in 7000 Fuß und wurde vom Controller für einen Visual Approach auf Runway 27 freigegeben. Um 08:59 Uhr schob der Controller nach, dass ein Verkehr in 12-Uhr-Position in einer Meile nach Norden fliegen würde. Die Antwort war: »Wir halten Ausschau«. Zehn Sekunden später erfuhren sie, dass noch mehr Verkehr in drei Meilen geradeaus sei, eine Cessna 172, die nach Sichtflugregeln aus 1700 Fuß aufsteigt. Der Kopilot antwortete: »Okay, wir haben die andere in 12 Uhr.« Das ging mehrere Male hin und her, dabei hat die schnellere 727 die Cessna aus den

Die Untersuchungsbehörde sah die Schuld beim PSA-Captain, weil er nicht die notwendige Umsicht walten ließ. Ein ganz wesentlicher Teil der Schuld jedoch lag bei der Flugsicherung. Ihre Regularien erlaubten damals, eine Maschine für einen Visual Approach freizugeben und die Verantwortung für die Staffelung dem Piloten zu delegieren. Die Controller hatten es versäumt, durch klare Zuweisung von Höhen die Flugzeuge vertikal zu staffeln, obwohl dies möglich gewesen wäre.

Augen verloren. Alle Piloten und die Flugsicherung schienen zu hoffen, dass das andere Flugzeug nicht mehr im Weg war. Beim Einkurven auf die Gegenanfluggerade erwischte die Boeing die Cessna, die sofort in einem Feuerball zerbrach. Die 727 war nicht mehr steuerbar und raste in steilem Winkel in einen Vorort von San Diego. In den beiden Flugzeugen starben 135 Menschen, in den Häusern kamen sieben Menschen ums Leben.

11 – Die isländische Fluggesellschaft Loftleidir wurde von Garuda Indonesian Airlines gechartert, um indonesische Pilger zur Hadsch nach Mekka und zurück zu bringen. An diesem Tag war die DC-8 unterwegs von Jeddah nach Surabaya. In Colombo sollte sie zwischenlanden, um zu tanken und die Crew zu wechseln. Um 22:53 Uhr Ortszeit rief LL 001 bei Anflugkontrolle herein. Die DC-8 wurde auf einen radargeführten Anflug auf das ILS Runway 22 freigegeben. Um 23:06 Uhr erfolgte die Übergabe an Colombo Radar. LL 001 wurde zum weiteren Sinkflug auf 2000 Fuß freigegeben. Sobald er auf dem Localizer-Kurs »established« sei, solle er dies mitteilen. Bis dahin gab der Radarcontroller noch Anweisung zur Feinabstimmung und gab das Flugzeug zur Landung frei. Diese Freigabe wurde beantwortet. Das war sein letzter Funkspruch. Bei zwei Meilen erschien die Maschine zu tief. Der Approach Controller rief die Lima 001 und alarmierte sie wegen der niedrigen Höhe. Doch die DC-8-Crew hörte das nicht. Denn sie war noch auf Radar-Frequenz 119.1 MHz, Approach rief aber auf Frequenz 119.7 MHz. Das Flugzeug schlug 2 km vor der Piste auf. Von den 262 Menschen an Bord überlebten 79.

Ursachen:
1. Die Crew hat das Verfahren nicht so abgeflogen, wie sie es auf Papier dabei hatten.
2. Das ILS wurde nicht ordentlich geflogen.
3. Die Piloten hatten an der Entscheidungshöhe keinen Fehlanflug eingeleitet, als sie die Piste nicht sahen.
4. Die Anflugbefeuerung hat nicht richtig funktioniert.
5. Das ILS strahlte ebenfalls fehlerhafte Signale ab.

zu 11: Loftleidir revolutionierte die Reisen in die USA. Zu kleinen Preisen flog sie über Island an die Ostküste der Vereinigten Staaten. Zusätzlich übernahm sie Charteraufträge in vielen Teilen der Welt.

Lfd. Nr.	Datum	Flug	Flugzeugtyp	Airline	Opfer	Unfallort
01	12.02.1979	RH 827	Vickers 748D Viscount	Air Rhodesia	59	Kariba, Zimbabwe
02	14.03.1979	RJ 600	Boeing 727-2D3	Alia	45	Doha, Katar
03	26.03.1979		Iljuschin Il-18D	Interflug	10	Luanda, Angola
04	23.04.1979	EH 011	Vickers 785D Viscount	SAETA	57	Pastaza Provinz, Ecuador
05	**25.05.1979**	**AA 191**	**Douglas DC-10-10**	**American Airlines**	**271**	**Chicago, IL, USA**
06	11.07.1979		Fokker F-28 Fellowship 1000	Garuda	61	Mount Sibayak, Indonesien
07	**26.07.1979**	**LH 527**	**Boeing 707-330C**	**Lufthansa**	**3**	**Rio de Janeiro, Brasilien**
08	31.07.1979		Avro 748-105 Srs. 1	Dan-Air Services	17	Shetland Inseln, UK
09	04.08.1979		HAL-748	Indian Airlines	45	Panvel, Indien
10	**14.09.1979**	**AT 12**	**Douglas DC-9-32**	**ATI**	**31**	**Cagliari, Italien**
11	**07.10.1979**	**SR 316**	**Douglas DC-8-62**	**Swissair**	**14**	**Athen, Griechenland**
12	31.10.1979	WA 2605	Douglas DC-10-10	Western Air Lines	72+1	Mexico City, Mexiko
13	**28.11.1979**	**NZ 901**	**Douglas DC-10-30**	**Air New Zealand**	**257**	**Mount Erebus, Antarktis**
14	18.12.1979		C-54D (DC-4)	SATENA	21	Cerro Toledo, Kolumbien

05 – American Airlines Flug AA 191 war eine DC-10. Die Maschine startete in Chicago um 15:02 Uhr mit 271 Menschen an Bord zu einem Flug nach Los Angeles. Während des Abhebens löste sich das linke Triebwerk mitsamt der Aufhängung, bäumte sich auf, rutschte über die linke Tragfläche und krachte auf die Piste. Die Maschine flog weiter und stieg auf 300 Fuß, dann begann sie nach links zu rollen, die Nase zeigte nach unten. Während des Sinkflugs standen die Tragflächen fast senkrecht. Die DC-10 schlug in einem Trailerpark 1500 m vom Pistenende auf. Alle 271 Menschen kamen ums Leben.

Für die Ursachensuche musste man zwei Monate zurückgehen.

- In der Flugzeugwerft von American Airlines in Tulsa gibt es Gabelstapler jeder Größe. Das Triebwerk einer DC-10 wiegt netto etwas über fünf Tonnen. Der einzige Gabelstapler, der am 29. März 1979 ganztägig zur Verfügung stand, hatte acht Tonnen Tragkraft. Wegen eines kleinen Defekts gab die Hydraulik bei längerer Beanspruchung → ein wenig nach. Das wurde vom Bediener manuell justiert.
- Bei der Grundüberholung eines Flugzeugs werden auch die Triebwerke abgehängt. Das Handbuch des Herstellers sieht vor, zuerst das Triebwerk abzumontieren und danach die Aufhängung. Um aber Zeit und Kosten zu sparen, ließ sich American Airlines von ihrem Technikchef ein vereinfachtes Verfahren genehmigen. Die Aufhängung sollte an der Triebwerkkarkasse bleiben, während die ganze Einheit von der Tragfläche entfernt wird. So geschah es an jenem 29. März in der Werft von American Airlines in Tulsa. Mit dem Gabelstapler wurde das Triebwerk gehalten, während es mitsamt dem Träger abmontiert wurde. Das ist keine Arbeit von Minuten, sondern von Stunden.
- Während dieser Prozedur fand ein Schichtwechsel statt. In dieser Zeit blieb der Gabelstapler unbeobachtet. Wegen des nachlassenden Hydraulikdrucks des Staplers senkte sich die Gabel um 2,5 Zentimeter, das schwere Triebwerk kippte leicht zur Seite, während es noch nicht vollständig abmontiert war. →

- Von außen war nur eine große Beule in der Verkleidung zu sehen. Im Inneren der Aufhängung waren jedoch einige Teile angebrochen. Das blieb unbemerkt, auch nachdem das Flugzeug wieder in Betrieb genommen wurde.
- Bei jedem Flug arbeitete das Metall in der Aufhängung. Ein 100 Tonnen schweres Flugzeug verzeiht keine fehlerhaften Aufhängungen an den Triebwerken mit je fünf Tonnen Eigengewicht. Die Brüche wurden größer, und schließlich riss das Triebwerk beim Start ab. Die DC-10 stürzte ab. Der für die Überwachung der Wartung zuständige Chefmechaniker brachte sich kurz vor der Gerichtsverhandlung um.

07 – Der Boeing 707-Frachter der Lufthansa startete um 21:27 Uhr in Rio de Janeiro zum Flug nach Dakar in Senegal. Die Abflugfreigabe enthielt eine leichte Rechtskurve und Steigflug auf 2000 Fuß, allerdings kein Freigabe-Limit oder einen Exit-Point der Abflugroute. Gleich nach dem Start bat der Approach Controller darum, die Geschwindigkeit zu erhöhen. Die Boeing beschleunigte auf 300 Knoten, obwohl die Höchstgeschwindigkeit im Nahbereich des Flughafens unter 10.000 Fuß bei 250 Knoten lag. Währenddessen kümmerte sich der Controller um anderen Verkehr im Süden des Sektors, denn das Aufkommen war gerade sehr hoch. Als er sich wieder der LH 527 im Nordsektor zuwandte, war diese schon viel weiter, als er vermutete, und flog auf bergiges Gelände zu. Eine sofortige Kurskorrektur kam zu spät, das Flugzeug prallte 25 km nördlich des Flughafens kurz vor Petropolis gegen einen Berg.

zu 07: Als Ursache stellte man den Zusammenbruch der Teamarbeit in der Flugsicherung fest, eine fehlerhafte Abflugfreigabe, die unspezifische Erhöhung der Geschwindigkeit und das kurzfristige Vergessen der Maschine. Beitragend war auch, dass die Cockpit-Crew die unvollständige Freigabe ohne Rückfrage akzeptiert hatte.

10 – Eine DC-9 der italienischen Fluggesellschaft ATI war mit 31 Personen an Bord im Anflug auf den Flughafen Elmas bei Cagliari, Sardinien. AT 12 kam aus Alghero, der Anflug auf Elmas begann mit der Übergabe von Roma ACC um 23:50 Uhr. Wegen eines Gewitters bat die Crew darum, nördlich der Turbulenzen einen Vollkreis fliegen zu dürfen, um ihre Höhe wegzudrücken. Der Controller erlaubte einen Sinkflug bis auf 6000 Fuß und wies auch auf die Berge hin. Bevor der Vollkreis zu Ende war, verließ AT 12 die 6000 Fuß, um auf 3000 Fuß zu sinken. Der Controller reagierte mit der Aufforderung, den Sichtkontakt zum Boden zu melden. Die Piloten wussten effektiv nicht, wo sie sich befanden, fühlten sich aber sicher, weil sie ja im Sichtbereich des Flugsicherungsradars waren. Der

zu 10: Die Untersuchung verteilte die Schuld zu 70 Prozent auf die Crew, zu 30 Prozent auf den Fluglotsen. Dieser wurde zu drei Jahren Gefängnis verurteilt, von denen er nur vier Monate absaß. Über den Einspruch wurde jahrelang verhandelt. 1985 begnadigte ihn Staatspräsident Francesco Cossiga. Nach seiner Entlassung stieg er zum Leiter der Flugsicherung von Decimomannu und Cagliari auf.

zu 10: Flugzeugtrümmer der am Monte Conca d'Oru im Gebirgszug von Capoterra auf Sardinien zerschellten DC-9.

verantwortliche Fluglotse forderte den Captain auf, den Sichtkontakt zum Flughafen zu melden, und fügte hinzu: »Ihr seid ein wenig versetzt nach Westen.« Er fügte aber keine Korrekturanweisung hinzu. Der Einschlag am Monte Conca d'Oru im Gebirgszug von Capoterra erfolgte um 00:47 Uhr.

11 – Die DC-8 der Swissair mit der Flugnummer SR 316 war mit 154 Menschen an Bord unterwegs von Genf nach Athen. Eigentlich war es nur eine Zwischenlandung auf dem Flug nach Bombay und Peking. SR 316 wurde für einen ILS-Anflug und zur Landung auf Piste 15L freigegeben. Die Maschine setzte um 22:15 Uhr Ortszeit mit 146 Knoten auf, allerdings 740 m hinter dem Displaced Threshold (versetzte Landeschwelle), 2240 m vor dem Pistenende. Die DC-8 überschoss das Pistenende und kam auf einer Ringstraße zum Liegen. Ein Feuer brach aus, 14 von den 142 Passagieren starben dabei.

Hauptgründe waren die überhöhte Landegeschwindigkeit und das späte Aufsetzen hinter der Schwelle einer ohnehin schon verkürzten Piste. Die Crew benutzte weder die Schubumkehr noch die Radbremsen in ausreichendem Maße.

13 – Air New Zealand bot in den 1970er-Jahren in regelmäßigen Abständen einen Sightseeing-Flug von Auckland zur Antarktis um den Mount Erebus an, höchster Berg am Südpol. Die DC-10 flog dazu in 3000 m Höhe über das antarktische Gebirge. Ein Bergsteiger mit Antarktiserfahrung kommentierte dabei über Bordlautsprecher, was am Boden zu sehen war. Die Flüge waren Routine. Für den Flug am 28.11.1979 mit 237 Passagieren und 20 Mann Besatzung war eigentlich wieder Sir Edmund Hillary als Kommentator vorgesehen, der aber wegen anderen Verpflichtungen einen Freund bat, den Job zu übernehmen. Zwei Umstände führten zur Tragödie. Nach einem früheren Flug hatte ein Captain vorgeschlagen, eine GPS-Koordinate mit einer amerikanischen Navigationshilfe von McMurdo zusammenzulegen. Dieser Empfehlung folgte die Navigationsabteilung der Airline, ohne dies weiter mit den Piloten abzusprechen. Damit wich der Flugweg von der ursprünglich genehmigten Route ab und führte genau über den 3794 m hohen Mount Erebus. Kein Pilot wusste darüber Bescheid. Wegen einer Hauptwolkenuntergrenze von 2000 Fuß sank die Maschine auf 1500 Fuß. Trotz einer Sichtweite von 37 km flog die Crew genau auf den Vulkan zu. Einige weiße Wolkenfetzen mögen wohl verhindert haben, dass sie die weißen Hänge des Berges erkannten. Die Piloten hatten nichts falsch gemacht, sondern waren wie jedes vorige Mal auf dem vom Computer erzeugten Flugweg geflogen, den praxisferne Computertechniker geändert hatten.

Es war ein harter und zäher Kampf, den die Freunde und Kollegen des Piloten führten, um ihn posthum zu rehabilitieren. Sie mussten (und konnten) die stillschweigende Änderung der Datenbasis nachweisen. Zuerst hieß es nämlich bei der Unfallursache Pilot-Error, CFIT (Kontrollierter Flug ins Gelände).

zu 13: Dieses Memorial in Neuseeland erinnert an den Unfall am Mt. Erebus.

Lfd. Nr.	Datum	Flug	Flugzeugtyp	Airline	Opfer	Unfallort
01	21.01.1980	IR 291	Boeing 727-86	Iran Air	128	Teheran, Iran
02	14.03.1980	LO 007	Iljuschin Il-62	LOT	87	Warschau, Polen
03	12.04.1980	TR 303	Boeing 727-27C	Transbrasil	55	Florianópolis, Brasilien
04	**25.04.1980**	**DA 1008**	**Boeing 727-46**	**Dan-Air Services**	**146**	**Teneriffa, Spanien**
05	27.04.1980	TH 231	Hawker Siddeley HS-748	Thai Airways	44	Bangkok, Thailand
06	02.06.1980		Fairchild F-27J	LAB	13	Yacuiba, Bolivien
07	12.06.1980	ZW 965	Swearingen SA226-TC Metro II	Air Wisconsin	13	Valley, NE, USA
08	**27.06.1980**	**ICH 870**	**Douglas DC-9-15**	**Itavia**	**81**	**Ustica, Italien**
09	**19.08.1980**	**SV 163**	**Lockheed L-1011 TriStar 200**	**Saudi Arabian**	**301**	**Riad, Saudi Arabien**
10	26.08.1980		Vickers 812 Viscount	FEAT	37	Jakarta, Indonesien
11	12.09.1980		Douglas DC-3A	Florida Commuter	34	West End, Bahamas
12	19.11.1980	KE 015	Boeing 747-2B5B	KAL	14	Seoul, Südkorea
13	21.12.1980		SE-210 Caravelle VI-R	TAC Colombia	70	Riohacha, Kolumbien

04 – DA 1008 war eine Boeing 727 der britischen Dan-Air Services. An Bord des Fluges von Manchester nach Los Rodeos auf Teneriffa waren 146 Personen. Um 13:14 Uhr Ortszeit fand der erste Kontakt mit Teneriffa Approach statt. DA 1008 wurde zum Sinkflug auf 6000 Fuß freigegeben. Um 13:18 Uhr meldete die Crew den Überflug von TFN VOR unterwegs zu FP NDB. Eine Minute später meldete sich DA 1008 über FP. Die tatsächliche Position war allerdings anderthalb nautische Meilen südlich davon. Jetzt wurde DA 1008 angewiesen, über FP zu halten. Da dieses Holding nicht veröffentlicht war, übermittelte der Controller die Eigenschaften des Warteverfahrens: »Inbound-Kurs 150 Grad auf FP, Linkskurven.« Während sich die Crew noch über dieses seltsame Holding wunderte, wurden sie auf 5000 Fuß freigegeben. Mittlerweile befanden sie sich über einem Sektor, der eine Sicherheitsmindesthö-

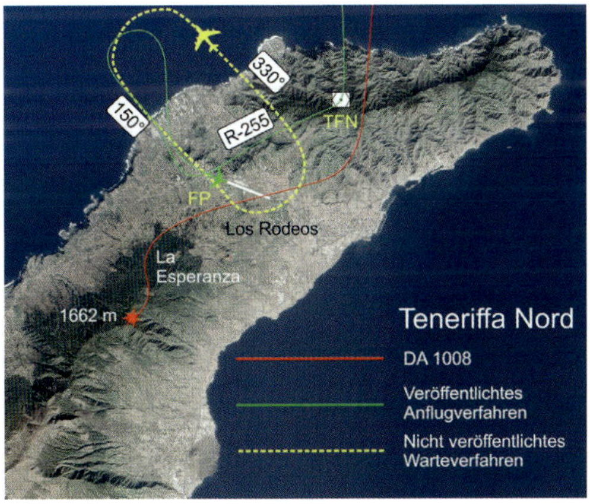

zu 04: Ansicht der verhängnisvollen Anflug- und Warteverfahren der Boeing 727 mit der Flugnummer DA 1008 am 25.04.1980

Die zuständige spanische Untersuchungsbehörde fand die Schuld bei den Piloten, weil sie nicht den notwendigen Abstand zu den Bergen hielten. Sie stellten außerdem fest, dass sie versuchten ein Manöver zu fliegen, das sie nicht verstanden hatten, und dass das Teamwork zwischen Captain und Kopilot mangelhaft war, Die britischen Beisitzer stimmten generell zu, fügten jedoch einen Anhang bei, in dem gerügt wurde, dass das unveröffentlichte Holding fast nicht zu erfliegen war, enge Kurven gefordert hätte, die zum Orientierungsverlust führen konnten.

he von 14.500 Fuß verlangt. Das Flugzeug be-fand sich in den Wolken. Der Captain begann eine Rechtskurve, weil er hier Berge vermutete. Da ertönte der Terrain-Alarm. Zwei Sekunden später schlug die Maschine in 1660 m Höhe gegen den Berg.

08 – Der Absturz der Itavia 870 war zeitlebens ein Mysterium. Die DC-9 war mit 81 Personen an Bord unterwegs von Bologna nach Palermo, als sie über Ustica explodierte und im 3300 m tiefen Meer versank. Über wenige vergleichbare Zwischenfälle rankten sich mehr Verschwörungstheorien als über diesen. Mal hieß es, die Maschine wäre von einem NATO-Kampfflugzeug abgeschossen worden, das eigentlich eine Maschine aus Libyen treffen wollte, in der Staatschef Gaddafi saß, mal hieß es, eine Bombe sei in der Toilette explodiert.

09 – Sechs Minuten nach dem Start in Riad um 18:08 Uhr leuchtete im Cockpit der Lockheed L-1011 Tristar der Saudi-Arabischen Airline das Feuerwarnlicht für das Cargo Compartment C-3 auf. Die SV 163 war gerade im Steigflug auf 22.000 Fuß. Der Captain entschied, den Flug nach Jeddah abzubrechen und mit den 287 Passagieren und der 14-köpfigen Besatzung nach Riad zurückzufliegen. Da war es 18:20 Uhr. Zwei Minuten später drang Rauch in die Kabine. Unter den Passagieren brach Panik aus. Um 18:25 Uhr ließ sich das mittlere Triebwerk nicht mehr ansteuern. Das Feuer hatte sich inzwischen in die Kabine durchgefressen. Die Passagiere versuchten, das Feuer zu bekämpfen. Über den Bordlautsprecher forderte der Captain die Passagiere auf, an ihre Plätze zurückzukehren und sich anzuschnallen. Um 18:29 Uhr informierte eine Flugbegleiterin das Cockpit, dass man hinten kaum noch atmen könne. Um 18:32 Uhr hatte der Captain die Landebahn in Sicht. Auf die Frage der Flugbegleiter um 18:35 Uhr, ob sie nach der Landung sofort mit der Evakuierung beginnen dürften, entschied sich der Kapitän dagegen. Eine Minute später setzte das Flugzeug auf der Piste 01 auf.

Niemand kann verstehen, warum die Tristar, statt eine Vollbremsung zu machen und zu evakuieren, bis zum Ende der Landebahn weiterrollte, dort um 180 Grad drehte und auch noch nach rechts auf den Rollweg abbog. Erst jetzt, um 18:39 Uhr, fast drei Minuten nach dem Aufsetzen, brachte der Captain das Flugzeug zum Stehen. Als wäre das eine Übung gewesen, meldeten die Piloten dem Tower: »Okay, wir schalten jetzt die Triebwerke ab und beginnen mit der Evakuierung.« Um 18:40 Uhr teilte der Tower der Crew mit, dass die Flammen schon von außen sichtbar seien. Die Antwort aus dem Cockpit: »Ja, wir versuchen jetzt zu evakuieren.« Um 18:42 Uhr wurden die zwei verbleibenden Triebwerke abgeschaltet. Da die Crew vergaß, den Druckausgleich herzustellen, ließen sich die Türen nicht öffnen. Die bereitstehenden Rettungskräfte brauchten bis 19:05 Uhr, um von außen eine der Türen zu öffnen. Um 19:08 Uhr stand das Innere des Flugzeugs völlig in Flammen. In dieser Zeit unternahm die Crew keine Versuche, das Flugzeug von innen zu öffnen oder war dazu bereits nicht mehr in der Lage. Das Flugzeug brannte vollständig aus, alle 301 Personen an Bord kamen ums Leben.

Lfd. Nr.	Datum	Flug	Flugzeugtyp	Airline	Opfer	Unfallort
01	07.05.1981	AU 901	BAC One-Eleven 529FR	Austral Lineas Aéreas	31	Buenos Aires, Argentinien
02	20.05.1981		Convair CV-440-11	Aero Léon	24	Mount Pinarete, Mexiko
03	22.05.1981		DHC-6 Twin Otter 300	TAME Ecuador	18	Zumba, Ecuador
04	20.07.1981	HH 40	Fokker F-27 Friendship	Somali Airlines	50	Balad, Somalia
05	24.07.1981	MD 112	DHC-6 Twin Otter 300	Air Madagascar	19	Maroantsetra, Madagaskar
06	27.07.1981	AM 230	Douglas DC-9-32	Aeroméxico	30	Chihuahua, Mexiko
07	**22.08.1981**	**EF 103**	**Boeing 737-222**	**FAT**	**110**	**Miao-Li, Taiwan**
08	26.08.1981	RS 221	Vickers 745D Viscount	Aeropesca Colombia	50	Florencia, Kolumbien
09	06.10.1981	HN 431	Fokker F-28 Fellowship	NLM Cityhopper	17	Moerdijk, Niederlande
10	08.11.1981	AM 110	Douglas DC-9-32	Aeroméxico	18	Zihuatanejo, Mexiko
11	**01.12.1981**	**JP 1308**	**Douglas DC-9-81 (MD-81)**	**Inex-Adria Aviopromet**	**180**	**Korsika, Frankreich**
12	18.12.1981		DHC-6 Twin Otter 300	ACES	13	San Antero, Kolumbien

07 – Far Eastern Air Transport (FAT) wurde 1957 in Taiwan gegründet. Sie bedient bevorzugt Inlandsstrecken mit gebrauchten Flugzeugen. Die Boeing 737-222, die am 22. August mit 110 Menschen an Bord von Taipeh nach Kaoshiung auf der Südspitze der Insel unterwegs war, wurde von 1969 bis 1976 von United Airlines geflogen. Am 5. August musste ein Flug mit dieser Maschine abgebrochen werden, weil der Kabinendruck entwich. Am 22. August waren auch wieder Druckprobleme aufgetreten. Das Flugzeug wurde daher bei einer Zwischenlandung in Taipeh repariert. Dabei blieb die wirkliche Ursache jedoch verborgen. Beim Weiterflug nach Kaoshiung gab es eine explosionsartige Dekompression in 6700 m Höhe. Die Boeing zerbrach noch in der Luft. Bei der Untersuchung der Wrackteile wurden Haarrisse und Korrosionsschäden an verschiedenen Rumpfabschnitten entdeckt, die wahrscheinlich durch die intensive Nutzung der Maschine auf Kurzstrecken entstanden waren und bei den Wartungen übersehen wurden. Immerhin hatte das Flugzeug insgesamt 33.313 Starts und Landungen hinter sich.

11 – Die DC-9 von Inex-Adria Aviopromet war unterwegs von Ljubljana im früheren Jugoslawien nach Ajaccio auf Korsika. Der Anflug auf Piste 21 begann um 08:47 Uhr mit einer Sinkflugfreigabe auf FL 110. Als die DC-9 das Ajaccio VOR überflogen hatte, gab der Controller die Maschine zum Sinkflug auf 3300 Fuß auf dem Radial 247 frei, ein Verfahren, das 8 Meilen aufs Meer hinaus und nach einer Linkskurve zum Flughafen führt. Doch JP 1308 entschied sich, wegen der Wolken in das Holding zu gehen, drückte dies aber sehr missverständlich aus: »Wir biegen auf Ajaccio ein, weil wir gerade in den Wolken sind.« Gemeint war allerdings AJO, also Ajaccio VOR.

Der Controller musste davon ausgehen, dass die Crew im veröffentlichten Verfahren war und auf den Flughafen von Ajaccio zuflog. Stattdessen kurvte JP 1308 in einem Sektor herum, in dem die Sicherheitsmindesthöhe 8600 Fuß war. Außerdem stellte sich später heraus, dass JP 1308 auf 3000 Fuß sank, weil die letzten Worte unverständlich waren. Noch während die Maschine im Sinkflug auf 3000 Fuß war, schlug sie am Mont San-Pietro ein.

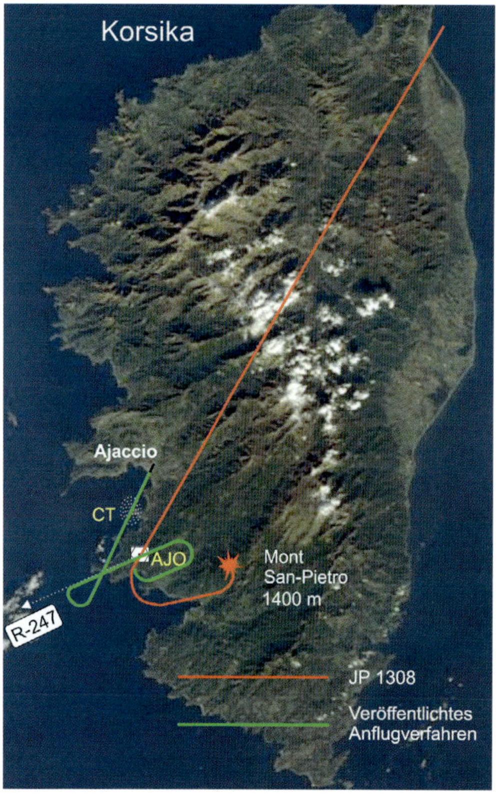

zu 11: Der Unfall wurde von französischen und jugoslawischen Behörden untersucht. Eindeutig waren hier englisch-sprachliche Defizite mit ausschlaggebend. Auch der Gebrauch der standardisierten Flugsicherungsphrasen ließ zu wünschen übrig. Aber auch fliegerisch gab es Fehler. So wurde die Höchstgeschwindigkeit im Holding überschritten, weshalb sich die Kurvenradien vergrößerten und die Maschine in den bergigen Teil Korsikas getragen wurde. Auch der Höhenwind wurde nicht berücksichtigt. Schließlich zeichnete der Cockpit Voice Recorder einen nachlässigen Umgang mit Standardverfahren und Checklisten auf. All das kostete 180 Menschen das Leben.

zu 11: Verhängnisvolle Abweichungen vom veröffentlichten Anflugverfahren führten zum Crash der Douglas DC-9 auf Korsika.

zu 1982 – Air Florida 01: In diesem eiskalten Wasser zwischen treibenden Eisschollen wurden Menschen zu Helden. Entweder sie sprangen ins Wasser, um Passagiere zu retten, oder sie stellten die eigene Rettung hintenan, um anderen den Vortritt zu lassen.

Lfd. Nr.	Datum	Flug	Flugzeugtyp	Airline	Opfer	Unfallort
01	**13.01.1982**	**QH 90**	**Boeing 737-222**	**Air Florida**	**74 + 4**	**Washington D.C., USA**
02	09.02.1982	JL 350	Douglas DC-8-61	JAL	24	Tokio, Japan
03	11.03.1982	WF 933	DHC-6 Twin Otter 300	Widerøes Flyveselskap	15	Nortkapp, Norwegen
04	20.03.1982		Fokker F-28 Fellowship 1000	Garuda	27	Bandar Lampur, Indonesien
05	26.03.1982	RS 217	Vickers 745D Viscount	Aeropesca Colombia	21	Quetame, Kolumbien
06	26.04.1982	CA 3303	Hawker Siddeley HS-121 Trident 2E	CAAC	112	Yangsuo, China
07	08.06.1982	VP 168	Boeing 727-212	VASP	137	Sierra de Pacatuba, Brasilien
08	22.06.1982	AI 403	Boeing 707-437	Air India	17	Bombay, Indien
09	**09.07.1982**	**PA 759**	**Boeing 727-235**	**Pan Am**	**145 + 8**	**New Orleans, LA, USA**
10	**13.09.1982**	**BX 995**	**Douglas DC-10-30CF**	**Spantax**	**50**	**Málaga, Spanien**
11	29.11.1982		Antonow An-26	TAAG	15	Monte Bibala, Angola
12	29.11.1982	VX 189	DHC-6 Twin Otter 310	ACES	22	Quetame, Kolumbien

01 – Air Florida Flug QH 90 sollte um 14:15 Uhr in Washington National Airport zu einem Flug nach Tampa (FL) starten. Doch nach Durchzug eines Schneegebietes wurde der Flughafen von 13:38 Uhr bis 14:30 Uhr wegen Schneeräumens geschlossen. Um 14:20 Uhr ließ der Captain die linke Seite der Boeing 737 enteisen, damit er gleich nach Öffnung des Flughafens starten konnte. Er ließ jedoch die Enteisung einstellen, als bekannt wurde, dass sich die Öffnung des Airports noch eine halbe Stunde verzögern würde. Um 14:45 Uhr ließ er die Enteisung fortsetzen. Um 15:23 Uhr dockte die Maschine ab. Wegen des herabgefallenen Schnees, Eis und Glykol am Boden konnte der Truck das Flugzeug nicht vom Gate wegschieben. Die Crew versuchte es daraufhin mit dem Umkehrschub, was viel zusätzlichen feuchten Schnee auf das Flugzeug aufwirbelte. Dies könnte zum späteren Unfallgeschehen beigetragen haben. Schließlich wurde der Truck wieder angehängt und die Boeing freigeschoben. Um 15:38 Uhr rollte Air Florida zum Start. Vor der Startposition an der Piste standen mehrere Flugzeuge, die warten mussten, bis sie an die Reihe kamen. Air Florida stellte sich bewusst in den Abgasstrahl, um die heiße Luft zu nutzen. Ironischerweise könnte auch das dazu beigetragen haben, dass sich an der Flügelvorderkante und an den Pitot-Einlässen wieder Eis bildete. Um 15:58 Uhr erhielt QH 90 die Startfreigabe. Da eine Maschine von Eastern Air Lines in nur 2,5 Meilen im Endanflug war, ermahnte der Tower QH 90, sofort zu starten. Die Crew quittierte das intern mit: »Das ist nicht in Ordnung!«

Genau viermal äußerte der Kopilot während des Starts Bedenken, dass mit dem Flugzeug etwas nicht stimme. Es beschleunigte langsamer und brauchte 2000 Fuß mehr Startstrecke als sonst. Schließlich hob die Boeing ab, nahm aber im Flug keine Fahrt auf. Stall-Warnung und Stick-Shaker ratterten bis zum Einschlag. 1400 m nach dem Pistenende prallte das Flugzeug auf eine Brücke über dem vereisten Potomac River auf und zerbrach. Sechs voll besetzte Autos wurden getroffen, vier Menschen wurden getötet, vier weitere verletzt. Von den 79 Menschen an Bord überlebten nur fünf unter dramatischen Umständen, weil sie sich an einem Wrackteil festklammern konnten. Sie waren 61 m vom Ufer entfernt.

zu 01: Darstellung des Flugverlaufs bis zur Absturzstelle an der Brücke über den zum Unfallzeitpunkt vereisten Potomac-River

Wegen der Straßenzustände und des Staus konnten die meisten Rettungskräfte die Absturzstelle nicht erreichen. Eine Feuerwehr führte ein Schlauchboot mit, das aber zwischen den Eisschollen nicht fortbewegt werden konnte. Ein Arbeiter sprang ins Wasser, konnte die Überlebenden aber nicht schwimmend erreichen. Mitarbeiter des nahen Pentagons halfen ihm an Land. Mit einem improvisierten Seil versuchte er es noch einmal, wurde aber wieder an Land gezogen. Um 16:22 Uhr erreichte ein Polizeihubschrauber die Unfallstelle. Ein Sanitäter warf ein Seil hinab. Der Passagier Arland Williams konnte es ergreifen, er gab es jedoch an die Flugbegleiterin Kelly Duncan weiter, die zuvor ihre Schwimmweste an eine Passagierin gegeben hatte. Der Hubschrauber setzte Kelly Duncan am Ufer ab und flog zurück. Beim dritten Anflug ließ der Sanitäter gleich zwei Leinen hinunter. Wieder gab Williams eine Leine weiter, diesmal an den Geschäftsmann Joe Stiley, die zweite Leine wurde von Stileys Sekretärin Nikki Felch gefangen. Stiley hielt außerdem mit seinem freien Arm

Ursächlich für diese Katastrophe war die übliche Verkettung von Umständen und kleinen Fehlern der Beteiligten:

1. Weder das Bodenpersonal von Air Florida vor Ort noch Kapitän Wheaton selbst überzeugten sich, dass das Flugzeug sauber von Schnee und Eis befreit war.
2. Versuch der Schubumkehr, um vom Gate abzudocken. Das Ergebnis war aufgewirbelter Schnee.
3. Bei der Abarbeitung der Vor-Start-Checkliste wurde vergessen, die Triebwerksenteisung einzuschalten.
4. Die Piloten entschlossen sich trotz sichtbarem Schnee und Eis auf den Tragflächen zum Start.
5. Die Drucksonde am Eintritt beider Triebwerke war durch Eis blockiert. Dadurch wurden im Startverlauf zu niedrige Druckwerte angezeigt.
6. Der Versuch, die heiße Luft im Abgasstrahl eines vor ihnen stehenden Flugzeuges zum Enteisen zu nutzen, stand im Gegensatz zu den im Flughandbuch verfügten Prozeduren und blockierte die Drucksonde durch geschmolzenen Schnee und Eis auf den Tragflächen.
7. Kapitän Wheaton ignorierte die Einwände des Kopiloten und führte den Start fort.
8. Aber auch der überhastete Start wegen der anfliegenden Maschine schloss ein überlegtes Handeln in letzter Sekunde aus.

die Passagierin Priscilla Tirado fest. Der Helikopter versuchte, diese drei Überlebenden im Langsam-Flug zwischen den im Wasser treibenden Eisschollen hindurch zum Ufer zu schleppen. Felch und Tirado verloren jedoch den Halt, und nur Stiley gelangte ans Ufer.

Daraufhin zog ein Augenzeuge, der Verwaltungsangestellte Michael Lenny Skutnik, Mantel und Schuhe aus und sprang ins Wasser, um Priscilla Tirado ans Ufer zu bringen. Zur gleichen Zeit flog Eagle 1 zu der in ihrer Schwimmweste treibenden Nikki Felch zurück. Der Sanitäter stellte sich dabei auf die Kufen des Helikopters, griff nach der Kleidung der Frau und zog sie hoch. Auch Nikki Felch konnte ans Ufer gebracht werden. Der Helikopter flog zurück zum Wrack, um den sechsten Überlebenden zu bergen. Doch das Wrack hatte sich mittlerweile leicht gedreht und den schwerverletzten Williams unter Wasser gedrückt. Der Potomac River hatte an diesem Tag 1 Grad Celsius. Die Brücke trägt heute den Namen *Arland Williams Memorial Bridge*.

09 – Die Pan Am Flug PA 759 war eine Boeing 727 auf dem Flug von Miami nach San Diego mit Zwischenstopps in New Orleans und Las Vegas. Um 16 Uhr, kurz vor dem Start in New Orleans, fragte der Kopilot den Tower nach dem Wind und erhielt ergänzend zu den Windwerten die Information, dass gerade eine Gewitterfront über den Flughafen ziehe und rings herum mit Scherwinden zu rechnen sei. Um 16:08 Uhr startete die PA 759. Sie gewann etwa 100 bis 150 Fuß Höhe, wurde dann aber von einem Microburst zu Boden gedrückt. Die Boeing schlug im Stadtteil Kenner in einem Wohngebiet auf. Mehrere Häuser wurden zerstört, acht Bewohner getötet. Von den 145 Menschen an Bord überlebte niemand.

zu 09: An der Aufschlagstelle der Boeing 727 wurde dieses Memorial errichtet.

Als Folge dieses Unfalls wurde mit Hochdruck an einem Warnsystem für Scherwinde und Microburst gearbeitet.

zu 09: Die Arland Williams Memorial Bridge ist die zweite Brücke von links.

Microburst

Seit dem Jahr 1970 wurde man sich des Phänomens der Scherwinde und des Microbursts bewusst. 18 Unfälle mit Passagierflugzeugen sind dadurch entstanden. Elf davon waren nicht tödlich, sieben endeten mit dem Verlust von insgesamt 575 Menschenleben.

Diese Scher- oder Fallwinde »bersten« fast explosionsartig und meist punktuell nahe bei Gewitterkernen, daher der Name »Microburst« oder auch »Downburst«.

Besonders im Landeanflug ist das tückisch. Das Flugzeug hat die Geschwindigkeit verringert und die Triebwerke gedrosselt, ist im Sinkflug und bereits in Bodennähe. Wird er nun von Fallwinden überrascht, muss der Pilot versuchen, den Sinkflug zu brechen und Höhe zu gewinnen. Bis die Triebwerke Schub liefern, dauert es ein paar Sekunden. Beim Einflug in den Microburst trifft das Flugzeug auf starken Horizontalwind von vorne. Die Fluggeschwindigkeit relativ zur umgebenden Luft nimmt zu, die Sinkgeschwindigkeit nimmt ab. Reagiert ein Pilot jetzt falsch, reduziert die Triebwerksleistung und drückt die Nase nach unten, wird er kurz darauf in der Kernzone des Microburst zu Boden gedrückt. Selbst wenn er heil durch die Kernzone kommt, ist er auf der Rückseite unvermittelt einem starken Rückenwind ausgesetzt. Der führt zum Verlust von Auftrieb oder kann sogar zum Strömungsabriss führen.

NASA und FAA haben nach dem Crash in New Orleans das Airborne Wind-Shear Detection and Avoidance Program (AWDAP) aufgelegt, das zur Entwicklung eines Frühwarngeräts im Flugzeug geführt hat. Es ist mit dem Wetterradar verbunden und soll rechtzeitig vor diesen Gefahren warnen.

Inzwischen wurde das Problem nach mehreren opferreichen Totalverlusten als das Problem erkannt, das es ist. Weltweit bemühen sich Meteorologen und Luftfahrtforscher um eine Verbesserung der Vorhersage.

zu 09: Darstellung des Microburst-Phänomens

10 – Beim Start einer DC-10 der spanischen Fluggesellschaft Spantax in Málaga löste sich das Profil des linken runderneuerten Bugradreifens. Kurz vor Erreichen von V1 (162 Knoten) traten Vibrationen auf, die sich rasch verstärkten. Als der Captain bei VR abheben wollte, waren die Vibrationen so stark, dass er Strukturschäden befürchtete und sich entschloss, den Start abzubrechen. Die Maschine war mittlerweile bei 184 Knoten und hatte nur noch 1300 m Piste vor sich. Als der Captain die Leistungshebel zurückzog und auf Umkehrschub schaltete, rutschte er vom Hebel für das rechte Triebwerk Nummer 3 ab. Das führte zu einer Asymmetrie, das Flugzeug brach nach links aus, überschoss die Piste, rammte ein Generatorhäuschen vom Instrumentenlandesystem, das rechte Triebwerk riss ab. Die DC-10 durchbrach einen Metallzaun, überrollte die Autobahn und stieß mit drei Fahrzeugen zusammen. Beim Kontakt mit einer Eisenkonstruktion brachen drei Viertel der rechten Tragfläche und das rechte Höhenruder ab. 450 m hinter dem Pistenende kam die Maschine zum Stillstand. Im Heck des Flugzeugs brach ein Feuer aus.

Die Evakuierung der Passagiere verlief größtenteils chaotisch, weil die hinteren Türen verkantet waren und sich nicht öffnen ließen. Andere Türen mussten wegen des Außenfeuers geschlossen bleiben. Einige Passagiere öffneten trotz des Brandes eine Türe, die Notrutschen entfalteten sich, wurden aber gleich danach durch das Feuer unbrauchbar. Durch die nun offenstehende Türe drang weiterer Rauch und Feuer in die Kabine. So mussten die meisten der 381 Passagiere durch die Türen 3L und 3R. Die Gänge zu diesen Türen waren allerdings schnell verstopft, weil viele Passagiere ihr Gepäck mitnehmen wollten.

50 Menschen kamen bei diesem Unfall ums Leben, die meisten Überlebenden erlitten Rauchvergiftungen. Knochenbrüche und Schnittwunden waren Folgen der Evakuierung.

Als Folgen dieses Unfalls wurden mehrere Empfehlungen ausgesprochen.

1. Die Auslaufzonen hinter den Pistenköpfen sind zu erweitern und hindernisfrei zu halten, wo immer das möglich ist.
2. Der Gebrauch von runderneuerten Reifen ist zu überdenken.
3. Die Evakuierungspläne von Großraumflugzeugen sind dahingehend zu gestalten, dass ein Teil der Türen wegen Außenfeuers nicht geöffnet werden kann.
4. Die Regelungen für Kabinengepäck sind rigoros durchzusetzen.

zu 10: Die Unglücksmaschine im Juli 1981 an einem anderen Flughafen

Lfd. Nr.	Datum	Flug	Flugzeugtyp	Airline	Opfer	Unfallort
01	16.01.1983	TK 158	Boeing 727-2F2	THY	47	Ankara, Türkei
02	11.03.1983		Douglas DC-9-32	AVENSA	23	Barquisimeto, Venezuela
03	02.06.1983	AC 797	Douglas DC-9-32	Air Canada	23	Cincinnati, OH, USA
04	**23.07.1983**	**AC 143**	**Boeing 767**	**Air Canada**	**0**	**Gimli, Kanada**
05	**01.09.1983**	**KAL 007**	**Boeing 747-230B**	**KAL**	**269**	**Sachalin, Russland**
06	23.09.1983	GF 771	Boeing 737-2P6	Gulf Air	112	Mino Jebel Ali, VAE
07	08.11.1983		Boeing 737-2M2	TAAG	130	Lubango, Angola
08	**27.11.1983**	**AV 011**	**Boeing 747-283B**	**Avianca**	**181**	**Madrid, Spanien**
09	28.11.1983		Fokker F-28 Fellowship 2000	Nigeria Airways	53	Enugu, Nigeria
10	07.12.1983	IB 350	Boeing 727-256	Iberia	51	Madrid, Spanien
11	07.12.1983	AO 134	Douglas DC-9-32	Aviaco	42	Madrid, Spanien

04 – AC 143 war eine Boeing 767 der Air Canada, unterwegs von Montreal über Ottawa nach Edmonton. Die Maschine war gerade mal drei Jahre alt und eigentlich vollkommen in Ordnung, bis auf ein kleines Instrument, das am ehesten mit der Tankuhr eines Autos vergleichbar wäre. Der Fehler wurde schon vor dem Start in Montreal entdeckt, konnte jedoch auf die Schnelle nicht behoben werden. Der Wartungschef bestätigte der Crew, dass dies kein Hinderungsgrund sei, solange sie sich selbst mit einem Messstab von der Spritmenge überzeugten.

Dies war auch geschehen, und die beiden Piloten hatten sich munter auf den Weg nach Edmonton gemacht. Doch auf halber Strecke blieb zuerst der eine Motor, dann der andere stehen. Das elektronische Cockpit, mit den neuesten Bordcomputern der Welt bestückt, versagte seinen Dienst, es wurde still im Flugzeug. Der nächste Flughafen war Winnipeg, 160 km entfernt. Eine ausklappbare Kleinstturbine sorgte für den notwendigen Strom für den Sprechfunk und die Cockpit-Notbeleuchtung, mehr aber auch nicht.

Mit Hilfe der Flugsicherung wurde die Maschine auf Kurs gebracht. Bald war aber klar, dass man es nicht bis Winnipeg schaffen würde. Die Flugsicherung empfahl den beiden, in Gimli zu landen, einem kleinen Flugplatz, der früher einmal von der Royal Canadian Air Force benutzt wurde. Gimli hatte jedoch keinen Tower und keine Rettungsdienste und war auch für die Landung einer Boeing 767 unter normalen Umständen nicht geeignet, um wie viel weniger unter diesen! Zu allem Überfluss wurde ein Teil der Bahn gerade dazu benutzt, ein Go-Cart-Rennen auszutragen, während die 767 lautlos hereinschwebte. Da auch die Hydraulik ihren Dienst versagte, wurde das Fahrwerk notausgefahren. Das Hauptfahrwerk rastete durch sein Eigengewicht ein, das leichtere Bugfahrwerk klappte nach vorne, rastete jedoch wegen des Fahrtwindes und des hohen Anstellwinkels nicht ein. Mit einer fliegerischen Meisterleistung setzte der Captain die Maschine

Ursache: Zwei Mechaniker hatten die Tankmessungen und Berechnungen in Montreal angestellt. Sie fanden heraus, dass die Maschine vor dem Auftanken noch 7682 Liter Treibstoff an Bord hatte. Nun sollte es eigentlich eine Kleinigkeit sein, diese Menge von der Menge abzuziehen, die für den Flug gebraucht würde, und den Rest vor dem Start nachzutanken. Doch es gab drei kleine Komplikationen: →

Seit jeher haben die Piloten der Air Canada ihre Spritmenge in Pfund berechnet. Bei der neuen 767 der Air Canada wurde der Spritverbrauch aber in Kilogramm ausgedrückt. Dies war so gewünscht, da die kanadische Regierung ja plante, in Kürze das metrische System einzuführen. Der Messstab in den Flügeltanks zeigte jedoch nicht Pfund oder Kilogramm, sondern Liter an. Es handelte sich also um die Einführung eines metrisch kalibrierten Flugzeugs in eine nicht-metrische Flugzeugflotte. Nun kam auch noch dazu, dass auf früheren Flugzeugen der Sprit nicht vom Captain oder dem Kopiloten berechnet wurde, sondern vom Bordingenieur. Die 767 hatte aber keinen Bordingenieur mehr, da die Bordcomputer ja denselben ersetzten. Und dieser Bordcomputer konnte die Spritmenge nicht errechnen, weil, ja, weil – die Tankuhr kaputt war. Und jetzt wussten weder die Mechaniker noch die Piloten, wer für die Berechnung der Spritmenge zuständig war. Vielleicht wäre der Fehler auch rechnerisch vor dem Abflug gelöst worden, wäre das Cockpit nicht so überfüllt gewesen. Als der Captain das Flugzeug übernahm, musste er sich an sechs bis acht Personen vorbeidrängen, um überhaupt an seinen Arbeitsplatz zu kommen. Da waren Mechaniker, der Tankwart, ein Air-Canada-Pilot als Passagier und eine Flugbegleiterin, die sich mit dem mitfliegenden Piloten unterhielt. Es war ein Kommen und Gehen.

Zusammen berechnete man, wie viel Liter noch hinzugefügt werden müssten, um 22.300 kg Treibstoff zu haben. Irgendjemand erinnerte sich an einen Faktor 1,77, mit dem man früher Kerosin von britischen Imperial Pounds nach amerikanischen US Pounds berechnet habe. Sie hätten aber den Faktor 0,8 nehmen müssen, um auf Kilogramm zu kommen. Schließlich tankte die Crew bei der Zwischenlandung in Ottawa 5000 statt 15.000 Liter nach.

Ironischerweise ging den beiden Mechanikern der Air Canada, die nun von Montreal mit dem Auto nach Gimli fuhren, unterwegs der Sprit aus …

zu 04: Situation nach der spektakulären Notlandung auf dem kleinen kanadischen Flugplatz Gimli, der weder einen Tower hatte noch über Rettungsdienste verfügte.

am Startbahnbeginn auf, das Bugfahrwerk klappte nach hinten weg, die 767 rutschte auf dem Vorderrumpf die Runway entlang, Funken stoben, die Menschen am Boden rannten um ihr Leben.

Das Flugzeug kam auf kürzester Strecke zum Stehen. Die Notrutschen entfalteten sich, das Flugzeug sollte über die Heckausgänge evakuiert werden, da von vorne schwarzer Qualm in die Kabine quoll. Die Heckrutschen hingen jedoch fast senkrecht nach unten, da das Heck ja wesentlich höher stand als der Bug. So entstanden die einzigen Verletzungen durch die Evakuierung. Die ersten Männer, die am Boden aufschlugen, mussten den Aufprall der restlichen Passagiere dämpfen. Das ging nicht ohne Knochenbrüche.

05 – Die Boeing 747 der Korean Air Lines war unterwegs von New York nach Seoul mit Zwischenlandung in Anchorage, Alaska. KAL 007 startete morgens um 5 Uhr Ortszeit. Das erste Fix war Bethel VOR. Sehr wahrscheinlich wurde hierbei jedoch der Autopilot falsch bedient, womöglich war die Betriebsart »Heading« unbemerkt beibehalten worden, statt auf Betriebsart »INS« (Trägheitsnavigation) zu schalten. Jedenfalls wurde Bethel VOR um 12 Meilen nördlich verfehlt. Der Kurs von 245 Grad wurde den ganzen Flug über beibehalten. So geriet KAL 007 in sowjetischen Luftraum. Da an diesem Tag Raketen in Kamtschatka getestet wurden, befand sich auch ein amerikanisches Aufklärungsflugzeug in der Nähe. Die sowjetische Luftverteidigung schickte vier Abfangjäger zu

zu 05: Darstellung der verhängnisvollen Abweichung der geplanten Route am 01.09.1983 bis zur Abschussstelle der Boeing 747 der Korean Air Lines

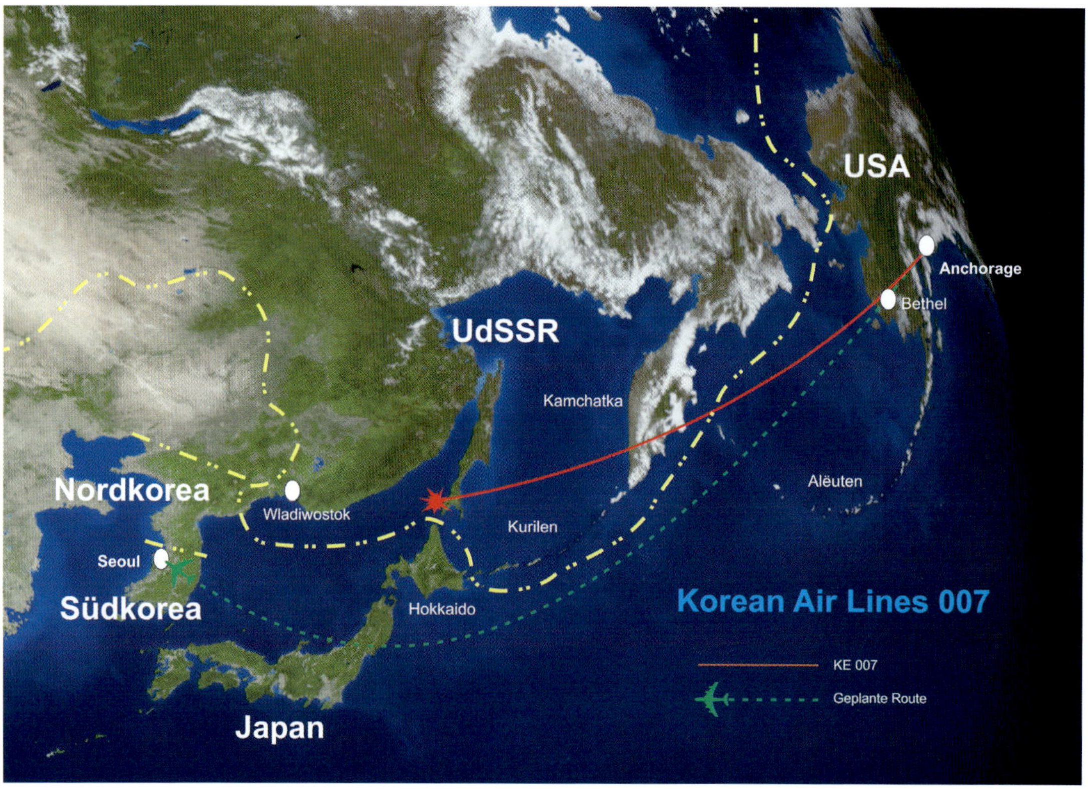

Ronald Reagan verurteilte den Abschuss als Akt der Barbarei und verbot der Aeroflot jeglichen Überflug über amerikanisches Territorium. Außerdem kündigte Reagan an, GPS für den zivilen Gebrauch freizugeben. 1986 vereinbarten die USA, die Sowjetunion und Japan ein gemeinsames Flugüberwachungssystem für den Nordpazifik. Gleichzeitig wurde das Überflugverbot für die Aeroflot aufgehoben.

dem Eindringling. Da jedoch deren Treibstoff nicht ausreichte, mussten sie unverrichteter Dinge umkehren. Als die Boeing auf Sachalin zuflog, starteten zwei dort stationierte Abfangjäger. Angeblich wollen sie die Piloten gewarnt haben und einige Garben mit Leuchtspurmunition verschossen haben. Das wurde jedoch Jahre später von den beteiligten Piloten bestritten. In Sichtweite von Hokkaido meldete sich KAL 007 bei Tokio Center an und wurde aufgefordert, von FL 330 auf FL 350 zu steigen. Das wiederum interpretierten die sowjetischen Piloten als Ausweichmanöver. Einer der Piloten feuerte zwei Luft-Luft-Raketen mit Annäherungszündern. Die Explosion der Raketen beschädigte die Steuersysteme der Boeing und führte zu einem Druckabfall. KAL 007 meldete nach Tokio Center, dass man wegen der Dekompression unter 10.000 Fuß sinken würde. Offenbar waren sich die Koreaner noch immer nicht bewusst, was um sie herum passierte. Zehn Minuten nach dem Angriff ging der Jumbo in eine Spirale über, bis er nahe der Insel Moneron im Wasser aufschlug und zerbrach.

08 – Die Boeing 747 der kolumbianischen Fluggesellschaft Avianca war unterwegs von Paris nach Bogotá mit Zwischenlandung in Madrid. Eigentlich führte der Flug von Frankfurt über Paris und Madrid nach Bogotá. Aber wegen besonderer Umstände hatte man auf die Landung in Frankfurt verzichtet. So mussten 55 Passagiere von Frankfurt mit Lufthansa nach Paris gebracht werden, was in einer 80-minütigen Verspätung mündete. AV 011 startete in Paris um 22:25 Uhr. Um 23:31 Uhr erhielt sie die Sinkflugfreigabe von Madrid auf FL 90, um 00:00 Uhr die Freigabe für den ILS-Anflug auf die Piste 33. Der Kopilot erwies sich dabei als unkonzentriert, er verwechselte die Frequenzen der Navigationshilfen. Ob Übermüdung eine Rolle spielte, lässt sich nicht mehr feststellen. Im Cockpit schien auch Ungeduld vorzuherrschen, da die vorgeschriebenen Anflugverfahren nicht ausgeflogen, sondern eher abgekürzt wurden. Als der Captain den Kopiloten aufforderte, ihm die Minimum Descent Altitude zu nennen, unterlief ihm ein verhängnisvoller Zahlendreher: Statt 3282 Fuß sagte er 2382 Fuß, ein Höhenunterschied von 300 m! Der Captain setzte den Sinkflug entsprechend dieser Information fort, obwohl er eigentlich das VOR in 4000 Fuß überfliegen sollte. Um die Höhe schneller abzubauen, setzte er die Landeklappen auf 10 Grad und fuhr das Fahrwerk aus. Um 00:06 Uhr schlug das Bodenwarngerät an. Als Reaktion schaltete der Captain den Autopiloten ab und setzte den Sinkflug manuell fort. 10 Sekunden später erfolgte der Aufschlag am Boden. »Aber es war doch nur ein Zahlendreher! Aber ich war halt etwas müde. Aber das kann doch mal passieren!« könnte die Crew heute sagen, … wenn sie noch am Leben wäre …

Neben der fahrlässigen Arbeit im Cockpit kritisierten die Ermittler auch die Flugsicherung. Die Übergabe von Approach an den Tower erfolgte ohne Erwähnung der Position und der Höhe, die geflogene Abkürzung blieb vom Radarcontroller unbemerkt. Das Flugzeug zerschellte um 00:06 Uhr. Der Tower löste aber erst um 00:19 Uhr den Crashalarm aus!

Lfd. Nr.	Datum	Flug	Flugzeugtyp	Airline	Opfer	Unfallort
01	16.03.1984		Fairchild F-27M	LAB	23	Cerro Pilón, Bolivien
02	18.04.1984		Embraer EMB-110EJ Bandeirante	VOTEC	18	Imperatriz, Brasilien
03	28.06.1984		Embraer EMB-110C Bandeirante	TAM	18	Rio das Ostras, Brasilien
04	19.08.1984		Vickers 668 Varsity T.1	Leicester Aircraft Preservation Society	11	Marchington, UK
05	24.08.1984	EM 628	Beech C99	Wings West Airlines	15	San Luis Obispo, CA, USA
06	11.09.1984		Handley Page HPR-7 Herald 202	MMM Aero Services	30	Bandundu, DR Kongo
07	16.09.1984		Antonow An-2T	APRL	11	Opole, Polen
08	**11.10.1984**	**SU 3352**	**Tupolew Tu-154B-1**	**Aeroflot / East Siberia**	**174 + 4**	**Omsk, Russland**
09	20.11.1984		DHC-6 Twin Otter 300	TAME Ecuador	14	Zumba, Ecuador
10	06.12.1984		Embraer EMB-110P1 Bandeirante	PBA	13	Jacksonville, FL, USA
11	**23.12.1984**	**SU 3519**	**Tupolew Tu-154B-2**	**Aeroflot / Krasnojarsk**	**110**	**Krasnojarsk, Russland**

08 – Die Tupolew Tu-154 der Aeroflot Ostsibirien Division war unterwegs von Krasnodar nach Omsk mit 179 Personen an Bord. Die Piste in Omsk war nass und rutschig von Schmutz und Regen, das Wetter neblig. Um 05:15 Uhr schickte die Flughafenverwaltung drei Fahrzeuge mit Blasgeräten auf die Piste, um sie vor Beginn des Tagflugbetriebs abzutrocknen. Die Fahrzeuge hatten keinen Funk an Bord. Der Ground-Controller genehmigte das Befahren der Piste, da zu dieser Zeit kein Flugbetrieb war. Um 05:33 Uhr meldete sich SU 3352 bei der Anflugkontrolle. Im Kontrollturm wurde die Pistenbefeuerung eingeschaltet. Der Tower Controller wusste nichts von den Fahrzeugen auf der Bahn. Um 05:41 Uhr setzte die Tupolew mit 140 Knoten Geschwindigkeit auf. Der Pilot erkannte die Hindernisse, der Zusammenstoß war aber unausweichlich. Das Flugzeug ging sofort in Flammen auf, außer der Cockpit-Crew überlebte diesen Crash niemand. Auch die Arbeiter in den Fahrzeugen kamen ums Leben. Wahrscheinlich wussten sie noch nicht einmal, was mit ihnen geschah.

Der Ground-Controller, der die Fahrzeuge auf die Piste gelassen hatte, war wieder eingeschlafen und hatte vergessen, seine Kollegen zu informieren.

Auch wenn dies der folgenschwerste Unfall dieser Art war, ähnliches passiert immer wieder auf allen Flughäfen der Welt. Meist gehen diese Zwischenfälle glimpflich aus. Dabei gibt es ganz einfache Methoden, das zu verhindern, indem man eine mechanische Klappe, ein Schild oder irgendeine Veränderung an der Tower-Konsole vornimmt, die den verantwortlichen Fluglotsen hindert, seine Routine abzuspulen, solange ein Hindernis auf der Piste ist. Kann er zum Beispiel mit der Lande- oder Startfreigabe den aktuellen Bodenwind nicht ablesen, weil eine rote Klappe davor ist, auf der steht »Runway Occupied«, ist das eine fast ausfallsichere Lösung, die keine zehn Dollar kostet.

11 – Die Tupolew Tu-154 der Aeroflot Krasnojarsk Division war gerade in Krasnojarsk zu einem Flug nach Irkutsk gestartet. Zwei Minuten später, die Maschine war gerade auf 6000 Fuß, zerbrach eine der Kompressorscheiben in Triebwerk Nummer 3 (hinten rechts). Die Trümmer durchtrennten die Treibstoffleitung und elektrische Kabel und setzten das Triebwerk in Brand. Das Flugzeug neigte sich nach rechts, die Piloten steuerten dagegen und kehrten um. Krasnojarsk bereitete sich auf eine Notlandung vor. Gleich darauf glaubte der Flugingenieur Vibrationen am Triebwerk Nummer 2 (hinten Mitte) festzustellen und schaltete es ab. Der Captain gab Anweisung, Nummer 3 und Nummer 1 (hinten links) in den Leerlauf zu fahren, um die Symmetrie wiederherzustellen. Zehn Sekunden später bemerkte der Flugingenieur, dass er versehentlich die Nummer 2 abgeschaltet hatte, und versuchte es neu zu starten. Die Piloten schalteten Triebwerk Nummer 3 daraufhin ab und aktivierten die Triebwerkslöschanlage. Die reichte jedoch nicht, um das Feuer zu löschen. Plötzlich beschleunigte Triebwerk Nummer 2 auf Startschub. Die Schubhebel hatten keine Auswirkungen darauf. Also schalteten die Piloten auch Triebwerk Nummer 2 ab, schlossen jedoch nicht das Treibstoffventil. Mittlerweile hatte das Feuer auf das ganze Heck übergegriffen, in welchem sich auch das Hilfstriebwerk befindet. Triebwerk Nummer 2 brannte nun ebenfalls. Das Flugzeug überflog den Outer Marker des ILS in einer Höhe von 175 m mit einer Geschwindigkeit von 420 km/h. Zuerst fiel die Stromversorgung aus, dann die Hydraulik, das Flugzeug war nicht mehr steuerbar. Es rollte nach rechts und sank mit einer Rate von 10 m/s. Um 18:15 Uhr schlug es 3200 m vor der Landebahnschwelle mit einer Geschwindigkeit von 425 km/h und einer Querneigung von 50 Grad auf. Seit Beginn des Notfalls waren vier Minuten und 30 Sekunden vergangen. Alle sieben Besatzungsmitglieder und 103 der 104 Passagiere starben; ein 27-jähriger Insasse wurde gerettet.

Ursache für den Bruch der Kompressorscheibe in Triebwerk Nummer 3 war Materialermüdung, aufgetreten durch einen metallurgischen Verarbeitungsfehler. Er kam durch eine Stickstoffverunreinigung im Metall zustande.

zu 11: Die Tupolew TU-154 ist das Arbeitspferd aller Fluggesellschaften östlich des Urals. Sogar die deutsche Luftwaffe flog einige, die sie aus DDR-Beständen übernommen und getestet hatte.

Lfd. Nr.	Datum	Flug	Flugzeugtyp	Airline	Opfer	Unfallort
01	01.01.1985	EA 980	Boeing 727-225	Eastern Air Lines	29	Nevado Illimani, Bolivien
02	19.01.1985		Iljuschin Il-18D	Cubana	38	Havanna, Kuba
03	**21.01.1985**	**9G 203**	**Lockheed L-188A Electra**	**Galaxy Airlines**	**70**	**Reno, NV, USA**
04	23.01.1985	VX 052	DHC-6 Twin Otter 300	ACES	23	Cerro el Plateado, Kolumbien
05	**19.02.1985**	**IB 610**	**Boeing 727-256**	**Iberia**	**148**	**Bilbao, Spanien**
06	22.02.1985		Antonow An-24B	Air Mali	51	Timbuktu, Mali
07	28.03.1985		Fokker F-28 Fellowship 3000	SATENA	46	Florencia, Kolumbien
08	15.04.1985		Boeing 737-2P5	Thai Airways	11	Phuket, Thailand
09	**23.06.1985**	**AI 182**	**Boeing 747-237B**	**Air India**	**329**	**Cork, Irland**
10	**02.08.1985**	**DL 191**	**Lockheed L-1011 TriStar 1**	**Delta Air Lines**	**134 + 1**	**Dallas, TX, USA**
11	**12.08.1985**	**JAL 123**	**Boeing 747SR-46**	**JAL**	**520**	**Ueno, Japan**
12	22.08.1985	KT 328	Boeing 737-236	British Airtours	55	Manchester, UK
13	06.09.1985	YX 105	Douglas DC-9-14	Midwest Express	31	Milwaukee, WI, USA
14	24.11.1985	MS 648	Boeing 737-266	EgyptAir	60	Luqa Airport, Malta
15	**12.12.1985**	**MF 1285R**	**Douglas DC-8-63CF**	**Arrow Air**	**256**	**Gander, Kanada**

03 – Die Lockheed Electra von Galaxy Airlines war unterwegs von Seattle über Oakland und Reno nach Minneapolis-St.Paul. Eigentlich sollte die Electra um 15:30 Uhr in Seattle starten, sie kam aber erst um 20:19 Uhr raus. Ankunft in Oakland war 22:25 Uhr. Dort lud sie 65 Passagiere ein und flog weiter nach Reno. Dort wurde das Flugzeug gewartet und betankt. Die Motoren der Electra wurden mit Druckluft gestartet. Dafür gab es einen Anschluss hinter einer Klappe an der Unterseite des Flugzeugs. Wegen eines defekten Kopfhörers konnte der Flugzeugwart von außen nicht in Kontakt mit den Piloten treten und musste auf Arm- und Handzeichen zurückgreifen. Durch ein Missverständnis zwischen Flugzeugwart und Pilot begann der Captain loszurollen, bevor der Druckluftschlauch entfernt war. Heftig gestikulierend konnte der Wart das Flugzeug noch einmal stoppen, während ein anderer Mechaniker den nun klemmenden Anschluss öffnete. Die Klappe wurde daraufhin nicht ordnungsgemäß verschlossen. Um 01:04 Uhr startete Flug 9G 203 nach Minneapolis. Während des Starts war ein Schlag zu hören, gleich darauf traten Vibrationen auf. Der Captain nahm die Power zurück, in der Vermutung, die Vibrationen könnten von einem der Motoren kommen. Mit einer flachen Kurve versuchte er zum Flughafen zurückzukehren, um wieder zu landen. Beide Piloten waren durch die Vibrationen abgelenkt und versäumten es, die Geschwindigkeit wieder zu erhöhen, bis die Strömung abriss und das Flugzeug am Rande des Highway 395 aufschlug. Von den 71 Menschen an Bord überlebte ein Passagier, der mitsamt seiner Sitzbank aus der Maschine geschleudert wurde. Er konnte sich losschnallen und davonlaufen, bevor das vollgetankte Flugzeug explodierte.

05 – IB 610 war eine Boeing 727 der spanischen Fluglinie Iberia. Der Flug begann um

08:47 Uhr in Madrid und wurde um 09:35 Uhr in Bilbao erwartet. Um 09:09 Uhr begann der Anflug mit einem Sinkflug auf FL 100. Um 09:16 erhielt IB 610 die Freigabe für den ILS-Anflug auf Piste 30. Sektor-Mindesthöhe war 4354 Fuß. Das Höhenwarngerät stand auf 4300 Fuß. Als das Horn ertönte, setzten die Piloten den Sinkflug fort in der irrigen Annahme, sie seien bereits im Anflugverfahren. Um 09:27 Uhr kollidierte die Boeing mit einem Rundfunkmast in 3356 Fuß. Niemand überlebte den Unfall.

09 – AI 182 war ein Jumbo der Air India von Toronto über Montreal nach London, Delhi und Bombay. Beim Start in Montreal waren 329 Menschen an Bord, darunter die 22-köpfige Crew. Um 02:18 UTC (Weltzeit) startete die Boeing in Montreal. Sie wurde um 08:33 Uhr UTC in London erwartet. Um 07:15 UTC, kurz vor Erreichen der irischen Küste, zerriss eine Bombe im vorderen Gepäckraum das Flugzeug. Zwar wurden an den Wrackteilen, die man aus 2000 m Tiefe bergen konnte, keine Hinweise auf eine Bombe gefunden. Trotzdem ist man hinreichend sicher, dass es eine Kofferbombe gewesen sein muss, denn nur 55 Minuten vor der Explosion an Bord von AI 182 explodierte eine Kofferbombe in Tokio Narita. Der Koffer war ein unbegleitetes Gepäckstück, das mit einem Canadian-Pacific-Flug von Vancouver nach Tokio von einem Passagier aufgegeben worden war, der auf der Warteliste stand und sich auch später nicht an Bord befand. Es sollte weiterverladen werden auf den Flug mit Air India 301 nach Bangkok. Der Koffer wurde vorschriftswidrig von einer CP-Angestellten eingecheckt. Die japanische Polizei konnte anhand der Überreste die Spur zu einem Sanyo-Radio zurückverfolgen, von dem 2000 Stück in Vancouver verkauft wurden. Und schließlich wurde auch das Geschäft gefunden, in dem sich eine Verkäuferin erinnerte, dass sie wenige Wochen vorher zwei Radios an zwei Inder verkauft hatte, deren Turban auf Sikh-Angehörige schließen ließ.

Nun tappte Air India nicht ganz blindlings in die Falle. Wegen der weltweiten Terrorwarnung für Air-India-Flüge beschaffte die Airline Röntgengeräte für alle Flughäfen im Air-India-Netz und unterzog auch das Transitgepäck einer Kontrolle. Der Scanner in Toronto lief jedoch tags zuvor heiß, nachdem man etwa 50 bis 70 Prozent des Gepäcks für AI 182 kontrolliert hatte. Die Fluggesellschaft wurde darüber nicht informiert, da der Stationsleiter in Urlaub war und keinen Vertreter bestimmt hatte. Die mit der Kontrolle beauftragte Sicherheitsfirma setzte daraufhin Handsniffer ein. Bei der Geräteeinweisung hatte der Vorführer jedoch vergessen zu erwähnen, dass man während des Gebrauchs einen leichten Druck auf das Gepäckstück ausüben musste, damit die Luft darin entweicht. Das wäre die letzte Chance gewesen, 329 Menschen das Leben zu retten.

10 – DL 191 war unterwegs von Fort Lauderdale nach Los Angeles mit Zwischenstopp in Dallas/Fort Worth. Die Lockheed Tristar L-1011 war um 15:10 Uhr in Fort Lauderdale mit 152 Passagieren und einer elfköpfigen Crew gestartet. Für Dallas waren Regen- und Gewitterschauer vorhergesagt. Um 17:43 Uhr begann der Approach mit einem Sinkflug auf 10.000 Fuß. Als der Captain vor sich eine große Gewitterzelle sah, bat er darum, herumgeführt zu werden. Um 17:59 Uhr bemerkte der Kopilot trocken: »Wir kriegen gleich unser Flugzeug gewaschen.« Um 18:04 Uhr machte er den Captain auf Blitze aufmerksam, genau vor ihnen. Als sie auf 1000 Fuß Höhe im Endanflug waren, begann Regen auf sie herabzuprasseln. Der Captain gab vollen Schub, um durchzustarten, wurde aber von Scherwinden und einem Microburst erwischt und zu Boden gedrückt. Die Tristar erwischte noch ein Fahrzeug auf dem Highway, prallte gegen einen Lichtmast und ei-

Die Untersuchung stellte fest, dass der zuständige Meteorologe von 17:25 Uhr bis 18:10 Uhr nicht auf seiner Station war, um das Wetter zu beobachten und die entsprechenden Warnungen herauszugeben. Die Piloten flogen in eine sehr starke Gewitterzelle ein. Der Microburst hatte einen Durchmesser von 3,4 Kilometer. Der Scherwind hatte mindestens 73 Knoten, der Fallwind 29 Knoten.

nen Wassertank, bevor sie mit einer Explosion zerbrach. 134 Menschen an Bord kamen ums Leben, 27 wurden verletzt, nur zwei Passagiere konnten dem Unfall unverletzt entkommen.

11 – JAL 123 war ein Kurzstreckenjumbo aus der Serie 747-100 der Japan Air Lines. Zwei Monate zuvor hatte die Boeing einen sogenannten »Tailstrike«, d.h. die Maschine schlug beim Aufsetzen mit dem Heck auf die Piste auf. Boeing-Techniker reparierten die Maschine, ersetzten die Unterseite der Heckpartie und reparierten das Druckschott. Nach einem Testflug wurde der Jumbo wieder für den Alltagsbetrieb freigegeben. Das

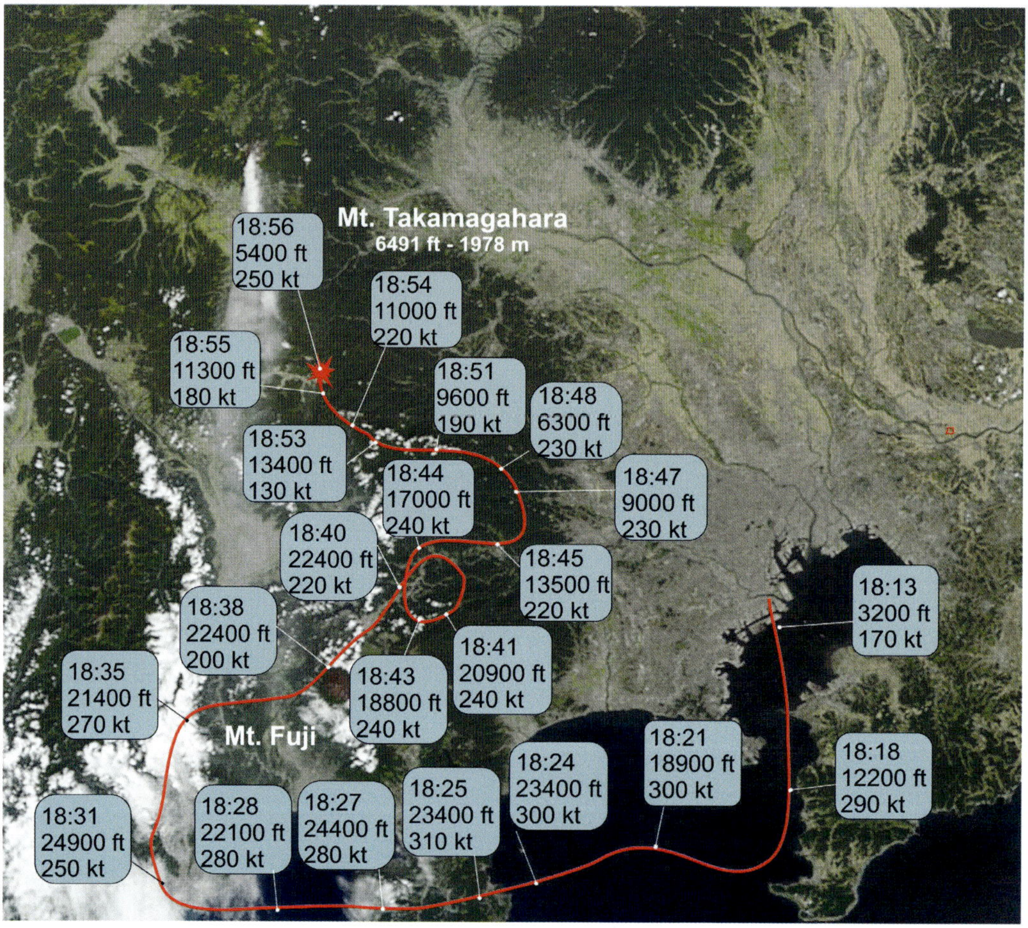

zu 11: Darstellung der Flugroute des außer Kontrolle geratenen Kurzstreckenjumbos aus der Boeing-Serie 747-100 der Japan Air Lines vom 12.08.1985 vor dem Absturz, bei dem nur vier der 524 Menschen an Bord überlebten.

Flugzeug wurde fast ausschließlich im Inland eingesetzt und hatte für die Rennstrecken eine sehr dichte Bestuhlung. An diesem Tag flog der Jumbo von Tokio nach Osaka, eine Strecke von 400 km. Um 18:12 Uhr startete JAL 123 nach Osaka. Um 18:24 Uhr durchstieg die Maschine 8000 m. Bei einer Geschwindigkeit von 540 km/h traten ungewöhnliche Vibrationen auf. Dann bäumte sich die Maschine auf und bekam Steuerungsprobleme. Zwei Minuten später fiel der Hydraulikdruck ab, Flügelklappen fielen aus, das Flugzeug taumelte hin und her, wurde schneller und langsamer, flog in Wellenbewegungen auf und ab.

Die Crew versuchte die Maschine nun über die Triebwerke zu steuern. Mittlerweile hatte sie an Höhe verloren, flog in etwas über 2000 m und versuchte zu einem Notlandeplatz zu gelangen. Doch auch die Geschwindigkeit war auf 190 km/h abgefallen, sehr nahe an einem Strömungsabriss. Noch einmal stieg die Boeing steil auf 4000 m hinauf und verlor dann wieder schnell an Höhe. Sie bekam Baumberührung an einem Hügel, streifte einen zweiten und zerbrach dann in einem flammenden Inferno. Von den 524 Menschen an Bord überlebten nur vier.

Als wahrscheinliche Ursache wurde ein Riss in der hinteren Druckkabine festgestellt, der sich auf das Heck und die vertikale Heckflosse fortpflanzte. Das legte die Hydraulik und alle Steuermöglichkeiten lahm. Die Maschine war zum Unfallzeitpunkt bereits 11 Jahre alt. Als eigentlicher Grund für die Materialermüdung wurden aber die musteruntypischen Beanspruchungen gesehen. Der Jumbo, der für die Langstrecke gebaut ist, wurde von JAL sehr eng bestuhlt und als Kurzstreckenflugzeug benutzt. Bei Start und Landung ist aber der Verschleiß am höchsten. 1978 waren zwar erste Risse entdeckt worden, diese wurden aber unsachgemäß repariert. Bei späteren Inspektionen wurden keine Risse mehr entdeckt.

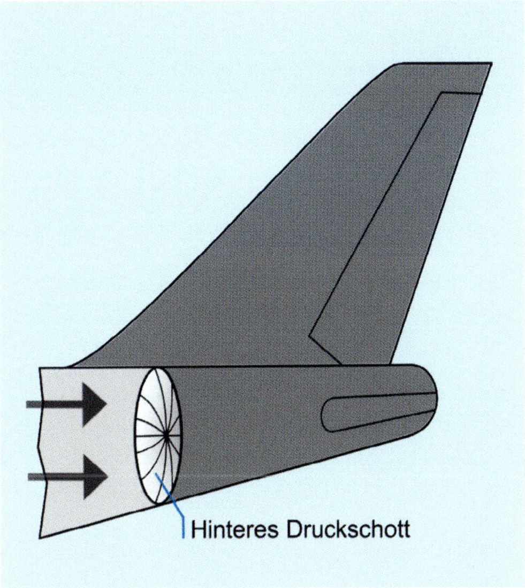

zu 11: Während andere Airlines versuchen, ihre Unfälle totzuschweigen, errichtete Japan Air Lines sogar ein Museum, um Techniker an ihre Verantwortung zu erinnern. Dort ist auch das gerissene Druckschott ausgestellt, das den Unfall verursachte.

15 – Arrow Air war eine erst 1983 in Miami gegründete Liniengesellschaft, die Charteraufträge in aller Welt annahm. An diesem Tag beförderte die DC-8 amerikanische Blauhelme mitsamt Material zurück nach Kentucky. Die 248 Soldaten hatten ein halbes Jahr auf der Halbinsel Sinai verbracht. Der Flug begann in Kairo um 20:35 Uhr. Die erste Zwischenlandung war in Köln, von wo sie um 02:50 Uhr in Richtung Kanada startete. Um 05:34 Uhr Ortszeit landete sie in Gander. Start war um 06:45 Uhr. Doch die Maschine verhielt sich schwerfällig und gewann nicht an Höhe. 2000 m hinter dem Ende der Piste bekam sie harte Bodenberührung und ging in Flammen auf. Keine der 256 Personen an Bord überlebte. Die Ursache war offenbar Vereisung.

Lfd. Nr.	Datum	Flug	Flugzeugtyp	Airline	Opfer	Unfallort
01	18.01.1986		SE-210 Caravelle VI-N	SAETA	94	Flores, Guatemala
02	29.01.1986		Douglas DC-3A-178	Aero California	21	Las Lomitas, Mexiko
03	16.02.1986		Boeing 737-281	China Airlines	13	Magong, Taiwan
04	**31.03.1986**	**MX 940**	**Boeing 727-264**	**Mexicana**	**167**	**Las Mesas, Mexiko**
05	27.04.1986		DHC-6 Twin Otter 300	ACES	13	Tame, Kolumbien
06	**18.06.1986**	**ZS 6**	**DHC-6 Vista Liner 300**	**Grand Canyon Airlines**	**20**	**Grand Canyon, AZ, USA**
07	04.08.1986	LI 319	DHC-6 Twin Otter 310	LIAT	13	Saint Vincent, S.V. & Grenadinen
08	16.08.1986		Fokker F-27 Friendship 400M	Sudan Airways	60	Malakal, Südsudan
09	31.08.1986	AM 498	Douglas DC-9-32	Aeroméxico	64+15	Cerritos, CA, USA
10	**12.12.1986**	**SU 892**	**Tupolew Tu-134A**	**Aeroflot / Belarus**	**72**	**Berlin, Deutschland**
11	25.12.1986	IA 163	Boeing 737-270C	Iraqi Airways	63	Arar, Irak

04 – MX 940 war eine Boeing 727 der Mexicana de Aviación mit 167 Personen an Bord. Die Maschine startete um 08:40 Uhr in Mexico City zum Flug nach Los Angeles via Puerto Vallarta und Mazatlán. Als die Boeing FL 310 erreicht hatte, explodierte ein überhitzter Reifen im Fahrwerkschacht. Die Explosion zerstörte Hydraulik, Elektrik und Kraftstoffleitungen. Das Flugzeug war nicht mehr zu kontrollieren. Eine explosive Dekompression folgte, Feuer brach aus, Rauch drang in die Kabine, Teile der linken Flügelkonstruktion und des Fahrwerks rissen ab. Die Piloten versuchten, das Flugzeug für eine Notlandung nach Mexico City zurückzufliegen, doch es stürzte auf dem Weg dorthin in den Bergen ab. Unter den Passagieren waren auch die Kinder des Captains und seine Frau, eine Flugbegleiterin im Ruhestand.

Da fast zeitgleich der Anschlag auf die amerikanische Diskothek La Belle in Berlin erfolgte, wurde ein Zusammenhang vermutet, zumal zwei Terrororganisationen die Verantwortung dafür übernahmen. Doch die Untersuchungen des Wracks wiesen in eine andere Richtung: Die Fahrwerkreifen waren mit Luft gefüllt statt mit Stickstoff. Die Bremsen an diesem Rad waren defekt und hatten sich während des Roll- und Startvorgangs stark erhitzt. Der Reifen platzte schließlich in 31.000 Fuß mit beschriebenem Ausgang.

06 – Ein Sightseeing-Flug durch oder über den Grand Canyon war lange Zeit *die* Touristenattraktion schlechthin. Nervenkitzel und atemberaubende Schönheit eines einmaligen Naturdenkmals hinterließen bleibende Eindrücke bei den Touristen, die sich nicht aufmachen wollten, den Canyon zu Fuß zu erfahren. Schon in den 1980er-Jahren nutzten 350.000 bis 400.000 Parkbesucher dieses Angebot, das den Rundfluggesellschaften jährlich 50 bis 80 Millionen Dollar eintrug. Manche dieser Flüge begannen in Las Vegas, andere am Grand Canyon Airport. Die Twin Otter DHC-6 startete vor Ort um 08:55 Uhr zu einem 50-minütigen Rundflug über den Grand-Canyon-Nationalpark. An Bord waren 18 Passagiere und zwei Piloten. Um 09:13 Uhr startete von der Ortschaft Tusayan ein JetRanger-Helicopter mit einem Piloten und vier Passagieren. Deren Rundflug sollte 30 Minuten dauern. Um 09:33 Uhr trafen sich die beiden Flugzeuge in 6500 Fuß Höhe, ca. 250 m unterhalb des Plateaus.

Bis zu diesem Ereignis war der Flugbetrieb im und um den Grand Canyon noch kaum reguliert. Als Konsequenz aus dem Unfall wurde eine Special Flight Zone errichtet. Darin sind Flüge streng reguliert. Unterhalb des Plateaus herrscht grundsätzliches Flugverbot. Außerdem wurden in einem ersten Schritt verschiedene Zonen eingerichtet, die zeitlich zugewiesen werden können. Um trotz allem Touristenflüge zu ermöglichen, ist der Grand Canyon inzwischen eine Sonderflugzone, wie sie in sicherheitsempfindlichen Flugausschlussgebieten anzutreffen ist.
Hier der letzte Verbesserungsvorschlag:

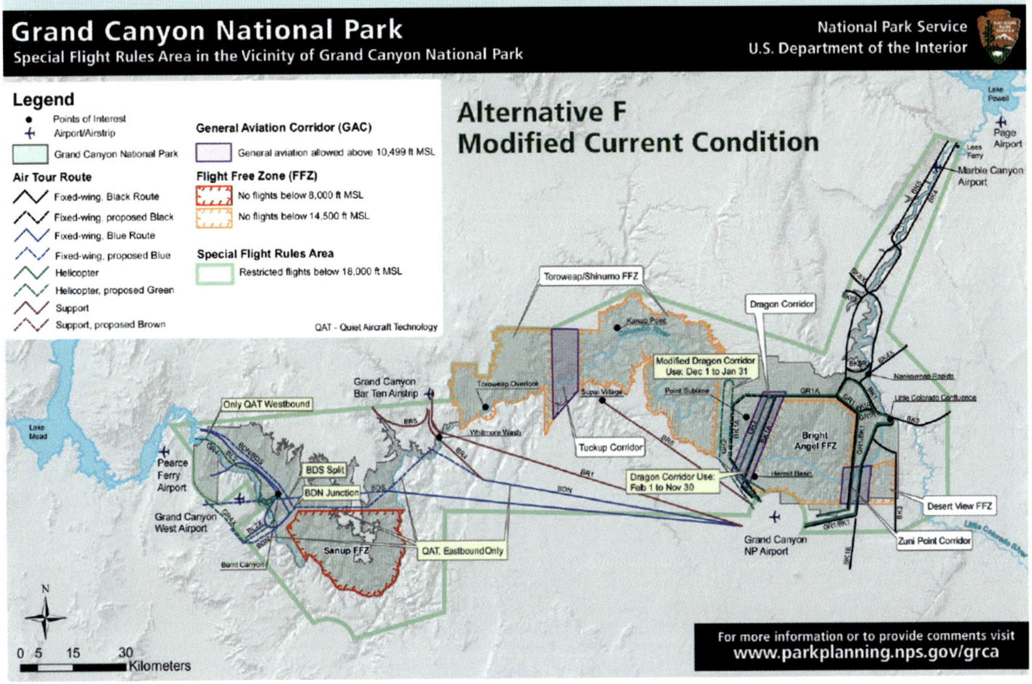

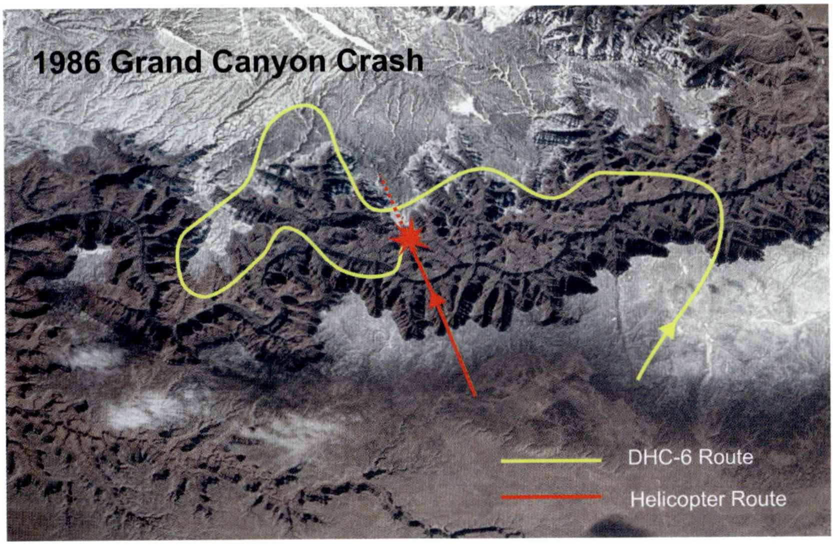

zu 06: Flugrouten der Twin Otter und des JetRanger-Helicopters bei ihren zeitgleich durchgeführten Sightseeing-Flügen am 18.06.1986.

zu 10: Zerlegung des Wracks zu Abtransport und Fehlersuche.

10 – SU 892 war eine Tupolew TU-134 der russischen Aeroflot von Minsk nach Berlin-Schönefeld. Wegen schlechter Sicht in Berlin wich die Maschine nach Prag aus. Nach Wetterbesserung startete SU 892 wieder nach Berlin. Wegen Wartungsarbeiten an der Befeuerung wurde in Schönefeld inzwischen die nördliche Piste 25R geschlossen.

Um 16:55 Uhr gaben die Fluglotsen SU 892 für einen ILS-Anflug auf 25L frei. Kurz darauf informierte der Fluglotse über einen Rundruf alle Maschinen, die Piste 25R sei geschlossen. Der Funker an Bord der Tupolew verstand dies als Landefreigabe und antwortete: »Verstanden, 25R.« Obwohl der Captain auf Englisch die Anweisung erhalten und auch bestätigt hatte, auf der Piste 25L zu landen, flogen die Russen aber die gesperrte rechte Bahn 25R an.

Zweimal wies der Fluglotse am Radar die Besatzung auf ihren Fehler hin. Erst als SU 892 durch die Wolken stieß, bemerkten die Piloten ihren Fehler. Sie waren bereits unter 400 Fuß. Statt nun durchzustarten, kurvten sie auf die andere Bahn ein, die 460 m entfernt parallel verläuft. Dabei bekamen sie Baumberührung und schlugen in einem Waldstück zwischen den beiden Anflugschneisen, etwa 3 km vor dem Flughafen, auf.

72 Menschen starben.

Lost in Translation.

Lfd. Nr.	Datum	Flug	Flugzeugtyp	Airline	Opfer	Unfallort
01	03.01.1987	RG 797	Boeing 707-379C	Varig	50	Abidjan, Elfenbeinküste
02	04.04.1987	GA 035	Douglas DC-9-32	Garuda	23	Medan, Indonesien
03	**09.05.1987**	**LO 5055**	**Iljuschin Il-62M**	**LOT**	**183**	**Warschau, Polen**
04	26.06.1987	PR 206	Hawker Siddeley HS-748	Philippine Air Lines	50	Baguio, Philippinen
05	30.07.1987		Boeing C-97G Stratofreighter	Belize Air International	5 + 44	Mexico City, Mexiko
06	16.08.1987	NW 255	Douglas DC-9-82 (MD-82)	Northwest Airlines	154 + 2	Detroit, MI, USA
07	31.08.1987	TH 365	Boeing 737-2P5	Thai Airways	83	Phuket, Thailand
08	15.10.1987	BM 460	ATR 42-312	ATI	37	Conca di Crezzom, Italien
09	15.11.1987	CO 1713	Douglas DC-9-14	Continental Air Lines	28	Denver, CO, USA
10	23.11.1987	103	Beech 1900C	Ryan Air Service	18	Homer, AK, USA
11	**28.11.1987**	**SA 295**	**Boeing 747-244B**	**South African Airways**	**159**	**Indischer Ozean**
12	**29.11.1987**	**KE 858**	**Boeing 707-3B5C**	**Korean Air Lines**	**115**	**Indischer Ozean**
13	07.12.1987	PS 1771	BAe-146-200	PSA	43	Paso Robles, CA, USA
14	21.12.1987	AF 1919	Embraer EMB-120RT Brasilia	Air Littoral, op.for Air France	16	Bordeaux, Frankreich

03 – Es war 10:17 Uhr, als die Iljuschin 62 unter dem Rufzeichen LO 5055 in Warschau zu einem Flug nach New York startete. An Bord der polnischen LOT waren 183 Personen. Tags zuvor war die Maschine aus Chicago zurückgekehrt und einer sechsstündigen Wartung unterzogen worden. Alles schien in bester Ordnung. Der Steigflug auf FL 310 musste jedoch in FL 160 unterbrochen werden, da die 2000 Fuß darüber für militärischen Verkehr reserviert waren. Nach Unterfliegen des militärischen Korridors wurde die Crew aufgefordert, beschleunigt auf FL 310 zu steigen. Der Flugingenieur gab daraufhin auf alle vier Triebwerke vollen Startschub. Dabei gab es Knallgeräusche und Erschütterungen, die Triebwerke Nummer 1 und Nummer 2 – die beiden linken Triebwerke – meldeten Feuer. Der Kabinendruck entwich, das Höhenruder ließ sich nicht bewegen, nur die Trimmung funktionierte noch. So ließ sich das Flugzeug notdürftig nach Warschau zurücksteuern. Die Crew konnte

Die Erforschung der Unfallursache war ein Lehrstück sozialistischer Planwirtschaft: Erstens stellte die sowjetische Seite trotz aller Lippenbekenntnisse die Dokumentation des Triebwerksherstellers nicht zur Verfügung. Also nahm man sich die Wartungsunterlagen identischer, unbeschädigter Triebwerke vor. Innerhalb der hohlen Hochdruckwelle des Triebwerks war die Niederdruckwelle koaxial auf Rollenlagern montiert. Die Demontage der Wellen des beschädigten Triebwerks ergab, dass in einem Rollenlager anstatt 26 Rollen nur 13 Rollen eingebaut waren. Die halbierte Anzahl der Rollen hat der Hersteller damit zu kompensieren versucht, dass der Außenring des Lagers an drei Stellen durchbohrt wurde, um den Schmierstoff zirkulieren zu lassen. Dennoch haben sich an den Rollen, bedingt durch die Reibung, an den Bohrlöchern auf einer Seite Flachstellen gebildet. So konnte sich die Achse der innenliegenden Niederdruckwelle um 1,3 Millimeter verschieben. Die Folge war erhöhte Reibung gegen die Hochdruckwelle (außen), →

gefolgt von Materialermüdung der Niederdruckwelle. Jetzt spielte der erhöhte Steigflug von LO 5055 mit Startschub eine Rolle: Die Welle brach auseinander. 700 Soldaten suchten und fanden die wichtigsten Einzelteile! Die Kommission gab die Empfehlung, die Störanfälligkeit der Mechanik der Höhensteuerung und den nicht ausreichenden passiven Brandschutz des Flugzeughecks zu verbessern. Es dürfen fortan nur noch schwer entflammbare Stoffe im Laderaum verwendet werden.

darauf vertrauen, dass das Feuer durch die Löschanlage bewältigt war. Nebenher wurde Sprit abgelassen. Aber mit nur noch zwei Triebwerken ließ sich die Höhe nicht halten, weshalb die Crew eine Notlandung auf einem nahegelegenen Militärflughafen ins Auge fasste. Wegen des ungünstigen Windes wurde stattdessen eine Landung in Warschau auf Piste 33 oder 15 angeboten. Als erneut ein Feuer ausbrach, entschied sich das Cockpit für die 33. Im Flugzeug waren noch 32 Tonnen Kerosin verblieben, das Fahrwerk ließ sich nicht ausfahren. Der Brand hatte inzwischen auf die Passagierkabine übergegriffen. So entschied sich die Crew für die nächstgelegene Piste, ungünstig oder nicht. Während der scharfen Linkskurve gab es Baumberührung, das Flugzeug schlug 6 km vor der rettenden Piste auf.

11 – SA 295 nach Johannesburg war eine kombinierte Passagier-Fracht-Maschine des Typs Boeing 747-200-Combi der South African Airways. Sie startete in Taipeh um 14:23 Uhr Weltzeit mit 159 Menschen an Bord, 149.000 kg Treibstoff und 43.000 kg Fracht. Nach zehn Stunden Flugzeit war ein Tankstopp auf Mauritius geplant. Um 23:45 Uhr ertönte das Feuerwarnsignal aus dem Frachtraum. Um 23:49 Uhr wurde das Problem an Mauritius Approach gemeldet mit der Bitte, die gesamte Crashcrew bereitzustellen. Um 00:03 Uhr wurde die Boeing für einen Direktanflug auf Piste 14 freigegeben. Doch das Flugzeug war noch viel zu weit weg. Es schlug auf dem Meer um 00:07 UTC auf. Die gesamte Crew bekämpfte derweil ein Feuer, das aus dem Frachtraum auf die Passagierkabine übergegriffen hatte.

Trotz falscher Positionsangaben wurde die Absturzstelle über driftende Wrackteile und Strömungsberechnungen auf zwei Suchgebiete eingegrenzt. SA 295 stürzte 140 Meilen vor Mauritius ab, an einer Stelle, wo das Meer 4400 m tief ist. Tauchroboter fanden die beiden Trümmerfelder am Meeresboden und bargen den Cockpit Voice Recorder. Sogar zwei Armbanduhren wurden aus der Tiefe geholt, die beide um 00:07 Uhr stehen geblieben waren.

Die eigentliche Brandursache konnte allerdings nicht festgestellt werden. Wahrscheinlich ist, dass die Crew durch Rauchvergiftung starb und das Flugzeug deshalb abstürzte.

12 – KE 858 war unterwegs von Abu Dhabi nach Bangkok. Die Boeing 707 der Korean Air Lines hatte den Flug in Bagdad begonnen, der über Abu Dhabi und Bangkok nach Seoul führen sollte. 104 Passagiere und 11 Crewmitglieder an Bord. Ihr letzter Positionsreport über der Andamanen-See kam um 05:22 Uhr. Ein Segler fand eine Woche später ein Wrackteil. Die südkoreanischen Behörden gingen die Passagierlisten durch und stießen auf zwei nordkoreanische Agenten, die in Bagdad eingestiegen und in Abu Dhabi ausgestiegen waren. Die Zeitbombe mit C-4-Sprengstoff hatten sie im Gepäckfach über ihren Sitzen zurückgelassen. Als sie in Bahrain verhaftet wurden, nahmen beide Zyanid-Kapseln, die in Zigarettenpackungen versteckt waren. Der 70-jährige Kim Sung-il starb sofort, die 25-jährige Kim Hyon Hui konnte gerettet und in Südkorea vor Gericht gestellt werden. Sie wurde zum Tode verurteilt, jedoch vom Staatspräsidenten zehn Jahre später begnadigt.

Lfd. Nr.	Datum	Flug	Flugzeugtyp	Airline	Opfer	Unfallort
01	02.01.1988	DE 3782	Boeing 737-230 Adv.	Condor Flugdienst	16	Seferihisar, Türkei
02	18.01.1988	SZ 4146	Iljuschin Il-18D	China Southwest	108	Chongqing, China
03	**08.02.1988**	**NS 108**	**Swearingen SA227-AC Metro III**	**NFD**	**21**	**Essen-Kettwig, Deutschland**
04	17.03.1988	AV 410	Boeing 727-21	Avianca	143	Cúcuta, Kolumbien
05	**28.04.1988**	**243**	**Boeing 737-297**	**Aloha Airlines**	**1**	**Maui, HI, USA**
06	06.05.1988	WF 710	DHC-7-102	Widerøes Flyveselskap	36	Brønnøysund, Norwegen
07	**03.07.1988**	**IR 655**	**Airbus A300B2-203**	**Iran Air**	**290**	**Straße von Hormus, Iran**
08	**28.08.1988**		**Aermacchi MB-339**	**Italian Air Force**	**70**	**Ramstein Air Base, Deutschland**
09	31.08.1988	DL 1141	Boeing 727-232	Delta Air Lines	14	Dallas, TX, USA
10	09.09.1988	VN 831	Tupolew Tu-134A	Vietnam Airlines	76	Bangkok, Thailand
11	17.10.1988	QU 775	Boeing 707-338C	Uganda Airlines	33	Rom, Italien
12	19.10.1988	IC 113	Boeing 737-2A8	Indian Airlines	133	Ahmedabad, Indien
13	**21.12.1988**	**PA 103**	**Boeing 747-121A**	**Pan Am**	**259+11**	**Lockerbie, UK**

03 – Die Swearingen Metro der deutschen Regionalfluggesellschaft Nürnberger Flugdienst startete in Hannover um 07:15 Uhr zu einem Flug nach Düsseldorf mit 21 Personen an Bord. Um 07:39 Uhr begann der Sinkflug nach Düsseldorf. Sie flogen direkt auf ein Gewitter zu. Der Fluglotse warnte die anfliegenden Maschinen, dass ein vorausfliegendes Flugzeug einen Blitzschlag abgekriegt hatte. Als NS im ILS auf Piste 24 war, bemerkte der Kopilot, dass sie zu weit links seien. Der Captain meinte zwar, er wolle nicht in das Gewitter hinein, korrigierte dann aber doch auf die Mittellinie. Ein Augenzeuge berichtete, er habe ein unbeleuchtetes Flugzeug aus den Wolken kommen sehen, das gleich danach wieder darin verschwunden sei. Ein Blitz traf das Flugzeug an der Stelle, hinter der der elektrische Verteilerkasten liegt. Totaler Stromausfall. Die Crew hatte keine Chance. Das Flugzeug zerbrach noch in der Luft und stürzte 2 km nördlich von Essen-Kettwig am Ufer der Ruhr ab.

05 – Aloha Airlines Flug 243 startete um 13:25 Uhr von Hilo nach Honolulu. Die 19 Jahre alte Boeing 737 beendete um 13:46 Uhr ihren Steigflug in 24.000 Fuß. Mit einem plötzlichen Knall wurden sechs Meter Kabinendach vom Flugzeug gerissen. Eine Stewardess, die nicht mehr angeschnallt war, wurde von Bord gerissen. Die Piloten drückten die Maschine sofort in einem Sturzflug nach unten und steuerten die nächste Insel an. Um 13:58 Uhr gelang ihnen eine Notlandung in Maui. Alle 90 Passagiere überlebten, sieben waren schwer verletzt, 57 leicht. Da

Die wahrscheinliche Ursache war Materialermüdung einerseits sowie das Fehlen von Materialerhaltungsmaßnahmen von Seiten der Airline. In den 19 Jahren als Kurzstreckenflugzeug hatte die Boeing 737 fast 90.000 Starts und Landungen mit fast 35.500 Flugstunden absolviert. Der ständige Druckwechsel in der Kabine trägt zur Ermüdung bei. Die Unfalluntersuchungskommission holte zu einem Rundumschlag aus, der alle traf, vom Airline-Management über den Flugzeughersteller bis hin zur staatlichen Luftfahrtbehörde FAA. Dieser Unfall, der durch die Leistung der Crew glimpflich abging, wurde zum Anlass genommen, Regularien zur Vorbeugung von Materialermüdung bis ins kleinste Detail festzuschreiben.

zu 05: Obwohl bei dieser Boeing Teile des Kabinendachs weggerissen wurden, brachten die Piloten das Flugzeug der Aloha noch sicher auf den Boden.

der Flughafen von Kahului für solche Katastrophen nicht vorbereitet war, gab es keine Krankenwagen in ausreichender Zahl. Ein Reiseunternehmen wurde da-her verpflichtet, möglichst viele ihrer 15 Kleinbusse zur Verfügung zu stellen. Die Chef-Stewardess Clarabelle Lansing war das einzige Todesopfer. Ihr zum Gedenken wurde im Flughafen von Honolulu ein Garten eingerichtet.

07 – Iran Air IR 655 startete am 03.07.1988 um 10:17 Uhr vom iranischen Bandar Abbas in Richtung Dubai. Um 10:19 Uhr meldete die Crew das Passieren von 3500 Fuß im Steigflug auf 14.000 Fuß auf der Luftstraße A59. Um 10:24 Uhr überflog der Airbus A300 MOBET Waypoint und meldete dies an Teheran Area Control Center.

Während diesen letzten Minuten war IR 655 mehrfach von einem amerikanischen AEGIS-Kreuzer angesprochen worden. Etwa fünfmal auf einer UHF-Frequenz, die in zivilen Maschinen nicht vorhanden ist, und zweimal auf der internationalen VHF-Notfrequenz. Beim ersten Mal war der Pilot gerade selbst auf der Company-Frequenz am Sprechen, das zweite Mal konnte er es möglicherweise hören. Es ist aber nicht sicher, ob die Crew sich überhaupt angesprochen fühlte, denn sie war auf einem Routineflug auf der Mitte einer veröffentlichten Luftstraße zu derselben Zeit wie an jedem Tag in den vergangenen zwei Jahren.

Die Offiziere an Bord des Raketenkreuzers USS *Vincennes* jedenfalls waren nervös wegen der internationalen Spannungen mit Irak. Ein Jahr zuvor hatte eine irakische Mirage die USS *Stark* angegriffen, weshalb die US Navy Maßnahmen zur Selbstverteidigung angekündigt hatte, sollten ihre Schiffe trotz Warnung von feindlichen Kampfflugzeugen angegriffen werden. Da der mit 290 Personen besetzte Airbus die Warnung, so er sie denn überhaupt gehört hatte, nicht auf sich bezog und nicht reagierte und da die Offiziere der Luftverteidigung der festen Überzeugung waren, es müsse sich um einen feindlichen Jagdbomber handeln, der auch alle vorangegangenen Warnungen ignoriert hatte, klassifizierte das automatische Selbstverteidigungssystem der USS *Vincennes* das Flugzeug als Bedrohung und feuerte zwei Raketen ab. Tödlich getroffen, wurde der vollgetankte Airbus mit 290 Menschen an Bord zerrissen.

08 – 300.000 Zuschauer waren zur Flugshow auf die amerikanische Air Base Ramstein gekommen. Die Menschenmenge wurde mit S-Draht-Rollen von den Flugbetriebsflächen ferngehalten. Ein Höhepunkt war die Vorführung der italienischen Kunstflugstaffel Frecce Tricolori. Bei einem besonders spektakulären Flugmanöver stießen drei Jets zusammen, einer rutschte brennend in das Publikum. Fliehende Menschen verhedderten sich in den messerscharfen S-Draht-Rollen, die von dem Jet zwischen die Zuschauer gezogen wurden. Es gab 70 Todesopfer und etwa 1000 Verletzte.

Als wäre diese Katastrophe nicht schon schlimm genug – was danach folgte, war mindestens genauso schlimm. Die amerikanischen Gastgeber waren hoffnungslos überfordert. Die Zufahrtsstraßen waren mit Autos zugestellt, es waren nur wenige Ärzte vorhanden. Trotzdem ließen die Amerikaner die deutschen Rettungskräfte nicht auf die Basis. Das THW stand bereit, wurde aber nicht eingesetzt. Während in Deutschland bei Großschadensereignissen Verletzte vor Ort erstbehandelt und dann nach Priorität abtransportiert werden, rissen die amerikanischen Sanitäter den deutschen Notärzten schwer verbrannte Menschen aus der Hand und transportierten sie planlos in irgendein Krankenhaus. Ein ortsunkundiger Fahrer ohne jede Deutschkenntnisse irrte noch zwei Stunden später mit einer Busladung von Verbrennungsopfern, darunter fünf Schwerverletzte, im 80 Kilometer entfernten Ludwigshafen und Mannheim umher, allein und ohne ärztliche Begleitung. Schwerverletzte wurden neben den Hubschrauberlandeplätzen auf Klinikdächern auf Bretter gelegt, ohne

dass sich jemand um sie kümmerte. Das Telefonnetz brach zusammen, Amateurfunker aus der ganzen Region bauten einen Notfunkverkehr auf und organisierten Blutkonserven. Schwerverletzte wurden auf 46 Krankenhäuser im ganzen Bundesgebiet und in Frankreich verteilt.

13 – Die Boeing 747 der Pan Am mit der Registrierung N739PA kam von San Francisco nach London Heathrow. Sie wurde am Terminal 3 geparkt. Sechs Stunden dauerte es, das Flugzeug »umzudrehen«. Kleine Wartungsarbeiten wurden durchgeführt, die Maschine wurde betankt, beladen und für den Flug nach New York unter der Flugnummer PA103 fertig gemacht. Viele der Passagiere von Flug PA103 kamen mit einem Zubringerdienst der Pan Am, einer Boeing 727, von Frankfurt. Um 18:25 Uhr startete das Flugzeug. Um 18:56 Uhr erreichte es seine Reiseflughöhe in 10 km Höhe. Um 19:03 Uhr wurde PA103 von Shanwick Oceanic Control wegen der Freigabe für das Transatlantische Routing angesprochen. Während dieses Gesprächs wurde die Boeing 747 von einer Bombe zerrissen. Zwei große Einzelstücke fielen auf die schottische Stadt Lockerbie, die bis zu jenem Tag ein eher beschauliches Dasein geführt hatte. Häuser wurden getroffen, alle 259 Personen an Bord kamen zu Tode, ebenso wie elf Menschen am Boden. Die Gewalt der Explosion war so groß, dass mindestens vier kleine Teile des Flugzeugs in den Weltraum geschleudert wurden, die fast drei Stunden später über Russland wieder in die Erdatmosphäre eintraten. Die Semtex-Bombe war mit an Sicherheit grenzender Wahrscheinlichkeit in einem Radio-Kassettenrekorder versteckt, der in Frankfurt an Bord einer Zubringermaschine geschmuggelt wurde. Die amerikanische Defense Intelligence Agency will herausgefunden haben, dass die iranische Regierung als Vergeltung für den Abschuss des iranischen Airbus durch die USA zehn Millionen US-Dollar für den Bombenanschlag auf PA103 bezahlt haben soll.

Forensische Untersuchungen offenbarten eine Spur zum libyschen Geheimdienst. Am 29. Mai 2002 bot Libyen eine Summe von 2,7 Milliarden US-Dollar als Entschädigung für die 270 Todesopfer an, was zehn Millionen Dollar Abfindung pro Familie bedeutete. Allerdings unter der Voraussetzung, dass 40 Prozent des Geldes erst überwiesen werden, wenn die 1999 verhängten UN-Sanktionen gegen Libyen aufgehoben werden, weitere 40 Prozent, wenn die US-Handelssanktionen aufgehoben werden, und die letzten 20 Prozent, wenn das US-State Department Libyen von der Liste der terrorunterstützenden Staaten streicht. Doch das ist Politik. Was für die Angehörigen wichtig war: Die libysche Regierung zahlte eine Abfindung von 8 Millionen US-Dollar an jede Familie (von denen ca. 2,5 Millionen an die Anwaltskanzleien abzuführen waren).

zu 13: Teile der Boeing 747 waren, nachdem eine Bombe an Bord die Maschine in der Luft zerrissen hatte, beim schottischen Lockerbie heruntergekommen.

Lfd. Nr.	Datum	Flug	Flugzeugtyp	Airline	Opfer	Unfallort
01	08.01.1989	BD 092	Boeing 737-4Y0	BMA	47	Kegworth, UK
02	08.02.1989	1851	Boeing 707-331B	Independent Air	144	Pico Alto, Portugal
03	**19.02.1989**	**FT 66**	**Boeing 747-249F**	**Flying Tiger Line**	**4**	**Kuala Lumpur, Malaysia**
04	10.03.1989	GX 1363	Fokker F-28 Fellowship	Air Ontario	24	Dryden, Kanada
05	21.03.1989		Boeing 707-349C	Transbrasil	3 + 22	São Paulo, Brasilien
06	**07.06.1989**	**PY 764**	**Douglas DC-8-62**	**Surinam Airways**	**176**	**Paramaribo, Surinam**
07	**17.06.1989**	**IF 102**	**Iljuschin Il-62M**	**Interflug**	**21**	**Berlin, Deutschland**
08	19.07.1989	UA 232	Douglas DC-10-10	United Airlines	111	Sioux City, IA, USA
09	27.07.1989	KE 803	Douglas DC-10-30	Korean Air	75 + 4	Tripolis, Libyen
10	03.08.1989	ML 545	Shorts 330-200	Olympic Aviation	34	Samos, Griechenland
11	03.09.1989	CU 9046	Iljuschin Il-62M	Cubana	126 + 24	Havana, Kuba
12	21.10.1989	CO 414	Boeing 727-224	Continental Air Lines	131	Tegucigalpa, Honduras

03 – FT 66 war die Frachtversion einer Boeing 747-200 der Cargo Airline Flying Tigers. Sie war unterwegs von Singapur nach Kuala Lumpur. Die Besatzung bestand aus einer Cockpit-Crew von vier Personen, sonst war nur Fracht an Bord. Im Anflug auf Kuala Lumpur gab die Flugsicherung den Jumbo auf die Piste 33 frei. Der Sinkflug erfolgte in mehreren Stufen. Nach der Übergabe von Approach zum Tower gab der Fluglotse die Boeing zum Sinken auf die Sicherheitsmindesthöhe von 2400 Fuß frei: »Tiger Six Six, descend two four zero zero« (»Tiger Sechs Sechs, sinken Sie zwei vier null null«). Der Captain bestätigte die Freigabe mit den Worten: »Okay, four zero zero«. Ein gewissenhafter Fluglotse hätte hier den Irrtum der falsch zurückgelesenen Höhe bemerkt und eingegriffen. Die Besatzung setzte also den Sinkflug fort und unterschritt die zulässige Mindestflughöhe um 2000 Fuß! Dichter Morgennebel verhinderte den Sichtkontakt zum Boden. Der akustische Annäherungsalarm wurde von der Crew ignoriert. Die Boeing streifte einen Kilometer vor dem Funkfeuer Kilo Lima in 437 Fuß einen Hügel, beschädigte dabei Tragflächen und Höhenruder, bevor sie erneut aufschlug und sich das Fahrwerk abriss. Dann rutschte sie einen zweiten Hügel hinauf, geriet in Brand und wurde vollständig zerstört. Das Feuer an der Unglücksstelle, 14 Kilometer vor dem Pistenbeginn, brannte zwei Tage lang.

Als besonders fatal hatte sich hier der Gleichklang der englischen Zahl zwei, »two«, und der englischen Präposition »to«, für »nach« erwiesen. Unter dem Unfalluntersuchungsbericht stand abschließend als Ursache: »Die Flugsicherung in Kuala Lumpur benutzte keine Standard-Phraseologie. Die Crew hat deshalb die Anweisung falsch interpretiert.« Schon damals galt, dass bei Höhen die Worte »hundred« (hundert) und »thousand« (tausend) zu nennen sind. Der Fluglotse hätte somit die Formulierung »descend two thousand four hundred« verwenden müssen. Der verantwortliche Lotse wich aber von der geforderten Standardterminologie ab, weil er den Eindruck gewonnen hatte, dass seine Anweisungen von den Piloten nicht immer verstanden wurden. Besatzungen, die den Flughafen regelmäßig anflogen, berichteten, dass es einigen Lotsen schwerfiel, das Wort »thousand« auszusprechen, sodass sie nur Ziffern nannten. Ihre Anweisungen wurden in der gleichen, nicht standardisierten Form von den Piloten beantwortet. →

Um ähnliche Missverständnisse zu verhindern, wird nun das Wort »altitude« (Höhe) vor die Zahl und das Wort »feet« dahinter gesetzt: »descent altitude two four zero zero feet«. Damit ist ausgeschlossen, dass die Präposition »to« anstelle des Zahlwortes »two« hineininterpretiert wird.

Wegen Unfällen wie diesen herrscht zumindest hier in Europa null Toleranz. Zwar gibt es immer wieder Situationen, in denen die »Standardterminologie« nicht ausreicht, besonders in Notsituationen. Doch auch hier ist die Sprache der Fluglotsen darauf trainiert, ohne lange Schnörkel und nichtssagende, überflüssige Füllwörter das Notwendige in der knappest möglichen Form dem Piloten an seinen Arbeitsplatz zu schicken.

06 – PY 764, eine DC-8 der Surinam Airways, war unterwegs von Amsterdam nach Paramaribo, der Hauptstadt von Surinam. Das Besondere an diesem Flug war die Crew. Surinam Airways mietete Piloten von Air Crew International (ACI), einer US-amerikanischen Zeitarbeitsfirma für Flugpersonal. Der Captain war bereits 66 Jahre alt und hätte laut Vorschrift nicht mehr als verantwortlicher Pilot fungieren dürfen. Außerdem war Captain Rogers zuvor bereits in mehrere Zwischenfälle bei Surinam Airways verwickelt, unter anderem wegen einer Landung auf der falschen Bahn. Die Fluggesellschaft hatte ACI daher verboten, ihn für ihre Flüge einzuteilen. Dazu kam, dass er keine gültige Lizenz für die DC-8 hatte. Der Kopilot flog unter falschem Namen und mit falschen Papieren und hatte wahrscheinlich nie einen Pilotenschein für Passagierflugzeuge gehabt.

Als die DC-8 im Anflug auf Paramaribo war, wurden sie von der schlechten Sicht überrascht, 900 m im Nebel. Beim Abflug waren noch 6 km Sicht vorhergesagt. Paramaribos Instrumentenlandesystem ILS war »on test« und durfte wegen unzuverlässigen Gleitpfadsignalen offiziell nicht benutzt werden. Der Captain entschied, es trotzdem zu nutzen und trug dem Kopiloten auf, das VOR/DME einzudrehen. Zu Beginn des Anfluges war die Piste noch sichtbar. Je tiefer die Maschine jedoch sank, umso mehr verschwand sie im Nebel. Das Warnhorn des Bodenwarnradars ertönte, die Piloten ignorierten es. Sie waren mittlerweile unterhalb der Entscheidungshöhe von ILS und VOR. In 25 m Höhe erwischten sie die ersten Bäume, die Maschine drehte sich auf den Rücken und schlug am Boden auf. Alle neun Besatzungsmitglieder und 167 der 178 Passagiere wurden getötet, elf Passagiere und ein Hund überlebten.

07 – IF 102 der ostdeutschen Airline Interflug war eine Iljuschin Il-62. Sie rollte mit 103 Passagieren und zehn Besatzungsmitgliedern in Berlin-Schönefeld zum Start für einen Flug nach Moskau. Bei Erreichen der Rotationsgeschwindigkeit blockierte das Höhenruder. Für einen geordneten Startabbruch war es eigentlich zu spät. Mit 250 km/h raste das Flugzeug auf das Pistenende zu. Statt die Triebwerke auf Leerlauf und anschließend die äußeren Motoren auf Umkehrschub zu stellen, stellte der Flugingenieur alle Triebwerke versehentlich ab. Die Iljuschin riss den Localizer ein, überrollte eine Straße, stieß gegen Bäume und einen Wassertank, zerbrach und fing Feuer. 500 Meter hinter der Piste kam sie zum Erliegen. 100 Passagiere konnten sich durch Notausgänge und aufgerissene Seitenwände retten, bevor das Flugzeug ganz in Flammen aufging. Doch damit waren die zum Teil schwerverletzten Passagiere noch nicht in Sicherheit. Es dauerte nämlich etwa 20 Minuten, bis die ersten Flughafenangestellten am Unfallort eintrafen. In der Vorfeldkontrolle hatte man zwar einen Funkspruch gehört, dass der Start abgebrochen werde, ging aber davon aus, dass die Iljuschin zurückrollen werde. So stellte man Busse bereit, die die Passagiere abholen sollten. Die Busfahrer suchten das Flugzeug. Sie waren die ersten Helfer vor Ort. Erst 20 Minuten nach dem Unglück befanden sich die ersten teilweise schwerverletzten Passagiere in den Bussen. Kein Rettungswagen, keine Feuerwehr, kein Arzt waren zu diesem Zeitpunkt vor Ort. Eigenmächtig fuhr daraufhin ein Busfahrer mit ca. 20 Menschen an Bord in das zehn Kilometer entfernte Krankenhaus Hedwigshöhe in Berlin-Bohnsdorf. Erste Rettungswagen trafen erst danach am Unglücksort ein.

Die Rettungswagen des DDR-Rettungsdienstes »Schnelle Medizinische Hilfe« kamen zum Großteil aus bis zu 30 Kilometer entfernten Krankenhäusern in Ost-Berlin. An der Unfallstelle verstarben 15 Personen, zwei auf dem Transport und vier später im Krankenhaus. Ursache des Unglücks war eine dem Herstellerwerk und beispielsweise der Aeroflot und der NVA bekannte Fehlkonstruktion des Höhenruders der Iljuschin Il-62. Der Interflug wurde dies nicht mitgeteilt. Die entsprechenden Warnsignale im Cockpit hatten nicht funktioniert.

Der Verdacht liegt nahe, dass Hersteller vieler Branchen Konstruktionsfehler verheimlichen und versuchen, sie stillschweigend aus der Welt zu schaffen.

zu 07: Bei diesem Startversuch verließ die Iljuschin nie den Boden. Das Höhenruder hatte geklemmt.

Lfd. Nr.	Datum	Flug	Flugzeugtyp	Airline	Opfer	Unfallort
01	25.01.1990	AV 052	Boeing 707-321B	Avianca	73	Cove Neck, NY, USA
02	18.04.1990		DHC-6 Twin Otter 200	AeroPerlas	20	Contadora, Panama
03	10.05.1990		Fairchild F-27J	Noroeste, op.for Aviacsa	20	Tuxtla Gutiérrez, Mexiko
04	11.05.1990		Transall C-160D	German AF	10	Lich, Deutschland
05	06.06.1990	TT 800	Fairchild FH-227B	TABA	22	Altamira, Brasilien
06	**10.06.1990**	**BA 5390**	**BAC-1-11**	**BEA**	**0**	**Southampton, UK**
07	11.09.1990		Boeing 727-247	Faucett	16	Atlantik
08	**02.10.1990**	**CZ 2812**	**Boeing 757-21B**	**China Southern**	**46**	**Guangzhou, China**
09	**02.10.1990**	**MF 8301**	**Boeing 737-247**	**Xiamen Airlines**	**82**	**Guangzhou, China**
10	24.10.1990	CU 2886	Yakovlev Yak-40S2	Cubana	11	Santiago, Kuba
11	14.11.1990	AZ 404	Douglas DC-9-32	Alitalia	46	Stadlerberg, Schweiz
12	18.11.1990		CASA C-212 Aviocar 200	SATENA	16	Cerro San Nicolás, Kolumbien
13	21.11.1990	PG 125	DHC-8-103	Bangkok Airways	38	Koh Samui, Thailand

08/09 – Am 2.10.1990 erlebte China eine der größten Luftfahrttragödien seiner Geschichte. Auf der Strecke von Guangzhou ins 520 km entfernte Xiamen brachte Jiang Xiaofeng mit der Drohung, er habe 15 Pfund Sprengstoff an seinem Körper, die Boeing 737 der Xiamen Airlines mit 104 Personen an Bord in seine Gewalt. Bis auf den Captain mussten alle das Cockpit verlassen. Er verlangte, nach Taiwan geflogen zu werden. Der Treibstoff reichte jedoch höchstens bis Hongkong. Das lehnte der Entführer ab. Der Captain wurde daraufhin von staatlicher Stelle angewiesen, zum Schein auf die Forderung einzugehen, aber heimlich nach Guangzhou zurückzufliegen. Als die Maschine dort zur Landung ansetzte, bemerkte Xiaofeng die Täuschung. Im Cockpit kam es zum Kampf. Die 737 krachte auf die Landebahn, brach aus, schlitzte eine leere Boeing 707 auf und schlitterte in eine vollgetankte Boeing 757 der China Southern Airlines, die mit 122 Personen besetzt gerade zum Start rollte. Die MF 8301 wurde in zwei Stücke gerissen und explodierte in einem Feuerball. Insgesamt kamen 128 Menschen ums Leben.

zu 08/09: In einem Flammeninferno endete die Flugzeugentführung in Guangzhou.

Feature Story zu Nr. 06

BA 5390 war eine BAC-1-11 der British Airways, unterwegs von Birmingham nach Málaga mit 87 Personen an Bord.

Am Sonntag, den 10. Juni 1990, übernahm Tim Lancaster von British Airways in Birmingham eine BAC 1-11 für einen Routineflug nach Málaga (Flug BA 5390). Das Flugzeug mit dem Namen »County of South Glamorgan« war frisch gewaschen und glänzte in der aufgehenden Sonne, während er mit seinem Kopiloten Alistair Atchison seinen Rundgang um das Flugzeug machte, Reifen und Triebwerke überprüfte. Alles war in Ordnung, das Boarding konnte beginnen. Ein gut gelaunter Captain kündigte den 81 Passagieren gutes Wetter in Málaga an, entschuldigte sich für die einstündige Verspätung und startete die Triebwerke. Das Flugzeug (G-BJRT) war zwar Baujahr 1971 und hatte knapp 40.000 Flugstunden im Log stehen, aber die BAC 1-11s galten als die Arbeitstiere der British Airways, gutmütig, unverwüstlich und problemlos zu fliegen. Captain Lancaster und die Flugbegleiter waren ein eingespieltes Team, denn sie flogen schon seit Jahren miteinander. Einzig der Kopilot Alistair Atchison flog zum ersten Mal mit ihnen.

Kurz nach dem Start – die Maschine befand sich noch im Steigflug – begannen die Flugbegleiter um Purser Nigel Ogden das Frühstück vorzubereiten. Die Piloten lockerten die Sitzgurte. Bei 17.300 Fuß passierte es. Mit einem ohrenbetäubenden Knall platzte die Frontscheibe des Kapitäns aus dem Rahmen und verschwand über dem Flugzeug. Die Luft kondensierte schlagartig zu einer undurchsichtigen Suppe, die Cockpittür riss aus der Verankerung, zerbrach und knallte gegen die Radio- und Navigationskonsole, Atchison wurde verletzt, der Captain aus dem Sitz gerissen und mit dem Oberkörper durch die gähnende Öffnung gesaugt. Seine Beine verhakten sich an der Steuersäule und rissen sie nach vorne in einen Sturzflug, der Autopilot wurde dabei ausgeschaltet.

Nigel Ogden, der zuerst an eine Bombe geglaubt hatte, stürzte ins Cockpit. Er traute seinen Augen nicht, als er den eingeklemmten Captain sah, dessen Beine in der Steuerung verhakt waren und dessen Oberkörper immer wieder bei 800 Stundenkilometern im Fahrtwind hilflos gegen das Cockpitdach schlug. Geistesgegenwärtig umklammerte der Steward dessen Hüfte und hielt ihn fest. Ogden spürte, wie er selbst aus dem Fenster gesaugt wurde. Sein Kollege John war hinter ihm und hielt ihn am Gürtel fest. Ogdens Kopf war schon im Freien, die Außentemperatur betrug minus 17 Grad Celsius, Lancaster hatte bereits das Bewusstsein verloren. Ogden spürte, wie sein Gesicht im Luftstrom zu erfrieren begann. Papiere, Geräte, Taschen flogen umher, eine Sauerstoffflasche riss sich los und schrammte an Nigel Ogdens Kopf vorbei ins Leere. Sein Kollege John Heward band Nigel mit dem Schultergurt des Captains fest.

Da die Cockpittür über der Steuerkonsole und Ogden auch noch zur Hälfte auf ihr und damit auch über den Geschwindigkeitshebeln und den Klappen lag, konnte Atchison die Geschwindigkeit nicht drosseln. Um an die Triebwerkshebel zu kommen, musste er mit einer Hand die Türe anheben, während er mit der anderen das Flugzeug gerade hielt. Wegen der Luftgeräusche im Cockpit konnte er der Flugsicherung auch die Probleme an Bord nicht schildern. Um dem Captain aber die Möglichkeiten zum Atmen zu geben, musste er unter 10.000 Fuß sinken, obwohl er befürchtete, im dichten Luftraum Südenglands anderen Flugzeugen in die Quere zu kommen. Denn noch hatte die Flugsicherung keine Ahnung, was an Bord von Flug BA 5390 los war.

Während die restliche Cabincrew die Kabine aufräumte und die Passagiere auf eine Notlandung vorbereitete, gelang es Atchison, die abgerissene Cockpittür zu verschieben und die Kontrolle über das Flugzeug zurückzugewinnen. Er konnte die Geschwindigkeit auf 300 Knoten reduzieren und den Autopiloten wieder einschalten. Ein vollkommen entkräfteter Nigel Ogden wurde von zwei Kollegen, Simon Rogers und John Heward, abgelöst. Jeder von ihnen umklammerte ein Bein des Captains, dessen Oberkörper nun auf das Fenster des Kopiloten rutschte, mit dem blutenden Gesicht nach unten. Da die Augen des leblosen Körpers geöffnet waren, vermutete die Crew, er sei tot. Trotz aller Kraftanstrengung gelang es den drei Flugbegleitern nicht, ihren Captain ins Cockpit zurückzuziehen.

Da keine Kommunikation mit der Flugsicherung möglich war und der Kopilot nicht nach vorne aus dem Fenster schauen konnte, schlug jemand vor, man müsse Lancaster loslassen, um das Leben aller Menschen an Bord zu retten. Atchison stellte sich entschieden dagegen, schon weil der leblose Körper in ein Triebwerk oder gegen das Leitwerk schlagen würde. Es gelang dem Kopiloten inzwischen, die Flugsicherung auf ihr Problem aufmerksam zu machen. Man würde ihn nach Southampton leiten.

Flugzeuge werden normalerweise von zwei Piloten geflogen, im Cockpit herrscht Arbeitsteilung. Für die zahlreichen Handgriffe vor einer Landung gibt es Checklisten. Einer liest vor, der andere führt aus und bestätigt. An Bord dieses Flugzeugs war alles anders: Ein unter Hochstress stehender Kopilot musste ein angeschlagenes Flugzeug alleine auf die Landung vorbereiten, alle Checklisten waren zum Fenster hinausgeflogen und zwischen Birmingham und Southampton verteilt, die Kommunikation mit London Radar war eingeschränkt, vor seiner Frontscheibe lag sein offenbar toter Kollege, und er flog auf eine Piste zu, die nur 1723 Meter lang und für sein noch fast vollgetanktes Flugzeug eigentlich zu kurz war.

Und Atchison schaffte das Unmögliche: Er legte eine sanfte Landung hin und stoppte das Flugzeug sogar schon bei 1300 Metern. Es war vorbei. Vom Blow-out bis zur Landung waren 18 Minuten vergangen. Die Sanitäter bargen den Captain. Er hatte Erfrierungen am ganzen Oberkörper, ein Arm, ein Handgelenk und ein Daumen waren gebrochen, aber er lebte. Als man ihn in den Krankenwagen schob, waren seine ersten Worte: »Ich möchte etwas essen.« Ogden hatte eine ausgerenkte Schulter, Erfrierungen im Gesicht und ernsthafte Frostschäden an einem Auge.

Wie konnte es passieren, dass im Flug ohne äußere Einwirkung wie zum Beispiel Vogelschlag ein Fenster herausplatzt? Die Antwort darauf ist nicht minder spannend wie die Geschichte um Captain Lancaster und Flug BA 5390. Sie zeigt, wie wichtig, wie ausgesprochen lebenswichtig es ist, in der Flugzeugindustrie sorgfältig, sauber, gewissenhaft und zuverlässig zu arbeiten.

Nennen wir ihn Alan. Alan war Schichtleiter der diensthabenden Maintenance-Crew bei British Airways in Birmingham. Alan war ein geradezu extrem gewissenhafter Mensch mit 33 Jahren Berufserfahrung. Es war seine erste Nachtschicht seit fünf Wochen, und die war, wie an Wochenenden üblich, nur mit fünf Personen besetzt. Alan kam 45 Minuten vor Dienstbeginn zur Arbeit. Unter anderem musste eine undichte Windschutzscheibe gewechselt werden. Das Flugzeug war in einem Hangar abgestellt, mit dem Bug nahe vor dem Hallentor. Die Tore waren geschlossen, denn es regnete. Weil er diese Arbeit seit zwei Jahren nicht mehr durchgeführt hatte, blickte er nochmal in das Wartungshandbuch, erinnerte sich dabei aber schnell an jeden notwendigen Handgriff. Zum Wartungshandbuch

gehört auch ein IPC (Illustrated Parts Catalog). Dieser war zwar vorhanden, allerdings nur auf Mikrofiche. Alan wollte allerdings keine Zeit verschwenden und alle betreffenden Ersatzteile aus dem Lesegerät heraussuchen, denn das Flugzeug sollte noch in dieser Nacht an den Waschplatz geschleppt werden. Es war bereits kurz nach drei Uhr morgens.

Alan entfernte die 90 Schrauben für die Befestigung und hob die 30 kg schwere Scheibe aus dem Rahmen. In seiner Gewissenhaftigkeit beschloss er, die alten Schrauben durch neue zu ersetzen. Er nahm eine davon mit und ging in das Lager. Dort identifizierte er die mitgebrachte Schraube korrekt als A211-7D. Was unser Alan nicht ahnte, das alte Fenster war fehlerhaft verschraubt gewesen. Jemand hatte zuvor statt A211-8D einige A211-7D verwendet. Und diese waren 2,54 Millimeter kürzer! Alan suchte also 90 Schrauben des Typs A211-7D. Es waren aber nur 5 davon auf Lager. Es gab aber noch ein Handlager an einem anderen Hangar. Dort war es dunkel, die Etiketten an den Schubladen waren alt und verblasst. Alan musste mit den Augen nah an die Etiketten, um sie überhaupt entziffern zu können. Sein Kopf warf dadurch auch noch Schatten auf die Labels. Er behalf sich durch visuelles Vergleichen der Schrauben und verließ sich auf sein Augenmaß. Er entnahm 85 Schrauben vom Typ A211-8C. Und diese waren auch noch einen Hauch dünner als die eigentlich korrekten -8D.

Im Flugzeugbau wird jede Schraube mit einem kalibrierten Drehmomentschlüssel angezogen. Das ist eine Art Ratsche, bei der man die Anzugskraft einstellen muss, damit man eine Schraube nicht zu fest anziehen und damit das Gewinde beschädigen kann.

Im Wartungshandbuch war eine Anzugskraft von 17,2 kgf/cm (Kraftkilogramm pro Zentimeter) gefordert. Nach 100 Flugstunden musste nachgezogen werden. Aus seiner Erfahrung wusste Alan jedoch, dass bei diesem Nachziehen drei Umdrehungen Spiel auftrat, weshalb er die Schrauben gleich mit 23 kgf/cm anziehen wollte. In der Werkzeugausgabe war jedoch der richtige Drehmomentschlüssel im Moment nicht vorhanden, also gab der Werkzeugverwalter einen privat gekauften, noch nicht kalibrierten Drehmomentschlüssel heraus und stellte ihn auf 23 kgf/cm ein.

Als Arbeitsplattform benutzte Alan einen Hubwagen. Eigentlich ist für diese Arbeit eine gerüstähnliche Arbeitsbühne vorgesehen. Diese passte aber nicht mehr zwischen den Bug und das geschlossene Tor, und draußen regnete es. Also half sich Alan mit einem Hubwagen. Das neue Fenster wurde von außen in den Rahmen gesetzt, der Mechaniker beugte sich weit über den Bug und begann die Schrauben einzudrehen. Er musste dazu ein Knie auf die Flugzeugnase stützen und sich weit nach unten beugen. In dieser Position störte ihn seine Brille, die er normalerweise bei Arbeiten im Nahbereich tragen müsste. Also arbeitete er fast blind und nach Gefühl. Zu allem Unglück hielt der geliehene Schraubendreher nicht die vorgeschriebene Kreuzschlitzspitze in ihrer Fassung. Sie fiel immer wieder auf den Boden. Dann musste Alan von dem Hubwagen herabsteigen und das kleine Teil am Boden suchen. Die rechte Hand hielt den Schraubendreher, die linke den Kreuzschlitzeinsatz und die Schraube. Damit verdeckte er sich die Sicht auf seine Arbeit. Die 90-fache Verschraubung des Fensters geriet immer mehr zu einem Kraftakt in einer umständlichen, frustrierenden und erschöpfenden Körperhaltung.

Der Gebrauch des Hubwagens neben dem Flugzeug an Stelle der Arbeitsbühne war sicherlich auch der Grund, warum dem erfahrenen Mechaniker nicht auffiel, dass die Schraubenköpfe tiefer in der Versenkung verschwanden als auf der Seite des Kopiloten. Da Alan selbst der Schichtleiter war und eine Prüferlizenz hatte, fehlte die Instanz der Kontrolle. Er zeichnete seine Arbeit selbst im Protokoll ab. Die zu dünnen und zu kurzen Schrauben, die mit 23 kgf/cm auch noch überdreht waren, wurden eindeutig als Unfallursache identifiziert.

Lfd. Nr.	Datum	Flug	Flugzeugtyp	Airline	Opfer	Unfallort
01	**01.02.1991**	**US 1493**	**Boeing 737-3B7**	**USAir**	**22**	**Los Angeles, CA, USA**
02	**01.02.1991**	**OO 5569**	**Swearingen SA227-AC Metro III**	**SkyWest Airlines**	**12**	**Los Angeles, CA, USA**
03	20.02.1991	LA 1069	BAe-146-200A	LAN Chile	20	Puerto Williams, Chile
04	03.03.1991	UA 585	Boeing 737-291	United Airlines	25	Colorado Springs, CO, USA
05	**05.03.1991**	**VH 109**	**Douglas DC-9-32**	**Aeropostal Venezolana**	**45**	**Valera, Venezuela**
06	05.04.1991	EV 2311	Embraer EMB-120RT Brasilia	ASA	23	Brunswick, GA, USA
07	15.05.1991		C-47B (DC-3)	ADES Colombia	13	Villavicencio, Kolumbien
08	**26.05.1991**	**NG 004**	**Boeing 767-3Z9ER**	**Lauda Air**	**223**	**Phu Toey, Thailand**
09	16.08.1991	IC 257	Boeing 737-2A8 Advanced	Indian Airlines	69	Imphal, Indien
10	11.09.1991	CO 2574	Embraer EMB-120RT Brasilia	Continental Express	14	Eagle Lake, TX, USA
11	27.09.1991		DHC-6 Twin Otter 300	Solomon Islands Airlines	15	Guadalcanal, Salomonen
12	27.12.1991	SK 751	DC-9-81 (MD-81)	SAS	0	Gottröra, Schweden

01/02 – Um 13:17 Uhr Ortszeit startete USAir 1493 in Columbus, Ohio, mit 89 Personen an Bord nach Los Angeles. Um 17:57 Uhr war die Boeing 737 im Anflug auf L.A. für einen ILS Approach auf Runway 24R. Zwei Minuten später erhielt sie einen »Swingover« auf Runway 24L. Gleichzeitig rollte am Terminal 6 eine Swearingen Metro von SkyWest, Flug OO 5569, in Richtung Runway 24L. Sie war mit 22 Personen besetzt zu einem Flug nach Palmdale. Nach einem kurzen Halt an der Piste erhielt OO 5569 die Freigabe, sich auf der Piste aufzustellen und auf die Startfreigabe zu warten. In diesem Moment wurde die Fluglotsin von einer anderen Maschine abgelenkt, deren Kontrollstreifen falsch

zu 01/02: Darstellung des Unfallortes am Flughafen Los Angeles, bei dem zwei Maschinen zusammenprallten.

abgelegt war. Die Swearingen stand dabei immer noch auf der Piste 24L und wartete auf ihre Startfreigabe. Um 18:07 Uhr setzte die anfliegende Boeing 737 auf der 24L auf und stieß mit der Swearingen zusammen. Beide Flugzeuge gingen in Flammen auf und wurden in eine nicht besetzte Feuerwehrstation geschleudert. In der Boeing starben 20 der 83 Passagiere und zwei Crewmitglieder. In der Swearingen überlebte niemand.

05 – Aeropostal VH 109 war mit 45 Personen an Bord unterwegs von Caracas über Maracaibo nach Santa Barbara del Zulia. Nach dem Start in Maracaibo um 15:58 Uhr sollte sie den Kurs 193 Grad anlegen und auf FL 165 steigen. Der Fluglotse in Santa Barbara ordnete einen Sinkflug auf 5500 Fuß an. Jetzt erst bemerkte der Captain, dass er einen falschen Kurs gewählt hatte, 153 statt 193 Grad. Er steuerte direkt auf einen Ausläufer des Andengebirges zu. Die Crew zog die DC-9 nach rechts oben, kollidierte jedoch in 9912 Fuß Höhe mit einem nebelverhangenen Berg. Die Ursache war neben dem falschen Kurs der Übergang von Sichtflugbedingungen zu Instrumentenflugbedingungen, ohne zu wissen, wo man genau war. Außerdem waren die Piloten durch ein crewfremdes Mitglied schon vor dem Start abgelenkt. Schließlich war ein ADF-Navigationsempfänger auf die Frequenz eines Radiosenders eingestellt, der Musik spielt. Während des Fluges fand keine Koordination innerhalb der Crew statt.

08 – NG 004 war eine Boeing 767 der Lauda Air. Sie war in Hongkong gestartet und in Bangkok zwischengelandet. An Bord befanden sich 223 Personen. Fünf Minuten nach dem Start in Bangkok leuchtete das Warnlicht der Schubumkehr auf. Minutenlang beobachteten die beiden Piloten die Warnung, die mal aufleuchtete und dann wieder erlosch. Im zurate gezogenen Handbuch von Boeing stand, dass kein Eingreifen notwendig sei und dass die Schubumkehr nach der Landung normal funktionieren würde. Nach weiteren zehn Minuten öffnete sich die Schubumkehr der zweistrahligen Maschine. Das linke Triebwerk wurde zwar sofort in Leerlauf gestellt, und doch führte das zum Strömungsabriss. Die Boeing ging in einen Sturzflug aus 25.000 Fuß über. Die Steuerversuche der erfahrenen Piloten führten zu Überlastung der Ruder. Innerhalb von Sekunden zerbrach das Leitwerk, das Flugzeug schlug im Urwald auf und brannte aus.

Wegen des hohen Zerstörungsgrades konnte die Ursache nicht eindeutig festgestellt werden. Mit großer Wahrscheinlichkeit lag es an einer Fehlfunktion eines hydraulischen Absperrventils. Boeing tauschte als Reaktion diese Ventile aus und verlegte die elektrischen Kabel dafür anders.

Lfd. Nr.	Datum	Flug	Flugzeugtyp	Airline	Opfer	Unfallort
01	**20.01.1992**	**IT 148**	**Airbus A320-111**	**Air Inter**	**87**	**Straßburg, Frankreich**
02	06.06.1992	CM 201	Boeing 737-204 Adv.	COPA Panama	47	Tucutí, Panama
03	24.07.1992		Antonow An-12BK	Volga-Dnepr	8	Skopje, Nordmazedonien
04	31.07.1992	TG 311	Airbus A310-304	Thai Airways	113	Kathmandu, Nepal
05	28.09.1992	PK 268	Airbus A300B4-203	PIA	167	Kathmandu, Nepal
06	**04.10.1992**	**LY 1862**	**Boeing 747-258F**	**El Al**	**4 + 39**	**Amsterdam, Niederlande**
07	**13.10.1992**	**Testflug**	**Antonow An-124-100**	**Antonow Design**	**8**	**Kodra, Ukraine**
08	15.11.1992		Iljuschin Il-18D	Aerocaribbean	34	Puerto Plata, Dom.Rep.
09	13.12.1992	ZM 140	Fokker F-27 Friendship	Scibe Airlift Cargo Zaire	37	Goma, DR Kongo
10	21.12.1992	MP 495	Douglas DC-10-30CF	Martinair Holland	56	Faro, Portugal
11	22.12.1992	LN 1103	Boeing 727-2L5	Libyan Arab Airlines	157	Tripolis, Libyen

01 – Air Inter Flug 148 war ein Airbus A320 auf dem Flug von Lyon nach Straßburg-Entzheim. IT 148 wurde mit Hilfe von Radar bis zu einem Punkt 13 nautische Meilen vor der Landebahn geführt. Von hier sollte ein Sinkflug zum VORTAC mit einem Winkel von 3,3 Grad eingeleitet werden. Beim Eintippen des Sinkflugwinkels »–3.3« entging der Crew, dass die Flight Control Unit, ein Multifunktionsgerät, im Modus »Heading/Vertical Speed« war. In diesem Modus bedeutet »–3.3« eine Sinkrate von 3300 Fuß/Minute. Im korrekten »Track/Flight Path Angle« bewirkt »–3.3« eine moderate Sinkrate von 800 Fuß/Minute. Die Berge der Vogesen waren in tiefhängenden Wolken versteckt. Der Airbus schlug um 19:20 Uhr in der Nähe des Odilienberges in 2620 Fuß Höhe auf. Obwohl die Absturzstelle nur 20 km von Straßburg entfernt war und obwohl tausend Personen von Polizei, Zivilschutz, Armee und Luftwaffe die Berge und Wälder systematisch absuchten, und trotz Einsatz von drei Hubschraubern wurde das Wrack auch nach vier Stunden nicht gefunden. Erst als sich einer der Überlebenden zu einer Straße durchschlug, traf er auf Polizisten, die er zur Absturzstelle führen konnte, wo sie um 23:50 Uhr eintrafen. Acht Passagiere und eine Stewardess hatten den Aufschlag mit relativ geringen Verletzungen überlebt. Von diesen starben sechs in den vier Stunden danach bei eisigen Temperaturen zwischen minus 2 und minus 10 Grad Celsius.

Der Ortungssender, der hinter dem Cockpit angebracht ist und sich bei einem Aufschlag automatisch aktivieren sollte, hatte nicht funktioniert. Er war zerbrochen, die Antenne abgerissen. Ein Boden-Annäherungswarngerät war nicht installiert. Es wäre die letzte Möglichkeit gewesen, den Aufschlag zu verhindern.

06 – Als der israelische Frachtjumbo der El Al mit der Flugnummer LY 1862 in Amsterdam um 18:21 Uhr startete, hatte er 114 Tonnen Fracht an Bord. Auf 6500 Fuß brach das Triebwerk Nummer 3 ab und kollidierte dabei mit der Nummer 4, welches dadurch auch abriss. Zwei Hydrauliksysteme wurden beschädigt. Auch die Flügelvorderkante und etwa 10 Quadratmeter der rechten Tragfläche rissen ab, was die Aerodynamik verschlechterte. 114 Tonnen Fracht, zwei fehlende Triebwerke und die beeinträchtigte Aerodynamik machten das Flugzeug schwer beherrschbar, zumal nur noch ein Hydrauliksystem zur Verfügung stand. Die Boe-

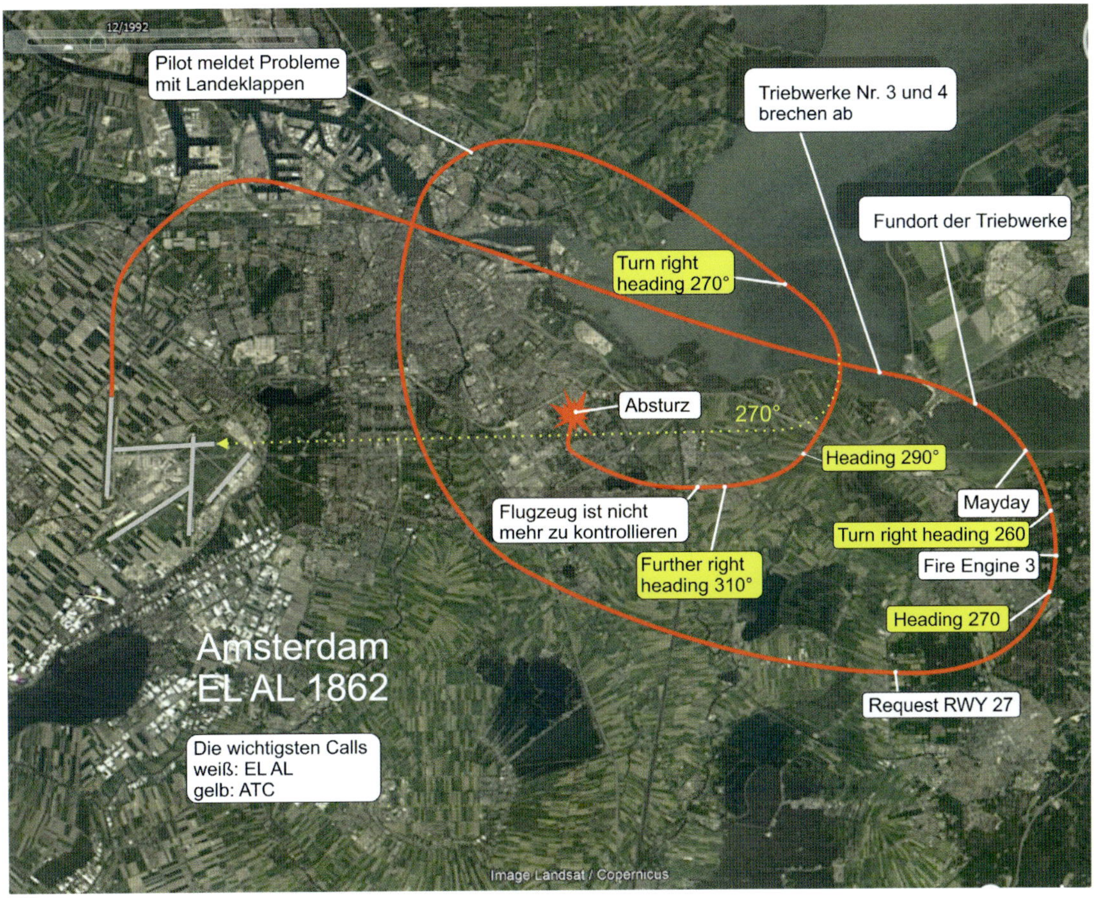

zu 06: Darstellung der dramatischen Situation nach dem Start der El Al am 04.10.1992 in Amsterdam.

ing nun in eine Position zu bekommen, aus der sie mit wenig Aufwand landen könnte, war fast unmöglich. Bei der Vorbereitung zur Landung fuhren die Klappen nur noch auf der linken Seite aus, die Geschwindigkeit reduzierte sich, die Auftriebshilfen auf der rechten Seite fehlten, dort kam es zum Strömungsabriss, der asymmetrische Auftrieb auf der linken Seite drehte das Flugzeug nach rechts. Die vollgetankte 747 stürzte in ein zehnstöckiges Hochhaus, aus dem später 39 Tote geborgen wurden.

Ursache für den Bruch der Triebwerksaufhängung war die Ermüdung eines von vier Scherbolzen. Dessen Zustand war bei einer Inspektion übersehen worden. Alle Boeing-747-Betreiber wurden daraufhin verpflichtet, diese Scherbolzen nach einer neuen Methode zu prüfen oder auszutauschen. Spätere Simulator-Tests haben erwiesen, dass ein Flugzeug mit einer derartigen Beschädigung nicht mehr sicher gelandet werden kann. Der Strömungsabriss war bei der Verringerung der Geschwindigkeit unvermeidlich.

07 – Die Antonow An-124 ist eines der größten Transportflugzeuge der Welt. An diesem Tag war sie in Kiew zu einem Testflug gestartet. Auf dem Programm stand Manövrierbarkeit bei Höchstgeschwindigkeit. Die Crew beschleunigte in einer Rechtskurve von 530 km/h auf 650 km/h. Bei 614 km/h zerlegte sich die Radarnase, Teile darunter zerbrachen und wurden weggerissen, zerstörten das Triebwerk Nummer 3. Das Triebwerk schaltete sich ab, das dazugehörige Hydrauliksystem ebenfalls. Das wiederum führte zu einer Reihe von weiteren Ausfällen, darunter auch das Flight Management System. Die Crew erhielt keine Daten mehr zu Geschwindigkeit, Höhe und Fluglage, um diese Notlage erfolgreich zu meistern. Auch Triebwerk Nummer 4 war in Mitleidenschaft gezogen. Der Captain befahl den Flugingenieuren, die Fallschirme anzulegen und abzuspringen. Einer von ihnen überlebte schwerverletzt. Die An-124 flog in Richtung Kiew zurück, jetzt in Begleitung einer An-22, die der Crew Höhe, Kurs und Geschwindigkeit übermittelte. Doch, wie bei den Kollegen vor einer Woche in Amsterdam, führte die Asymmetrie zum Absturz 43 km vor dem rettenden Flughafen. Alle acht Crewmitglieder, die an Bord verblieben waren, kamen ums Leben. Wenn dieser Riese abstürzt, wird viel Energie freigesetzt.

Möglicherweise war der Grund für die Zerstörung der Radarnase ein simpler Vogelschlag.

zu 07: Allein der Innenraum der An-124 übertrifft an Größe die Außenmaße fast aller anderen Flugzeuge. Dazu sind an der Decke noch zwei Laufkräne mit je 40 Tonnen Tragkraft.

Lfd. Nr.	Datum	Flug	Flugzeugtyp	Airline	Opfer	Unfallort
01	**06.01.1993**	**LH 5634**	**DHC-8-311**	**Lufthansa CityLine**	**4**	**Paris, Frankreich**
02	08.02.1993		Tupolew Tu-154M	Iran Air Tours	131	Teheran, Iran
03	05.03.1993	3D 301	Fokker 100	Palair Macedonian	83	Skopje, Nordmazedonien
04	23.04.1993		Antonow An-26	MIAT	32	Zavkhan, Mongolei
05	**26.04.1993**	**IC 491**	**Boeing 737-2A8**	**Indian Airlines**	**55**	**Aurangabad, Indien**
06	**19.05.1993**	**MM 501**	**Boeing 727-46**	**SAM Colombia**	**132**	**Medellín, Kolumbien**
07	26.07.1993	OZ 733	Boeing 737-5L9	Asiana Airlines	68	Mokpo, Südkorea
08	26.08.1993	K7 301	Let L-410UVP-E	Sakha Avia	24	Aldan, Russland
09	**14.09.1993**	**LH 2904**	**Airbus A320-211**	**Lufthansa**	**2**	**Warschau, Polen**
10	26.12.1993		Antonow An-26B	Kuban Airlines	35	Gyumri, Armenien

01 – LH 5634 war eine Dash-8 der Contact Air, die für Lufthansa CityLine Linienflüge durchführte. Dieser Flug führte von Bremen nach Paris CDG. Die Dash-8 war bereits im Anflug auf die Piste 27L, als eine vor ihr landende Boeing 747 der Korean Air mit dem linken Triebwerk auf dem Boden aufschlug. Die Bahn wurde sofort gesperrt, um sie zu kontrollieren. LH 5634 wurde gefragt, ob sie eine Linkskurve fliegen könnten, um einen Swingover auf die Piste 26R zu machen. Die Crew war einverstanden und wechselte die Frequenz zu dem Controller, der für die beiden Südbahnen zuständig war. Im kurzen Endanflug verschwand die Maschine vom Radar und antwortete auch nicht mehr. Das Wrack wurde später 1 km vor der Schwelle, aber 500 m nördlich des Kurses gefunden. Vier Passagiere kamen ums Leben, fünf Personen wurden schwer, elf Personen leicht verletzt, darunter die vier Besatzungsmitglieder.

Der Kopilot hatte 80 Sekunden vor dem Aufschlag den Autopiloten ausgeschaltet und die Schubhebel auf Leerlauf gestellt. Die Piloten hatten das akustische Bodenwarngerät ignoriert, obwohl es mehrfach angeschlagen hatte. Außerdem hatten sie vergessen, die Landeklappen auszufahren. Da sie wegen der schlechten Sicht keinen Sichtkontakt zur Piste hatten, wäre an dieser Stelle ein Fehlanflugverfahren angezeigt gewesen. Lufthansa wurde danach kritisiert, dass sie manche Flüge von Fremdfirmen durchführen ließen, deren Piloten nicht den Sicherheitsstandards der Kranich-Airline gerecht würden.

05 – IC 491 war eine Boeing 737 der Indian Airlines, an diesem Tag unterwegs von Delhi nach Bombay mit Zwischenlandungen in Jaipur, Udaipur und Aurangabad. Beim Start in Aurangabad herrschten 41 Grad Celsius, der Flughafen liegt auf 650 m Höhe. Die Maschine war voll beladen und hatte 118 Personen an Bord. Die 7500 Fuß lange Piste reichte gerade aus, dass die Boeing vom Boden wegkam. 120 m hinter dem Pistenende kreuzte eine Straße den Abflugweg. Auf dieser Straße fuhr gerade ein Lastwagen mit hochaufgetürmten Strohballen. In 3 m Höhe kollidierten das linke Hauptfahrwerk und das linke Triebwerk mit dem Truck. Während die Crew kämpfte, das Flugzeug am Fliegen zu halten, kollidierten sie 3 km weiter mit einer Hochspannungsleitung und stürzten ab.

06 – MM 501 war eine Boeing 727 der kolumbianischen Fluggesellschaft Sociedad Aeronautica de Medellin Consolidada, oder kurz: SAM. Sie war mit 132 Personen an Bord unterwegs von Panama nach Medellín. Die Boeing war in FL 160, als sie Medellín kontaktierte. Da zuvor Terroristen das VOR zerstört hatten, musste die Crew mit dem ungenaueren Abejorral NDB navigieren, was an diesem Tag wegen Gewitters eine wenig zuverlässige Hilfe war. Abejorral lag 40 km südlich von Medellín, aber in Verlängerung der Pistenachse. Die Boeing kam von Nordwesten. Als die Crew meldete, sie hätten jetzt Abejorral überflogen, erhielten sie die Sinkflugfreigabe auf FL 120. Tatsächlich war die Maschine noch 100 km von dem NDB entfernt, vor ihnen hohe Berge. In 12.300 Fuß schlug die Boeing am Mount Paramo Frontino (3924 m) ein.

09 – LH 2905 war im Anflug auf Piste 11 in Warschau. Eine Kaltfront lag über Polen, Wind aus wechselnden Richtungen und Regenschauer erschwerten den Anflug. Die Crew wurde explizit darauf hingewiesen, dass eine zuvor gelandete Maschine durch Scherwinde gegangen war. Der PF erhöhte daraufhin die Geschwindigkeit um 20 Knoten. Das rechte Fahrwerk setzte 770 m hinter der Schwelle auf, das linke 9 Sekunden später, 1525 m hinter der Schwelle. Erst jetzt schaltete der Computer in den Ground-Modus und gab Bremsklappen und Umkehrschub frei. Zehn Knoten Rückenwind, heftiger Regen und Aquaplaning trugen massiv zum Unfall bei. Um nicht in die Anflugbefeuerung der Gegenrichtung zu schlittern, steuerte der Captain den A320 seitlich von der Piste. Trotzdem stieß er mit der linken Tragfläche gegen die Localizer-Antenne. Ein Feuer entstand, das schnell auf das Flugzeuginnere übergriff. Drei Minuten nach dem Unfall begannen die Löscharbeiten durch die Feuerwehr. Ein Pilot und ein Passagier kamen ums Leben, unter den übrigen 68 Personen an Bord wurden 56 teilweise schwer verletzt.

Zu 09: Als das Flugzeug mit einer Tragfläche an ein Hindernis stieß, riss das Triebwerk ab.

Lfd. Nr.	Datum	Flug	Flugzeugtyp	Airline	Opfer	Unfallort
01	03.01.1994		Tupolew Tu-154M	Baikal Airlines	124 + 1	Mamony, Russland
02	**23.03.1994**	**SU 593**	**Airbus A310-304**	**Aeroflot**	**75**	**Mezhduretshensk, Russland**
03	**23.03.1994**		**Lockheed C-141B Starlifter**	**USAF**	**0 + 24**	**Fayetteville, NC, USA**
04	**26.04.1994**	**CI 140**	**Airbus A300B4-622R**	**China Airlines**	**264**	**Nagoya, Japan**
05	06.06.1994	WH 2303	Tupolew Tu-154M	China Northwest	160	Xian, China
06	01.07.1994	MR 625	Fokker F-28 Fellowship 4000	Air Mauritanie	80	Tidjikja, Mauretanien
07	02.07.1994	US 1016	Douglas DC-9-31	USAir	37	Charlotte, NC, USA
08	21.08.1994	AT 630	ATR 42-312	RAM	44	Tizounine, Marokko
09	08.09.1994	US 427	Boeing 737-3B7	USAir	132	Aliquippa, PA, USA
10	12.10.1994	EP 746	Fokker F-28 Fellowship 1000	Iran Aseman Airlines	66	Natanz, Iran
11	17.12.1994		DHC-6 Twin Otter 200	MAF PNG	28	Olsobip, Papua-Neuguinea
12	29.12.1994	TK 278	Boeing 737-4Y0	THY	57	Van, Türkei

02 – Aeroflot Flug SU 593 war unterwegs von Moskau nach Hongkong. Pilot in Command war Captain Yaroslav Kudrinsky, Kopilot war Igor Piskarev. Kudrinsky hatte seine Tochter Yana (13) und seinen Sohn Eldar (15) an Bord. Um 17:40 Uhr kamen Kudrinskys Kinder ins Cockpit. Um 17:43 Uhr fuhr der Captain seinen Sitz nach hinten, stand auf und hob seine Tochter in den Sitz. Er lud sie ein, ein wenig zu fliegen. Der Autopilot war eingeschaltet. Yana legte ihre Hände auf die Griffe, während ihr Vater den Kurs des Autopiloten veränderte. So hatte die Tochter das Gefühl, sie würde das Flugzeug steuern, obwohl sie keine Kontrolle darüber hatte. Dann tauschte sie den Platz mit Eldar. Wieder verstellte Kudrinsky den Kurs des Autopiloten, der Airbus flog eine Kurve. Als der Vater dann wieder den alten Kurs einstellte, hielt Eldar das Steuer in Neutralposition fest. Damit geriet er in Konflikt mit den Steuerbefehlen des Autopiloten, dessen Rollkanal sich nach 30 Sekunden abkoppelte und auf manuell schaltete. Eine Anzeige dafür gab es nicht, auch in der Schulung war das nicht angesprochen worden. Als sich das Flugzeug nach rechts neigte, rätselten die Piloten, was die Maschine wohl machte. Als dann auch noch im Navigationsdisplay eine Kurve angezeigt wurde, überlegten sie, ob dies eine Warteschleife werden könnte. Zwischendurch neigte sich die Maschine auf 45 Grad, die auftretenden G-Kräfte machten es Kudrinsky minutenlang nicht möglich, Eldar aus dem Sitz zu entfernen und selbst wieder seinen Platz einzunehmen. Piskarev hatte seinen Sitz ganz hinten. Er gelangte deshalb nicht schnell genug an die Steuergriffe und die Ruderpedale, um die A310 wieder unter Kontrolle zu bekommen. Als beide Piloten während des Sturzfluges wieder in ihrer Position waren und auch die richtigen Steuereingaben machten, war das Flugzeug zu tief, um es noch zu retten.

03 – Am 23.03.1994 warteten 500 Fallschirmspringer auf Pope AFB, N.C. darauf, die beiden Starlifter C-141 der US Air Force zu besteigen, die gerade betankt wurden. Gleichzeitig leitete hoch über ihren Köpfen eine F-16 ein simuliertes Notverfahren ein, mit dem aus einer sturzflugähnlichen

Schraube die Landung bei Triebwerksausfall geübt wird (SFO). Statt anderen Verkehr fernzuhalten, erlaubte die Flugsicherung den Übungsanflug einer C-130 Hercules und nahm die F-16 dahinter. Wegen des Tarnanstrichs und der ungünstigen Fluglage konnte der F-16-Pilot den langsamer fliegenden Transporter unter ihm aber nie sehen. Trotzdem wurde die F-16 zur Landung freigegeben. Der Fighter traf die Hercules kurz vor der Piste. Der Pilot schaltete den Nachbrenner ein, um das Flugzeug zu retten, aber es begann zu zerbrechen. Die Jetbesatzung rettete sich mit dem Schleudersitz, die C-130 schaffte es schließlich sicher auf den Boden. Die F-16 – noch immer mit gezündetem Nachbrenner – knallte neben die Runway und schlitterte mit etwa 33 m/s auf die geparkten Starlifter und die wartenden Soldaten zu. Das entspricht ca. 120 km/h! Beide Maschinen explodierten, 200.000 Liter Kerosin gerieten in Brand, rollten in einer Walze aus Feuer auf die 500 Soldaten zu, die im Einsteigen begriffen waren, glühendes Metall regnete über das Vorfeld. Die Munition der F-16-Bordkanone explodierte unter den Fallschirmjägern. 24 Soldaten kamen ums Leben, über hundert erlitten schwere und schwerste Verbrennungen. Die Ursache war eine miserable Leistung der beteiligten Fluglotsen.

04 – China Airlines Flug CI 140 war unterwegs von Taipeh nach Nagoya. Der Airbus A300 war mit 271 Personen besetzt. Die Maschine war mitten in einem ILS-Anflug auf Nagoyas Piste 34, als der Kopilot versehentlich das Durchstartsystem aktivierte. Im

zu 03: Ein ausgebrannter Lockheed C-141B Starlifter auf dem Militärflughafen Pope Air Force Base.

Cockpit wusste niemand, wie ihnen geschah und warum das Flugzeug plötzlich beschleunigte und die Nase hob. Der Kopilot schaltete den Autopiloten ab und reduzierte den Schub. In der Erwartung, der Autopilot würde sie wieder auf den ILS-Gleitstrahl bringen, schaltete der Kopilot ihn wieder ein. Sofort versuchte der Airbus wieder durchzustarten, denn er war ja noch immer im Durchstart-Modus.

Nun begann ein Kampf Captain und Kopilot gegen Autopilot. Dabei folgte der Autopilot der programmierten Logik. Den TOGA-Modus konnte man damals zwar abschalten, aber das war schwierig bei der Benutzung des Autopiloten im A310/300. Man musste das jedoch wissen und trainieren.

(Lufthansa hat diese Situation nämlich im Simulator explizit mit folgendem Szenario trainiert: Go Around, anschließend Steigflugunterbrechung unterhalb der Go-Around-Höhe. Dazu musste der TOGA MODE verlassen und auf BASIC MODE umgeschaltet werden.) Wegen des immer größeren Anstellwinkels und dem stetig manuell reduzierten Schub gab es einen Strömungsabriss.

Der A300 schlug neben der Piste auf und explodierte. 264 der 271 Insassen starben, nur sieben überlebten den zweitschwersten Unfall der zivilen Luftfahrt in Japan.

Was macht sie denn jetzt?

Ein Gespenst macht die Runde in den Airline-Cockpits: »Automation Addiction«. Das ist eine Automatensucht ganz anderer Art, eine Abhängigkeit von Autopiloten, Navigationsassistenten, Bordcomputern, Dämpfern, Lande- und Bremshilfen. Der Computer errechnet zum Beispiel die Landedistanz je nach Feuchtigkeitszustand der Piste und eingegebener Pistenlänge, deren Oberflächenbeschaffenheit er aus der Datenbank kennt, setzt alles in Beziehung zum Resttreibstoff und dem Landegewicht und stellt den passenden Bremsdruck zur Verfügung, um bei einem vorgewählten Abrollweg die Landebahn zu verlassen. »Break to Vacate« heißt die Funktion, kurz BTV. Einfach und genial. Eine andere Feature bei der neuen A350 XWB aktiviert einen automatischen »Continuous Descent«. Von der Reiseflughöhe errechnet der Computer einen kontinuierlichen Sinkflug bis zur Piste. Wo früher ein Captain mit Fingerspitzengefühl die Triebwerke steuerte, seinem Kopiloten den Befehl zum Klappensetzen gab, wo der Luftwiderstand des ausfahrenden Fahrwerks zur Einleitung des Endanflugs genutzt wurde, da steuert heute ein Computer das Flugzeug. Genial! Fehlanflugverfahren werden heute durch den TO/GA-Button an der Autothrottle eingeleitet. Das ist ein Schalter, der am Boden alle Systeme auf START, bei der Landung alles auf DURCHSTARTEN stellt. Er schaltet die ILS-gesteuerte automatische Landung ab, gibt Schub und leitet das Fehlanflugverfahren ein. Großartig. Man kann sich an diese (vorher einzustellenden) Hilfen schnell gewöhnen.

Zahlreiche Assistenten dieser Art finden sich in den verschiedenen Computern, die das Fliegen vereinfachen und noch sicherer machen sollen. Richtig ist, dass Flugunfälle selten geworden sind. Im ganzen Jahr 2013 gab es weltweit nur 29 Unfälle mit Todesfolge, insgesamt kamen dabei 265 Menschen ums Leben. Gleichwohl häuft sich eine ganz neue Art von Ursachen: Manche Piloten verstehen ihre Maschine nicht mehr. »Was macht sie denn jetzt?« ist eine im Cockpit häufig gemurmelte Frage. Statt als erstes die Automatik abzuschalten und das Flugzeug von Hand weiterzufliegen, wird gerätselt und im (elektronischen) Handbuch nachgeschlagen. Hätten sich die Piloten der technisch einwandfreien Boeing 777 der koreanischen Asiana in San Francisco bei bestem Wetter an ihre ersten Flugstunden erinnert und sich nicht blind auf den Schubregelcomputer (Autothrottle) verlassen, wäre ihnen vielleicht noch rechtzeitig aufgefallen, dass sie zu tief und zu langsam waren.

Bisweilen sind es falsche Computereingaben, die fatale Folgen haben. Zahlendreher sind besonders beliebt. Gerade junge Piloten, die in der Computerwelt aufgewachsen sind, neigen da-→

zu, Knöpfe zu drücken und Keyboardeingaben zu machen, statt dafür zu sorgen, dass sie nicht zu langsam sind und noch genügend Luft unter den Flächen haben. Im amerikanischen Buffalo brachte ein Kopilot ein Zubringerflugzeug zum Absturz, weil er es falsch programmiert hatte. Als dann die Überziehwarnung anschlug, zog er an, wo eigentlich das Steuer hätte nach unten gedrückt werden müssen, um wieder Fahrt aufzunehmen. 49 Todesopfer. Zwei Wochen später setzte Turkish Airlines eine Boeing 737 im Anflug auf Amsterdam in den Acker, nachdem ein Computer von einem der Höhenmesser falsche Angaben bezogen hatte. Damals hatte der Ko sogar noch richtig reagiert, Gas gegeben und die Nase nach unten gedrückt, aber der Captain übernahm, riss die Hebel wieder zurück, damit war das Schicksal besiegelt. 9 Todesopfer. 2009 fiel bei Air France AF447 über dem Atlantik der Autopilot aus, wahrscheinlich weil die Pitot-Sonden vereist und die Geschwindigkeitsdaten inkonsistent waren. Die Piloten interpretierten die Computeranzeigen falsch und brachten das intakte Flugzeug in einen überzogenen Zustand, worauf ein Strömungsabriss erfolgte. 228 Todesopfer.

Eine US-Studie von Unfällen und Zwischenfällen brachte zum Vorschein, dass es den Piloten bei 60 Prozent der Unfälle und bei 30 Prozent der Zwischenfälle an der Fähigkeit mangelte, ihr Flugzeug manuell zu fliegen. Sie haben diese Fähigkeit vergessen dank der automatischen Assistenzsysteme. Früher einmal waren Flugzeugdesigner, Konstrukteur und Pilot ein und derselbe Mensch, der sein Flugzeug verstand. Heute sind es Designbüros, Ingenieurbüros, dislozierte Flugzeugwerke, die dem Piloten einen fliegenden Computer hinstellen, den es zu beherrschen gilt.

Man spricht von drei Stufen der Automation im Cockpit: Die erste Stufe ist das manuelle Fliegen mit Steuerhorn, Klappen und Leistungshebel. Die zweite und mittlere Stufe ist der Autopilot, der den Piloten erlaubt, eine Richtung einzustellen, auf eine Flughöhe zu steigen, die Höhe und die Geschwindigkeit zu halten, die Steig- oder Sinkrate zu wählen und einem eingestellten Kurs zu folgen. Die dritte und höchste Stufe ist das Flight Management System (FMS), das dem Autopiloten sagt, wie er von A nach B kommt, ein System, das ganze Streckensegmente abfliegt. Auch das automatische Landesystem gehört dazu. Eigentlich sind es drei Auto-Landesyteme, die alle drei funktionieren müssen. Weicht einer während der Landung mit unterschiedlichen Werten ab, entscheiden die beiden anderen, welcher abzuschalten ist. Die Crew ist da bis zu einem gewissen Grad nur Zuschauer.

Captain Warren Vanderburgh, ehemaliger Fighterpilot, Ex-Geschwaderkommodore und schließlich Ausbildungspilot bei American Airlines, formuliert es so: »Eigentlich ist die Automation dafür gedacht, die Zwei-Mann-Crew zu entlasten. In bestimmten Szenarien ist aber das Gegenteil der Fall, weil die Crew eine plötzlich oder allmählich eintretende Situation nicht versteht. Plötzlich ist die Crew überlastet. Statt nun eine Stufe herabzuschalten und das Flugzeug von Hand zu fliegen, wird versucht, sich durch Computermenüs zu blättern und Inputs im FMS zu verändern, die das Flugzeug stabilisieren sollen. Die Ingenieure haben Piloten zu Systembedienern gemacht.« Überspitzt könnte man sagen: Wenn das so weitergeht, dann fliegt das Flugzeug die Piloten, statt umgekehrt.

Ein weiterer Aspekt ist die Verzweigung oder Verästelung der Menüs und Untermenüs. Hier sind die Computersysteme so vernetzt, dass es zum Verständnis eigentlich notwendig wäre, das Training im Simulator zu verstärken. Kein Mensch versteht heute seinen Home Computer, wenn er nur das Manual liest. *Aber* gerade beim Flugtraining sparen die großen Firmen immer mehr Geld, und der Pilot, der bei vielen Billigairlines sein Type Rating selbst bezahlen muss, kann sich zusätzliches Training nicht mehr leisten. Die Gehälter entsprechen einfach nicht mehr den goldenen Zeiten der Fliegerei.

Aber Achtung, allzu schnell ist man bei der Hand, jetzt den Piloten oder den Ingenieuren die Schuld in die Schuhe zu schieben. Im Sinne des Passagierkomforts verlangen Airlines, dass der Autopilot über 500 Meter einzuschalten ist. Die Fliegerei von Hand ist nämlich logischerweise »unruhiger« als mit Autopilot – wenn er richtig funktioniert. Es fand auch nach dem Air-France-Unfall 2009 ein Umdenken bei vielen Airlines statt. Sie lassen das Training wieder neu überarbeiten. Also, der Trend ist erkannt, die Kehrtwende ist eingeleitet.

Lfd. Nr.	Datum	Flug	Flugzeugtyp	Airline	Opfer	Unfallort
01	10.01.1995	RS 256	Douglas DC-9-14	Intercontinental de Aviación	51	Maria La Baja, Kolumbien
02	**31.03.1995**	**RO 371**	**Airbus A310-324**	**Tarom**	**60**	**Bukarest, Rumänien**
03	24.05.1995	NE 816	Embraer EMB-110P1 Bandeirante	Euroair	12	Leeds, UK
04	24.06.1995		Tupolew Tu-134A	Harka Air Service	16	Lagos, Nigeria
05	12.07.1995		DHC-6 Twin Otter 300	Milne Bay Air	15	Alotau, Papua-Neuguinea
06	09.08.1995	GU 901	Boeing 737-2H6	Aviateca	65	San Salvador, El Salvador
07	09.09.1995		CASA C-212 Aviocar 200	SATENA	22	La Macarena, Kolumbien
08	15.09.1995	MH 2133	Fokker 50	Malaysia Airlines	34	Tawau, Malaysia
09	**22.10.1995**	**GAF 5043**	**Transall C-160D**	**Deutsche Luftwaffe**	**7**	**Ponta Delgada, Portugal**
10	08.11.1995		Fokker F-27 Friendship 400M	LADE	53	Villa Dolores, Argentinien
11	03.12.1995	UY 3701	Boeing 737-2K9	Cameroon Airlines	71	Douala, Kamerun
12	07.12.1995		Beech 1900D	Air St. Martin	20	Port-au-Prince, Haiti
13	18.12.1995		Lockheed L-188C Electra	Trans Service Airlift	141	Cahungula, Angola
14	**20.12.1995**	**AA 965**	**Boeing 757-223**	**American Airlines**	**159**	**Buga, Kolumbien**

02 – RO 371, ein Airbus A310 der rumänischen Fluggesellschaft TAROM war mit 60 Personen an Bord unterwegs von Bukarest nach Brüssel. Der Kopilot war »Pilot Flying«, der Captain assistierte. Um 09:04 Uhr startete der Airbus und wurde freigegeben, auf FL 260 zu steigen. Bei der späteren Auswertung des Cockpit Voice Recorders war der Austausch zwischen Kopilot und Captain zunächst noch normal und professionell. Während des Steigflugs entwickelte sich jedoch eine Schub-Asymmetrie zwischen dem linken und dem rechten Triebwerk. Um 09:08 Uhr antwortete der Captain nicht mehr. Das Flugzeug neigte sich immer mehr nach links. Der Kopilot fragte: »Sind Sie okay?« Sekunden später war auf dem Stimmenrekorder ein schmerzhaftes Stöhnen und ein metallisches Geräusch zu hören. Mit 45 Grad Kurvenlage begann das Flugzeug nun Höhe zu verlieren. Mit einer Rolle um die Längsachse raste die Maschine im Winkel von 50 Grad auf die Erde zu.

Ein technischer Grund für die Schub-Asymmetrie konnte nicht gefunden werden. Wegen der körperlichen Probleme des Captains fand kein Austausch mit dem fliegenden Kopiloten statt. Über die Triebwerk-Asymmetrie war er nicht informiert. Während dieser Stresssituation könnte der Umstand eine Rolle gespielt haben, dass der Kopilot zwar 9000 Flugstunden in seinem Logbuch hatte, davon aber 8000 auf Flugzeugen sowjetischer Bauart. Und dort ist Farbe und Kennzeichnung im künstlichen Horizont genau entgegengesetzt zu Flugzeugen westlicher Bauart.

09 – Die German Air Force 5043 war eine Transall, unterwegs von Landsberg nach St. John's in Neufundland. Die zweimotorige Turboprop-Maschine hatte auf den Azoren einen technischen Stopp eingelegt und aufgetankt. Wegen einer falschen Strömungsabriss-Warnung versuchte der Flugzeugführer den Start auf der 2400 m langen Piste in Ponta Delgada abzubrechen, obwohl die Transall bereits kurz abgehoben hatte. Die

Maschine kam von der Landebahn ab, streifte einen Erdwall und stürzte ins Meer. Die siebenköpfige Besatzung kam ums Leben.

14 – AA 965 war eine Boeing 757 der American Airlines, unterwegs mit 159 Personen an Bord von Miami nach Cali in Kolumbien. Der Start in Miami hatte sich um eineinhalb Stunden verzögert und erfolgte um 18:35 Uhr. Im Cockpit saßen erfahrene Piloten. Allein der Captain hatte über 13.000 Flugstunden in seinem Logbuch. Seit kolumbianische Terroristen der FARC 1992 das Flugsicherungsradar von Cali gesprengt hatten, mussten die Fluglotsen ohne Radar arbeiten. Da Cali zwischen den Anden und den Küstengebirgen eingebettet liegt, nutzte man verschiedene Funkfeuer und Meldepunkte, um den Luftverkehr um die Berge herumzuführen.

Ursprünglich war die Landung auf Runway 01 geplant, von Süden nach Norden. Wegen der Windstille boten die Fluglotsen AA 965 eine Landung von Nord nach Süd auf Runway 19 an, was der Crew entgegenkam. Sie löschten die geplanten Waypoints aus dem Navigationscomputer für den Anflug auf 01, darunter auch den Punkt TULUA VOR. Als sie dann die Freigabe für den Anflug ROZO One erhielten und sich über TULUA VOR melden sollten, fehlte dieser Punkt im Computer. Die Piloten beschlossen daher, einfach auf ROZO zuzufliegen. Um 21:41 Uhr ertönte das Bodennäherungsradar: »Pull up, Pull up, whoop, whoop.« Gleich darauf endet die Aufzeichnung. Der Einschlag erfolgte in 8900 Fuß Höhe.

Die kolumbianische Luftfahrtbehörde hatte dem ROZO NDB den Kennbuchstaben »R« zugeteilt. Aber auch am Flughafen Bogotá stand ein ROMEO NDB, welches den Kennbuchstaben »R« bekommen hatte. Da die Navigationsdatenbanken keine zwei identische Bezeichnungen akzeptieren, wurde »R« dem wichtigeren Ort Bogotá zugeteilt. ROZO konnte nur aufgerufen werden, wenn alle vier Buchstaben eingetippt wurden. Nach Eingabe von »R« akzeptierte der Navigationscomputer diesen neuen Waypoint, und der aufgeschaltete Autopilot flog eine Linkskurve. Diese endete am Berg, da AA 965 bereits im Sinkflug war.

Nach dem Absturz machten sich Plünderer über das Wrack her, schlachteten das Cockpit aus und verkauften die einzelnen Instrumente auf dem Schwarzmarkt in Miami. Als Lehre aus diesem Unfall wurde für alle nach 2002 gebauten zivilen Passagierflugzeuge ein vorausschauendes Terrain-Warnsystem zur Pflicht gemacht.

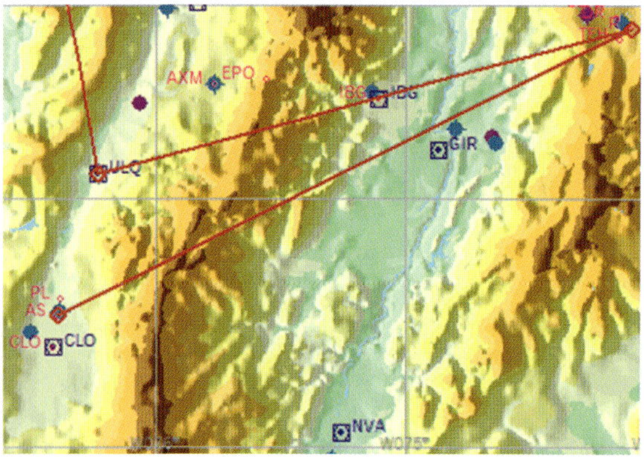

Das passierte, als man R(OMEO) statt ROZO in den Navigationscomputer eingab …

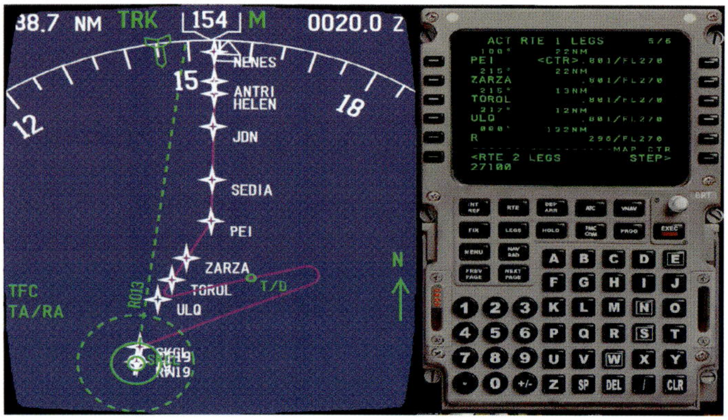

Lfd. Nr.	Datum	Flug	Flugzeugtyp	Airline	Opfer	Unfallort
01	08.01.1996		Antonow An-32B	Moscow Airlines	0 + 237	Kinshasa, DR Kongo
02	**06.02.1996**	**ALW 301**	**Boeing 757-225**	**Birgenair**	**189**	**Puerto Plata, Dom.Rep.**
03	**03.04.1996**	**IFOR 21**	**Boeing CT-43A (737)**	**USAF**	**35**	**Dubrovnik, Kroatien**
04	**11.05.1996**	**J7 592**	**Douglas DC-9-32**	**ValuJet Airlines**	**110**	**Everglades, FL, USA**
05	**15.07.1996**	**BAF 610**	**Lockheed C-130H Hercules**	**Belgische Luftwaffe**	**34**	**Eindhoven, Niederlande**
06	**17.07.1996**	**TW 800**	**Boeing 747-131**	**TWA**	**230**	**East Moriches, NY, USA**
07	02.10.1996	PL 603	Boeing 757-23A	AeroPeru	70	Lima, Peru
08	31.10.1996	KK 402	Fokker 100	TAM	95 + 4	São Paulo, Brasilien
09	07.11.1996	Z7 086	Boeing 727-231	ADC Airlines	144	Ejirin, Nigeria
10	12.11.1996	SV 763	Boeing 747-168B	Saudi Arabian	312	Charkhi Dadri, Indien
11	12.11.1996	K4 1907	Iljuschin Il-76TD	Kazakhstan Airlines	37	Charkhi Dadri, Indien
12	14.11.1996		Antonow An-2T	Komi Avia	14	Most Pyssa, Russland
13	**23.11.1996**	**ET 961**	**Boeing 767-260ER**	**Ethiopian Airlines**	**125**	**Mitsamiouli, Komoren**

02 – Zwanzig Tage hatte die Boeing 757 der Birgenair auf dem Flughafen Puerto Plata in der Dominikanischen Republik gestanden, bis der Auftrag kam, 176 Passagiere über Gander nach Frankfurt und Berlin zu fliegen. Auftraggeber war die Alas Nacionales, ansässig in der Dominikanischen Republik. Sie besaßen zwar die Streckenrechte nach Deutschland, aber keine Flugzeuge. Birgenair wiederum hatte drei Monate zuvor eine Boeing 757 an die argentinische Staf Airlines vermietet für die Strecke Buenos Aires–Puerto Plata. Nachdem dieser Mietvertrag abgelaufen war, wurde das Flugzeug in Puerto Plata abgestellt.

Um 23:42 Uhr begann der Startlauf. An Bord 189 Personen, im Cockpit ein erfahrener Captain mit 25.000 Flugstunden. Schon während des Startlaufs bemerkte die Crew, dass etwas mit der Geschwindigkeitsanzeige nicht stimmte. Der Kopilot rief die Speed aus, die nicht mit der Anzeige des Captains korrelierte. Weil V1 (die Geschwindigkeit für einen Startabbruch) noch nicht erreicht war, entschied sich der Captain, den Start fortzusetzen. Im weiteren Verlauf des Steigfluges häuften sich widersprüchliche Warnmeldungen. Sie wurden ausgelöst durch die fehlerhafte Geschwindigkeitsanzeige des Captains. Einerseits erhielten sie Overspeed-Warnungen, andererseits sprach der Stick-Shaker an, der vor einem Strömungsabriss warnte. Wäh-

Die Ursache war höchstwahrscheinlich eine in der Karibik beheimatete Grabwespe, die sich während der langen Stehzeit ihr Nest in einer Staudrucksonde gebaut hatte. In dieser Sonde wird die Geschwindigkeit gemessen und als elektronisches Signal an den Zentralcomputer geliefert. Birgenair meldete im Oktober 1996 Konkurs an.

rend der Captain inzwischen die Hochgeschwindigkeitswarnung als Fehlermeldung im Verdacht hatte, kämpfte er gegen den Strömungsabriss. Der Autopilot trug seinen Teil zur Verwirrung bei, indem er das Höhenruder anstellte. Schließlich trat der Strömungsabriss auf der linken Seite zuerst auf, die Maschine drehte sich auf den Kopf und schlug auf dem Wasser auf. Es gab keine Überlebenden.

03 – Der Balkan war eine Nahtstelle des Ost-West-Konflikts. Als sich nach dem Bosnienkrieg 25 Staaten zur IFOR zusammenschlossen und 25.000 Soldaten zur Friedenssicherung und zum Wiederaufbau auf dem Balkan stationierten, gab es organisatorische Reibungsverluste. Unterschiede zwischen Ost und West wurden offenbar. Einer davon war die unterschiedliche Philosophie beim Aufbau von Instrumentenanflugverfahren und bei der Instrumentierung der Flugzeuge. So hatten Flugzeuge westlicher Bauart nur einen ADF-Empfänger, da NDB-Anflüge in der westlichen Welt obsolet waren, während Maschinen östlicher Bauart gleich mehrere NDB's für einen Anflug benutzten.

Am 3.4.96 startete IFOR 21 in Tuzla zu einem Flug nach Dubrovnik. An Bord war der US-Handelsminister Ron Brown und eine Entourage von 28 Personen mit einer CT-43, der

Als Folge dieses Unfalls wurde an der militärischen Flugsicherungsakademie der Bundeswehr in Kaufbeuren NATO TERPS gegründet, eine kleine Einheit von Verfahrensspezialisten aus vier Nationen, die alle An- und Abflugverfahren in Bosnien neu berechnete.

zu 03: Nicht übereinstimmende Festlegungen bei Instrumentenanflugverfahren und bei der Instrumentierung der Flugzeuge führten am 3. April 1996 zu dem tragischen Unfall.

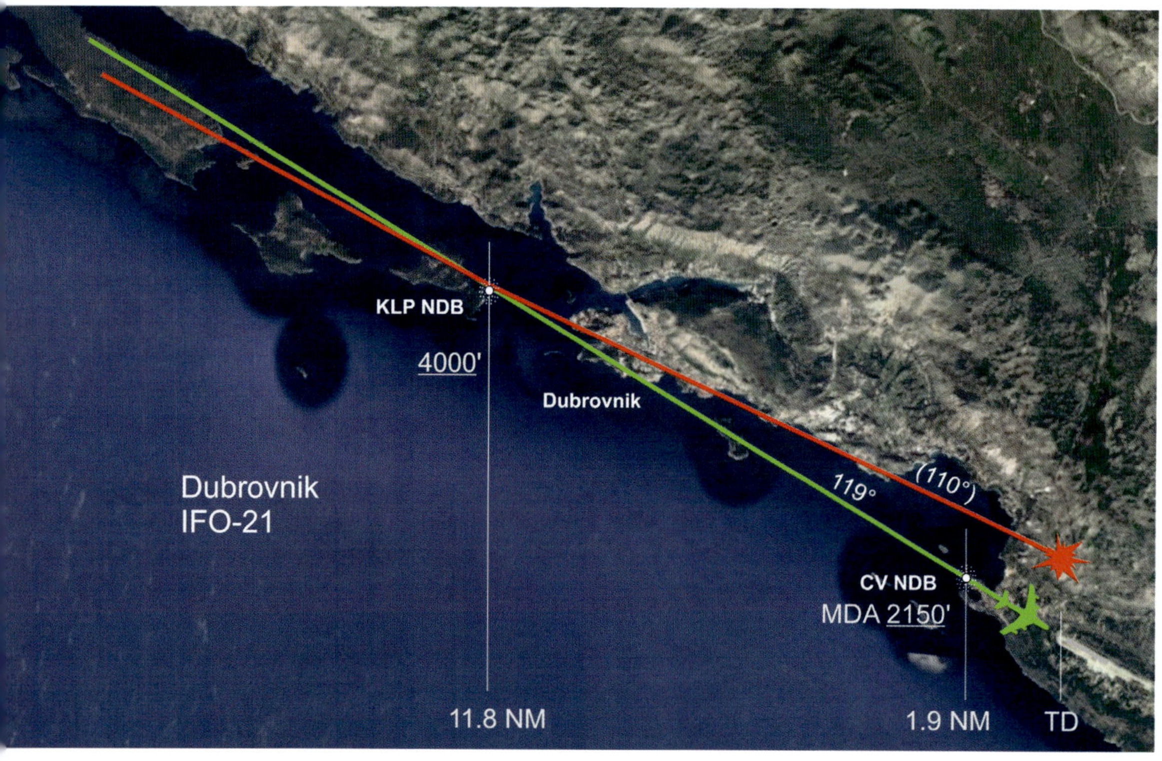

militärischen Version der Boeing 737-200. Nach Überfliegen des KLP NDB hätte ein Kurs von 119 Grad angelegt werden oder das NDB CV eingedreht werden müssen. Stattdessen flog die Maschine 80 Knoten zu schnell und flog einen Kurs von 110 Grad. In 2300 Fuß Höhe erwischte sie einen Bergrücken. Niemand an Bord überlebte.

04 – Die DC-9 der ValuJet Airlines, Flugnummer J7 592, startete um 14:03 Uhr in Miami zu einem Flug nach Atlanta. An Bord waren 110 Personen und zwei Tonnen Fracht im Unterflurladeraum. Die Fracht bestand aus zwei kompletten Rädern für ein Hauptfahrwerk, ein Bugrad samt Felge sowie fünf Kisten mit Sauerstoffgeneratoren, die den Vermerk »Leer« trugen. Um 14:10 Uhr, die Maschine durchstieg gerade 10.300 Fuß, war ein Knall zu hören. Der Triebwerksdruck fiel ab, der Captain rief den Departure Controller: »Wir haben einen Elektroschaden. Wir müssen nach Miami zurück.« Im Hintergrund rief eine Flugbegleiterin: »Feuer, Feuer, Feuer, Feuer!« Nachdem sie einen Kurs zurück nach Miami eingeschlagen hatten und sich im steilen Sinkflug auf 5000 Fuß befanden, meldeten sie an Miami ATC: »Wir haben Rauch in der Kabine und Rauch im Cockpit.« Um 14:11 Uhr stürzte eine Flugbegleiterin ins Cockpit und schrie: »Die ganze Kabine brennt.« Der Kopilot forderte von Miami Center eine Landung auf dem nächsten möglichen Flugplatz. Um 14:12 Uhr war die Aufzeichnung zu Ende. Um 14:13 Uhr schlug die Maschine in den Sümpfen der Everglades auf.

Schnell konzentrierte sich die Ursachensuche auf die Sauerstoffgeneratoren. Diese waren nämlich keineswegs leer, sondern überlagert. So müssen sie in gesicherten Frachtbereichen befördert werden, die mit Brandmeldern ausgerüstet sind. Entleerte Kartuschen haben weniger strenge Vorschriften. Im vorliegenden Fall wurden die Geräte in einen Frachtraum verladen, der nach Klasse D eingestuft ist, d.h. er ist luftdicht. Sollte darin ein Brand entstehen, würde sich das Feuer selbst ersticken. Daher ist auch kein Brandmelder notwendig. Die Sauerstoffgeneratoren waren aber undeklariert als sogenannte Company Co-Mail in den Frachtraum gelegt worden. Der Mitarbeiter hatte keine Ahnung, dass die Flaschen Gefahrgut sind.

Die Behälter mit dem kritischen Inhalt und exothermischen Eigenschaften waren auch nicht mehr so verschlossen, wie sie in das Flugzeug eingebaut werden, sondern lagen lose in den Kisten und waren mit Textilband zugeklebt. Während der Beschleunigung des Flugzeuges auf dem Weg zur Startbahn sind die Reifen an die Generatoren gestoßen, und diese haben sich erhitzt. Sicher ist, dass der Frachtraum schon vor dem Start lichterloh brannte und die Piloten keine Chance hatten, es rechtzeitig zu erkennen. Nach der Entzündung versorgten sie sich selbst mit Sauerstoff. Die Flugzeugreifen boten dem Feuer zusätzliche Nahrung und sorgten für giftige Dämpfe.

Dieser Unfall hatte grundlegende Folgen für den Transport gefährlicher Güter. Es wurden zahlreiche Vorschriften erlassen. Welche Stoffe auf Passagierflugzeugen überhaupt noch geladen werden dürfen, hängt von Menge und Art des Stoffes und von Bauart und Ausstattung des Frachtraumes ab.

05 – Die belgische Luftwaffe wurde gebeten, das Fanfaren-Korps der niederländischen Armee von Villafranca in Italien nach Eindhoven in Holland zu fliegen. An Bord der belgischen Hercules C-130 waren 4 Besatzungsmitglieder und 37 Musiker. Um 18:00 Uhr rief BAF 610 Eindhoven Tower. Als sie zur Landung freigegeben waren, kollidierten sie mit einem Vogelschwarm. Die beiden rechten Triebwerke verloren Schub. Der Transporter crashte links neben die Piste und fing Feuer.

Ein Teil der Notausgänge war wegen des Feuers unerreichbar, andere ließen sich wegen des verdrehten Rumpfes nicht öffnen. Weder die Feuerwehr noch der Tower wussten, dass da Passagiere im Laderaum waren, die auf Rettung hofften. Die Anzahl der Passagiere, die im Flugplan angegeben war, war nicht nach Eindhoven übermittelt worden. Es dauerte 23 Minuten, bis ein Feuerwehrmann sie entdeckte. Der Geschwader-Kommodore von Eindhoven, der Kommandeur der Flugsicherung und der Kommandant der Feuerwehr wurden nach dieser Katastrophe von ihren Pflichten entbunden.

06 – TW 800 war eine Boeing 747 der Trans World Airlines. Sie startete um 20:18 Uhr in New York mit 230 Personen an Bord zu einem Flug nach Paris. Um 20:25 Uhr wies Boston Center die Crew an, beschleunigt auf FL 190 zu steigen und FL 150 frei zu machen. Um 20:26 Uhr korrigierte Boston die letzte Aufforderung und wies FL 130 zu. Um 20:26 Uhr registrierte der Cockpit Voice Recorder den Captain mit: »Sieh mal die verrückte Treibstoffanzeige von der Nummer 4!« Eine Minute später forderte Boston TW 800 auf, zu FL 150 zu steigen. Als die Schubhebel bewegt wurden, explodierte das Flugzeug und stürzte ins Meer.

Das Wrack wurde aufwendig geborgen und zusammengesetzt. Eine Spur führte in den Mitteltank, der zwar 64.000 Liter fasst, aber nur etwa 189 Liter Treibstoff enthielt. In flüssigem Zustand ist er schwer brennbar, wird aber bei höherer Temperatur oder niedrigem Druck gasförmig. Dann kann sich in Verbindung mit Sauerstoff ein zündfähiges Gemisch bilden. Zudem lag schon seit längerer Zeit eines der Kabel am Treibstoffsensor durch mechanischen Verschleiß frei. Da ein Treibstoffsensor aber nur mit Kleinspannung betrieben wird, stellte dies zunächst kein Problem dar. →

Unter dem zentralen Flügeltank befindet sich ein Teil der Klimaanlage für die Kabine. Da die Maschine mehr als eine Stunde auf dem Rollfeld auf einen Passagier wartete, dessen Gepäck schon eingeladen war, erhitzte sich der Treibstoff auf ca. 53 Grad Celsius und damit über seinen Flammpunkt von 38 Grad. Durch eine defekte Isolierung im Kabelbaum erreichte eine höhere Spannung aus der Kabinenbeleuchtung den Treibstoffsensor. Jetzt kommt das freiliegende Kabel ins Spiel. Es gab einen Kurzschluss mit einem anderen metallischen Bauteil; der Funke entzündete die Treibstoffdämpfe im leeren Mitteltank.

Wie immer gab es auch Verschwörungstheorien, von der Bombe bis zur fehlgeleiteten Rakete der eigenen Navy. Nichts davon konnte erhärtet werden.

13 – Drei Männer äthiopischer Herkunft stürmten das Cockpit der Boeing 767 der Ethiopian Airlines auf dem Flug ET 961 von Addis Abeba nach Nairobi und verlangten, nach Australien geflogen zu werden. Die Crew versuchte den dreien zu erklären, dass sie nicht einmal einen Bruchteil des notwendigen Treibstoffs dafür an Bord hatten. Die Entführer sprachen aber nur ihren Stammesdialekt und konnten so nicht von der Sinnlosigkeit ihrer Forderung überzeugt werden. Als dann zwischen Madagaskar und den Komoren der Sprit ausging, versuchte Captain Abate die 767 auf das seichte Wasser zu setzen. Im Cockpit kam es zum Kampf, eine Flügelspitze berührte das Wasser, der Flügel riss ab, das Flugzeug zerbrach in drei Teile. 125 der 175 Menschen an Bord starben, viele konnten sich deshalb nicht retten, weil sie entgegen der eindringlichen Anweisung der Crew ihre Schwimmwesten schon im Flugzeug aufgeblasen hatten und sich verhedderten. Alle drei Entführer starben, da sie sich natürlich nicht hinsetzen und anschnallen wollten.

Lfd. Nr.	Datum	Flug	Flugzeugtyp	Airline	Opfer	Unfallort
01	09.01.1997	MN 3272	Embraer EMB-120RT Brasilia	Delta Connection, opb Comair	29	Monroe, MI, USA
02	01.02.1997		BAe-748	Air Senegal	23	Tambacounda, Senegal
03	08.05.1997	CZ 3456	Boeing 737-31B	China Southern	35	Shenzhen, China
04	11.07.1997	CU 787	Antonow An-24RV	Cubana	44	Santiago, Kuba
05	06.08.1997	KE 801	Boeing 747-3B5	Korean Air	228	Guam, Guam
06	10.08.1997	VY 7601	Dornier 228-212	Formosa Airlines	16	Matsu, Taiwan
07	03.09.1997	VN 815	Tupolew Tu-134B-3	Vietnam Airlines	65	Phnom Penh, Kambodscha
08	12.09.1997		DHC-6 Twin Otter 300	TMK Air Commuter	19	Minembwe, DR Kongo
09	**13.09.1997**	**GAF 074**	**Tupolew Tu-154M**	**Deutsche Luftwaffe**	**24**	**Atlantik**
10	**13.09.1997**	**REACH 4201**	**Lockheed C-141B Starlifter**	**USAF**	**9**	**Atlantik**
11	**26.09.1997**	**GA 152**	**Airbus A300B4-220**	**Garuda Indon. Airways**	**234**	**Medan, Indonesien**
12	10.10.1997	AU 2553	Douglas DC-9-32	Austral Lineas Aéreas	74	Nuevo Berlin, Uruguay
13	**19.12.1997**	**MI 185**	**Boeing 737-36N**	**SilkAir**	**104**	**Palembang, Indonesien**

09/10 – GAF 074 war eine Tupolew TU-154 der deutschen Luftwaffe. Das Flugzeug mit Kameras für Open-Skies-Missionen im Rahmen von OSZE war mit 14 Marinesoldaten und zehn Mann Besatzung unterwegs von Köln-Bonn nach Kapstadt mit Zwischenlandungen in Niamey und Windhoek. Gleichzeitig startete ein Starlifter der USAF in Windhoek in Richtung St. Helena im Atlantik mit neun Personen an Bord. Radar-Abdeckung gibt es in diesem Teil Afrikas nicht, auch die Funkabdeckung lässt viele Wünsche offen. Von den Piloten ist höchste Wachsamkeit gefordert, vor allem aber müssen sie sich an die internationalen Regeln halten, nach denen der Flugverkehr geordnet ist. Dazu gehören die Semicircular Cruising Levels oder Halbkreisflugflächen (siehe Abbildung). REACH 4201 flog mit einem Kurs von 290 Grad nach Nordwesten. Die korrekten Flughöhen für Kurse zwischen 180 Grad und 359 Grad sind dafür FL 310, FL 350, FL 390, FL 430. Der Starlifter entschied sich für FL 350. Die deutsche Tupolew war in Niamey gestartet und zuerst einen Kurs von 190 Grad geflogen. Auf diesem Teil der Strecke war Flugfläche 350 noch korrekt. Als sie dann aber den Kurs 170 Grad in Richtung Namibia einschlug, hätte sie entweder auf FL 370 steigen oder auf FL 330 sinken müssen. Stattdessen blieb die Crew auf FL 350, und dort trafen sich die beiden Flugzeuge.

zu 09/10: Semicircular Cruising Levels

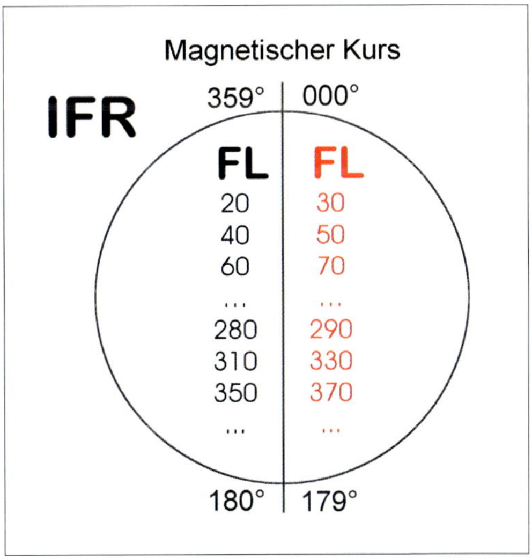

11 – GA 152 war ein Airbus A300 der Garuda Indonesian Airways (GIA). Er war mit 234 Personen an Bord in Jakarta zu einem Inlandsflug nach Medan gestartet. Im Anflug auf Piste 05 des Zielflughafens unterliefen dem Fluglotsen von Medan Approach mehrere Verwechslungen von Rufzeichen. Auch schien er sich mit Links- und Rechtskurven unsicher zu sein, was zu mehrfachen Rückfragen führte. Die Verwirrung könnte auch auf das Radarbild der Flugsicherung zurückzuführen sein, das sich nur alle 12 Sekunden erneuerte und womöglich neue Überraschungen bescherte.

Ein Auszug aus dem Transkript des Cockpit Voice Recorders:

MEDAN: Turn left heading a … 240, 235. Now vectoring for intercept ILS Runway 05.
GIA 152: Roger, heading 235. Confirm we cleared from a … mountainous area?
MEDAN: Affirm sir! Continue turn left on heading 215.
GIA 152: On heading 215, GIA.
MEDAN: GIA 152, turn right heading 046, report established on localizer.
GIA 152: Turn right heading 040, GIA 152, check established.
MEDAN: Turning right sir.
GIA 152: Roger, 152.
MEDAN: 152, confirm you're making turning left now?
GIA 152: We are turning right now.
MEDAN: 152 OK, you continue turning left now.
GIA 152: A … confirm turning left? We are starting turning right now.
MEDAN: OK … OK. GIA 152 continue turn right heading 015.
GIA 152: Aaaaaa. Allahu-Akbar.

Zehn Sekunden später schlug der Airbus auf einem bewaldeten Hügel unweit der Ortschaft Pancur Batu auf, sieben Meilen im Endanflug. Als Ursache nennt die Untersuchungskommission die Verwirrung über links und rechts, sodass die Piloten im Sinkflug die Höhe aus den Augen verloren. Da wegen Waldbränden Rauch alle Konturen des Landes verhüllte, hatte die Crew keine Referenz zum Boden. Niemand überlebte den Aufschlag.

13 – Captain Tsu war ein erfahrener Pilot, der in der Luftwaffe von Singapur geschult wurde. Am 19.12.1979 rollte er mit drei Kameraden zum Start für einen Trainingsflug. Doch er musste wegen eines technischen Problems am Boden bleiben, während seine drei Kameraden das Programm absolvierten. Alle drei gerieten in schlechtes Wetter und flogen gegen einen Berg. Vielleicht spielte dieser Unfall viele Jahre später nochmal eine Rolle?

MI 185 war eine Boeing 737 der SilkAir, die mit 104 Personen an Bord von Jakarta nach Singapur unterwegs war. Start war um 15:37 Uhr. Captain Tsu brachte die Maschine auf FL 350 in Richtung Singapur. Bis um 16:11 Uhr war im Cockpit alles normal. Danach wurden beide Aufzeichnungsgeräte abgeschaltet. Die Maschine ging in einen Sturzflug über, zerbrach noch in der Luft und stürzte bei Palembang in das Musi River Delta.

Da die Maschine bis zu diesem Tag in tadellosem Zustand war, erforschte die Untersuchungskommission den familiären und finanziellen Hintergrund der Piloten. Bei Captain Tsu fand man dienstliche und finanzielle Probleme, fällige Hypotheken, die er am folgenden Tag begleichen wollte, mehrere Versicherungspolicen, die aber alle schon belastet waren. Und schließlich stieß man auf den Unfall seiner drei Kameraden, auf den Tag genau vor 18 Jahren. Ob das ein Zufall war oder ob er plante, an diesem Jahrestag aus dem Leben zu scheiden, weiß man nicht.

Lfd. Nr.	Datum	Flug	Flugzeugtyp	Airline	Opfer	Unfallort
01	02.02.1998	5J 387	DC-9-32	Cebu Pacific Air	104	Cagayan de Oro, Philippinen
02	**03.02.1998**		**EA-6B Prowler**	**US Marine Choir**	**0 + 20**	**Cavalese, Italien**
03	**16.02.1998**	**CI 676**	**Airbus A300B4-622R**	**China Airlines**	**196 + 7**	**Taipeh, Taiwan**
04	19.03.1998		Boeing 727-228	Ariana Afghan Airlines	45	Kabul, Afghanistan
05	20.04.1998	AF 422	Boeing 727-230	TAME Ecuador	53	Bogotá, Kolumbien
06	25.05.1998		Yakovlev Yak-40	Lao Aviation	26	Long Tieng, Laos
07	26.05.1998		Harbin Yunshuji Y-12 II	MIAT	28	Erdenet, Mongolei
08	24.08.1998	UB 635	Fokker F-27 Friendship 600	Myanmar Airways	36	Tachilek, Myanmar
09	29.08.1998	CU 389	Tupolew Tu-154M	Cubana	70 + 10	Quito, Ecuador
10	**02.09.1998**	**SR 111**	**MD-11**	**Swissair**	**229**	**Peggy's Cove, Kanada**
11	25.09.1998	4101	BAe-146-100	Paukn Air	38	Melilla, Marokko
12	11.12.1998	TG 261	Airbus A310-204	Thai Airways International	101	Surat Thani, Thailand

02 – Am 3. Februar 1998 flog ein amerikanischer EA-6B Prowler im Tiefflug durch die Täler der Dolomiten. Er flog dicht an den Berghängen entlang. Als er eine Kurve einleitete, senkte sich die rechte Tragfläche und durchtrennte das Trag- und Zugseil der Alpe-Cermis-Seilbahn bei Cavalese 110 m über dem Boden. Eine der Kabinen stürzte ab, alle 20 Passagiere starben. Das beschädigte Flugzeug konnte nach Aviano zurückkehren und sicher landen.

Die Maschine war zu schnell unterwegs und zu tief, eine Genehmigung für den Tiefflug war mit falschen Angaben erschlichen worden. Pilot und Navigator wurden von einem Militärgericht in North Carolina trotzdem freigesprochen, da die Seilbahn nicht in den Tiefflugkarten des US-Militärs eingezeichnet war. Als publik wurde, dass ein Besatzungsmitglied eine Videoaufnahme vernichtet hatte, wurde der Prozess neu aufgerollt. Diesmal erhielt der Pilot eine Haftstrafe von sechs Monaten. Nach vier Monaten wurde er unehrenhaft aus der Armee entlassen. Die Entschädigung für jede der betroffenen Familien belief sich auf 3,8 Millionen DM.

Am 9. März 1976 gab es an dieser Seilbahn schon einmal einen schweren Unfall: Ein starker Windstoß warf das Zugseil über das Tragseil der Gondel. Der Sicherheitsmechanismus funktionierte nicht. Das Tragseil riss, die Gondel stürzte mit 42 Passagieren auf einen Steilhang und überschlug sich mehrfach. Nur ein kleines Mädchen überlebte.

03 – CI 676 war ein Airbus A300 der China Airlines, unterwegs mit 196 Personen an Bord von Denpasar nach Taipeh. Während des ILS-Anflugs in Regen und Nebel blieb das Flugzeug stets 1000 Fuß über dem Gleitpfad. Beim Überfliegen der Schwelle schaltete der Captain den Autopiloten ab und startete durch. Die Nase ging um 40 Grad nach oben, das Flugzeug stieg um 1000 Fuß, es kam zum Strömungsabriss, das Flugzeug stürzte in ein Wohnviertel. Alle Personen an Bord und sieben am Boden kamen ums Leben. Während des gesamten Anflugs fand keine Interaktion zwischen Captain und Kopilot statt. 12 Sekunden lang reagierte die Crew zuerst überhaupt nicht auf das Aufbäumen der Maschine als Folge der Beschleunigung, und danach falsch. Der Anstellwinkel vergrößerte sich bis zum Strömungsabriss.

10 – SR 111 war eine McDonnell Douglas MD-11 der Swissair. Sie war um 20:18 Uhr Ortszeit in New York mit 229 Personen an Bord zu einem Flug nach Genf gestartet. Um 20:58 Uhr meldete sich SR 111 bei Moncton Area Control Center in FL 330. Als sie um 21:10 Uhr einen ungewöhnlichen Geruch im Cockpit wahrnahmen, hatten sie zuerst die Klimaanlage im Verdacht. Die Piloten erklärten Dringlichkeit und baten Moncton, sie zu einem geeigneten Flughafen zu führen. Zu diesem Zeitpunkt war die Maschine 95 nautische Meilen von Halifax entfernt. Moncton wies SR 111 sofort den richtigen Kurs zu. Inzwischen hatten die Piloten die Sauerstoffmasken aufgesetzt. Um 21:16 Uhr begann der Sinkflug aus 33.000 Fuß. Um 21:19 Uhr wies die Flugsicherung einen Kurs von 30 Grad für einen direkten Anflug auf Runway 06 von Halifax zu. 30 Meilen vor dem Flughafen passierte die Maschine im Sinkflug gerade FL 210, sie hätten noch weitere 30 Meilen Flugweg gebraucht. Zum Sprit ablassen war es zu spät. Um 21:22 Uhr ist SR 111 nur noch 17 Meilen vom Flughafen entfernt, aber noch auf 12.000 Fuß. Als immer mehr Instrumente ausfallen, erklären die Piloten Luftnotlage. Schließlich fällt das Radio aus. Um 21:31 Uhr schlägt die Maschine mit einer Geschwindigkeit von 300 Knoten vor der Küste von Nova Scotia auf.

Der Brand war an der Cockpitrückwand ausgebrochen. Dort hatte ein freiliegendes Kupferkabel von der Entertainmentanlage einen Kurzschluss in einem Hohlraum hinter der Thermoisolierung verursacht. Teile davon bestanden aus nicht feuerfestem Material. Das Luftfahrtbundesamt ordnete als Konsequenz den sofortigen Austausch aller Dämmmaterialien an, die nicht feuerfest waren. Außerdem wurde die Videoüberwachung von unzugänglichen Hohlräumen verlangt.

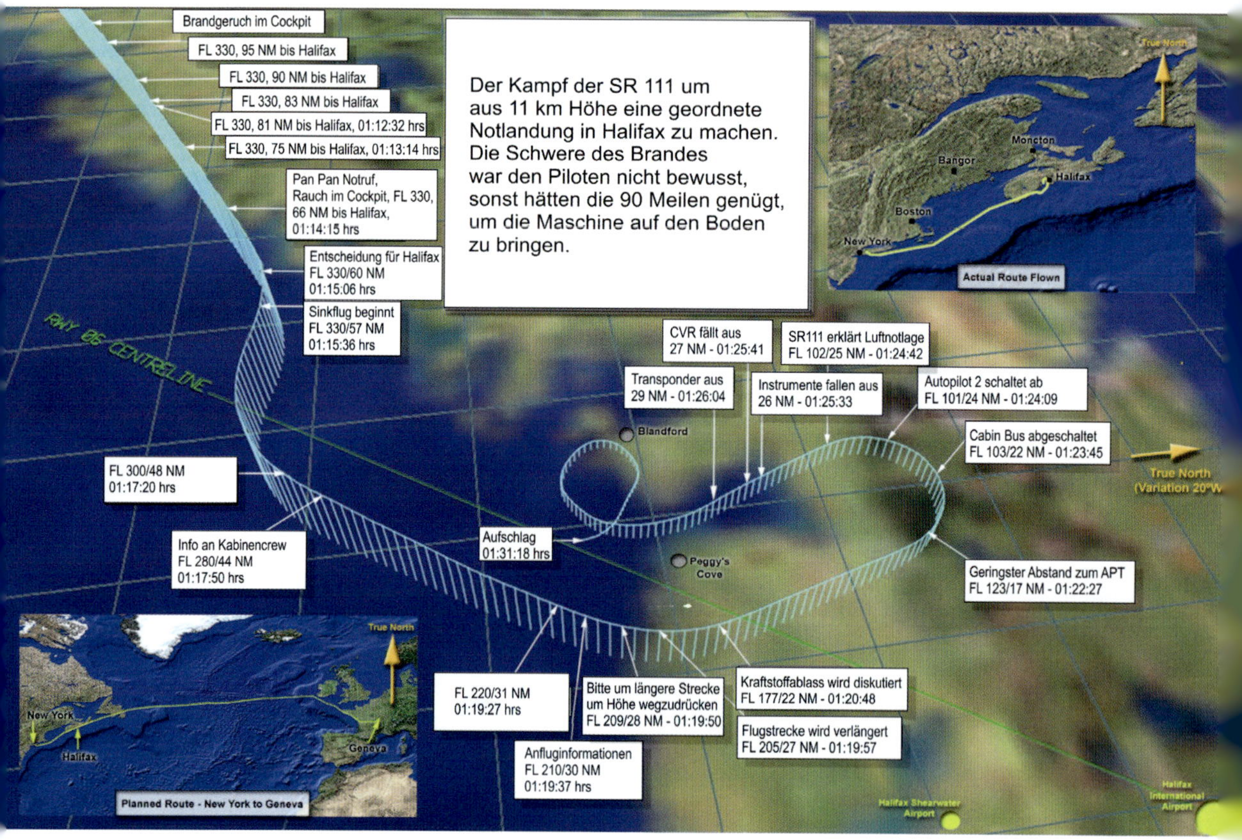

Der Kampf der SR 111 um aus 11 km Höhe eine geordnete Notlandung in Halifax zu machen. Die Schwere des Brandes war den Piloten nicht bewusst, sonst hätten die 90 Meilen genügt, um die Maschine auf den Boden zu bringen.

Lfd. Nr.	Datum	Flug	Flugzeugtyp	Airline	Opfer	Unfallort
01	13.01.1999		Boeing KC-135E Stratotanker	Air National Guard	4	Geilenkirchen, Deutschland
02	**01.06.1999**	**AA 1420**	**Douglas DC-9-82 (MD-82)**	**American Airlines**	**11**	**Little Rock, AR, USA**
03	31.08.1999	MJ 3142	Boeing 737-204C	LAPA	63 + 2	Buenos Aires, Argentinien
04	**11.10.1999**		**ATR 42-320**	**Air Botswana**	**1**	**Gaborone, Botswana**
05	**11.10.1999**		**ATR 42-320**	**Air Botswana**	**0**	**Gaborone, Botswana**
06	**11.10.1999**		**ATR 42-320**	**Air Botswana**	**0**	**Gaborone, Botswana**
07	**31.10.1999**	**MS 990**	**Boeing 767-366ER**	**EgyptAir**	**217**	**Atlantik**
08	**12.11.1999**	**KSV 3275**	**ATR 42-312**	**SiFly, für die UNO**	**24**	**Mitrovica, Kosovo**
09	11.12.1999	SP 530M	British Aerospace ATP	SATA Air Açores	35	São Jorge, Portugal
10	21.12.1999	CU 1216	Douglas DC-10-30	AOM French Airlines	16 + 2	Guatemala City, Guatemala
11	**22.12.1999**	**KE 8509**	**Boeing 747-2B5F (SCD)**	**Korean Air**	**4**	**London, UK**

02 – AA 1420 war eine DC-9-82 (MD-82) der American Airlines, unterwegs von Chicago nach Little Rock mit Zwischenlandungen in Salt Lake City und Dallas/Fort Worth.

Abends um 20:28 Uhr sollte sie wieder raus für das letzte Teilstück nach Little Rock, Arkansas. Doch der Abflug verzögerte sich aus technischen Gründen bis 22:40 Uhr. Über Arkansas brauten sich inzwischen Gewitterzellen zusammen. Um 23:27 Uhr befand sich die MD-82 im Anflug auf Little Rock. Blitze zuckten am Himmel, Seitenwindböen mit bis zu 44 Knoten machten es schwer, den Kurs zu halten. Als Ausweichflughafen standen Nashville und Dallas zur Verfügung, von wo man vor einer Dreiviertelstunde gestartet war. Doch Captain Buschmann war darauf fixiert, den Flug hier und jetzt zu Ende zu bringen. Trotz des Seitenwindlimits von 20 Knoten bei nasser Piste kämpften sie sich durch die Wolken und Böen, aber sie sahen den Flughafen nicht. Der Cockpit Voice Recorder zeichnete die Unterhaltung der Piloten auf:

»Siehst du die Runway? Ich sehe nichts.« – »Ja, ich sehe sie. Da unten.« Der Captain antwortete: »Sag mir einfach, wohin ich fliegen soll. Ich mach derweil mal etwas langsam.« Um 23:42:55 Uhr bemerkte der Kopilot, dass das Gewitter genau über dem Flughafen steht. »Ich sehe den Flughafen, hier hart rechts, bei etwa vier Meilen.« Eine Minute später: »Du fliegst genau darauf zu.« – »Ich sehe ihn nicht«, antwortete der Captain. »Hier rechts unter mir.« – »Ich sehe nichts. Sag mir, wohin ich fliegen soll.« Und gleich darauf: »Das wird nix, wir können nicht nach Sicht landen.« Und wieder eine Minute später: »Mensch, wir fliegen genau in diese Waschküche.« Die Fluglotsen boten eine andere Piste an. Die Sicht war mittlerweile unter 800 Meter. »Wir können so nicht landen«, stellte der Captain fest. Aber die Crew gab nicht auf. Die Möglichkeit, an einen der Ausweichflughäfen zu fliegen, wurde schon längst nicht mehr diskutiert, so sehr waren die Piloten darauf fixiert, trotz heftigem Gewitter, trotz Scherwinden und Sturmböen, trotz peitschendem Regen, trotz schlechter Sicht endlich zu landen.

Es kam, wie es kommen musste. Beim Kampf gegen die Elemente wurden die Bremsklappen vergessen, nach dem Aufsetzen rutschte das Flugzeug, Umkehrschub und Radbremsen wirkten asymmetrisch, die

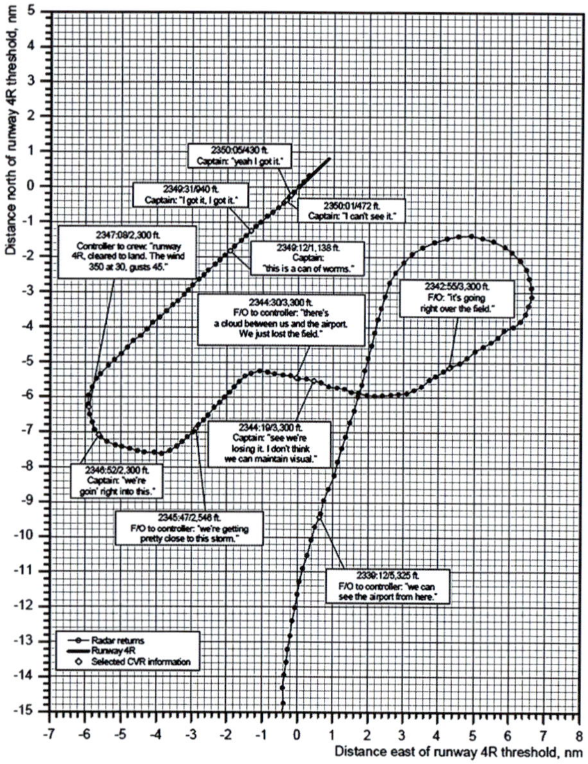

zu 02: Flight AA 1420 Approach Path zum Airport und grafische Zuordnung der Cockpit-Dialoge kurz vor dem Crash

Maschine schlitterte fast ungebremst über die glatte Asphaltpiste in die Betonsockel der Befeuerung und zerbrach. Elf Passagiere kamen ums Leben, hundert wurden verletzt, 41 davon schwer. 24 Passagiere entkamen unverletzt.

04/05/06 – Gaborone ist die Hauptstadt von Botswana. Air Botswana wurde 1972 gegründet und experimentierte zu Anfang mit mehreren Flugzeugtypen, bis sie mit der ATR-42 eine Maschine gefunden hatte, die zu ihrem damaligen Verkehrsaufkommen und zu ihrem Streckennetz passte. Profitabel war die Airline allerdings nie, der Staat musste jedes Jahr einen Zuschuss geben. Das passte jedoch zum fürsorglichen Selbstverständnis der Regierung, die den kulturellen und sozialen Austausch der Bevölkerung förderte. Auch auf die Sicherheit legte die nationale Luftfahrtbehörde Wert, Flugzeuge und Personal wurden regelmäßig und rigoros überprüft.

So kam es, dass Chefpilot Chris Phatswe im August 1999 aus gesundheitlichen Gründen vom Fliegerarzt gegroundet wurde. Captain Phatswe wollte das nicht wahrhaben und kämpfte gegen den Entzug seiner Fluglizenz. Zwei Monate lang setzte er alle Hebel in Bewegung, um die Entscheidung rückgängig zu machen. Er bestürmte den Fliegerarzt, den Präsidenten der Airline, alles vergebens. Dann kam der 11. Oktober 1999, der zum schwärzesten Tag in der Geschichte der Air Botswana wurde. Captain Phatswe stahl am frühen Morgen eine der drei auf dem Vorfeld geparkten ATR-42, startete, verkündete dem Tower, dass er sich umbringen werde. Eilig wurde der Flughafen evakuiert. Die Fluglotsen und ein herbeigerufener Armeegeneral versuchten den Captain zur Landung zu

zu 02: Dem Crash der DC-9-82 der American Airlines vom 01.06. 1999 fielen 11 Passagiere zum Opfer. Auch dies ein Beispiel für Überbeanspruchung der Cockpit-Crew.

überreden, doch der sagte, er hätte mit dem Airline Management noch ein Hühnchen zu rupfen. Zwei Stunden lang ließ er über dem Flughafen »die Sau heraus«. Als der Sprit langsam zur Neige ging, drohte er das Flugzeug in den Bürotrakt der Airline zu steuern. Der Tower konnte ihn mit dem Hinweis auf unschuldige Menschen von diesem Vorhaben abbringen. Phatswe flog zum Abschluss noch zwei Loopings, bevor er sich mit der Maschine mit 380 km/h in die geparkten ATR hineinstürzte. In einem Feuerball flog die gesamte Flotte der Airline in die Luft. Phatswe selbst war das einzige Todesopfer. Ironischerweise wurde jenes Jahr unversehens das wirtschaftlich beste seit Gründung der Airline, denn die Versicherung überwies 45 Millionen Dollar für den entstandenen Schaden.

Das Tragische an diesen spektakulären Selbstmorden ist, sie finden stets Nachahmer. Am 23. März 2019 beging ein frustrierter Pilot nach einem Streit mit seiner Frau ebenfalls in Gaborone Selbstmord, indem er sich mit einer Beechcraft Super King Air in einen Fliegerclub stürzte, nicht bevor er ein paar wilde Anflüge in Grashöhe gemacht hatte. Die Gesellschaft mit 50 Gästen hatte zuvor fluchtartig das Lokal verlassen. So war er das einzige Opfer.

07 – Die Boeing 767 der EgyptAir war unterwegs von Los Angeles nach Kairo, mit Zwischenlandung in New York City. Dort kam eine Ersatzcrew an Bord. Start in JFK war um 01:19 Uhr morgens. Kurz nach dem Start drängte sich der Ersatz-Kopilot mit verschiedenen Argumenten auf die Position des Kopiloten, der seinen Platz eigentlich nicht räumen wollte. Um 01:40 Uhr Ortszeit war es soweit, der bisherige Kopilot zog sich in die Schlafkabine zurück. Um 01:48 Uhr ging der Captain zur Toilette. Danach war auf dem Cockpit Voice Recorder zu hören: »Tawakkalt ala Allah«, arabisch für »Ich verlasse mich auf Gott«. Der Satz wurde zehnmal wiederholt, allerdings emotionslos. Um 01:50 Uhr wurden Autopilot und Triebwerke abgeschaltet, die Boeing ging in einen Sinkflug. Der Captain stürzte ins Cockpit zurück und fragte: »Was passiert hier?« Er erhielt zur Antwort: »Ich vertraue auf Gott.« Er befahl dem Kopiloten zu ziehen, was das Zeug hält! Um 01:50 Uhr endete die Aufzeichnung. Zur selben Zeit verzeichnete das Flugsicherungsradar den Absturz an der US-Ostküste vor Nantucket.

Technisch war das Flugzeug in Ordnung. Die Kommission fand keine weiteren Anhaltspunkte für Lebensmüdigkeit des Ersten Offiziers. Die arabisch sprechenden Mitglieder der Kommission beteuerten, dass es durchaus üblich sei, den Satz »Ich vertraue auf Gott« bei jeder Gelegenheit den ganzen Tag über zu rezitieren. Überhaupt bestritt Egypt Air, der Unfall sei mit Selbstmordgedanken in Verbindung zu bringen. Auch wenn viel dafür spricht, schlüssig beweisen konnte man es nie.

08 – Nach dem Kosovo-Krieg rückten die Briten in Pristina ein und übernahmen den Flughafen. Mit verkürzter Vorbereitungszeit übernahm die Royal Air Force die Kontrolle des Flugverkehrs. Der verantwortliche Controller war erst zwei Monate zuvor nach Pristina abgeordnet worden. Nach einer fünfstündigen Einarbeitung war er aber mit der gebirgigen Region nicht wirklich vertraut. Als KSV 3275, eine ATR-42 mit einer italienischen Crew im Auftrag der Vereinten Nationen Pristina anflog, war auf der Anflugfrequenz viel Verkehr. Der Fluglotse wies der Crew um 09:59 Uhr den Kurs 340 Grad zu und beließ sie aber auf 5200 Fuß. Um 10:03 Uhr wies er ihnen einen Sinkflug auf 4600 Fuß an. Um 10:11 Uhr erfuhren die Italiener, dass sie Nummer zwei zur Landung hinter einer schnelleren Maschine seien. Und dann fiel der fatale Schlüsselsatz des Controllers: »3275, behalten Sie Ihren Kurs für den Moment bei.« Um 10:13 Uhr rief der Pilot den Controller: »Ich möchte landen!« Der Controller wies einen Kurswechsel auf 270 Grad an und fragte erst ein paar Sekunden später, wo sie sich denn ungefähr befänden! Die Crew antwortete: 15 Meilen von PRI NDB. Der Controller wies eine Linkskurve nach 180 Grad an und entschuldigte sich, dass er die ATR vergessen hatte. Um 10:14 Uhr schlug das Bodenwarngerät an. Zwei Sekunden später erfolgte der Aufschlag. Zehn Stunden später, um 20:41 Uhr fand ein Rettungshubschrauber das Wrack in 4433 Fuß Höhe, 15 m unterhalb eines Berggipfels.

Als Unfallursache wurde festgestellt, dass es die Piloten an der erforderlichen Umsicht fehlen ließen, denn letztendlich ist der Captain für das Flugzeug verantwortlich. Es gehört aber auch zur Kultur der Fliegerei, dass sich das Cockpit auf die Flugsicherung verlassen kann, denn die hat normalerweise die Geräte und den Überblick. Und schließlich trifft es auch die Verwaltung, die für die organisatorischen Rahmenbedingungen, Ausbildung, Überprüfung, Lizenzierung und Information an Air Crews verantwortlich ist.

zu 11: Lage des Crashs der Korean Air Cargo Maschine am 22.12.1999 in London Stansted

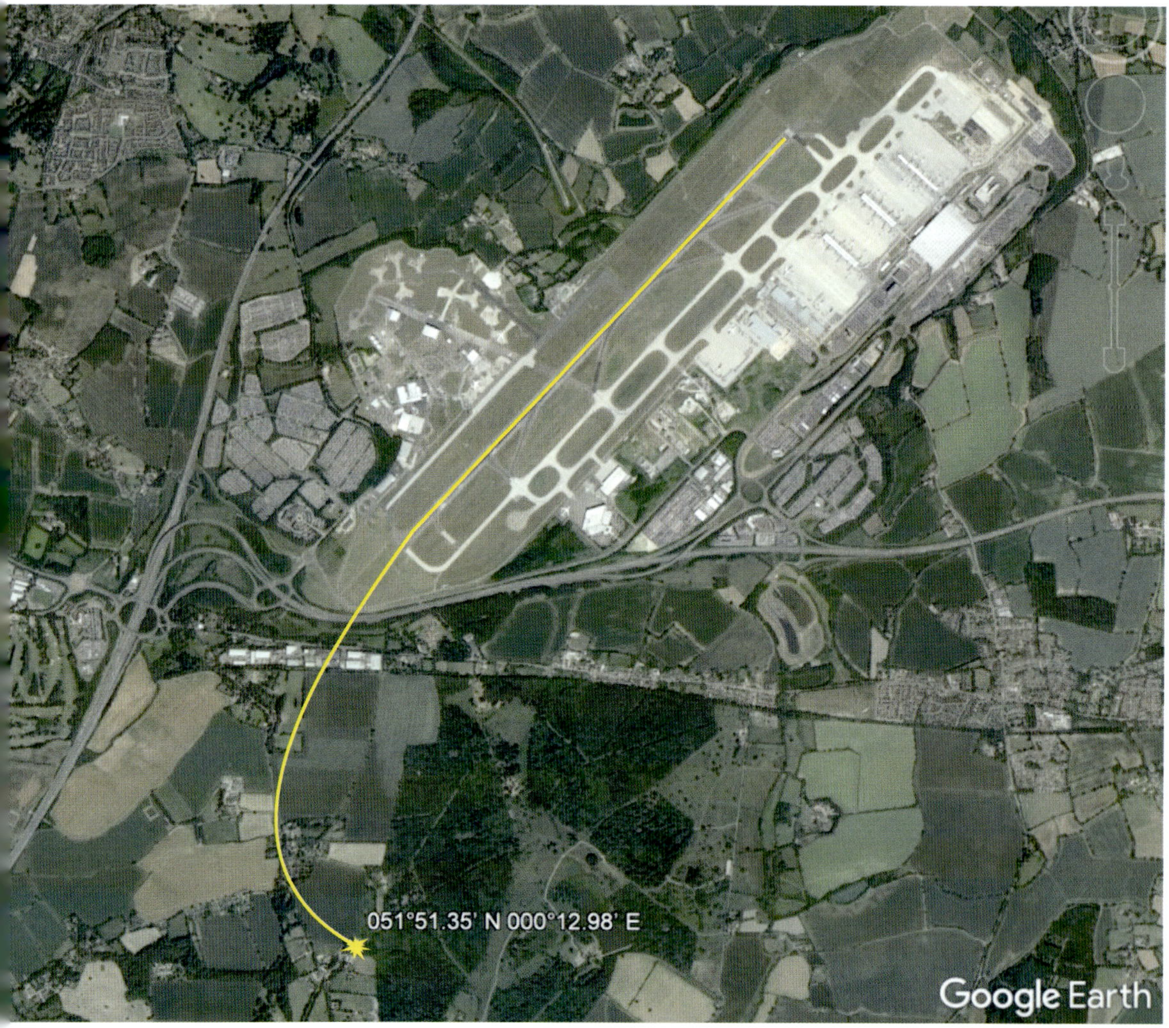

zu 11: Renaturierung einer Absturzstelle. Das linke Bild wurde nach Abschluss der Aufräumarbeiten aufgenommen, das rechte 18 Jahre später.

11 – Als die Korean Air Cargo nach ihrem Flug von Tashkent ihre Boeing 747 in London Stansted abstellte, schrieb der Bordingenieur ins Logbuch: »Fluglageanzeige des Captains ist unzuverlässig«. Er wiederholte dies auch mündlich bei der Übergabe an die Techniker. Während der Bodenzeit zwischen 15:05 Uhr und 18:25 Uhr arbeitete die Technik an dem Gerät. Nach dem Löschen und Neubeladen mit 250.000 kg Fracht und 35.000 kg Treibstoff wurde das Flugzeug von einer neuen Crew übernommen. Um 18:36 startete die 747 zum Flug nach Mailand und schlug den Kurs in Richtung Südosten ein. Auf 900 Fuß schlug ein Vergleichswarngerät an, das vor Diskrepanzen zwischen den Instrumenten auf der linken und der rechten Seite warnt. Neunmal in Folge ertönte das Warnsignal. Dann neigte sich die Maschine immer weiter nach links, bis sie 2 km südlich vom Pistenende mit 250 Knoten auf dem Boden aufschlug.

Die Experten beanstandeten neben dem Instrumentenfehler die nicht stattfindende Zusammenarbeit der Crew. Obwohl dem Flugingenieur die Unbeweglichkeit des Fluglagegeräts auffiel, versäumten sowohl er als auch der Kopilot es, den Captain eindringlich auf die gefährliche Fluglage in der Linkskurve hinzuweisen.

Lfd. Nr.	Datum	Flug	Flugzeugtyp	Airline	Opfer	Unfallort
01	**10.01.2000**	**LX 498**	**Saab 340B**	**Crossair**	**10**	**Nassenwil, Schweiz**
02	30.01.2000	KQ 431	Airbus A310-304	Kenya Airways	169	Abidjan, Elfenbeinküste
03	**31.01.2000**	**AS 261**	**Douglas DC-9-83 (MD-83)**	**Alaska Airlines**	**88**	**Anacapa Island, AK, USA**
04	05.03.2000	WN 1455	Boeing 737-3T5	Southwest Airlines	0	Burbank, CA, USA
05	17.03.2000		DHC-6 Twin Otter 300	AeroPerlas	10	Carreto, Panama
06	19.04.2000	2P 541	Boeing 737-2H4	Air Philippines	131	Davao, Philippinen
07	17.07.2000	CD 7412	Boeing 737-2A8 Advanced	Alliance Air	55+ 5	Patna, Indien
08	**25.07.2000**	**AF 4590**	**Aérospatiale / BAC Concorde 101**	**Air France**	**109 + 4**	**Gonesse, Frankreich**
09	23.08.2000		Airbus A320-212	Gulf Air	143	Manama, Bahrain
10	**31.10.2000**	**SQ 006**	**Boeing 747-412**	**Singapore Airlines**	**83**	**Taipeh, Taiwan**
11	31.10.2000		Antonow An-26	ACA-Ancargo Air	49	Mona Quimbundo, Angola

01 – LX 498 war eine Saab 340 der Schweizer Gesellschaft Crossair. Der Schweizer Luftverkehrsmarkt war damals in Aufruhr, der Swissair drohte Insolvenz, es herrschte Pilotenmangel. Crossair zahlte die niedrigsten Gehälter aller westlichen Airlines. Also warb man daher Piloten auf dem osteuropäischen und südamerikanischen Markt an. Es gab Stewardessen, die sich weigerten, mit bestimmten Captains zu fliegen, und der Kopilot eines südamerikanischen Captains wird zitiert, ihm hätten nach der Landung im Rodeo-stil die Beine gezittert. An diesem Tag saß der slowakische Kopilot Ratislaw Kolesar, 35, neben dem moldawischen Kapitän Pawel Grusin, 42. Beide hatten zwar in ihrer Heimat schon Saab 340 geflogen, allerdings ohne den im Westen zum Standard zählenden Navigationscomputer. Um 17:54 Uhr startete LX 498 in Zürich mit zehn Personen an Bord zum Flug nach Dresden. Der Kopilot hatte im Steigflug eine Kursmarkierung in den Bordcomputer eingegeben, die den Captain veranlasste, von der vorgeschriebenen Links- in eine Rechtskurve zu schwenken. Kurz darauf verloren die beiden in den tiefhängenden Wolken offenbar die Orientierung. Auf dem Navigationsdisplay wurde die Linkskurve angezeigt, die er laut Abflugverfahren ZUE1Y fliegen sollte. Der Captain war offenbar der Ansicht, dass er sich in einer Linkskurve befand, er flog aber nach rechts. Die Kurve wurde immer steiler. Als der Kopilot die falsche Richtung erkannte und den Captain aufforderte, nach links zu drehen, schlug das Flugzeug auf dem Boden auf.

Neben deutlichen Defiziten im Umgang mit westlichen Instrumenten und Navigationscomputern wurde beim Captain auch ein russisches Beruhigungsmittel aus der Gruppe der Benzodiazepine festgestellt. Dort heißt es unter Nebenwirkungen: Vorsicht: Während der Behandlung mit dem Präparat wird nicht empfohlen, Tätigkeiten auszuüben, welche rasche psychische und physische Reaktion erfordern.

03 – AS 261 war eine MD-83 der Alaska Airlines. Sie war in Puerto Vallarta mit 88 Personen an Bord gestartet und entlang der kalifornischen Küste unterwegs nach San Francisco. Seit dem Start in Mexiko hatte die

zu 01: Zweifelhafte Arbeitseinstellung und zweifelhafte Jobinterpretation führten zu diesem verhängnisvollen Flugverlauf der SAAB 340 bis zum Absturz bei Nassenwil.

Crew ein Problem mit einem blockierten Höhenruder. Die Trimmung funktionierte nicht, sie mussten seit dem Start vor zwei Stunden mit Muskelkraft gegen ein Abkippen nach unten am Steuer ziehen. Um 16:09 Uhr ging das Flugzeug in einen plötzlichen Sturzflug über. Um 16:10 Uhr waren sie auf der Höhe von Los Angeles und baten das Los Angeles Air Route Traffic Control Center (ARTCC), ihnen einen Höhenblock von FL 200 bis FL 250 freizuhalten. Um 16:15 Uhr wurden sie an den Anflugsektor von Los Angeles übergeben. Um 16:16 Uhr diskutierten sie mit der Technik in Seattle über eine Lösung des Problems und eine eventuelle Ausweichlandung in Los Angeles. Die Airline-eigene Flugdienstberatung versuchte sie zu überreden, bis San Francisco weiterzufliegen, weil man um den Flugplan besorgt war. Schließlich fiel die Entscheidung für eine Landung in Los Angeles, der Sinkflug begann. Als die Crew um 16:18 Uhr Landekonfiguration herstellen wollte, geriet das Flugzeug außer Kontrolle. Auf dem Stimmenrekorder waren deutlich vier Schläge zu hören. Es folgte ein extrem lautes Geräusch. Das Flugzeug ging erneut in einen Sturzflug über. Die Anflugkontrolle versuchte, mit den Piloten Kontakt aufzunehmen. Es war aber nur noch ein Mayday-Ruf des Kopiloten zu hören. Die MD-83 war nicht mehr zu retten und stürzte 4 km nördlich von Anacapa Island ins Meer. Das Flugzeug wurde beim Aufschlag völlig zerstört, alle Menschen an Bord waren sofort tot.

Als Ursache wurde die fehlende Schmierung einer armdicken Gewindestange identifiziert, die über eine Mutter das Höhenruder bewegt. Diese Mutter sollte eigentlich zusätzlich auf Axialspiel überprüft werden. Dazu gab es extra eine Klappe am Höhenleitwerk. Als McDonnell 1997 an Boeing verkauft wurde, fand diese Klappe aus Versehen keinen Eingang in das Wartungshandbuch. Sie wurde daher bei jedem neuen Anstrich übermalt und in den letzten drei Jahren nie wieder geöffnet. Daher wurde auch das Axialspiel nie überprüft und der Verschleiß nicht festgestellt.

zu 03: Ursache des Absturzes der MD-83 der Alaska Airlines. So sieht eine Gewindestange aus, die jahrelang nicht geschmiert und gewartet wurde …

08 – AF 4590 war eine Concorde der Air France, auf dem Weg von Paris Charles-de-Gaulle nach New York mit 109 Personen an Bord. Der Startlauf erfolgte um 14:42 Uhr. Auf Höhe der halben Startstrecke überrollte sie mit dem linken Hauptfahrwerk ein scharfkantiges Metallteil, das eine amerikanische DC-10 fünf Minuten vorher verloren hatte. Der Reifen platzte, harte Teile davon durchschlugen mit einer Geschwindigkeit von 500 km/h die Unterseite der Tragfläche. In dem darüberliegenden Tank entstand ein Riss. Weitere Reifenteile zerstörten die Elektrik des Fahrwerkschachtes. Durch die Funken wurde der Treibstoff entzündet, das Feuer fraß sich zu den Triebwerken. Zuerst musste Nummer 2 abgeschaltet werden, Nummer 1 verlor ebenfalls Schub. Der Versuch, sich nach Le Bourget zu retten, scheiterte daran. Das Flugzeug neigte sich nach links, stürzte in ein Hotel und explodierte.

zu 08: Brennende Concorde am 25.07.2000 kurz vor dem Absturz in ein Hotel nahe des Flughafens

Es gab aber noch einige Faktoren, die zum Unglück beigetragen haben. Vier Tage zuvor wurde nach einer Wartung des Fahrwerks vergessen, einen Distanzring auf eine Radachse zu setzen, der die Radlager gegen Verrutschen sichert. Passiert das, ist die Mittelläufigkeit des Rades nicht mehr sichergestellt. Das belastet die Reifen des schweren Flugzeugs zusätzlich. Dieses Spiel war auch ursächlich dafür, dass die Maschine von der Mitte der Piste an den linken Rand geriet, wo das verhängnisvolle Metallteil lag. Durch das Rollen zur Startbahn baut sich in den Rädern eine Temperatur von 350 bis 500 Grad auf. Außerdem war das Flugzeug um 1700 kg überladen. Daher war eine höhere Abhebegeschwindigkeit notwendig. Und schließlich hatte sich der Captain entschieden, mit acht Knoten Rückenwind zu starten, was die notwendige Abhebegeschwindigkeit weiterhin erhöhte und die Reifen noch stärker belastete.

Unter den Opfern waren 33 deutsche Kreuzfahrtpassagiere, die in New York an Bord eines Schiffes gehen wollten. Glück im Unglück hatte der Schauspieler und Kabarettist Günther Pfitzmann, der auf dem Kreuzfahrtschiff als Entertainer auftreten sollte, das Engagement aber wegen eines kurz zuvor erlittenen Herzinfarktes stornieren musste. Die Concorde-Flotten von Air France und British Airways wurden nach dem Unfall stillgelegt und schließlich komplett aus dem Verkehr gezogen.

zu 08: Dieses Metallteil dürfte die Ursache des Concorde-Absturzes gewesen sein. Eine kurz zuvor gestartete Maschine der Continental Airlines hat es auf der Piste verloren.

10 – SQ 006 war in Eile. Die Boeing 747 mit dem tropischen Anstrich war unterwegs von Singapur nach Los Angeles, mit Zwischenlandung in Taipeh. An Bord waren 159 Passagiere und eine 20-köpfige Besatzung. Geplanter Start in Taipeh war um 22:55 Uhr. Für 23:20 Uhr war ein Taifun vorhergesagt mit Windböen bis zu 56 Knoten, Starkregen und 600 m Sicht. Um 23:12 Uhr verließ die Boeing 747-400 das Gate. Die Piste 05R des Chiang Kai-shek Airports war wegen Sanierungsarbeiten gesperrt, trotzdem brannte die Befeuerung im Bereich des Pistenkopfes. Dafür war die Rollwegbefeuerung teilweise ausgefallen oder nicht sichtbar. Die Piloten tappten in ihrer Eile in die Falle und stellten sich auf der 05R zum Start auf, statt über sie hinweg zur 05L zu rollen. Um 23:17 Uhr Ortszeit schob der Captain die Leistungshebel nach vorne, SQ 006 war unterwegs nach Los Angeles. 33 Sekunden später krachte das Flugzeug mit einer Geschwindigkeit von 158 Knoten in einen Maschinenpark von Bulldozern, Baggern, Kompressoren und Metallplanken, die auf der Piste abgestellt waren. Das Flugzeug wurde in mehrere Teile zerrissen, 124.800 kg Kerosin fingen Feuer, 83 Passagiere starben sofort oder im Krankenhaus, 35 wurden schwer verletzt.

Als das abgerissene Heck zum Stillstand kam und giftiger Rauch in den Passagierraum drang, klemmte eine der Türen. Die Notrutsche blies sich nach innen auf, drohte eine der Stewardessen zu erdrücken. Die gegenüberliegende Tür stand offen, aber der Sturm hatte die Notrutsche weggerissen. Eine Flucht nach vorne war unmöglich, das Heck war abgetrennt und zur Seite gekippt. Scharfkantiges Aluminium hing aus der Abrisskante. Farzana Abdul Razak, eine 18-jährige Stewardess, suchte und fand einen Weg, den Passagieren aus dem brennenden Wrack auf festen Boden zu helfen. Immer wieder kletterte sie zurück in die brennende Karkasse, wo hilflose ältere Menschen schreiend in ihren Gurten hingen. Sie ertastete die Gurtverschlüsse und barg einen nach dem anderen. Längst waren ihre Seidenslippers zerrissen, barfuß ging sie immer wieder zurück über das scharfkantige Metall, bis endlich die Feuerwehr kam und sie und den Rest der Passagiere aus dem Flugzeug holte.

Alle 45 Menschen in Farzanas Verantwortungsbereich überlebten, 18 davon mit schweren Verletzungen. Farzana wurde ins Krankenhaus gebracht. Über 40 Prozent ihrer Haut waren verbrannt. Ihre Lunge war schwer angegriffen, Ihr Gesicht entstellt. Obwohl ihr ganzer Körper so schmerzte, dass sie sich die Augen ausweinte, war sie voller Hoffnung, eines Tages wieder fliegen zu können. Sie entschuldigte sich sogar auf einem Blatt Papier, dass sie ihren Liebsten so viele Sorgen machte. Farzana wurde zur Heldin von Singapur, drei Millionen Menschen waren von ihrer heldenhaften Einstellung berührt. Ihr dick bandagiertes Gesicht wurde zum Symbol dieser Katastrophe. Zwei Monate lang war sie auf verschiedenen Intensivstationen. Die junge Frau musste unzählige Hauttransplantationen über sich ergehen lassen. Die Airline brachte sie zu den besten Spezialisten der Welt. Sie ist mittlerweile verheiratet und hat Kinder. Ihr Gesicht ist wiederhergestellt. Den Rest ihres Körpers trägt sie verdeckt, auch ihre Hände. Sie ist ein lebendes Beispiel dafür, wie man ein so einschneidendes Erlebnis verarbeiten kann. Ein gewisser Schiffskapitän aus Italien könnte sich eine dicke Scheibe von diesem Verhalten abschneiden. Singapore Airlines stattete im Nachgang ihre Stewardessen mit Kevlar-verstärkten Schuhen aus, die sie bei Start und Landung tragen müssen.

Anmerkung: Der emotionale Fokus auf die junge Stewardess, die auf ihrem ersten interkontinentalen Flug mit einem solchen Super-GAU konfrontiert wurde, soll ihr heldenhaftes Verhalten unterstreichen.

zu 10: Obwohl die Piste wegen Sanierungsarbeiten gesperrt war, brannte fatalerweise die Rollwegmittelbefeuerung, die die Piloten auf die falsche Piste führte. Diese war allerdings nicht beleuchtet.

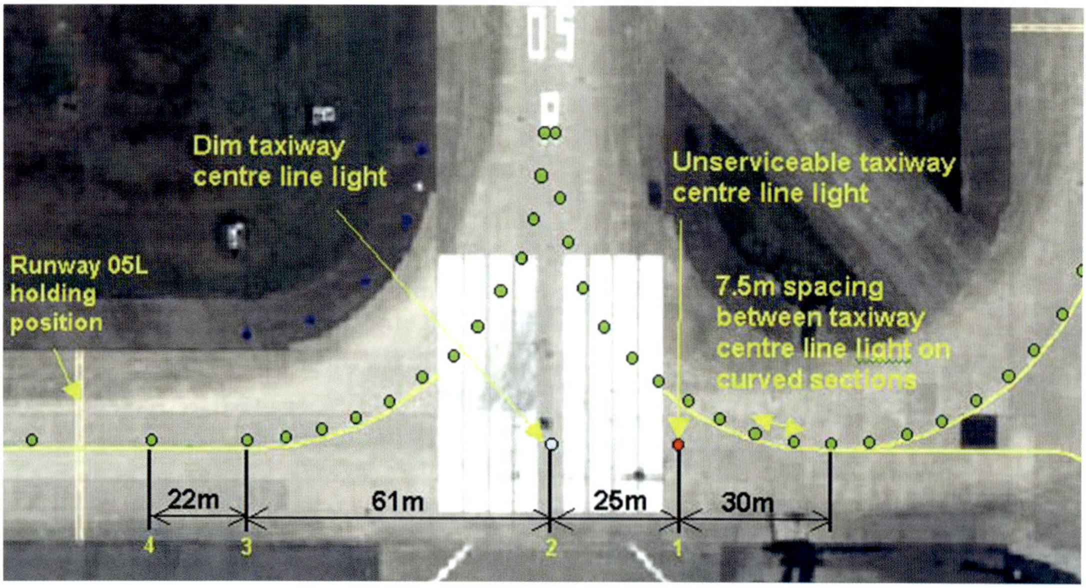

Lfd. Nr.	Datum	Flug	Flugzeugtyp	Airline	Opfer	Unfallort
01	25.01.2001	RZ 225	Douglas C-47A (DC-3)	Rutaca	24	Ciudad Bolívar, Venezuela
02	24.03.2001	TX 1501	DHC-6 Twin Otter 300	Air Caraïbes	19 + 1	Saint-Barthélemy, Guadeloupe
03	04.07.2001	XF 352	Tupolew Tu-154M	Vladivostokavia	145	Burdakovka, Russland
04	24.08.2001	TS 236	Airbus A330-243	Air Transat	0	Terceira-Lajes, Portugal
05	11.09.2001	AA 11	Boeing 767-223ER	American Airlines	92 + 1600	New York, NY, USA
06	11.09.2001	UA 175	Boeing 767-222	United Airlines	65 + 900	New York, NY, USA
07	11.09.2001	UA 93	Boeing 757-222	United Airlines	44	Shanksville, PA, USA
08	11.09.2001	AA 77	Boeing 757-223	American Airlines	64 + 125	Washington D.C., USA
09	04.10.2001	S7 1812	Tupolew Tu-154M	Sibir Airlines	78	Adler, Russland
10	08.10.2001	SK 686	Douglas DC-9-87 (MD-87)	SAS	118	Mailand, Italien
11	12.11.2001	AA 587	Airbus A300B4-605R	American Airlines	260 + 5	Belle Harbor, NY, USA
12	24.11.2001	LX 3597	Avro RJ100	Crossair	24	Zürich, Schweiz
13	26.12.2001		BN-2B-26 Islander	Bremerhaven Airline	8	Bremerhaven, Deutschland

Feature Story zu Nr. 04

TS 236 war ein Airbus A330 der kanadischen Air Transat. Die Maschine war mit 306 Personen an Bord unterwegs von Toronto nach Lissabon, als ihr auf halbem Weg über dem Atlantik der Sprit ausging.

»Sag mal, Bob, täusche ich mich, oder ist mit unserem rechten Triebwerk etwas nicht in Ordnung?«, fragte Kopilot Dirk De Jager seinen Captain. Nach kurzer Beobachtung stellten sie fest, dass die Ölanzeigen des rechten und des linken Triebwerks unterschiedlich waren. Der Airbus A330 von Air Transat befand sich auf dem Flug von Toronto nach Lissabon. Die Crew rief ihr Wartungscenter in Montreal und teilte die Beobachtung mit. Kurz darauf entdeckten sie ein Ungleichgewicht zwischen dem rechten und linken Flügeltank. Durch Öffnen eines Ventils konnte das ausgeglichen werden. Bald machten sie eine beunruhigende Entdeckung: Der Treibstoff würde nicht bis Lissabon reichen.

»Wie weit bis zur portugiesischen Küste?« »1000 km.« »Wie weit bis zur kanadischen Küste?« – »2000 km.« – »Wie weit bis zu den Azoren?« – »240 km.« Wenn einem mitten in der Nacht über dem Atlantischen Ozean der Sprit ausgeht, ist das eine blöde Situation, selbst für einen Captain mit 17.000 Flugstunden. »Ruf das Oceanic Control Center und erkläre Luftnotlage.«

Um 01:13 Uhr stand das rechte Triebwerk, um 01:26 Uhr das linke. Das zweimotorige Großraumflugzeug segelte antriebslos über dem nächtlichen Atlantik. Noch hatte es eine Höhe von 10.000 Metern, aber es war auch noch 120 Kilometer von der rettenden Lajes Air Base auf der Insel Terceira entfernt. Hydraulikdruck und Strom werden von den Triebwerken erzeugt. Fallen diese aus, wird ein kleines Hilfsaggregat, ähnlich einem Dynamo, aus dem Rumpf herausgeklappt. Diese RAM-Air-Turbine liefert gerade mal genug Strom für die notwendigsten Instrumente. Die für Klappen, Luftbremsen und Fahrwerk notwendige Hydraulik steht jedoch nicht zur Verfügung. Das Fahrwerk wird über die Schwerkraft notausgefahren. Dazu darf das Flugzeug aber nicht zu schnell sein, sonst verhindert der Fahrtwind das Einrasten des Bugfahrwerks. Ist die Maschine zu langsam, liefert das Stromaggregat nicht genügend Strom. Captain Piché musste also die richtige Balance zwischen der verbleibenden Strecke, der Höhe, der Sinkrate und der Geschwindigkeit finden, eine Herausforderung, die wohl jeder Segelflieger kennt, der einmal seine Thermik verloren hat. Allerdings kreist dieser »Segelflieger« mit 300 Menschen an Bord bei Nacht über dem Atlantik. Die Flugsicherung in Lajes unterstützte den »Airbus mit Handicap« bei der Navigation.

In der Kabine bereiteten die Flugbegleiter die 293 Passagiere auf eine mögliche Notwasserung vor. Die Stimmung war trotz ausgestrahlter Zuversicht nicht gerade gut. Mit einem Vollkreis drückten die Piloten überschüssige Höhe weg. Dann segelte das Großraumflugzeug mit 370 Stundenkilometern auf die 3000 Meter lange Piste zu, zu schnell für eine normale Landung. Ein erster harter Kontakt mit der Piste 300 Meter hinter der Schwelle schleuderte das Flugzeug noch einmal empor, der zweite Kontakt war nach 850 Metern. Der erste Kilometer der Piste war damit verschenkt. Das Antiblockiersystem stand nicht zur Verfügung.

Beim zweiten Kontakt bremsten die Piloten, was das Zeug hielt, um das Flugzeug vor dem Pistenende und dem Abgrund zum Stehen zu bringen. Die acht Räder des Hauptfahrwerks blockierten, die Reifen platzten, Teile des Fahrwerks durchschlugen den Rumpf, das Flugzeug rutschte auf weißglühenden Felgen die Piste entlang, kam aber 700 Meter vor dem Ende zum Stehen. Alle Passagiere verließen die Maschine über die Notrutschen.

Kleine Ursache, große Wirkung. Wie konnte das passieren? Die kanadische Air Transat musste vor dem Flug nach Lissabon das rechte Triebwerk austauschen. Rolls Royce stellte leihweise ein TRENT 700 zur Verfügung, lieferte es aber ohne die dazu gehörende Treibstoffpumpe. Gegen die Bedenken der Triebwerksmechaniker ordnete die Airline an, die Pumpe des alten Triebwerks zu verwenden. Die leicht unterschiedlichen Anschlüsse für Treibstoff und Hydraulik wurden passend gebogen. Als die Leitungen im Betrieb jedoch unter Druck standen, wurden sie in die ursprüngliche Lage zurückgedrückt, berührten sich und scheuerten aneinander. Bald entstand ein acht Zentimeter langer Riss an der Treibstoffleitung, durch den Kerosin aus der Zuleitung spritzte.

Die Airline akzeptierte eine Strafe von 250.000 Dollar, Captain Robert Piché und First Officer Dirk De Jager erhielten hingegen die höchste fliegerische Auszeichnung Kanadas und gingen mit dem längsten Segelflug eines Passagierjets in die Luftfahrtgeschichte ein. Die A330 wurde repariert und versah noch viele Jahre ihren Dienst bei Air Transat.

zu 04: Der Airbus A330, fortan »Atlantic Glider« genannt, flog noch viele Jahre beanstandungsfrei im Dienst der Air Transat.

05/06/07/08 – Wegen der Gleichzeitigkeit der Ereignisse am 11. September 2001 stellen wir dieses Attentat in Form einer Zeittabelle dar.

Uhrzeit	Event
06:20	Hijacker kommen in Boston an und gehen an Bord
06:20	Hijacker gehen an Bord von UA 175, Boeing 767, Boston-Los Angeles
07:03	Hijacker check in at Newark für UA 93
07:25	Drei Hijacker gehen in Washington an Bord von AA 77
07:40	AA 11 Pushback der Boeing 767 Boston-Los Angeles
07:59	Die Hijacker telefonieren untereinander
08:01	UA 93 hat Verspätung
08:13	AA 11 letzte Kommunikation mit der Flugsicherung
08:13	AA 11 Transponder abgeschaltet
08:14	AA 11 wird entführt
08:14	UA 175 startet mit 16 Minuten Verspätung
08:19	AA 11 Flugbegleiterin Ong meldet über Telefon die Entführung. Anruf wird zuerst nicht ernst genommen.
08:20	AA 11 kommt vom Kurs ab
08:20	AA 77, Boeing 757 Washington-Los Angeles, startet mit 10 Minuten Verspätung
08:22	AA 11 Flugbegleiterin Sweeney gibt über Telefon weitere Details an American Airlines
08:33	Betty Ong meldet den Tod eines Passagiers
08:37	UA 175 Piloten werden aufgefordert, nach AA 11 auszuschauen
08:38	Personal der Luftverteidigung geht noch immer von einer Übung aus
08:39	AA 11 überfliegt ein Kernkraftwerk
08:40	UA 175 fliegt in den Luftraum von New York Center, Funkkontakt
08:42	Hijacker übernehmen UA 175
08:42	UA 93, Boeing 757, startet in Newark mit 41 Minuten Verspätung nach San Francisco
08:44	AA 11 Flugbegleiterin meldet bevorstehende Katastrophe mit ruhiger Stimme
08:46	AA 11 schlägt im Nordturm des World Trade Center ein
08:46	Fluglotsen im New York Center bemerken Schwierigkeiten mit UA 175
08:48	Frühwarnzentrum der Nationalen Sicherheitsbehörde erfährt aus dem Fernsehen, dass die USA angegriffen werden
08:50	UA 175 verlässt seinen Kurs
08:51	Letzter Funkkontakt mit AA 77
08:52	UA 175 Flugbegleiter meldet die Entführung über Telefon
08:54	AA 77 kommt vom Kurs ab
09:03	UA 175 schlägt im Südturm des World Trade Centers ein
09:04	Luftraum über New York und Washington wird gesperrt
09:09	Kampfgeschwader in Langley Air Force Base besetzen Gefechtsstände
09:09	Zahlreiche Falschmeldungen von Entführungen sorgen für Verwirrung
09:12	Flugbegleiter beschreibt sechs Hijacker an Bord von AA 77
09:15	American Airlines befiehlt allen ihren Piloten, sofort zu landen

09:17	Alle New Yorker Flughäfen werden geschlossen
09:19	United Flight 23 bricht Start ab und verhindert so eine weitere Entführung
09:21	Alle Brücken und Tunnels in New York City werden geschlossen
09:26	FAA untersagt alle Starts in ganz Amerika
09:27	UA 93 Passagier Tom Burnett telefoniert mehrfach mit seiner Frau
09:28	Hijacker übernehmen UA 93
09:31	UA 93 Flugbegleiterin wird erstochen
09:34	UA 93 Passagier Tom Burnett erhält von seiner Frau Lagebericht
09:34	Washington D.C.: Krankenhaus wird über anfliegendes Flugzeug informiert und aktiviert Katastrophenplan
09:37	AA 77 stürzt in das Pentagon
09:45	Neuer FAA-Manager, am ersten Tag im Job, befiehlt die vollständige Leerung des Luftraums in allen 50 Staaten
09:54	UA 93 Passagier Tom Burnett teilt Entschluss mit, wieder die Kontrolle über das Flugzeug zu bekommen
09:57	Passagiere kämpfen mit den Hijackern im Cockpit
09:59	Der Südturm des WTC bricht zusammen
10:06	UA 93 stürzt in Pennsylvania ab, statt über dem Weißen Haus
10:15	Betroffener Teil des Pentagon bricht ein
10:28	Der Nordturm des WTC bricht zusammen
12:16	Der Luftraum über den USA ist leer
13:27	Die Regierung in Washington erklärt den Nationalen Notstand

Feature Story zu Nr. 10

SK 686 war eine DC-9-87 (MD-87) der skandinavischen SAS. Sie hatte in Mailand-Linate104 Passagiere geladen und war mit einer sechsköpfigen Besatzung unterwegs zum Start nach Kopenhagen. Beim Start stieß sie in dichtem Nebel mit einer Cessna zusammen, kam von der Bahn ab und raste gegen eine Gepäckhalle.

Der Unfall von Linate

Während sie im dichten Nebel zum Start rollte, fragte auch eine deutsche Cessna Citation mit vier Personen an Bord um Rollerlaubnis. Sie war auf der anderen Seite des Flughafens geparkt. Um 06:01 Uhr verließ SK 686 die Frequenz der Vorfeldkontrolle und hörte nur noch, was auf der Tower-Frequenz gesprochen wurde. Eine DC-9 der SAS war Nummer vier in der Startreihenfolge. Die Cessna erhielt danach ihre Rollfreigabe nach Norden über ROMEO 5 auf Englisch. Gleich danach erhielt eine Crossair die Freigabe, der deutschen Maschine zu folgen, diesmal auf Italienisch. Dass die Cessna sofort nach Norden rollte und damit auf den Rollweg R6 geriet, mag verschiedene Gründe haben, vom missverstandenen Zeichen eines Marshallers (Einweisers) über die Ähnlichkeit der auf dem Asphalt aufgebrachten alphanumerischen Markierung, bis zum hohen Gras, das einen Teil eines aufgestellten Schildes verdeckte. Als dann der Cessna-Pilot seine Position mit »Passing SIERRA FOUR« nannte, wusste der Ground Controller nicht, wo SIERRA FOUR ist und forderte ihn auf, sich auf dem Hauptrollweg zu melden. Der Cessna-Pilot verstand dies als Aufforderung, die Piste zu überqueren. Gleichzeitig war auf der anderen Frequenz die DC-9 zum Start freigegeben worden und begann ihren Startlauf.

Als SK 686 die Citation rammte, brach das rechte Hauptfahrwerk der DC-9 ab, Teile davon zerstörten das rechte Triebwerk, der Umkehrschub wurde asymmetrisch, das angeschlagene Flugzeug verließ die Piste und schlitterte in eine Gepäckhalle. Das war um 06:10:21 Uhr. Im Tower hatte niemand etwas bemerkt. Um 06:11 Uhr rief das Flugsicherungsbüro auf dem Tower an und erkundigte sich nach der Ursache für einen Knall. Der Tower antwortete: »Das haben wir auch gehört, aber jetzt ist es wieder still. Es hat sich an-

zu 10: Darstellung des Unfallgeschehens am Flughafen Milano-Linate am 8. Oktober 2001. Was am hellen Tag übersichtlich erscheint, sieht im dichten Nebel ganz anders aus.

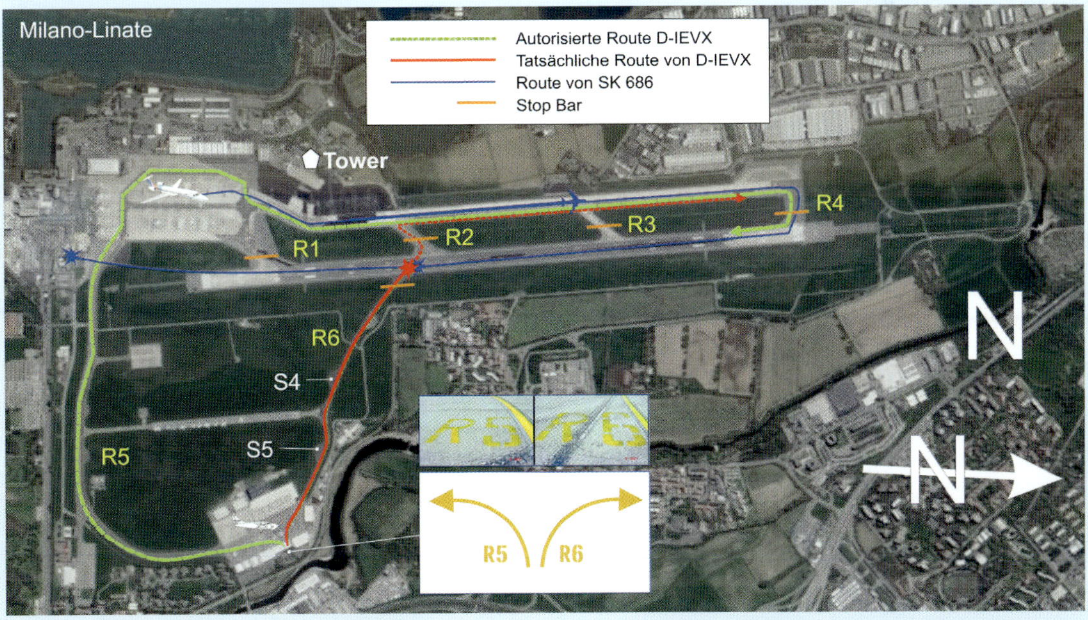

zu 10: Ein Park mit 118 Buchen und einer Skulptur erinnert an die 118 Todesopfer des Unfalls.

gehört, als hätte jemand den Kopf von unserem Vorgesetzten gegen eine Fensterscheibe geschlagen, so richtig hohl.« – »Bei euch ist also alles normal? Die Sicht ist ja so schlecht.« – »Ja, bei uns auch.« Diese Unterhaltung ist auf Tonband, wie alles, was in den Kontrollturm hineinoder herausgeht. Zwei Minuten nach dem Crash rief der Pilot einer geparkten Alitalia auf Ground-Frequenz, man habe drei Bangs gehört, und in einem der Hangars scheine es zu brennen. Jetzt erst (06:13:35 Uhr) wurde die Feuerwehr alarmiert. Gleichzeitig suchte das Aerea Control Center die SAS. Um 06:16 Uhr rief ein Arzt den Tower an und informierte ihn, dass ein Flugzeug der SAS mit dem Hangar kollidiert sei. Um 06:18 fand die Feuerwehr die brennende DC-9.

Um 06:22 Uhr ließ sich der Tower von der Feuerwehr bestätigen, dass keiner ihrer Wagen auf der Piste sei. Um 06:24 Uhr fragte die Feuerwehr beim Tower nach, ob irgendwelche Menschen zu Schaden kamen. Um 06:25 Uhr, eine Viertelstunde nach dem Zusammenstoß, fragt die Flugabfertigung nach, ob die Cessna wieder zurückgerollt sei. Der Tower versprach das zu prüfen. Um 06:30 Uhr informiert der Pilot eines anderen Flugzeugs, das wegen der Schließung des Flughafens nicht mehr starten durfte und über die Piste nach R6 rollte, dass da noch ein Feuer auf der Runway sei. Um 06:33 Uhr erhält die Feuerwehr den Auftrag, nach der Cessna zu suchen. Doch alle Löschfahrzeuge sind dabei, ihre Tanks wieder aufzufüllen. Um 06:36:50 Uhr, 26 Minuten und 29 Sekunden nach dem Zusammenstoß, findet ein Meldefahrzeug die brennende Cessna. Zwei Minuten später kommt ein Löschfahrzeug, fünf Minuten später ist die Cessna gelöscht. Als die vier Toten aus der Cessna um 11:00 Uhr geborgen werden, ist der Alarmton noch immer zu hören, sogar über eine Entfernung von 1500 Metern. Er sendete sowohl über einen Lautsprecher als auch auf der Notfrequenz 121,5 MHz. Der Tower bekam nichts davon mit, denn der Lautsprecher an der Towerkonsole war abgedreht!

In der Folge nannte die Unfalluntersuchungskommission nach zwei Jahren und drei Monaten eine lange Liste von Fehlleistungen auf allen Ebenen: Die Dokumentation des Flughafens in den Veröffentlichungen war nicht ICAO-konform, der Ground Controller hatte keine Kenntnis von den Positionen SIERRA 4 und SIERRA 5, die Positionen waren auch nicht auf dem Lageplan des Flughafens eingezeichnet. Die Kommunikation über Funk war non-standard und irreführend, mögliche Missverständnisse wurden nicht geklärt. Es wurde abwechselnd Englisch und Italienisch gesprochen. Der Ground Controller hat sich angesichts der schlechten Sichtbedingungen nicht vergewissert, dass die Cessna auf dem richtigen Rollweg ist. Die Verwaltung hatte es zugelassen, dass trotz fehlenden Bodenradars ein derart dichter Flugbetrieb auf Linate herrschen durfte. Die Verwaltung hat die ICAO-Annex14-Vorgaben nicht erfüllt, vorgeschriebene Markierungen, Befeuerung, Lichter und Signale waren entweder fehlerhaft, funktionierten nicht oder fehlten ganz. In der Flugsicherung war kein funktionales Sicherheits-Management vorhanden. Die Kombination all dieser Faktoren haben zu den Missverständnissen an diesem Tag geführt und diesen Unfall mit insgesamt 118 Toten ermöglicht.

Der Flughafendirektor und ein Fluglotse wurden zu jeweils acht Jahren Gefängnisstrafe verurteilt. Der ehemalige Vorgesetzte der Fluglotsengesellschaft sowie der ehemalige Flughafenchef wurden zu jeweils sechseinhalb Jahren verurteilt. In einem Berufungsverfahren wurden am 7. Juli 2006 die beiden Flughafenchefs freigesprochen und vier weitere Personen verurteilt.

11 – AA 587 war ein Airbus A300-605 von American Airlines unterwegs von New York JFK nach Santo Domingo in der Karibik. Die Maschine startete eine Minute und 45 Sekunden nach einer Boeing 747 der Japan Air Lines und war zuvor vom Tower auf die Wirbelschleppen hingewiesen worden. Nachdem AA 587 das Fahrwerk eingezogen und im Steigflug von 1300 auf 5000 Fuß auf die Frequenz der Abflugkontrolle gegangen war, spürte die Crew den Effekt der Wirbelschleppen. Der Kopilot stieg in die Ruderpedale, erst rechts, dann links, gab vollen Schub, stieg wieder zuerst rechts, dann links auf das Pedal. Es gab einen Ruck, ein Krach, die ganze Schwanzflosse wurde abgerissen. Der Airbus stürzte unkontrolliert auf den Stadtteil Queens und krachte auf die Kreuzung Beach/131 Street.

Ursache waren die exzessiven Ruderausschläge. American Airlines hatte dies als Empfehlung herausgegeben, um dem Effekt von Wirbelschleppen zu begegnen. Dafür war allerdings das Ruder des Airbus A300 nicht konzipiert.

12 – Crossair-Flug LX 3597 war auf dem Rückflug von Berlin nach Zürich. Um 21:40 Uhr wurden sie für den ILS-Anflug auf Piste 14 eingeplant. Während des Sinkfluges auf FL 160 briefte die Crew das Verfahren und die Minima. Einen Monat zuvor wurde zwischen der Schweiz und Deutschland ein Abkommen unterzeichnet, dass Anflüge nach 22 Uhr nicht mehr über deutsches Gebiet erfolgen dürfen. Das schloss eine Landung auf der Piste 14 aus. Um 22:03 Uhr begann LX 3597 daher ihren Anflug auf Piste 28 mittels eines VOR/DME-Verfahrens, denn diese Runway war nicht mit einem ILS ausgestattet. Um 22:05 Uhr passierte das Flugzeug die Minimum Descent Altitude. Gleich darauf schlug das Bodenwarngerät an. Der Captain versuchte durchzustarten, doch es war zu spät. 21 Passagiere und drei Crew-Mitglieder starben bei dem Unfall, darunter die Sängerin Melanie Thornton, sieben Passagiere und zwei Crew-Mitglieder überlebten.

Als Ursache wurde die Fortsetzung des Sinkflugs festgelegt, obwohl die Piste am Minimum nicht zu sehen war. Der Hügel war in der Anflugkarte nicht als Hindernis markiert, das damals gültige Minimum war für diesen Anflug zu gering.

13 – Die Bremerhaven Airline war eine kleine Fluggesellschaft, die sich auf Flüge mit Britten-Norman Islander zu den Ostfriesischen Inseln spezialisiert hatte. Kurz vor dem Start nach Wangerooge hatte es geschneit, der Pilot entfernte den Schnee von der Flügelkante und der Cockpitscheibe mit der bloßen Hand. Er vermutete, dass der Schnee auf der Tragflächenwölbung während des Starts wegfliegen würde. Stattdessen erlebte er einen Strömungsabriss, die Maschine stürzte in die Weser. Von den acht Passagieren überlebte nur einer, auch der Pilot selbst kam ums Leben. Die Fluggesellschaft meldete im Jahr darauf Konkurs an.

zu 12: Die betroffene Maschine kurz vor dem Unfall

Lfd. Nr.	Datum	Flug	Flugzeugtyp	Airline	Opfer	Unfallort
01	28.01.2002	EQ 120	Boeing 727-134	TAME Ecuador	94	Ipiales, Kolumbien
02	12.02.2002	B9 956	Tupolew Tu-154M	Iran Air Tours	119	Sarab-e Do Rah, Iran
03	15.04.2002	CA 129	Boeing 767-2J6ER	Air China	129	Pusan, Südkorea
04	04.05.2002	EAS 4226	BAC One-Eleven 525FT	EAS Airlines	71 + 78	Kano, Nigeria
05	07.05.2002	MS 843	Boeing 737-566	EgyptAir	14	Tunis, Tunesien
06	07.05.2002	CJ 6163	Douglas DC-9-82 (MD-82)	China Northern	112	Dalian, China
07	**25.05.2002**	**CI 611**	**Boeing 747-209B**	**China Airlines**	**225**	**Pazifik**
08	**01.07.2002**	**V9 2937**	**Tupolew Tu-154M**	**Bashkirskie Avialinii**	**69**	**Überlingen, Deutschland**
09	**01.07.2002**	**ES 611**	**Boeing 757-23APF**	**DHL Aviation**	**2**	**Überlingen, Deutschland**
10	30.08.2002	C7 4823	Embraer EMB-120ER Brasilia	Rico Linhas Aéreas	23	Rio Branco, Brasilien
11	06.11.2002	LG 9642	Fokker 50	Luxair	20	Niederanven, Luxemburg

07 – CI 611 war eine Boeing 747-200 der China Airlines. Das Flugzeug sollte zum letzten Mal in Diensten der Airline aus Taiwan fliegen, da die 22 Jahre alte Maschine mit Wirkung vom folgenden Tag für 1,45 Millionen US-Dollar an Orient Thai Airlines verkauft war.

Das Wetter war gut, die Maschine rollte mit 225 Personen an Bord zum Start. Um 15:07 Uhr zog sie die Räder ein. Als sie entlang der Strecke nach Hongkong Flugfläche 350 erreichte, verschwand sie ohne einen weiteren Funkspruch vom Himmel. Das Wrack wurde später im Meer gefunden, 45 km nordöstlich der Insel Penghu.

08/09 – V9 2937 war eine Tupolew TU-154 der Bashkirian Airlines. Sie war mit 69 Personen an Bord unterwegs von Moskau nach Barcelona. Der Großteil davon waren Schulkinder im Alter zwischen 8 und 16 Jahren aus Ufa, in der Republik Baschkortostan. Die Reise sollte eine Belohnung für die größtenteils hochbegabten Schüler wegen guter Leistungen in der Schule sein und wurde von einem lokalen baschkirischen Komitee für die UNESCO organisiert. Besondere Tragik war, dass der Flug eigentlich am Vortag hätte stattfinden sollen. Doch der Busfahrer hatte sich in Moskau verfahren und kam zu spät zum Flughafen. Also wurden die Kinder auf den nächsten Tag, den 1. Juli 2002, umgebucht.

Im Bereich des Bodensees kreuzte der Flug der Bashkirian Tupolew den Flug einer Boeing 757 der Frachtfluggesellschaft DHL. Der verantwortliche Fluglotse war durch ein Koordinationsgespräch mit Friedrichshafen abgelenkt und hatte nicht bemerkt, dass sich die beiden Flugzeuge auf gleicher Höhe annäherten. Als er es bemerkte, standen seine Anweisungen im Konflikt mit dem TCAS-System der beteiligten Piloten. Die Maschinen trafen sich bei Überlingen in 35.000 Fuß und stürzten ab.

zu 07: Dies sind dann die Gelegenheiten, den ganzen Lebenslauf eines Flugzeugs zu überprüfen. So stieß man auf einen Tailstrike vor 22 Jahren, der nicht ordnungsgemäß repariert wurde. Die Strukturschäden wurden nicht in vollem Umfang wiederhergestellt. Dies führte über die Jahre zu Ermüdungsrissen, die bei Routinekontrollen nicht entdeckt wurden. So konnte es zu einem strukturellen Versagen bei der hinteren unteren Rumpfsektion kommen. Ein 1,80 Meter langer Riss dürfte zum Auseinanderbrechen des Flugzeugs in der Luft geführt haben. Daraufhin mussten sich alle vier Boeings derselben Baureihe einer peniblen Sicherheitsüberprüfung unterziehen.

23:34:42	Die bordseitigen TCAS-Systeme beider Flugzeuge warnen die Besatzungen über einen möglichen Konfliktverkehr.
23:34:49	Die Flugsicherung Zürich gibt die Anweisung an die Besatzung der Tupolew, schnell (»expedite«) auf eine Höhe von 35.000 Fuß (FL 350) zu sinken; diese Anweisung war mit einem Hinweis auf »Konfliktverkehr« verbunden. Diese Anweisung wurde von der Besatzung nicht erwidert.
23:34:56	Die Besatzungen beider Flugzeuge erhalten von ihren bordseitigen TCAS-Systemen Ausweichkommandos. Die Besatzung der Boeing erhielt das Kommando zu sinken und die Besatzung der Tupolew erhielt das Kommando zu steigen. Die Besatzung der Boeing folgte dem Kommando ohne Verzögerung; die Tupolew blieb zunächst noch im Reiseflug in FL 360.
23:35:03	Der Radarlotse der Flugsicherung Zürich wiederholt die Anweisung an die Besatzung der Tupolew, schnell auf eine Höhe von 35.000 Fuß (FL 350) zu sinken. Diese Anweisung wurde von der Besatzung sofort bestätigt und danach wurde der Sinkflug eingeleitet. Unmittelbar darauf informiert der Radarlotse, dass sich anderer Flugverkehr in der 2 Uhr-Position in FL 360 befinden würde.
23:35:10	Die Besatzung der Boeing erhält vom TCAS das Kommando, den Sinkflug zu verstärken (»increase descent«).
23:35:19	Die Besatzung der Boeing meldet an die Flugsicherung, dass sie einen Sinkflug infolge eines Kommandos von TCAS eingeleitet hat (»TCAS-descent«).
23:35:24	Die Besatzung der Tupolew erhält vom TCAS das Kommando, den Steigflug zu verstärken (»increase climb«).
23:35:32	Kollision beider Luftfahrzeuge.

zu 08/09: Ausgebrannte Trümmerteile der Tupolew

zu 08/09: Der Zusammenstoß war eine typische Verkettung von unglücklichen Umständen. Trotz zahlreicher redundanter Systeme wurden nämlich alle eingebauten Sicherungen außer Kraft gesetzt. Nachts legt man Arbeitsplätze von verschiedenen Kontrollsektoren zusammen, was den Verantwortungsbereich vergrößert, es fliegt ja fast nichts. Jede Maßnahme für sich war ungefährlich, erst recht mitten in der Nacht. Ein Teil des süddeutschen Luftraumes ist an die Schweizer Flugsicherungsagentur Skyguide delegiert. Um 23:00 Uhr wurde die Konfiguration des Radars auf reduzierten Mode geschaltet. Dadurch steht im Flugsicherungsradar das optisch-akustische Warnsystem für gefährliche Annäherungen zweier Flugzeuge auf gleicher Höhe nicht zur Verfügung. Der zweite Lotse machte gerade Pause. Telefontechniker führten gleichzeitig Wartungsarbeiten durch, dazu wurde die Hauptleitung abgeschaltet. Die Reserveleitung war belegt mit einem Koordinationsgespräch mit Friedrichshafen. Ein Karlsruher Lotse bemerkte die gefährliche Annäherung der Flugzeuge, konnte den Schweizer Kollegen Peter Nielsen aber nicht erreichen. Das TCAS der Tupolew hatte die DHL-Maschine entdeckt. Die beiden Computer empfahlen ihren Piloten eine Lösung: Tupolew steigen, Boeing 757 sinken. Inzwischen hatte aber auch der zuständige Lotse den Konflikt entdeckt und wies die Tupolew an, sofort zu sinken. Sekunden danach passierte es, um 23:35 Uhr, am fast leeren Nachthimmel. Technik, Zufall, bis dahin nicht eindeutig geklärte Prozeduren beim TCAS-Alert, Zusammenlegen von Positionen und eine momentane Ablenkung führten zur Katastrophe mit 69 Toten. Der Fluglotse wurde zwei Jahre später von einem Russen erstochen, der seine ganze Familie bei dem Unglück von Überlingen verloren hatte.

Auf dieses Unglück folgten eine ganze Reihe von Sicherheitsempfehlungen zur nächtlichen Besetzung von Positionen in Flugsicherungszentralen, zum Ablauf von Wartungsarbeiten, Installation von redundanten Verbindungen und zur international verbindlichen Klärung der TCAS-Philosophie.

Eurocontrol ermutigt seine Mitgliedstaaten seit Jahren, sogenannte Cross Border Operations für grenznahe Flughäfen einzurichten. Aus Gründen der Wirtschaftlichkeit ist es nämlich besser, wenn die für die Landung verantwortliche Stelle die Flugzeuge selbst frühzeitig einfädeln kann. Da einige Schweizer Flughäfen, wie Zürich, Lugano oder Genf in unmittelbarer Grenznähe liegen, der Euro-Airport Basel liegt sogar auf französischem Staatsgebiet, ist das in der Schweiz nichts Neues. Erst nach dem Zusammenstoß im delegierten Luftraum unter der Kontrolle von Skyguide fanden Staats- und Völkerrechtler heraus, dass das rechtlich nicht so einfach ist. Gerichte zwischen Konstanz, Karlsruhe, Winterthur und Barcelona verhandelten über die Schuldfrage. Das Landgericht Konstanz hatte im Juli 2006 in seinem Urteil zur Haftungsfrage von Überlingen darauf hingewiesen, dass die »Luftverkehrsverwaltung, zu der auch die Flugverkehrskontrolle gehört, in bundeseigener Verwaltung zu führen« sei. Hingegen ist die deutsche Bundesregierung der Auffassung: »Bei dem von Skyguide betreuten Bereich über Deutschland handelt es sich um ein durch jahrzehntelange Praxis begründetes völkerrechtliches Servitut. Innerhalb des in Anspruch genommenen Servituts gilt schweizerisches Recht.«

Am 27. Juli 2006 gab das Landgericht Konstanz jedoch der Bundesrepublik Deutschland die alleinige Schuld am Unfall, da die Übertragung der Flugsicherung im süddeutschen Randbereich am Bodensee an das Schweizer Unternehmen Skyguide rechtswidrig und somit aufgrund ungültiger Verträge unwirksam sei; der Vertrag verstoße gegen die Grundgesetzvorschrift, dass die Luftverkehrsüberwachung als hoheitliche Aufgabe in bundeseigener Verwaltung geführt werden müsse. Dem Urteil zufolge musste die Bundesrepublik Deutschland alle Schadensersatzansprüche aus diesem Unfall erfüllen. Die Bundesregierung legte gegen das Urteil jedoch Berufung beim Oberlandesgericht Karlsruhe ein. 2013 kamen die seit Mai 2007 insolvente Bashkirian Airlines und die Bundesrepublik Deutschland zu einer außergerichtlichen Einigung, der Prozess vor dem Oberlandesgericht Karlsruhe wurde daraufhin eingestellt.

Lfd. Nr.	Datum	Flug	Flugzeugtyp	Airline	Opfer	Unfallort
01	08.01.2003	ZV 5481	Beech 1900D	US Airways Express	21	Charlotte, NC, USA
02	08.01.2003	TK 634	Avro RJ100	THY	75	Diyarbakir, Türkei
03	**09.01.2003**	**TJ 222**	**Fokker F-28 Fellowship 1000**	**TANS**	**46**	**Chachapoyas, Peru**
04	**06.03.2003**	**AH 6289**	**Boeing 737-2T4**	**Air Algérie**	**102**	**Tamanrasset, Algerien**
05	26.05.2003	UF 4230	Yakovlev Yak-42D	UM Air	75	Maçka, Türkei
06	08.07.2003	SD 139	Boeing 737-2J8C	Sudan Airways	116	Port Sudan, Sudan
07	19.07.2003		Swearingen SA226-TC Metro II	Ryan Blake Air Charter	14	Mount Kenya, Kenia
08	24.08.2003	1301	Let L-410UVP-E3	Tropical Airways	21	Cap Haitien, Haiti
09	**25.12.2003**	**GIH 141**	**Boeing 727-223**	**UTA**	**148**	**Cotonou, Benin**

03 – TJ 222 war eine Fokker F-28 Fellowship 1000 der peruanischen Transporters Aéreos Nacionales de la Selva, oder kurz TANS. Der Flug mit 46 Personen an Bord führte von Lima nach Chachapoyas mit Zwischenlandung in Chiclayo. Der Anflug auf das hochgelegene Chachapoyas (2504 m) erforderte mehrere Kurswechsel, während die Maschine von der Reiseflughöhe von FL 190 auf FL 130 sank. Gleichzeitig wurden die Bremsklappen ausgefahren, um die Geschwindigkeit von 280 Knoten auf 210 zu verringern. Die letzte Kurve, um auf den Anflugkurs zu kommen, wurde mit einer Schräglage von 30 Grad und ausgefahrenen Bremsklappen geflogen und endete an der Wand des 3450 m hohen Cerro Coloque, 27 km in der Verlängerung des Endanflugs.

Die Auswertung der Flugschreiber und vor allem der Sprachaufzeichnung im Cockpit brachte eine schlampige und lässige Flugdurchführung zutage. Checklisten wurden nicht oder nur teilweise abgearbeitet, Standards ignoriert, die Crew war desorientiert. Es mag auch eine Rolle gespielt haben, dass der Vater des Kopiloten vier Tage zuvor gestorben war. Beerdigung und verwandtschaftliche Verpflichtungen könnten zu Müdigkeit und Erschöpfung geführt haben.

04 – AH 6289 war eine Boeing 737 der Air Algérie. 103 Personen waren an Bord, als die Boeing in Tamanrasset zum Start rollte. Der Kopilot war Pilot Flying. Während er auf Piste 02 gerade gestartet war, befahl er, das Fahrwerk einzuziehen. In diesem Moment fiel das linke Triebwerk aus. Die Maschine durchstieg gerade 78 Fuß und hatte eine Geschwindigkeit von 158 Knoten. Der Captain übernahm sofort das Steuer. Drei Sekunden später fragte der Kopilot, ob *er* denn nun das Fahrwerk einziehen solle, erhielt aber keine Antwort.

Die Crew hatte eine unzureichende Flugvorbereitung gemacht und bestimmte Handlungsalternativen nicht angesprochen. Beigetragen haben ganz bestimmt auch die Gleichzeitigkeit mit dem Ausfall des Triebwerks und dem erwarteten Einfahren des Fahrwerks. Es blieb auch keine Zeit, die Lage durchzusprechen. Das Flugzeug war angesichts der Flughafenhöhe von 1377 Metern und einer Temperatur von 23 Grad C mit 48.708 kg fast bis zum höchstzulässigen Gesamtgewicht (49.500 kg) schwer beladen.

Die Geschwindigkeit sank auf 134 Knoten. In 400 Fuß Höhe riss die Strömung ab, das Flugzeug schlug 1600 m hinter der Piste auf. Nur ein Passagier überlebte den Unfall im Heck des Flugzeugs.

zu 09: Trümmer der nach dem misslungenen Start am Strand von Cotonou aufgeschlagenen überladenen Boeing 727 am 25.12.2003.

09 – Der Flug GIH 141 der UTA führte von Conakry in Guinea nach Cotonou (Benin), Kufra (Libyen), Beirut (Libanon) nach Dubai (VAE). In Conakry waren 86 Passagiere eingestiegen, einschließlich drei Babys, und eine zehnköpfige Crew. In Cotonou stiegen neun Passagiere aus. 63 Passagiere, einschließlich zwei Babys, hatten in Cotonou am Schalter eingecheckt. Zehn weitere, einschließlich einem Baby, stiegen von einer Maschine, die aus Togo angekommen war, auf dem Vorfeld um. Das Einsteigen und Verladen des Gepäcks geschah in einem großen Durcheinander. Das Flugzeug war schließlich voll. Zwei leitende Angestellte der UTA nahmen im Cockpit auf dem Jump Seat Platz. Da auch die Kabine voller Gepäck war, bestand der Chief Flight Attendant darauf, dass das Gepäck in den Gepäckraum verladen wird. Die Ground Handler luden dieses zusätzliche Gepäck in den hinteren Laderaum, bis dieser voll war. Dann wurden auch noch Koffer in den vorderen Laderaum gestopft, der vorher schon Gepäck enthielt. Schließlich waren alle Gepäckräume voll.

Während das Flugzeug, eine Boeing 727-223, mit 11,4 Tonnen Kerosin betankt wurde, diskutierte der besorgte Kopilot mit den beiden Airline Executives, wie wichtig es ist, das genaue Gewicht eines Flugzeugs zu kennen. Um 13:52 Uhr rollte die Maschine los. Der Kopilot war Pilot Flying. Es war abgesprochen, auf der Piste volle Power zu geben und erst dann die Bremsen zu lösen. Als der Kopilot bei Erreichen der Rotationsgeschwindigkeit an der Steuersäule zog, passierte gar nichts. Er zog und zog, doch die Nase hob sich nur allmählich vom Boden. Das Flugzeug nahm das Betongebäude vom Localizer mit, rammte den Betonzaun des Flughafens, das rechte Hauptfahrwerk brach ab, schlug noch die Unterseite der rechten Tragfläche weg, kippte nach rechts und schlug am Strand auf. Das Flugzeug zerbrach, Teile davon versanken im Wasser.

Es gab 22 Überlebende, einschließlich dem Captain, dem Flugingenieur und dem Generaldirektor der Airline. 141 Todesopfer wurden gezählt, 12 von ihnen konnten nicht identifiziert werden. Sieben Personen wurden vermisst, ihre DNA wurde aber nicht unter den unidentifizierten Körpern gefunden. Ein Hinweis darauf, wie chaotisch der Passagierverkehr in Afrika durchgeführt wird, bei Bahn- und Busreisen nicht anders als bei Flugreisen.

Das Flugzeug war 20 Jahre alt, flog früher bei American Airlines, stand aber zwischendurch zwei Jahre eingemottet in der Mojave-Wüste in Kalifornien. Anfang 2003 flog die Boeing für ein halbes Jahr für Ariana in Afghanistan, danach für Alpha Omega Airways in Swasiland, bevor sie an UTA in Guinea verleast wurde.

Ausschlaggebend für den Unfall waren jedoch die Überladung des Flugzeugs sowie der nach vorn verschobene Schwerpunkt der Maschine. Dafür konnte die 2500 m lange Piste in Cotonou nicht ausreichen. Letztendlich blieb es beim Captain hängen. Er hätte den Start nicht durchführen dürfen, ohne über das tatsächliche Gewicht des Flugzeugs Bescheid zu wissen.

Lfd. Nr.	Datum	Flug	Flugzeugtyp	Airline	Opfer	Unfallort
01	**03.01.2004**	**FSH 604**	**Boeing 737-3Q8**	**Flash Airlines**	**148**	**Sharm el Sheikh, Ägypten**
02	13.01.2004	HY 1154	Yakovlev Yak-40	Uzbekistan Airways	37	Tashkent, Usbekistan
03	10.02.2004	Y9 7170	Fokker 50	Kish Air	43	Sharjah, Iran
04	**24.02.2004**	**CIT 124**	**Cessna 500 Citation I**	**City-Jet Luftfahrtgesellschaft**	**6**	**Cagliari, Italien**
05	26.02.2004		Beech 200 Super King Air	Macedonian Government	9	Mostar, Bosnien-Herzegowina
06	14.05.2004	C/ 4815	Embraer EMB-120ER Brasilia	Rico Linhas Aéreas	33	Manaus, Brasilien
07	08.06.2004	GBE 221	Hawker Siddeley HS-748	Gabon Express	19	Libreville, Gabun
08	24.08.2004	G6 1303	Tupolew Tu-134A-3	Volga-Aviaexpress	44	Buchalki, Russland
09	24.08.2004	S7 1047	Tupolew Tu-154B-2	Sibir Airlines	46	Gluboki, Russland
10	19.10.2004	3C 5966	BAe 3201 Jetstream 32EP	Corporate Airlines	13	Kirksville, MO, USA
11	21.11.2004	3Q 5210	Canadair CRJ-200LR	China Yunnan	53 + 2	Baotou, China
12	**30.11.2004**	**JT 583**	**Douglas DC-9-82 (MD-82)**	**Lion Air**	**25**	**Solo City, Indonesien**

01 – Die ägyptische Flash Airlines Flug 604 startete am frühen Morgen um 04:44 Uhr in Sharm-el-Sheikh mit 148 Personen an Bord zu einem Flug nach Paris mit Zwischenlandung in Kairo. In einer Linkskurve nach dem Start zog die Maschine plötzlich nach rechts. Der Autopilot brachte keine Abhilfe, also flog der Captain die Maschine von Hand. Die Nacht war mondlos, schwarzer Himmel, schwarze Wüste, keine Lichter zur Orientierung. Wieder neigte sich das Flugzeug nach rechts, die Kurvenlage wurde immer steiler.

Es wird vermutet, dass es sich bei dem Absturz um einen Fall von Vertigo handelte, einer räumlichen Desorientierung in der konturlosen Umgebung. Der Captain (53) galt als einer der erfahrensten Piloten Ägyptens. Der Kopilot (25) hatte sich womöglich deshalb nicht getraut, den Captain auf die Fluglage hinzuweisen, nicht zuletzt, weil dieser sich vor dem Flug über ihn lustig gemacht hatte. Flash Airlines gab danach den Flugbetrieb auf und verkaufte die restlichen Boeings an Cayman Airways.

Erst als diese bei 50 Grad lag, machte sich der Kopilot zaghaft bemerkbar mit dem Wort »Overbank«. Er wurde energischer, als die Kurvenlage bei 111 Grad war und die Boeing an Höhe verlor. Die Geschwindigkeit nahm weiter zu, schließlich schlug die Boeing 737 mit 416 Knoten auf dem Roten Meer auf. Das Meer war an dieser Stelle fast 1000 m tief, die Trümmer waren über eine große Fläche verstreut. Ein Tauchroboter konnte die Blackbox und den Stimmenrekorder bergen. Eine technische Ursache für den Absturz konnte wegen der Trümmerlage nicht schlüssig festgestellt werden. Auch von den Wartungshandbüchern gab es keine Kopien wie vorgeschrieben, die Originale waren alle im Flugzeug. So konnte auch nicht rekonstruiert werden, was eventuell bei Wartungen und Reparaturen schiefgelaufen sein könnte.

04 – City-Jet Luftfahrtgesellschaft ist eine österreichische Charter- und Business-Airline. An diesem Tag wurde sie für einen medizinischen Flug von Mailand nach Cagliari in

zu 04: Die Warnung der Flugsicherung, im Anflug auf keinen Fall selbständig unter 2500 Fuß zu sinken, galt für das veröffentlichte Anflugverfahren, nicht für die gewählte Abkürzung.

Sardinien gechartert. Dort sollten sie drei Ärzte abholen und nach Rom fliegen, wo einem Spender ein Organ entnommen wurde, das in Cagliari für eine Transplantation benötigt wurde. Die Crew sollte so lange in Rom warten, bis die Ärzte mit dem Organ zurückkamen und sie dann nach Cagliari fliegen. Der Einsatz begann um 21 Uhr in Mailand. Um 23:05 Uhr landete die Cessna Citation in Cagliari. An Bord waren drei Piloten. Nach dem Auftanken stiegen die drei Ärzte ein, das Flugzeug startete um 00:01 Uhr zum Flug nach Rom. Um 00:51 Uhr landete die Citation in Rom-Ciampino. Um 03:42 Uhr waren die Ärzte mit dem gespendeten Organ wieder an Bord. Um 03:59 Uhr startete die Maschine für den Rückflug nach Cagliari. Um 04:44 Uhr waren die Piloten mit Cagliari Approach in Kontakt. Statt bis zum Carbonara VOR zu fliegen und dort die übliche Anflugroute zum Flughafen Elmas zu nehmen, baten sie darum, direkt in Richtung Cagliari VOR zu fliegen und die Landung mit einem Sichtanflug zu machen. Der Lotse bei Cagliari Approach vergewisserte sich, dass die Crew weit genug von allen Hindernissen wegbliebe. Diese Region konnte wegen der Küstengebirge unterhalb einer Höhe von 5000 Fuß nicht mit Radar eingesehen werden. Der Controller erinnerte die Crew daran, auf keinen Fall unter 2500 Fuß zu sinken, bis sie im Anflug auf Elmas seien. Um 05:49 Uhr schlug die Maschine kurz unter dem Berggipfel des Monte Su Baccu Malu ein.

Hätte die Crew das veröffentlichte Anflugverfahren abgeflogen und nicht abgekürzt, wäre der Flugweg zwar um 20 Meilen länger gewesen, aber er hätte auf der Piste geendet und nicht am Berg. Ganz bestimmt hat die Ermüdung dazu beigetragen, diesen Flug so schnell wie möglich hinter sich zu bringen. Immerhin waren die Piloten seit 20 Stunden wach.

12 – JT 583 war eine DC-9 der indonesischen Lion Air. Sie war unterwegs auf einem Inlandsflug von Jakarta nach Solo City mit 156 Passagieren und einer siebenköpfigen Besatzung. Während des Anflugs stand eine Gewitterwolke über dem Airport, es regnete stark, auf der Piste stand das Wasser. Die Landung erfolgte auch noch mit 13 Knoten Rückenwind. Nach dem Aufsetzen fuhren die Bremsklappen automatisch aus. Da jedoch die Leistungshebel nicht ganz auf Leerlauf zurückgezogen wurden, fuhren die Bremsklappen wieder ein. Das Flugzeug schwamm

Lfd. Nr.	Datum	Flug	Flugzeugtyp	Airline	Opfer	Unfallort
01	03.02.2005	P3 904	Boeing 737-242 (Adv)	Phoenix Aviation	105	Kabul, Afghanistan
02	07.05.2005	HC 675	Swearingen SA227-DC Metro 23	Transair Australia	15	Lockhart River, Australien
03	25.05.2005		Antonow An-12BP	Victoria Air	27	Biega, DR Kongo
04	16.07.2005		Antonow An-24B	Equatorial Express Airlines	60	Baney, Äquatorialguinea
05	**02.08.2005**	**AF 358**	**Airbus A340-313X**	**Air France**	**0**	**Toronto, Kanada**
06	**06.08.2005**	**UG 1153**	**ATR 72-202**	**Tuninter**	**16**	**Nähe Palermo, Italien**
07	**14.08.2005**	**ZU 522**	**Boeing 737-31S**	**Helios Airways**	**121**	**Grammatikos, Griechenl.**
08	16.08.2005	YH 708	Douglas DC-9-82 (MD-82)	West Caribbean Airways	160	Machiques, Venezuela
09	23.08.2005	TJ 204	Boeing 737-244	TANS	40	Pucallpa, Peru
10	05.09.2005	RI 091	Boeing 737-230	Mandala Airlines	100 + 49	Medan, Indonesien
11	22.10.2005	B3 210	Boeing 737-2L9	Bellview Airlines	117	Lisa Village, Nigeria
12	**08.12.2005**	**WN 1248**	**Boeing 737-7H4**	**Southwest Airlines**	**0 + 1**	**Chicago, IL, USA**
13	**19.12.2005**	**OP 101**	**Grumman G-73T Turbo Mallard**	**Chalk's Ocean Airways**	**20**	**Miami, FL, USA**

auf und rutschte. Trotz Umkehrschub überschoss das Flugzeug die 2600 m lange Piste und crashte in den Metallzaun eines Friedhofs. 23 Passagiere und zwei Crewmitglieder kamen dabei ums Leben.

05 – AF 358 war ein Airbus A340 der Air France unterwegs von Paris nach Toronto mit 309 Personen an Bord. Die Passagiere setzten sich zusammen aus 168 männlichen und 118 weiblichen Erwachsenen, acht Kindern und drei Babys. Von den Erwachsenen waren drei auf einen Rollstuhl angewiesen, eine Person war blind. Bei der Ankunft in Toronto tobte ein Gewitter über dem Flughafen. Von einem zuvor gelandeten Flugzeug wusste die Besatzung, dass die Bremswirkung auf der nassen Piste schlecht sei. Im Endanflug schien das Flugzeug ungewollt unter den Gleitpfad zu sinken, weshalb der PF beschleunigte. Nun geriet das Flugzeug über den Gleitpfad. In 300 Fuß Höhe drehte sich der Wind zu einer Rückenwindkomponente von 10 Knoten. Der Airbus überflog die Schwelle 40 Fuß höher als normal und verschenkte so die ersten 3800 Fuß der 9000 Fuß langen Piste 24L. Ein hinter dem Flugzeug niedergehender Downburst hob die Maschine noch einmal an und trieb sie vor sich her. Als sie wieder aufsetzte, verhinderte Wasserglätte erfolgreiches Abbremsen. Die Schubumkehr wurde viel zu spät eingeschaltet. So überschoss die A340 das Ende der Piste, holperte über eine Straße und blieb in einem Graben liegen. Dabei waren die vertikalen Kräfte über dem Bugrad mit 16 G so stark, dass die Bodenbefestigung des linken Pilotensitzes brach. Passagiere und Kabinenpersonal wurden von der harten Landung überrascht. Es fand daher keine Vorbereitung statt. Auch das Kommando »BRACE-BRACE-BRACE« an die Passagiere, eine bestimmte Sitzposition einzunehmen, blieb aus. Die Passagiere wurden dreimal in ihren Sitzgurten nach oben gerissen. Noch bevor das Flugzeug zum Stehen gekommen war, brach Feuer aus. Obwohl es gelang, alle Passagiere durch vier der acht Türen zu evakuieren, wurde die Rettung der Fluggäste dadurch verzögert, dass 50 Prozent von ihnen ihr Kabinengepäck mitnahm. Ein Zeuge berichtete von einem Passagier, der unter

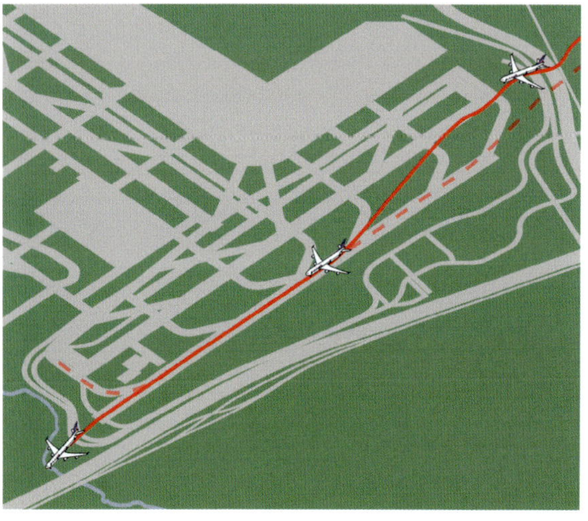

zu 05: Frischer Asphalt, Aquaplaning, Rückenwind, zu schnell, zu hoch und handwerkliche Fehler bei der Landung führten zur Katastrophe.

Schock mit seinem Handgepäck die Böschung zum parallel verlaufenden MacDonald Cartier Freeway hochgeklettert war, ein Auto anhielt und zum Flughafen gefahren werden wollte. Er müsse dort sein Gepäck abholen.

Die erste Feuerwehr war innerhalb von 60 Sekunden am Wrack. Gleichzeitig ging der Crashalarm an alle Feuerwehrstationen in den umliegenden Gemeinden, die sofort mit Zisternenfahrzeugen die Flughafenfeuerwehr unterstützten. Der Captain betrat danach nie wieder ein Cockpit. Der Kopilot fliegt inzwischen wieder.

06 – Tuninter ist eine tunesische Fluggesellschaft. UG 1153 war eine ATR-72 unterwegs mit 39 Personen an Bord vom italienischen Bari ins tunesische Djerba. Vor diesem Flug nach Italien und zurück war der Füllstandsanzeiger für den Tank gewechselt worden. Versehentlich haben dabei die Techniker jedoch einen Füllstandsanzeiger für die kleinere ATR-42 eingebaut. Daher wurden vor dem Rückflug in Bari nur 265 kg nachgetankt. Die Anzeige stand auf 2700 kg, tatsächlich waren nur 570 kg Kerosin im Tank. 26 km vor Palermo stürzte das Flugzeug ohne Treibstoff ins Meer. Nur 23 Personen konnten gerettet werden. Neben der Wahl des falschen Ersatzgeräts traten aber noch andere Missstände zutage: So wurde zum Beispiel der Füllstand von der Crew nie manuell nachgeprüft, die Techniker wurden unzureichend ausgebildet, in der Dokumentation unrichtige Angaben gemacht, die Ersatzteilbevorratung war unorganisiert, ein angemessenes Qualitätsmanagement nicht vorhanden, und die Aufsicht durch die tunesische Luftfahrtbehörde war mangelhaft.

07 – Am 14. August 2005 schickte die griechische Luftverteidigung zwei F-16 zu einer Boeing 737 der Helios Airways, die auf dem Flug von Zypern nach Athen kontinuierlich auf 34.000 Fuß stieg, aber für die Flugsicherung über Funk nicht erreichbar war. Die F-16-Piloten meldeten, dass die Crew offenbar bewusstlos waren und die Maschine auf Autopilot flog. Der folgte der programmierten Route bis zum KEA VOR, dem Initial Approach Fix für Athen. Dort ging er in ein automatisches Holding über und flog Warteschleifen, bis der Sprit alle war. Nach zweieinhalb Stunden war der Treibstoff zu Ende, und die Maschine stürzte unweit der Ortschaft Marathon in den Boden. Keiner der 121 Menschen an Bord überlebte. Die wahrscheinliche Ursache war ein Schalter für die Sauerstoffversorgung des Cockpits, der statt auf »Automatik« auf »Manuell« stand. Beim Abarbeiten der Checkliste war dies übersehen worden.

12 – Southwest-Flug WN 1248 war unterwegs von Baltimore nach Chicago, Midway Airport. Als die Boeing 737 in Chicago ankam, musste sie eine halbe Stunde warten, bis die Piste vom Schnee geräumt war. Um 19:12 Uhr wurde sie zur Landung auf Piste

zu 07: Unweit der griechischen Stadt Marathon schlug diese Boeing 737 der Helios Airways mit zwei bewusstlosen Piloten in den Berghang.

31C bei 8 Knoten Rückenwind freigegeben. Die Bremswirkung auf der Runway wurde gleichzeitig als schlecht angegeben. Das automatische Bremssystem hatte kaum Auswirkung. Die Schubumkehr sprach nicht an, das Anti-Skid-System griff nur kurzzeitig. Auch manuelles Bremsen bewirkte kaum Geschwindigkeitsreduktion. Erst 18 Sekunden nach dem Aufsetzen sprach die Schubumkehr an. Die Boeing überschoss das Ende der Piste, durchbrach zwei Zäune und kam auf einer öffentlichen Straße mit gebrochenem Bugrad zum Stehen. Sie begrub dabei ein Auto unter sich, in dem ein Kind starb.

Als Hauptursache legte die untersuchende Behörde fest, dass Hersteller und Betreiber ihre Piloten mangelhaft geschult hatten. Die Crew war mit der Funktionsweise des Autobrake-Systems nicht vertraut. Das Computerprogramm, das Entscheidungshilfen für die Landedistanz bei nasser Piste geben soll, akzeptierte nur 5 Knoten Rückenwind. Gab man den tatsächlich herrschenden Rückenwind mit 8 Knoten ein, rechnete das Programm trotzdem nur mit 5 Knoten.

13 – Chalk's Ocean Airways war eine der ältesten kontinuierlich betriebenen Airlines der Welt. Sie wurde im Jahr 1917 gegründet und hatte eine richtige Marktlücke besetzt: Mit Grumman Wasserflugzeugen flog sie im Liniendienst Urlauber zwischen dem Wasserflughafen von Miami und den Bahamas.

Am 19.12.2005 um 14:38 Uhr startete sie mit 20 Personen an Bord nach Bimini auf den Bahamas.
Minuten später brach die rechte Tragfläche ab, das Flugzeug stürzte ins flache Küstenwasser. Ursache war ein Ermüdungsbruch. Die Grumman Mallard wurde 1947 gebaut. Sie war für eine 2-Mann-Crew und 10 Passagiere entwickelt worden. 1980 versah Chalk's das Flugzeug mit stärkeren Motoren. Die Grumman fasste nun 17 Passagiere. Zur Zeit des Unfalls hatte die Maschine 31.000 Flugstunden und fast 40.000 Starts und Landungen hinter sich.

zu 12: Die Boeing 737-7H4 der Southwest Airlinesüberschoss nach der Landung auf dem Flughafen Chicago die Landebahn und kam erst auf einer Straße zum Stehen.

Lfd. Nr.	Datum	Flug	Flugzeugtyp	Airline	Opfer	Unfallort
01	31.03.2006	TIM 6865	Let L-410UVP-E20	TEAM	19	Rio Bonito, Brasilien
02	**03.05.2006**	**U8 967**	**Airbus A320-211**	**Armavia**	**113**	**Sotschi, Russland**
03	02.06.2006		Boeing 767-223ER	American Airlines	0	Los Angeles, CA, USA
04	21.06.2006		DHC-6 Twin Otter 300	Yeti Airlines	9	Jumla, Nepal
05	09.07.2006	S7 778	Airbus A310-324	S7 Airlines	125	Irkutsk, Russland
06	10.07.2006	PK 688	Fokker F-27 Friendship 200	PIA	45	Multan, Pakistan
07	22.08.2006	FV 612	Tupolew Tu-154M	Pulkovo	170	Donetsk, Ukraine
08	**27.08.2006**	**MN 5191**	**Canadair CRJ-100ER**	**Comair**	**49**	**Lexington, KY, USA**
09	29.09.2006	G3 1907	Boeing 737-8EH	Gol	154	Peixoto, Brasilien
10	**29.10.2006**	**Z7 053**	**Boeing 737-2B7**	**ADC Airlines**	**96**	**Abuja, Nigeria**
11	18.11.2006		Boeing 727-23F	Aerosucre Colombia	6	Leticia, Kolumbien

02 – Als U8 967, ein Airbus A320 der armenischen Airline Armavia, um 01:10 Uhr den ersten Kontakt mit der Flugsicherung in Sotschi hatte, erhielten sie eine Wettervorhersage, die sie zur Umkehr nach Erivan veranlasste, von wo sie eine halbe Stunde vorher gestartet waren. Doch noch während die Crew eine Umkehr diskutierte, fragte der Kopilot abermals nach dem aktuellen Wetter und erhielt dieses Mal bessere Werte: Sicht 3600 m, Hauptwolkenuntergrenze von 450 Fuß. Also flogen sie weiter nach Sotschi. Sie wurden zum Sinkflug auf 12.000 Fuß freigegeben, um 02:00 Uhr weiter runter auf 2000 Fuß. Die Sicht lag zuletzt bei 4000 m, Wolkenuntergrenze bei 600 Fuß. Doch während sich der Airbus auf dem ILS-Gleitpfad der Piste näherte, bildeten sich neue Wolken in 300 Fuß Höhe. Der Fluglotse befahl der Crew, den Anflug abzubrechen, eine Rechtskurve einzuleiten und auf 2000 Fuß zu steigen. Doch die A320 wurde immer langsamer und stürzte schließlich mit 113 Personen an Bord ins Meer.

Als Ursache einigten sich die Experten auf eine psycho-emotionale Belastung des Captains, die einen nächtlichen Orientierungsverlust im Raum bewirkte, wobei es auch der Kopilot versäumte, einzugreifen. Armavia verlor zwei Tage später bei einem Hangarbrand in Brüssel noch einmal zwei Airbusse vom Typ A320.

08 – Dieser Unfall kann unter der Überschrift »In die Falle gelockt« verbucht werden. Morgens um 06:00 Uhr rollte Comair Flug 5191 mit 50 Personen an Bord zu einem Flug von Lexington nach Atlanta los. Der Fluglotse, der die Nachtschicht allein auf dem Tower verbrachte, wies der Canadair CRJ-100 die Piste 22 zu. Schon während Comair auf dem Rollweg auf die Pistenköpfe zurollte, gab der Tower Controller die Maschine frei zum Start und wandte sich wieder der Verkehrsstatistik

zu 08: Am fünften Jahrestag des Unfalls enthüllte der örtliche Künstler Douwe Blumberg eine Skulptur mit 49 Vögeln, die zum Himmel auffliegen.

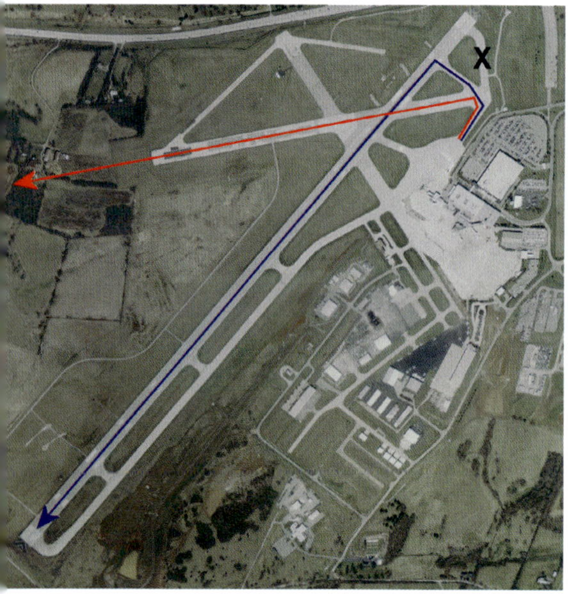

zu 08: Lexington ist ein leuchtendes Beispiel dafür, wie man einen Flughafen sicherer machen kann. Leider musste erst etwas passieren. Aber letztendlich hat nicht nur der Airport etwas gelernt, sondern das Beispiel wird auch andernorts befolgt.

zu. So entging ihm, dass sich die Canadair für die viel zu kurze Piste 26 aufstellte. Das Flugzeug rollte über das Pistenende hinaus, durchbrach einen Metallzaun und zerbrach an mehreren Bäumen. Nur der Kopilot überlebte verletzt. Inzwischen wurde der Flughafen umgebaut und die Rollwege zur Piste 26 verlegt.

10 – ADC Airlines war eine nigerianische Fluggesellschaft, die 1984 gegründet wurde. Flug Z7 053 rollte an diesem Tag um 11:21 Uhr in Abuja mit 105 Personen an Bord zum Start nach Sokoto. Danach gab der Tower sechs Minuten lang Hinweise auf wechselnde Winde, die zunehmend mit Böen durchsetzt waren. Ein Gewitter zog auf den Flughafen zu. Um 11:26 Uhr bestand die Crew auf einer sofortigen Starterlaubnis. Der Tower Controller betonte noch einmal das sich schnell verschlechternde Wetter und wies noch einmal auf den böigen Wind hin. Die Crew bestätigte das. Kaum waren die Räder vom Boden, wechselte der Wind von frontal auf Rückenwind. Der PF gab noch mehr Gas und zog die Maschine leicht nach oben, der PNF befahl zu ziehen. Die Strömung riss ab, das Flugzeug drehte sich um 90 Grad und schlug am Boden auf. Neun Personen überlebten den Unfall. Nigeria entzog daraufhin der Airline die Zulassung.

Es sind dies Entscheidungen zwischen Warten auf besseres Wetter und Ungeduld der Passagiere und Tadel vom Management. Hinterher ist man stets klüger.

Scherwind-Training gehörte einst auch in Deutschland zur Standardausbildung von Piloten, bis es aus Gründen des Kostendrucks immer stärker reduziert wurde. Man verlässt sich dabei auf die computererzeugte Windshear-Protection im künstlichen Horizont (ADI). Aber nur durch intensives Training konnte sichergestellt werden, dass alle Piloten die Anzeige auch verstanden haben, anfangs gab es da gravierende Interpretationsunterschiede.

Lfd. Nr.	Datum	Flug	Flugzeugtyp	Airline	Opfer	Unfallort
01	07.03.2007	GA 200	Boeing 737-497	Garuda	21	Yogyakarta, Indonesien
02	**05.05.2007**	**KQ 507**	**Boeing 737-8AL**	**Kenya Airways**	**114**	**Douala, Kamerun**
03	28.06.2007		Boeing 737-2M2	TAAG	5+1	M'Banza, Angola
04	**17.07.2007**	**JJ 3054**	**Airbus A320-233**	**TAM Brasil**	**187 + 12**	**São Paulo, Brasilien**
05	09.08.2007	TAH 1121	DHC-6 Twin Otter 300	Air Moorea	20	Moorea, Tahiti
06	**20.08.2007**	**CI 120**	**Boeing 737-809**	**China Airlines**	**0**	**Naha, Japan**
07	16.09.2007	OG 269	Douglas DC-9-82 (MD-82)	Orient Thai Airlines	90	Phuket, Thailand
08	04.10.2007		Antonow An-26	El Sam Airlift	21 + 28	Kinshasa, DR Kongo

02 – Kurz vor Mitternacht rollte KQ 507, eine sechs Monate alte Boeing 737-800 der Kenya Airways, mit 114 Personen an Bord in Douala, Kamerun, zum Start. Der Abflug hatte sich wegen Gewitter und Starkregen verzögert. Der Katastrophenflug begann schon damit, dass KQ 507 ohne Startfreigabe startete. Um 00:06 Uhr zog der Kopilot die Räder ein. Kaum hatte die Maschine 1000 Fuß Höhe passiert, lässt der Captain das Steuer für 55 Sekunden los, und weder er noch der Kopilot beobachten in dieser Zeit die Instrumente. Die Maschine fliegt in die konturlose Nacht, schwarzer Himmel, schwarze Erde, nirgendwo ein Licht. Der Autopilot ist ausgeschaltet. Kaum merklich neigt sich das Flugzeug nach rechts. Kurz bevor die Neigungswarnung ertönt, greift der Captain wieder nach dem Steuer, ist aber offenbar ratlos über die Fluglage. Mit einem ersten Korrekturversuch vergrößert er sogar noch die Kurvenlage nach rechts. 13 Sekunden vor dem Aufschlag in einem Mangrovensumpf ist vom Captain auf dem Stimmenrekorder zu hören: »We are crashing.« Und der Kopilot schreit: »Right, Captain, … LEFT, LEFT, LEFT … correction LEFT.« Die Aufschlagstelle befindet sich drei Meilen hinter dem Pistenende, das Ganze dauerte keine zwei Minuten Flugzeit.

Die Unfallursache wurde eindeutig bei den Piloten gesehen. Dem Captain wurde wiederholt ein schlechtes Crew-Management bescheinigt, dem Kopiloten ein Mangel an Selbstvertrauen. Vor dem Abflug fand kein Briefing statt, und schließlich reagierte keiner der beiden auf die unnormale Flugsituation. Wahrscheinlich wollte der PF nach dem Start sofort den Autopiloten einschalten, was aber wegen der Verwirrung oder Ablenkung nicht geschah. Darum nahm er die Hände vom Steuer. Als das Flugzeug die unerklärlichen Manöver flog, konnte er sich das nicht erklären, weil er »vermeintlich« auf Autopilot war. Nun folgt die mentale Überlastung durch Übergang zum manuellen Fliegen. Das schnelle Umschalten zwischen manuellem Flug und Instrumentenflug ist stets ein kritischer Vorgang. Wenn dann ein Vertigo, also eine räumliche Desorientierung, dazukommt und die Kommunikation im Cockpit bereits zusammengebrochen ist, sinken die Chancen, einen Unfall zu verhindern, gegen Null.

04 – Der São Paulo-Congonhas Airport hat schon so manchen Totalschaden erlebt, ein Dutzend davon mit tödlichem Ausgang. So am 17. Juli 2007, als ein Airbus A320 der brasilianischen TAM mit 187 Menschen an Bord von Porto Alegre kommend nach Starkregen auf der Piste 35L landete. Die Crew war informiert, dass die Runway wegen des stehenden Wassers rutschig sei. Nachdem die Piste einen neuen Belag erhalten hatte, sollten später im Jahr Rillen in den Belag gefräst werden, damit das Wasser ablaufen könne.

Das Flughafenmanagement hatte allerdings beschlossen, die Piste einstweilig in Betrieb zu nehmen. Ausgerechnet vor diesem Flug wurde bei der A320 die Schubumkehr am rechten Triebwerk deaktiviert. Laut Minimum-Equipment-Liste war das für eine Landung in São Paulo-Congonhas statthaft. Für das Ausfahren der Bremsklappen muss das Flugzeug allerdings im Ground-Modus sein, dazu gehört u.a. »Idle Power« und dass bestimmte Schalter an den Fahrwerken von »air« auf »ground« geschaltet haben. Bei nasser Bahn ist das problematisch, besonders wenn das Flugzeug wegen Aquaplaning aufschwimmt, oder wenn eine zu sanfte Landung gemacht wird. Deshalb fuhren die Bremsklappen in São Paulo nicht aus. Das würde den Anhalteweg um 50 Prozent verlängern. Um 18:52 Uhr setzte JJ 3054 mit 142 Knoten auf. Erst als das Bugfahrwerk auch auf dem Boden war, gab der Computer den Umkehrschub auf dem linken Triebwerk frei, während das rechte noch immer geringen Vorwärtsschub abgab. Die Radbremsen reichten nicht aus, das Flugzeug kam von der Piste ab, überquerte einen mehrspurigen Boulevard und krachte mit 96 Knoten in ein Betongebäude mit Tankstelle.

zu 04: Innenstadtflughafen, nasse Piste, Aquaplaning, keine Bremsklappen, reduzierter Bremsdruck, Katastrophe.

Der Captain hatte unterwegs über Kopfschmerzen geklagt. Es ist möglich, dass diese das Unfallgeschehen begünstigten. Auch der Umstand, dass 2,4 Tonnen zusätzlicher Sprit in dem ausgebuchten Flugzeug waren, der Mangel an Erfahrung auf diesem Muster, die rutschige Piste und mangelndes Simulator-Training mit dem Autothrust-Programm haben dazu beigetragen. Zudem trug die kritische Haltung des Managements zu »leichtfertigen Ausweichlandungen« zum psychologischen Druck bei. Auf dem Stimmenrekorder äußerte der Captain mehrfach Bedenken gegen die Landung auf der möglicherweise wasserglatten Piste.

06 – Ein Drama in drei Akten, aber mit glimpflichem Ausgang, spielte sich auf der Insel Okinawa ab. Von Taipeh kommend landete die Boeing 737-800 der China Airlines in Naha um 10:27 Uhr, zog die Landeklappen ein und rollte auf das Vorfeld zur Abstellfläche 41, wo sie um 10:31 Uhr ankam. Um 10:32 Uhr stellte die Crew die Triebwerke ab. Ein Bodentechniker stöpselte das Interphone zum Cockpit an. Um 10:33 Uhr beobachtete der Tower schwarze Rauchwolken am Flug-

zu 06: Die Boeing 737 der China Airlines brannte nach erfolgter Landung auf dem Flughafen Naha in Japan völlig aus.

zeug. Zur selben Zeit meldete der Bodentechniker über das Interphone an das Cockpit ein Feuer am rechten Triebwerk. Während der Captain den Befehl gab, die Passagiere zu evakuieren, löste der Tower Crashalarm aus. Der erreichte unter anderem die Feuerwache unterhalb des Kontrollturms.

Der Ground Controller, der für allen rollenden Verkehr und die Fahrzeuge zuständig ist, war gerade in Kontakt mit zwei Schlepperfahrern über den Bodenfunkkreis. Mehrfach wurde er überlagert mit Funksprüchen, die er nicht zuordnen konnte. Das passiert, wenn Nutzer die Mikrofontaste drücken und sofort losreden. Naha hatte am Tag zuvor neue Handfunkgeräte verteilt. Sie wurden an genau diesem Tag erstmals in Betrieb genommen. Die Nutzer hatten noch keine Erfahrung damit und wussten auch nicht, dass man nach Drücken der Mikrofontaste etwa eine Sekunde warten musste, damit die erste Silbe oder das erste Wort nicht verstümmelt wird. So traute sich der erste Löschzug nicht, den Rollweg zu befahren, ohne die ausdrück-

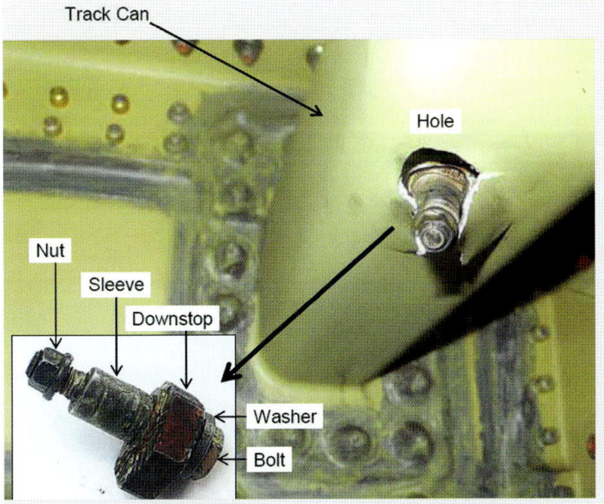

zu 06: Unglücksursache war eine verlorene Unterlagscheibe.

Ursache für den Brand war eine verlorene Unterlagscheibe. Sie war Teil eines schwer zugänglichen Schiebemechanismus an der Vorflügelklappe Nummer 5 über dem Triebwerk. Sie sicherte einen Bolzen, dessen Führung in einem ummantelten Hohlraum in den Flügeltank hineinragte. In ausgefahrenem Zustand diente der Bolzen als Anschlag. Am 6.Juli des laufenden Jahres hatte ein Mechaniker durch eine Klappe unter der Tragfläche den Sitz des Bolzens geprüft und die Mutter ausgetauscht. Dabei fiel ihm die Unterlagscheibe von dem Bolzen. Sie wurde später im Hohlraum gefunden. Die Stelle war nur ertastbar, aber nicht einsehbar. Die Arbeit dauerte von etwa 10 Uhr bis 15 Uhr. Zwischendurch →

machte der Techniker Mittagspause. Nachdem alles wieder zusammengebaut war, ließ er seinen Arbeitsauftrag von einem Supervisor unterschreiben, der aber keine Möglichkeit mehr hatte, die Details zu prüfen. Während der folgenden Flüge arbeitete sich der Bolzen aus der Halterung und fiel in das Gehäuse. Beim letzten Einfahren in Naha wurde er durch das Blech in den Tank gedrückt. Kerosin konnte nun auf das heiße Triebwerk und die heißen Bremsen tropfen und sich entzünden. Der Rest ist bekannt. Boeing änderte daraufhin den Mechanismus an allen baugleichen Flugzeugen und sorgte für eine verbesserte Einsehbarkeit.

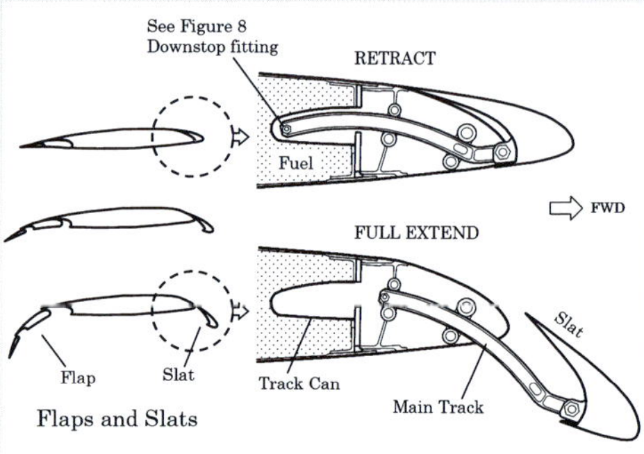

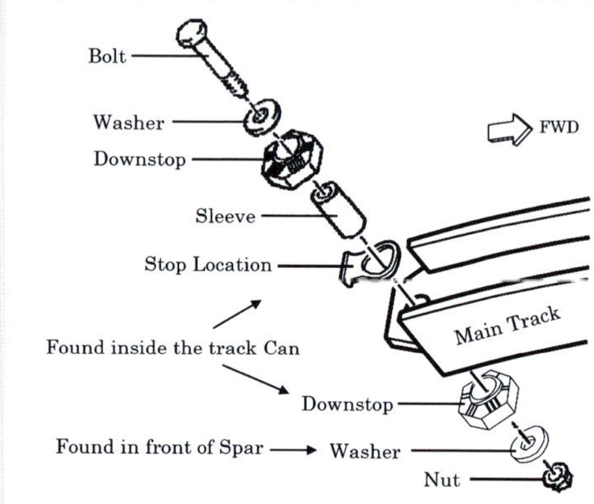

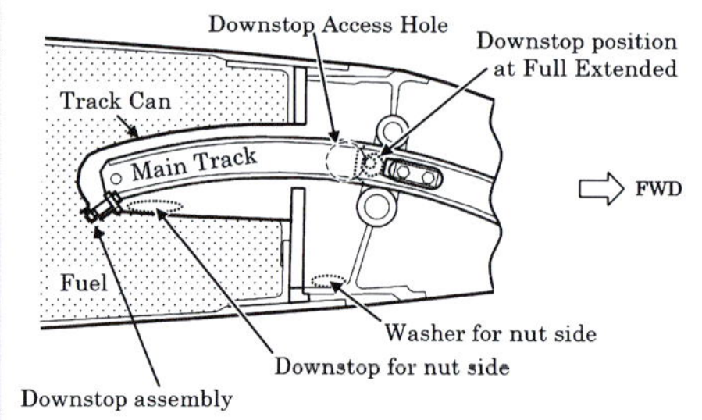

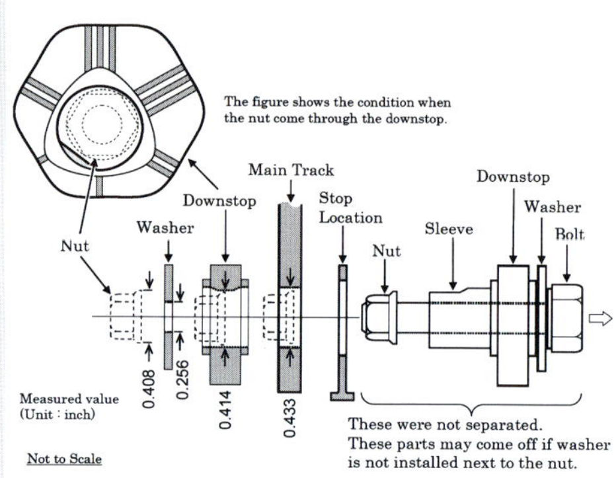

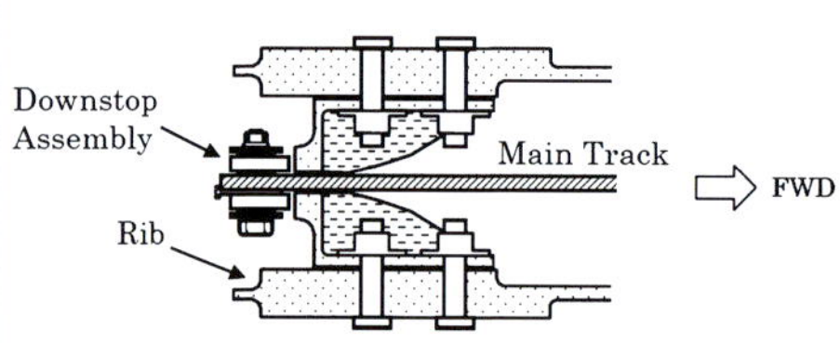

zu 06: Schematische Darstellungen des schwer zugänglichen Schiebemechanismus an der Vorflügelklappe über dem Triebwerk.

liche Genehmigung vom Tower. Erst um 10:37 Uhr fuhr die erste Feuerwehr los. Bis dahin war das Flugzeug bereits evakuiert. Mehrere Tanks explodierten. Um 10:40 Uhr versuchte der Tower vergeblich, die Feuerwehren über Funk zu erreichen. Der zweite Löschzug rückt aus. Um 10:44 Uhr beginnt die Bekämpfung des Feuers. Um 11:37 Uhr ist das Feuer gelöscht. Das Flugzeug brannte vollkommen aus. Es gab keine Tote oder Verletzte.

Wenn es noch einen Beweis gebraucht hätte, dass sich viele kleine Details zu einer Katastrophe ausweiten können, dann wäre dies ein gutes Beispiel.

Lfd. Nr.	Datum	Flug	Flugzeugtyp	Airline	Opfer	Unfallort
01	**17.01.2008**	**BA 38**	**Boeing 777-236ER**	**British Airways**	**0**	**London, UK**
02	21.02.2008	VR 518	ATR 42-300	Santa Bárbara Airlines	46	Mérida, Venezuela
03	15.04.2008		Douglas DC-9-51	Hewa Bora Airways	3 + 37	Goma, DR Kongo
04	**30.05.2008**	**TA 390**	**Airbus A320-233**	**TACA**	**3+2**	**Tegucigalpa, Honduras**
05	10.06.2008	SD 109	Airbus A310-324	Sudan Airways	30	Khartoum, Sudan
06	**20.08.2008**	**JK 5022**	**Douglas DC-9-82 (MD-82)**	**Spanair**	**154**	**Madrid, Spanien**
07	24.08.2008	IRC 6895	Boeing 737-219	Itek Air	65	Bischkek, Kirgistan
08	01.09.2008		Beech 1900C-1	CemAir	17	Bukavu, DR Kongo
09	14.09.2008	SU 821	Boeing 737-505	Aeroflot-Nord	88	Perm, Russland
10	08.10.2008		DHC-6 Twin Otter 300	Yeti Airlines	18	Lukla, Nepal

01 – BA 38 war eine Boeing 777-236 Extended Reach der British Airways auf dem Rückflug von Peking nach London Heathrow. An Bord befanden sich 152 Personen. Die Maschine flog das ILS ab mit aktivem Autopilot und Autothrottle. Zwei Meilen vor der Schwelle zur Piste 27L und 600 Fuß über dem Boden sackte die Boeing plötzlich ab und schlug 300 m vor Beginn der Piste auf. Das rechte Fahrwerk wurde abgerissen, das linke durch die Tragfläche gestoßen. Alle Menschen an Bord konnten das Flugzeug über Notrutschen verlassen. Als Ursache wurde eine Vereisung im Fuel Oil Heat Exchanger (FOHE) angenommen, die den Durchfluss in einem Moment verhindert hatte, in dem der Autopilot mehr Triebwerksleistung angefordert hatte.

04 – Der Flughafen Tincontin in Tegucigalpa liegt auf 1000 m Höhe und ist berüchtigt wegen eines unscheinbaren Hügels im Endanflug, 400 m vor dem Pistenbeginn von Runway 02. Ein gutes Dutzend Totalschäden hatte dieser Flughafen deshalb schon gesehen. Deshalb wurde die Schwelle weitere 440 m nach innen verlegt. Das aber verkürzte die nutzbare Pistenlänge auf 1649 m.

zu 01: Die für die Passagiere glimpflich abgelaufene Landung der Boeing 777 der British Airways in London-Heathrow am 17.01.2008.

zu 04: Missglückte Landung des Airbus A320 der TACA in Tegucigalpa am 30.05.2008

TACA Flug TA 390 landete mit 10 bis 12 Knoten Rückenwind auf regennasser Piste. Die A320 setzte spät auf, 400 m hinter der versetzten Schwelle. Bis alle Bremsen und die Schubumkehr wirkten, waren nur noch 1000 m Piste übrig. Mit noch immer 54 Knoten überrollte das Flugzeug das Pistenende, rollte 20 m auf eine Straße hinab und rammte sich in den Boden. In den Jahren danach wurde der Hügel abgefräst.

06 – JK 5022 war eine MD-82 der Spanair. Sie rollte in Madrid mit 172 Personen an Bord zum Start für einen Flug nach Las Palmas. Als das Flugzeug um 13:24 Uhr auf der Piste stand, wurde es zum Start freigegeben. Um 13:26 Uhr informierte die Crew den Tower, dass sie ein Problem hätten und die Piste erst einmal verlassen würden. Um 13:33 Uhr rollten sie zurück zu ihrem Parkplatz. Ursache war eine fehlerhafte Ram-Air-Turbinenheizung (Notstromaggregat). Ein Techniker bestätigte das Problem und prüfte in der Minimum-Equipment-Liste, ob dieses Element einen Flugausschluss bedeutet. Da das nicht der Fall war, wurde die Sicherung gezogen, 1000 Liter Kerosin nachgetankt und um 14:08 Uhr der zweite Versuch gestartet. Um 14:23 Uhr begann der Startlauf. Doch kaum war das Bugfahrwerk vom Boden, ertönte die Stall-Warnung. Die Maschine kam von der Bahn ab und begann sich in dem unebenen Gelände zu zerlegen, bis sie schließlich in einem Bach zerschellte und in Flammen aufging. Von den 172 Personen an Bord überlebten nur 18.

Die Piloten hatten keine Startklappen gesetzt. Stattdessen telefonierten sie während des Rollvorgangs mit ihren Mobiltelefonen und unterhielten sich mit einer dritten Person über belanglose Dinge. Die Checklisten wurden mehr als schlampig abgearbeitet. Wichtige Punkte dabei übersprungen. Es gab kein Takeoff Briefing.

Lfd. Nr.	Datum	Flug	Flugzeugtyp	Airline	Opfer	Unfallort
01	**15.01.2009**	**US 1549**	**Airbus A320-214**	**US Airways**	**0**	**Hudson River, NY, USA**
02	07.02.2009		Embraer EMB-110P1 Bandeirante	Manaus Aerotáxi	24	Rio Manacapuru, Brasilien
03	**12.02.2009**	**9L 3407**	**DHC-8-402 Q400**	**Colgan Air**	**49 + 1**	**Buffalo, NY, USA**
04	25.02.2009		Boeing 737-8F2	THY	9	Amsterdam, Niederlande
05	**01.06.2009**	**AF 447**	**Airbus A330-203**	**Air France**	**228**	**Atlantik**
06	30.06.2009	IY 626	Airbus A310-324	Yemenia Airways	152	Moroni, Komoren
07	15.07.2009	RV 7908	Tupolew Tu-154M	Caspian Airlines	168	Qazvin, Iran
08	24.07.2009	9D 1525	Iljuschin Il-62M	DETA Air	16	Mashhad, Iran
09	02.08.2009	MZ 9760D	DHC-6 Twin Otter 300	Merpati Nusantara	15	Oksibil, Indonesien
10	11.08.2009	CG 4684	DHC-6 Twin Otter 300	Airlines Neuguinea	13	Kokoda, Neuguinea
11	22.12.2009	AA 331	Boeing 737-823 (WL)	American Airlines	0	Kingston, Jamaika

01 – Als US Airways Flug 1549 in New York LaGuardia um 15:24 Uhr zu einem Routineflug nach Charlotte North Carolina startete, erlebte die Welt eine der Glanzleistungen der Fliegerei. Noch beim Start war der Kopilot Pilot Flying. Als dann um 15:27 Uhr mehrere Gänse in die Triebwerke schlugen und der Schub sofort nachließ, sagte der Captain ganz trocken und ruhig: »Mein Flugzeug«, worauf der Kopilot ebenso ruhig bestätigte: »Ihr Flugzeug«. Und schon hatte er die Checkliste aufgeschlagen und begann sie abzuarbeiten. Keine Minute später setzte er den ersten Mayday-Ruf ab. Die Option, nach LaGuardia zurückzukehren, wurde erwogen, aber gleich wieder verworfen, da man mit einem antriebslosen Flugzeug einen Bogen über Manhattan hätte fliegen müssen. Die Flugsicherung bot noch Teterborough und Newark an, alles nicht weiter als 7 Meilen, doch Captain Chesley Sullenberger hatte sich schon entschieden, den Airbus auf dem Hudson zu landen. Er informierte die Kabine mit einem knappen: »This is the Captain brace for impact.« Hinten würde man wissen, was zu tun ist. Im Cockpit galt es nun, die Landeklappen richtig zu setzen, um das Flugzeug so lange wie möglich in der Luft und über der Stall-Geschwindigkeit zu halten, aber den Anstellwinkel so auszutarieren, dass die Maschine beim Aufsetzen so wenig Schaden wie möglich nehmen würde. Mit 13 Grad AOA gelang ihm das. Um 15:30 Uhr stoppte das Flugzeug auf dem Wasser. Eine halbe Minute später wurde die erste Türe geöffnet, die ersten Passagiere stiegen in die schwimmenden Notrutschen.

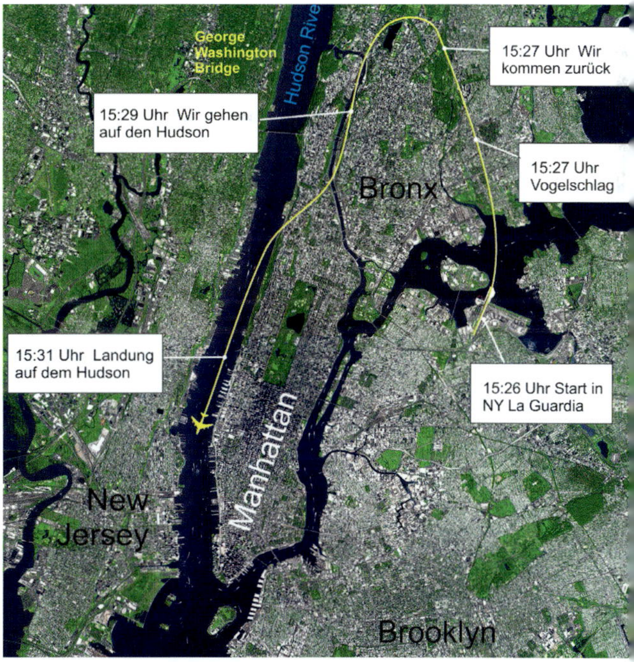

zu 01: Lageansicht von einer der Glanzleistungen der Fliegerei, der Wasserung einer Maschine auf dem Hudson am 15.01.2009.

Beim Studium von Unfalluntersuchungsberichten fällt immer wieder auf, dass die Kommissionen die Teamarbeit im Cockpit bewerten. Oft genug war der Mangel daran ein beitragender Faktor im Unglücksgeschehen. Umso wohltuender war es zu lesen, wie Captain Sullenberger und First Officer Jeffrey Skiles für ihre professionelle und gelassene Zusammenarbeit gelobt wurden. »Sully« wurde herumgereicht vom Bürgermeister zum Präsidenten, er tourte von Ehrung zu Ehrung, erhielt dutzendweise Preise, Orden, Ehrenmitgliedschaften und Auszeichnungen. Clint Eastwood drehte einen Film über diesen Flug. Die Notwasserung auf dem Hudson gilt als fliegerische Meisterleistung, schon weil man sie nicht praktisch trainieren kann. Auch die Flugbegleiter leisteten einen herausragenden Job.

Der Hudson ist voller Fähren. Die erste war schon nach drei Minuten bei der Maschine, weitere sechs kamen innerhalb von zehn Minuten an, um die durchnässten Passagiere aufzunehmen, die mittlerweile schon hüfthoch im eiskalten Wasser standen. Captain Sullenberger ging noch einmal durch das Flugzeug, um sich zu vergewissern, dass niemand zurückgeblieben war. Er verließ das Flugzeug als letzter.

Am Ufer warteten allein 35 Rettungswagen der New Yorker Feuerwehr. Die privaten Rettungsdienste kamen noch hinzu.

03 – Colgan Air unternimmt Zubringerdienste für Continental Connection. Am Abend des 12. Februar war Flug 9L 3407 unterwegs mit 49 Personen an Bord von Newark nach Buffalo. Um 22:15 Uhr wurde die DHC-8 für den ILS-Anflug auf Piste 23 freigegeben. Um 22:16 Uhr nahm die Crew die Leistungshebel auf Leerlauf zurück und fuhr das Fahrwerk aus. Der Autopilot schaltete sich auf das ILS auf. Als die Kopilotin die Klappen auf 10 Grad setzte, ertönte die Stall-Warnung, der Stick-Shaker sprach an. Der Autopilot schal-

zu 01: Unverletzt konnten die Passagiere über schwimmende Notrutschen das Flugzeug verlassen und wurden von zahlreichen Fähren ans Ufer gebracht.

Als beitragende Ursache wurde festgestellt, dass der Captain aus Sorge um Vereisung die Minimumspeed um 15 Knoten erhöht hatte. Dies wurde vor der Landung vergessen zurückzunehmen. So wurde beim Landeanflug die höher eingestellte Mindestgeschwindigkeit unterschritten, der Stick-Shaker (Überziehwarnanlage) sprach an, und der Autopilot schaltete sich ab. Der Kapitän interpretierte die unerwartete Situation offenbar falsch. Anstatt zu drücken, zog er an der Steuersäule und erhöhte so den Anstellwinkel noch weiter. Daraufhin wurde wenig später der Stick-Pusher aktiviert. Dieser drückt die Steuersäule automatisch nach vorn, um den Anstellwinkel des Flugzeuges umgehend zu verringern und damit den unmittelbar drohenden Strömungsabriss zu verhindern. Als die Kopilotin kurz darauf unaufgefordert und ohne Ankündigung die Landeklappen einzog, kam es zum vollständigen Strömungsabriss. Eine der Passagierinnen, die an Bord starben, hatte ihren Gatten am 11. September im World Trade Center verloren.

tete sich ab. Die Crew gab Gas, die Maschine rollte von links nach rechts, der Computer drückte die Steuersäule nach vorne, die Geschwindigkeit fiel auf 100 Knoten. Acht Sekunden nach Ausfahren der Landeklappen zog die Crew sie wieder ein. Nach weiteren Trudelbewegungen ging die Maschine in einen steilen Sturzflug über und stürzte in ein Wohnhaus.

05 – Air France Flug AF 447 befand sich auf dem Rückflug von Rio de Janeiro nach Paris. An Bord des Airbus A330 befanden sich 228 Personen. Start war um 10:28 Uhr Ortszeit in Rio. Der Kopilot war Pilot Flying (PF). Um 01:48 Uhr verließ AF 447 den nordöstlichsten Teil der südamerikanischen Radarabdeckung. Um 01:55 Uhr weckte der Captain den zweiten Kopiloten und blieb beim Briefing noch dabei. Der PF sagte noch, die Turbulenzen, die wir hier vor uns haben, dürften noch eine Weile andauern. Um 02:01 Uhr zog sich der Captain in den Crew Rest zurück. Fünf Minuten später rief der PF die Flugbegleiter und informierte sie über bevorstehende Turbulenzen. Um 02:10 Uhr fielen Systeme wie Autopilot und Autothrust aus. Der PF nahm die Geschwindigkeit zurück. Die drei Geschwindigkeitsanzeigen widersprachen sich oder fielen zeitweilig aus. Stall-Warnungen leuchteten auf und erloschen wieder, die Vertikalgeschwindigkeit schwankte zwischen 7000 Fuß/Minute bis 700 Fuß/Minute, die Maschine oszillierte von 12 Grad rechts nach 10 Grad links, der Airbus wurde zum Spielball des Tropengewitters, in das er eingeflogen war. Der PF zog und zog und brachte das Flugzeug zuerst auf 37.500 Fuß, als dann wieder die Überziehwarnung ansprach. Möglich ist, dass er in seiner Panik den Stick verkrampft festhielt und so die Flugaugmentationsprogramme an der Rettung der Maschine hinderte. Das Flugzeug geriet ins Trudeln und stürzte schließlich ins Meer. Um 02:15 Uhr stoppte die Aufzeichnung.

Unbemannte Tauchroboter entdeckten und bargen am 1. Mai 2011 sowohl den Flugdatenschreiber als auch den Stimmenrekorder. Daraus wurden folgende Schlüsse gezogen: Die Geschwindigkeitsmesssonden wurden durch Eiskristalle verstopft. Obwohl der Verlust der Geschwindigkeitsangaben festgestellt und verkündet worden war, hat keiner der beiden Kopiloten das Verfahren für Geschwindigkeitsanomalien angewendet. Keiner der Piloten hat die Überziehsituation formell erkannt. Außerdem wurde den Piloten der Anstellwinkel des Flugzeugs nicht direkt angezeigt. Natürlich landete dieser Unfall vor Gericht. Ein brasilianisches Gericht verurteilte Air France zur Zahlung von 840.000 Euro an die Hinterbliebenen einer brasilianischen Staatsanwältin, während ein französisches Gericht den Hinterbliebenen einer Flugbegleiterin der Air France 20.000 Euro zusprach.

Lfd. Nr.	Datum	Flug	Flugzeugtyp	Airline	Opfer	Unfallort
01	25.01.2010	ET 409	Boeing 737-8AS(WL)	Ethiopian Airlines	90	Beirut, Libanon
02	10.04.2010		Tupolew Tu-154M	Polnische Luftwaffe	96	Smolensk, Russland
03	12.05.2010	8U 771	Airbus A330-202	Afriqiyah Airways	103	Tripolis, Libyen
04	17.05.2010	NR 1102	Antonow An-24B	Pamir Airways	44	Salang Pass, Afghanistan
05	22.05.2010	IX 812	Boeing 737-8HG (WL)	Air India Express	158	Mangalore, Indien
06	28.07.2010	ED 202	Airbus A321-231	Airblue	152	Islamabad, Pakistan
07	24.08.2010	VD 8387	Embraer ERJ-190	Henan Airlines	44	Yichun, China
08	03.09.2010	VX 6	Boeing 747-44AF (SCD)	UPS	2	Dubai, V.A.E
09	13.09.2010	V0 2350	ATR 42-320	Conviasa	17	Puerto Ordaz, Venezuela
10	04.11.2010	7L 883	ATR 72-212	Aerocaribbean	68	Guasimal, Kuba
11	04.11.2010	QF 32	Airbus A380	Qantas	0	Singapur, Singapur
12	19.12.2010	4U 753	Airbus A319-132	Germanwings	0	Köln-Bonn, Deutschland

02 – Die Tupolew 154 der polnischen Luftwaffe war hochkarätig besetzt: Staatspräsident Lech Kaczynski und seine Frau, der Präsident der polnischen Nationalbank, Slawomir Skrzypek, Generalstabschef Franciszek Gagor, Vizeaußenminister Andrzej Kremer, zehn Generäle, Kirchenvertreter, leitende Vertreter von Zentralbehörden sowie Vertreter von Verbänden der Opferangehörigen des Massakers von Katyn. Außerdem zahlreiche Parlamentarier. Anlass der Reise von Warschau nach Smolensk war der 70. Jahrestag eines von Sowjets verübten Massakers an 4400 gefangenen Polen. Smolensk lag 20 km von Katyn. 90 Minuten vorher war eine Yak der polnischen Luftwaffe in Smolensk gelandet. Während des Anflugs erfuhren die Piloten, dass die Sicht in Smolensk nur 400 m war und dass soeben eine Iljuschin nach zwei Landeversuchen zum Ausweichflughafen geflogen war. Die Tupolew-Crew flog trotzdem Smolensk an. Die Cockpittür war offen, zwei weitere Personen waren anwesend, wie man auf dem Stimmenrekorder feststellen konnte. Die Tonbandabschrift wurde nicht öffentlich gemacht. Um 10:37 Uhr erhielt die Crew die Information, die aktuelle Sicht habe sich auf 200 m verschlechtert. In der russischen Version des Untersuchungsberichts sind folgende Wortfet-

zu 02: Trümmer der Tupolew der polnischen Luftwaffe nach dem Absturz bei Smolensk am 10.04.2010. An Bord war unter anderem die polnische Staatsspitze.

zen zitiert: »Wir haben noch keine Entscheidung des Präsidenten…« und »… er wird durchdrehen, wenn …« Die Crew bat um einen Versuchsanflug in 100 m, gefolgt von einem Durchstartmanöver. Bei diesem Anflug hatte sie jedoch 1 km vor der Piste Bodenkontakt. Die Tupolew schlug auf und zerbrach. Es gab keine Überlebenden.

Die russische Kommission schließt aus flugpsychologischen Untersuchungen, dass die Anwesenheit des Oberbefehlshabers der polnischen Luftwaffe, Andrzej Błasik, im Cockpit den Kommandanten psychisch unter Druck gesetzt habe, trotz unangemessener Risiken einen Landeanflug zu versuchen. Es gab außerdem Mängel in der Vorbereitung und Ausbildung der Besatzung. Protokollchef Mariusz Kazana und Generalleutnant Andrzej Błasik hatten das Cockpit vor dem Landeanflug aufgesucht und den Druck auf die Piloten erhöht, »unter nicht angemessenen Bedingungen« zu landen. Im Blut des Kommandeurs der polnischen Luftstreitkräfte Błasik seien 0,6 Promille Alkohol festgestellt worden.

08 – Am 3. Sept. 2010 war ein Boeing-747-Frachter der UPS mit elektronischen Geräten von Hongkong nach Köln unterwegs. Flug VX 6 landete in Dubai zum Auftanken. Nach dem Start um 18:51 Uhr Ortszeit wechselte die Crew auf die Frequenz von Bahrain. Um 19:12 Uhr ertönte ein Feueralarm. Der Captain entschied, nach Dubai zurückzufliegen. Schnell entwickelte sich Rauch an Bord, der immer dichter wurde und ins Cockpit drang. Die beiden Piloten konnten ihre Instrumente nicht mehr sehen, ein Frequenzwechsel war nicht mehr möglich, alle Kommunikation fand nun über Notfrequenz statt. Andere Maschinen in der Nähe dienten als Relaisstation.

Die Sauerstoffversorgung des Captain brach zusammen, er wurde ohnmächtig. Der Kopilot kämpfte nun allein mit dem Flugzeug und dem Rauch. Er rang um sein Leben, rief andere Flugzeuge auf seiner Frequenz zu Hilfe. Sie gaben seine Fragen an die Fluglotsen in Dubai weiter und übermittelten die Anweisungen von dort. Die umständliche Kommunikation über diese Relaisflugzeuge erhöhte die Pa-

zu 08: Der brennende Boeing-Frachter 747 der UPS zerschellte am 03.09.2010 nach dramatischen Szenen im Cockpit bei Dubai am Boden.

Das Feuer im Laderaum hatte sich in wenigen Minuten so ausgebreitet, dass die Maschine kaum noch zu steuern war. Die Ladung bestand fast ausschließlich aus Paletten mit elektronischen Artikeln, darunter mindestens 35.000 Lithium-Ionen- und Nickel-Cadmium-Batterien plus Dunkelziffer, die nur in Gewicht angegeben war. In dem vollgetankten Flugzeug befanden sich etwa hundert Tonnen hochbrennbare Fracht.

Da Jahr für Jahr über 100 Millionen Lithium-Batterien mit dem Flugzeug befördert werden, entweder in den Taschen der Passagiere, in ihrem Gepäck oder als Fracht, reagierte die ICAO mit strengen Richtlinien für Verpackung und Transport von Lithium-Batterien. Wichtigste Einschränkung: Lithiumhaltige Fracht darf nicht in Passagierflugzeuge verladen werden.

nik im Cockpit der brennenden 747. Immer mehr Crews mischten sich ein, während der Pilot um Hilfe flehte und erfahren wollte, wo er sei, wie hoch er fliege und welche Richtung er steuern sollte. Als er endlich auf Dubai anflog, war er zu hoch, die Landung auf einem anderen Flughafen zehn Meilen weiter schaffte er nicht mehr. Die Maschine stürzte um 19:41 Uhr aus 4000 Fuß ab.

11 – QF 32 war ein Airbus A380 der Qantas Airways, unterwegs von Singapur nach Sydney mit 469 Personen an Bord. Da dies ein Ausbildungs- und Überprüfungsflug war, befanden sich insgesamt fünf Piloten im Cockpit. Um 09:56 Uhr startete die Maschine. Beim Durchsteigen von 7000 Fuß explodierte das Triebwerk Nummer 2. Teile einer Triebwerksscheibe hatten Gehäuse und Tragfläche durchschlagen. Die Crew informierte Singapur Tower, sie würden Warteschleifen fliegen, die Checklisten abarbeiten und dann nach Singapur Changi zurückkommen. Nach der Landung ließ sich Triebwerk Nummer 1 nicht abstellen, aus Nummer 2 lief Kerosin. Das Flugzeug stand mit 900 Grad heißen Bremsen in einem See von Treibstoff. Die Passagiere konnten schließlich über eine Fahrtreppe auf der rechten Seite geordnet aussteigen. Um 13:54 Uhr konnte auch das Triebwerk Nummer 1 abgestellt werden.

12 – 4U 753, ein Airbus A319 der Germanwings, befand sich im Anflug auf den Flughafen Köln, als der Kopilot einen beißenden Geruch im Cockpit bemerkte. Er setzte wohl die Sauerstoffmaske auf, aber ihm war bereits schlecht geworden. »Lande du den Vogel, ich kann nicht [mehr] fliegen«, stammelte er zum Kommandanten. Doch jetzt spürte auch der Captain »ein starkes Kribbeln in Händen und Füßen«, die Sinne begannen ihm zu schwinden. Er erklärte beim Tower Luftnotlage, nahm alle seine Kräfte zusammen und brachte das Flugzeug unter Aufbietung der letzten Konzentration auf die Bahn. Nach dem Ausrollen kamen Sanitäter an Bord. Die entsetzten Passagiere wurden Zeugen, wie die beiden Piloten vor ihren Augen zu einem wartenden Krankenwagen begleitet wurden.

Nach offizieller Verlautbarung der Airline soll der Geruch von Enteisungsflüssigkeit verursacht worden sein. Der Kopilot war danach ein halbes Jahr krankgeschrieben. Statt der Enteisungsflüssigkeit könnten aber auch giftige Öldämpfe über die Zapfluft am Triebwerk ausgetreten sein.

Öldämpfe in der Kabine ist ein hochaktuelles Thema, von dem man noch so lange hören wird, bis die Kabinenluft anderweitig gewonnen wird.

Es ist aber vor allem die Verantwortung der Zulassungsbehörden, für ein sicheres Flugzeug zu sorgen und eine Überwachung der Kabinenluft zu fordern. Es gibt diese Geräte, die mittels Spektrometrie die Luft überwachen können. Einbauen ist immer besser als notlanden.

Feature Story zu Nr. 11

Singapur, 4. November 2010, 09:57 Uhr. Qantas-Captain Richard Champion de Crespigny ließ Fahrwerk und Klappen der A380 einziehen, wies seinen Kopiloten an, die automatische Schubeinstellung auf 250 Knoten einzustellen und den Kurs in Richtung auf Sydney vorzuwählen. Das Cockpit der Maschine, die üblicherweise von zwei Mann geflogen wird, war heute voll. Außer dem kommandoführenden Captain und dem Kopiloten (FO) war noch ein Second Officer (SO) an Bord, ein zweiter Captain, der in Ausbildung zum Check Captain (CC) war, sowie ein Supervising Check Captain (SCC), der die Arbeit des Check Captain beaufsichtigte. Der auszubildende Check Captain sollte auf diesem Flug unter den wachen Augen des Supervisors die Arbeit von de Crespigny überprüfen, ein alter Hase mit 35 Jahren Erfahrung und über 15.000 Flugstunden auf dem Buckel. Sicherlich gab es schon entspanntere Situationen im Cockpit des größten Passagierflugzeugs der Welt, das kurz vor einem Zwischenfall stand, der zu einem der tragischsten Flugzeugunglücke der Luftfahrt hätte eskalieren können. In den Passagierkabinen des zweistöckigen Airbus entspannten sich 440 Passagiere, die von 25 Flugbegleitern betreut wurden. Um den aktiven Merapi-Vulkan in Indonesien großräumig umfliegen zu können, hatte der Captain zwei Tonnen Sprit mehr an Bord genommen als sonst üblich.

Während die Maschine 7000 Fuß passierte, vernahm die Crew einen lauten Doppelschlag. De Crespigny brach sofort den Steigflug ab und schaltete auf Geradeausflug, während der Kopilot die Stoppuhr in Gang setzte. Zwar unterbrach der Autopilot den Steigflug, aber der Autothrust[1] reagierte nicht, sodass die Crew die Leistungshebel von Hand setzen musste, um die gewünschte Geschwindigkeit von 250 Knoten beizubehalten.

Das Flugzeug hat ein Electronic Centralised Aircraft Monitor (ECAM) System, das die Piloten über Ausfälle informiert. Als Reaktion darauf gibt es bei den wichtigsten und kritischsten Ereignissen sogenannte Bold Face Items. Dies sind Maßnahmen, die jeder Pilot entsprechend der aktuellen Situation dann aus dem Kopf ohne Zeitverzug durchführt; erst danach wird die zugehörige Checkliste von der Crew abgearbeitet.

Dieses ECAM wurde aber mehr und mehr zum Fokus der Aufmerksamkeit, denn da tauchten in schneller Folge Warnmeldungen auf, die es in einer solchen Häufung noch in keiner Simulator-Übung gegeben hatte.

Es begann mit der Überhitzungswarnung im Triebwerk Nummer 2. Als Reaktion darauf zieht man den entsprechenden Triebwerkshebel auf Leerlauf und beobachtet für 30 Sekunden, ob die Temperatur fällt. Währenddessen rief der FO die Flugsicherung in Singapur und erklärte, dass sie eine bevorzugte Unterstützung, das heißt Priorität vor dem anderen Flugverkehr, benötigten.

Noch während der 30 Sekunden Wartezeit informierte das ECAM die Crew über ein Feuer in der Nummer-2-Engine, schaltete aber gleich wieder zurück zur Überhitzungsmeldung. Das System begann die 30 Sekunden von vorne an runter zu zählen. »Shut down Number 2 Engine«, befahl der Captain, um den sicheren Weg bei diesen widersprüchlichen Anzeigen zu gehen. Als Reaktion auf das Abschalten des Triebwerkes zeigte das ECAM nun statt der Überhitzungsanzeige den Ausfall des Triebwerks an. Dies wiederum erforderte ein anderes weiteres Vorgehen.

Laut Checkliste musste nun untersucht werden, ob der Motor ernste Schäden hatte. Dies wurde von der Crew aufgrund der vorhandenen Informationen angenommen. Jedes A380-Triebwerk hat zwei Feuerlöschsysteme. Entsprechend der Checkliste wurde das erste aktiviert, die Crew erhielt aber keine Rückmeldung, dass es ausgelöst wurde. Auch ein zweiter Versuch blieb offenbar erfolglos. Auch das Feuerlöschsystem Nummer 2 sandte keine Rückmeldung. Also fuhr man fort, die Checkliste abzuarbeiten und begann, den Sprit aus dem äußeren Flügeltank in einen der Rumpftanks umzupumpen.

Das System zur Übertragung der Triebwerksparameter in das Cockpit signalisierte inzwischen, dass von Nummer 2 keine Informationen mehr dargestellt werden konnten. Die Anzeigen für Nummer 1 und 4 wurden nur noch einge-

[1] Automatische Schubeinstellung für das Triebwerk.

schränkt übertragen, sodass der Crew nicht mehr alle gewohnten Daten zur Verfügung standen. Für die Nummer 3 wurde angezeigt, dass es in einem eingeschränkten Modus arbeitet, als Folge der Eingriffe der Crew in die verschiedenen Systeme.

Im Cockpit war die Hölle los. Warnhörner und Info-Töne begleiteten die aufleuchtenden Warnhinweise auf dem ECAM:

- Triebwerk Nummer 1 und 4 in einem Degraded[2] Modus
- Grünes[3] Hydrauliksystem Druck niedrig. Flüssigkeitsstand niedrig
- Gelbes[4] Hydrauliksystem Pumpe am Triebwerk Nummer 4 fehlerhaft
- Wechselstromversorgung der elektrischen Verteilungssysteme Nummer 1 und 2 ausgefallen
- Flugsteuerungssysteme arbeiten im »Alternate law«[5]
- Vorflügelklappen ausgefallen
- Querrudersteuerung nur noch teilweise nutzbar
- Bremsklappen[6] nur begrenzt steuerbar
- Warnungen für die Fahrwerkbedienung und deren Kontrollanzeigen
- Mehrfache Meldungen über Störungen der Bremssysteme

Dazu kamen Meldungen über

- Enteisungssystem und die Sensoren für die Umgebungsbedingungen[7]
- Treibstoffversorgung
- Ausfall des Systems für einen Kraftstoffschnellablass
- Ermittlung des Flugzeugschwerpunktes
- Autothrust und das automatische Landesystem ausgefallen
- Generator am Triebwerk Nummer 1 ausgefallen
- Lecks in dem Pneumatiksystem in der linken Tragfläche
- Navigations- und Steuerungscomputer überhitzt
- Satelliten-Kommunikationssystem defekt

Während sich die Cockpit-Crew nach und nach durch die Probleme kämpfte, diskutierte man die verschiedenen Optionen: Unverzügliche Rückkehr nach Singapur mit einer Landung über dem maximalen Landegewicht bei Fahrwerkproblemen und Bremsenausfall oder Warteschleifen auf größerer Höhe, um notfalls bei Totalausfall aller Triebwerke zum Flughafen gleiten zu können. Schließlich entschied Captain de Crespigny, auf 7400 Fuß zu bleiben und für die nächste Stunde Holdings 30 Meilen vom Flughafen zu fliegen. Er bat die Flugsicherung, sie für eine halbe Stunde in Ruhe zu lassen, während sie die Checklisten abarbeiteten.

Mittlerweile lagen Informationen vor, dass Triebwerksteile auf der Insel Batam in Indonesien gefunden wurden. Aus Sorge, dass der Treibstoff durch das defekte Kraftstoffsystem verloren ginge, wurde das Umpumpen aus den Flügeltanks eingestellt. Allerdings funktionierte die Telemetrie, denn die Technik in Sydney informierte die Crew über diverse Ausfälle.

Alle 10 Minuten informierten der Captain und der SCC die Passagiere über den Fortgang der Maßnahmen. So wusste jeder an Bord Bescheid, dass die Maschine flugfähig und manövrierfähig war, dass man aber noch Zeit brauchte, um vor der Landung gewisse Dinge vorzubereiten. Bisweilen gingen der SCC und der SO auch selbst zu den Passagieren in die Kabine, um sie persönlich zu beruhigen und die Maßnahmen zu erklären.

Es dauerte 50 Minuten, bis 125 Checklisten abgearbeitet waren. Nach und nach gewann man im Cockpit den Überblick, welche Systeme noch arbeiteten und welche nicht.

Nun ging es darum, die Landung für das schwere Flugzeug vorzubereiten. Da die A380 mit derzeit 440 Tonnen noch 50 Tonnen über dem Höchstlandegewicht lag und die Bremssysteme, wenn überhaupt, dann nur mit Einschränkungen

---

[2] In diesem Modus arbeiten nicht mehr alle Sicherheits- bzw. Steuerungssysteme des Triebwerkes. Dies bedeutet, dass die Leistungsfähigkeit des Triebwerkes eingeschränkt ist.

[3] Das grüne Hydrauliksystem ist eines der beiden primären Hydrauliksysteme im A380. Es wird von den Pumpen an den Triebwerken Nummer 1 und 2 angetrieben.

[4] Das gelbe Hydrauliksystem ist das andere der beiden primären Hydrauliksysteme und wird von den Pumpen der Triebwerke 3 und 4 versorgt.

[5] Abgesicherter Modus, in dem bestimmte Schutzmechanismen nicht mehr zur Verfügung stehen.

[6] Die Bremsklappen werden im Flug teilweise auch als Unterstützung für die Querruder benötigt und kommen während einer Kurve zum Einsatz.

[7] Luftdruck und Außentemperatur sind wichtige Daten für die Geschwindigkeits- und Höhenanzeige im Cockpit und zur Steuerung der Triebwerke.

funktionieren würden, spuckte der Lande-Distanzrechner keine Werte aus. Erst als man die Option für nassen Asphalt ausschloss, errechnete das System eine Landestrecke von 3900 Metern, gerade einmal 100 Meter weniger als die Gesamtlänge der Piste 20C des Changi Airports in Singapur. Der Tower wurde informiert, dass aus dem linken Flügel Flüssigkeiten austreten würden, wahrscheinlich Hydrauliköl und Kerosin.

Vor dem Verlassen des Holdings führte Captain de Crespigny noch einige Checks durch, wie sich das Flugzeug auf Steuereingaben verhielt, und ließ sich dann von der Radarkontrolle in 4000 Fuß auf einen 20-NM-Endanflug führen. Mit halb gefahrenen Klappen testete er die Reaktionen der Maschine, bevor er das Fahrwerk mit dem Notsystem ausfuhr. Immer noch verhielt sich das Flugzeug gutmütig. Mit 166 Knoten Anfluggeschwindigkeit segelte der angeschlagene Riesenvogel in Richtung Piste. Die Vorflügelklappen standen nicht zur Verfügung, Brems- und Steuerklappen nur eingeschränkt. Die Bugradsteuerung würde ebenfalls nur eingeschränkt funktionieren, für die Schubumkehr zur Bremsunterstützung hatte man nur Triebwerk Nummer 3. Das ABS-System für die äußeren Radgruppen stand ebenfalls nicht zur Verfügung.

Captain de Crespigny flog die A380 von Hand. Triebwerke Nummer 1 und 4 lieferten den symmetrischen Vorschub, während er die Geschwindigkeit mit der Nummer 3 kontrollierte.

Da die gesamte Länge der Piste gebraucht wurde, war kein Platz für den Flare, jenen sanften Übergang vom Sinkflug zur Landung. Alle Räder mussten so früh wie möglich auf den Asphalt, um den überschweren Flieger mit der verbleibenden Bremswirkung zum Stehen zu bringen. Währenddessen bereiteten die Flugbegleiter die Passagiere auf eine Notevakuierung vor.

Sechs Sekunden nach dem Aufsetzen des Hauptfahrwerks drückte Captain de Crespigny das Bugrad auf die Piste und wählte die Schubumkehr für die Nummer 3. Beide Piloten stiegen in die Bremsen, was das Zeug hielt. 150 Meter vor Pistenende kam die A380 mit glühenden Bremsen und vier geplatzten Reifen zum Stehen. Die Crew schaltete die Triebwerke ab. Als sie den letzten Schalter auf OFF legten, wechselte das elektrische System auf Notstrom. Dabei fielen zahlreiche Instrumente aus, einschließlich der Radios. Es dauerte eine Weile, bis sie sich über die VHF-Notfrequenz mit der Außenwelt verständlich machen konnten.

Aber noch war die Gefahr nicht vorbei. Kurz vor dem Ausfall der Anzeigen sah der Captain, dass die Temperatur am Fahrwerk bereits auf 900 Grad Celsius gestiegen war. Außerdem ließ sich Triebwerk Nummer 1 nicht abstellen. Auch die Notabschaltung und die Feuerlöscheinrichtung hatten keinen Erfolg. Das Triebwerk lief weiter. Die Feuerwehr informierte das Cockpit, dass aus der linken Tragfläche Kerosin lief. Der FO informierte den Rettungsleiter über die glühend heißen Bremsen.

Die Passagiere verließen das Flugzeug geordnet über eine Fahrtreppe auf der rechten Seite und wurden vom Flugzeug weg zu wartenden Bussen geführt. Schließlich erstickte die Feuerwehr das Triebwerk Nummer 1 mit Löschschaum, da es nicht mehr anders abzustellen war. Die weltweite A380-Flotte wurde zur Sicherheit erst einmal gegroundet.

Dieser Flug dauerte etwa vier Stunden, und doch war er der längste im langen Fliegerleben von Captain Richard Champion de Crespigny. Verletzt wurde niemand. Nach dem Unfall dauerte es vier Monate, bevor Captain de Crespigny wieder flog. Diese Zeit nutzte er zusammen mit einem Psychologen, um den Zwischenfall zu verarbeiten.

Nach langem Suchen wurde die Ursache für den Zwischenfall gefunden: Die Bohrung in einer Welle, die von zwei Seiten durchgeführt wurde, war nicht hundertprozentig zentriert, sondern geringfügig versetzt. Dadurch war es zu erhöhtem Verschleiß im Triebwerk gekommen, ein Zahnrad war gesprungen und hatte Kabelbäume, Hydraulikleitungen und eine Spritleitung beschädigt.

Das Flugzeug wurde in Singapur von Airbus-Mitarbeitern in 70.000 Arbeitsstunden repariert und mit vier neuen Triebwerken ausgestattet. Die Reparatur kostete 139 Millionen Dollar. Darüber hinaus zahlte der Triebwerkhersteller an Qantas eine Kompensation für erlittene finanzielle Schäden in Höhe von 100 Millionen.

Lfd. Nr.	Datum	Flug	Flugzeugtyp	Airline	Opfer	Unfallort
01	09.01.2011	IR 277	Boeing 727-286	Iran Air	78	Urmia, Iran
02	14.02.2011	731	Let L-410UVP-E20	Central American Airways	14	El Espino, Honduras
03	**04.04.2011**	**UNO 834**	**Canadair CRJ-100ER**	**Georgian Airways**	**32**	**Kinshasa, DR Kongo**
04	07.05.2011	MZ 8968	Xian MA60	Merpati Nusantara	25	Kaimana, Indonesien
05	18.05.2011	8R 5423	Saab 340A	SOL Líneas Aéreas	22	Prahuaniyeu, Argentinien
06	13.07.2011		Let L-410UVP-E20	NOAR Linhas Aéreas	16	Recife, Brasilien
07	**20.08.2011**	**7F 6560**	**Boeing 737-210C**	**First Air**	**12**	**Resolute, Kanada**
08	07.09.2011	AKY 9633	Yakovlev Yak-42D	YAK Service	44	Yaroslavl, Russland
09	25.09.2011	BHA 103	Beech 1900D	Buddha Air	19	Kathmandu, Nepal
10	13.10.2011	CG 1006	DHC-8-102	Airlines PNG	28	Madang, Neuguinea
11	**03.11.2011**	**SQ 327**	**Boeing 777-300ER**	**Singapore Airlines**	**0**	**München, Deutschland**

03 – Die Vereinten Nationen haben keinen eigenen Flugzeugpark. Sie sind darauf angewiesen, dass Mitgliedstaaten missionsabhängig Flugzeuge in den Dienst der Weltgemeinschaft stellen. Georgian Airways stellte der *Mission de l'Organisation des Nations Unies pour la Stabilisation en République Démocratique du Congo* (MONUSCO) eine CRJ-100ER zur Verfügung. Der Flug sollte von Kisangani nach Kinshasa gehen. Die Maschine startete um 12:18 Uhr mit 33 Personen an Bord. Um 13:31 Uhr holte sich die Crew das letzte Wetter von Kinshasa ein. Dabei erhielten sie einen ersten Hinweis auf Gewitter im Bereich ihres Zielflughafens. Um 13:39 Uhr begann der Sinkflug. Auf dem Wetterradar waren Gewitterwolken rings um den Flughafen zu sehen. Um 13:50 Uhr wurde UNO 854 für einen Localizer-Anflug auf Piste 24 freigegeben. Während dem kurzen Endanflug prasselte ein Regenschauer auf das Flugzeug. Als sie bei 75 m über dem Boden waren, war die Piste nicht mehr zu sehen. Die Crew entschied sich deshalb, den Anflug abzubrechen und durchzustarten. Als sie bereits wieder Höhe gewannen und auf 130 m über dem Flughafen waren, wurden sie von einem Microburst erwischt und zu Boden gedrückt. Nur eine Person überlebte.

Als Ursache für den Unfall wurde festgestellt, dass die Crew den Anflug riskierte, trotz der Gewittertätigkeit am Flughafen, dass die Airline ihren Crews nicht eingeschärft hatte, solche Situationen zu vermeiden, dass die georgische Luftfahrtbehörde ihre Aufsichtspflicht gegenüber ihren Airlines verletzt hatte und dass letztlich die Flugsicherung in Kinshasa den Flughafen nicht geschlossen hatte, als die Sicht unter die Anflugminima fiel.

07 – Der kanadische Flughafen Resolute Bay ist einer der nördlichsten Flughäfen der Welt. Er liegt im Territorium Nunavut. Die Fluggesellschaft First Air hat sich auf die nördlichen Routen in Kanadas Arktis spezialisiert und befliegt diese unter anderem mit Boeing 737-200. Flug 7F 6560 war mit 15 Personen an Bord unterwegs von Yellowknife nach Resolute. Während des Anflugs auf Piste 35 hatte die Crew unterschiedliche Kompassanzeigen. Sie divergierten zu Beginn des Anfluges um 8 Grad, gegen Ende um mindestens 17 Grad. Das Wetter war neblig. Beim Einkurven auf den Localizer-Kurs überschoss der Captain. Sein Kompass zeigte einen Steuerkurs von 330 Grad, der des Kopiloten 346 Grad. Dazu kam noch eine Winddrift von 3 Grad von links. Durch ein Versehen stand das

Flight Management System nicht auf VOR/LOC, sondern auf MAN/HDG. Es orientierte sich also nicht am Landekurssender, sondern an dem eingestellten Kurs. Der Kopilot äußerte Bedenken, als er die Anzeigen mit seinem GPS verglich. Abgelenkt durch die Diskussion, wie es zu der Diskrepanz kommen konnte, versäumte es die Crew, auf eine sichere Höhe zu gehen und sich neu zu orientieren. Im weiteren Verlauf des Endanflugs versucht der Kopilot 25-mal den Captain davon zu überzeugen, dass sie nicht auf dem Landekurs sind. Vergeblich. Der Ko schlägt vor, den Anflug abzubrechen, auf eine sichere Höhe zu gehen und das Problem zu lösen. Er erinnert den Captain daran, dass sich rechts vom Kurs ein 120 m hoher Hügel befindet. Und genau dort endet die Aufzeichnung des Cockpit Voice Recorders.

Zufällig fand in der Umgebung von Resolute eine Übung der kanadischen Streitkräfte statt, Operation Nanook 2011. 700 Soldaten übten den fiktiven Absturz eines Flugzeugs in der Arktis. 15 Sanitäter, Ärzte und Rettungshubschrauber waren bereits vor Ort. So dauerte es nur Minuten statt Stunden, bis Helfer das Wrack erreichten. Drei Menschen konnten lebend gerettet werden, darunter ein siebenjähriges Mädchen.

zu 11: Neben der Münchner Piste – zum Glück ohne Personenschaden

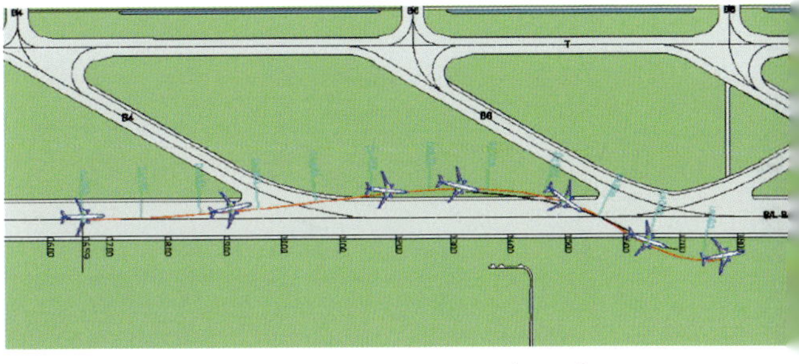

zu 11: Der Wegverlauf der landenden Maschine der Singapore Airlines am 03.11.2011

11 – Bei der Landung in München kam eine Boeing 777 der Singapore Airlines kurz nach dem Aufsetzen zunächst nach links von der Piste ab, im weiteren Verlauf kreuzte sie die Piste und kam auf der anderen Seite im Gras zum Stehen. Die Besatzung hatte sich entschieden, eine automatische Landung durchzuführen, ohne dass die bodenseitigen Voraussetzungen für eine sichere Durchführung gegeben waren. Das Flugzeug wurde kurz vor dem Aufsetzen durch das gestörte Localizer-Signal nach links aus seiner Flugrichtung gebracht. Die Störung wurde durch eine im kurzen Abstand vor der B 777 startende BAE 146-RJ85 hervorgerufen. Da der Autopilot noch eingeschaltet war, konnten die Piloten das Flugzeug nach dem Aufsetzen nicht auf der Piste halten. Eigentlich wollte die Besatzung durchstarten, hatte aber nicht bemerkt, dass die Durchstartautomatik durch das erste Aufsetzen des linken Hauptfahrwerks bereits deaktiviert worden war. Verletzt wurde bei diesem Zwischenfall niemand.

Man kann daraus lernen, dass bei CAT III-Flugbetrieb ein Business-as-usual mit hoher Schlagzahl nicht möglich ist. Es wird dabei zu Verspätungen kommen.

zu 11: Das Instrumentenlandesystem ILS besteht aus mehreren Komponenten am Boden, die mit einem Empfänger und einem Anzeigegerät im Flugzeug kommunizieren. Ca. 300 Meter hinter dem Ende der Piste befindet sich die Landekursantenne, auf Höhe der Aufsetzzone steht die Gleitpfadantenne. Außerdem befindet sich auf dem Mittelkurs etwa 7200 Meter vor der Schwelle der Outer Marker, ein Sender, der senkrecht nach oben strahlt. Ein Middle Marker steht möglichst 1050 Meter vor der Schwelle. Diese beiden Sender markieren die Entfernung zur Piste und lösen im Flugzeug ein audiovisuelles Signal aus.

Die mit der Landekurssendeanlage erzeugten und abgestrahlten hochfrequenten Signale dienen der Kursführung beim Anflug auf die Landepiste. Bei Anlagen bzw. Pisten, die für Allwetterflugbetrieb nach CAT III zugelassen sind, dient sie auch der Kursführung beim Ausrollen nach dem Aufsetzen. Besonders der Landekurssender ist störungsanfällig durch Fahrzeuge oder Flugzeuge in der Nähe. Wird bei schlechter Sicht nach CAT II oder III geflogen, ist aller Bodenverkehr vom Senderfeld des Localizers auf Abstand zu halten. Bei anfliegenden Maschinen sind größere Intervalle zwischen zuvor landenden oder startenden Maschinen anzuwenden.

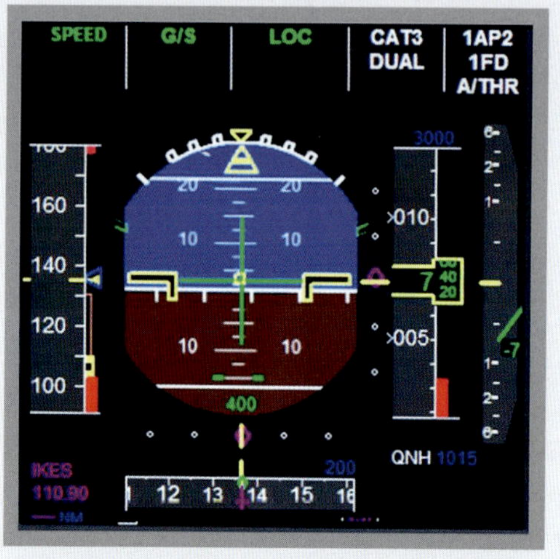

zu 11: Darstellung zum Instrumentenlandesystem ILS

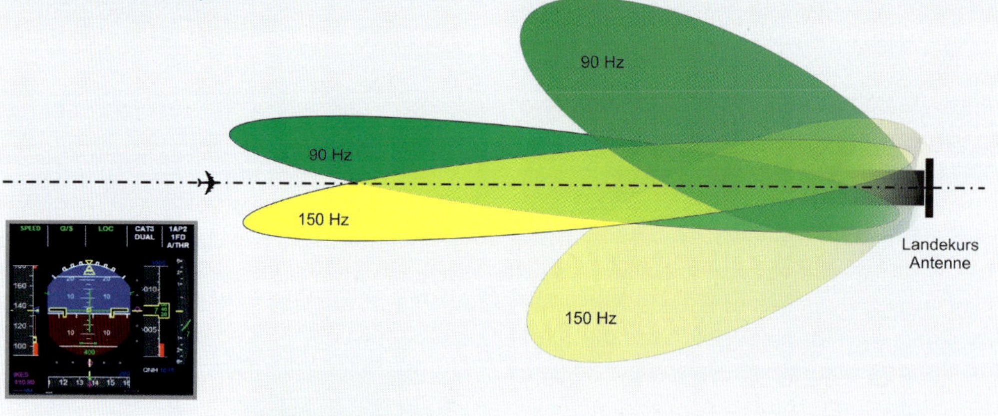

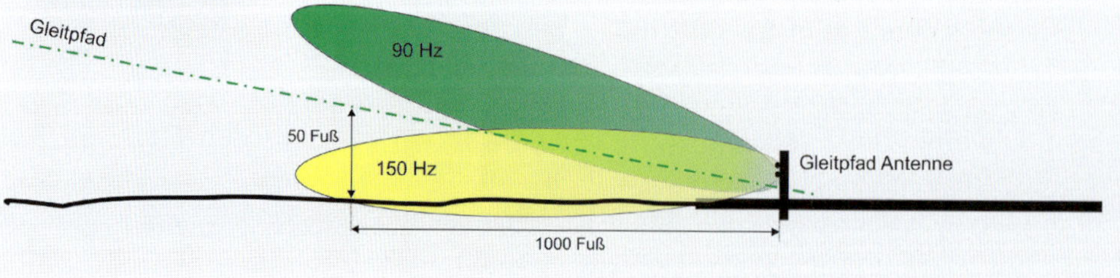

Lfd. Nr.	Datum	Flug	Flugzeugtyp	Airline	Opfer	Unfallort
01	12.02.2012		Gulfstream G-IV	Trident Aviation Services	4 + 2	Bukavu, DR Kongo
02	01.03.2012		Cessna 750 Citation X	Asia Today Ltd.	5	Egelsbach, Deutschland
03	02.04.2012	UT 120	ATR 72-201	UTAir	33	Tyumen, Russland
04	**20.04.2012**	**B4 213**	**Boeing 737-236A**	**Bhoja Airlines**	**127**	**Islamabad, Pakistan**
05	**09.05.2012**		**Sukhoi Superjet 100-95B**	**Sukhoi Civil Aircraft**	**45**	**Jakarta, Indonesien**
06	14.05.2012		Dornier 228-212	Agni Air	15	Jomsom, Nepal
07	02.06.2012	AJK 111	Boeing 727-221F	Allied Air	0 + 12	Accra, Ghana
08	**03.06.2012**	**9J 992**	**DC-9-83 (MD-83)**	**Dana Air**	**153 + 6**	**Lagos, Nigeria**
09	11.06.2012		Antonow An-2R	Avia Zov	13	Serov, Russland
10	19.08.2012		Antonow An-26-100	Alfa Airlines	32	Talodi, Sudan
11	28.09.2012	601	Dornier 228-202	Sita Air	19	Kathmandu, Nepal

04 – Die Boeing 737 der in Pakistan beheimateten Bhoja Air war unterwegs auf einem Inlandsflug mit 127 Personen an Bord von Karatschi nach Islamabad. Start in Karatschi war um 17:05 Uhr. Es sollte der erste Abendflug von Bhoja Air auf dieser Strecke werden. Um 18:19 Uhr beobachtete die Crew aus FL 310 Gewitter und Böenwalzen in der Zielregion. Die Crew diskutiert die Ausweichflughäfen Lahore und Peshawar. Beide Piloten machen sich Sorgen um das Wetter in Islamabad. Der Captain entschließt sich jedoch, zwischen zwei Gewitterzellen hindurchzufliegen, obwohl die Airline von ihren Piloten erwartet, sich davon mindestens 10 Meilen fernzuhalten. Als sie unbeschadet durch den Korridor zwischen den Gewittern gekommen waren, loben sie Allah. Im Endanflug beobachten sie Blitze in der Nähe. 14 Meilen vor der Piste wurde das Wetter immer schlechter. Je näher und tiefer sie zum Flughafen kamen, umso mehr gerieten sie in das Zentrum des Gewitters. Alle Zuversicht war verflogen. Alarme ertönten, der Captain zog zuerst, dann drückte er die Nase nach unten, um Fahrt aufzunehmen, in Bodennähe erwischte er einen weiteren Scherwind, dann zerschellte die Boeing am Boden. Das war eine Folge davon, dass solche Situationen niemals im Simulator trainiert wurden. Keiner der beiden Piloten wusste, wie er die 737 mit einem Durchstartverfahren aus dieser Waschküche herausfliegen konnte. Schließlich wurden sie und alle Passagiere Opfer eines Microburst.

05 – Das Flugzeugwerk Suchoi wurde 1939 im sowjetischen Charkow gegründet. Bis zur Jahrtausendwende liefen nur Militärflugzeuge vom Band, in erster Linie Jagdflugzeuge und Jagdbomber. Der Schwerpunkt liegt auch heute noch auf Jagdflugzeugen. Aber im Jahr 2000 eröffnete Suchoi auch einen Zivilsektor. In Zusammenarbeit mit Boeing und der italienischen Alenia entstand der Suchoi Superjet 100. Nach der Zulassung ging die Firma auf weltweite Werbetour, um das Flugzeug nicht nur im russischen Einflussbereich zu verkaufen. Nach einem Demonstrationsrundflug mit Interessenten aus Myanmar, Pakistan und Kasachstan flog das Werbeteam weiter nach Indonesien. In Jakarta ging die Maschine mit 45 Journalisten und Gästen aus dem Airline-Business an den Start, flog nach Süden, umrundete den Mount Salak, sank dann von 10.000 Fuß auf 6000 und zerschellte knapp unter dem Gipfel des Mount Salak. Die Crew hatte keine Flugvorbereitung gemacht, war sich nicht des gebirgigen Terrains bewusst. Das Flugzeug hatte kein Bodenwarnradar an Bord, und die indonesische Flugsicherung hatte für diese Gegend keine Minimum Vectoring Altitude festgelegt.

08 – Dana Air war in Abuja, Nigeria, registriert. Flug 9J 992 ging um 14:58 Uhr in Abuja zu einem Inlandsflug nach Lagos an den Start. An Bord der DC-9 waren 153 Personen. Um 15:22 Uhr befanden sie sich im Anflug auf Lagos. Zuvor hatten sie schon bemerkt, dass die Drehzahl der Triebwerke nicht mit der Stellung der Leistungshebel übereinstimmte. Als um 15:30 Uhr das linke Triebwerk nicht auf Veränderungen reagierte, übernahm der Captain das Steuer. Um 15:32 Uhr stellte die Crew den Schubverlust auf der Engine Nummer 1 fest. Von 15:37 Uhr bis 15:41 Uhr war die Crew damit beschäftigt, Landkonfiguration herzustellen. Dann stellten sie fest, dass der Schubverlust beide Triebwerke betraf. Sie erklärten Luftnotlage. Um 15:43 Uhr stellte der Captain fest: »Beide Triebwerke stehen.« Während der nächsten 25 Sekunden versuchten sie, die Motoren zu starten, erreichten aber nicht mehr die Piste. Sechs Meilen vor der Piste pflügte die DC-9 durch ein Wohngebiet und ging in Flammen auf.

zu 08: Die DC-9 stürzte am 03.06.2012 kurz vor der Landung in Lagos in ein Wohngebiet.

zu 08: Daher sieh dir gut an, wem du dein Leben anvertraust. Oft hat man die Wahl, manchmal leider nicht.

Bei der Flugunfalluntersuchung kam heraus, dass dem amerikanischen Captain von der FAA drei Jahre zuvor die Lizenz entzogen wurde, weil er nach einer harten Landung das Logbuch gefälscht hatte. Die Empfehlungsschreiben, die er der nigerianischen Luftfahrtbehörde vorgelegt hatte, waren zwar gestempelt, aber nicht unterschrieben. Nach seinen Checkflügen erhielt er jedes Mal negative Einträge. Trotzdem durfte er als Captain fliegen. Einen Nachweis über Crew Ressource Management Training hatte er nicht erbracht. Seit dem 14. März 2012 war er bei Dana Air angestellt. Der Kopilot arbeitete zuvor bei Dana Air als Direktor für den Kabinenservice. Er wurde dann ab Januar 2011 als Pilot beschäftigt.

Auch technisch war die Maschine nicht in Ordnung. Die Treibstoffzufuhr war vermurkst, zusammengepfuscht, geknickt, gebrochen und verdreht. Kein Wunder, dass das Kerosin irgendwann nicht mehr dort ankam, wo es gebraucht wurde.

Lfd. Nr.	Datum	Flug	Flugzeugtyp	Airline	Opfer	Unfallort
01	29.01.2013	DV 760	Canadair CRJ-200ER	SCAT	21	Almaty, Kasachstan
02	**13.04.2013**	**JT 904**	**Boeing 737-8GP (WL)**	**Lion Air**	**0**	**Denpasar, Indonesien**
03	**06.07.2013**	**OZ 214**	**Boeing 777-28EER**	**Asiana Airlines**	**3**	**San Francisco, CA, USA**
04	07.07.2013		DHC-3T Texas Turbine	Rediske Air	10	Soldotna, AK, USA
05	03.10.2013	SCD 361	Embraer EMB-120RT Brasilia	Associated Aviation	16	Lagos, Nigeria
06	14.10.2013		Cessna 208B Grand Caravan	AereoServicio Guerrero	14	Loreto, Mexiko
07	16.10.2013	QV 301	ATR-72-600	Lao Airlines	49	Pakse, Laos
08	17.11.2013	U9 363	Boeing 737-53A	Tatarstan Airlines	50	Kazan, Russland
09	29.11.2013	TM 470	Embraer ERJ-190	LAM	33	Bwabwata, Namibia

02 – JT 904 war eine nagelneue Boeing 737-800 der indonesischen Lion Air, die von Palu über Balikpapan, Banjarmasin und Bandung nach Denpasar unterwegs war. Sie hatte auf dem letzten Teilstück des Fluges 108 Personen an Bord. Um 15:08 Uhr befand sich die Boeing im Endanflug. Der Tower sah die Maschine bereits und gab sie zur Landung frei. Auf 900 Fuß Höhe meldete der Pilot, er habe die Piste nicht in Sicht. Erst kurz vor der Landung meldete der Captain, er sehe die Anflugbefeuerung. Die Maschine kam jedoch unmittelbar danach in heftigen Regen. Eine Sekunde, nachdem der Captain den Fehlanflug anordnete, schlug die Maschine im Wasser auf, 20 m vor dem Ufer. Alle 108 Personen an Bord überlebten. Die Ursache schien eindeutig: Die Sinkrate war zu hoch, die Minimum Descent Altitude wurde unterschritten, der Entschluss für ein Fehlanflugverfahren kam zu spät.

03 – Asiana ist die zweite große südkoreanische Airline. OZ 214 war am 6. Juli 2013 von Seoul mit 307 Personen an Bord nach San Francisco unterwegs. Auf dem linken Sitz im Cockpit saß ein Captain mit 9700 Flugstunden, der sich mit der Boeing 777 vertraut machen sollte. Es war bereits sein zehnter Flug auf diesem Muster. Auf dem rechten Sitz saß ein Instruktor-Pilot. Der First Officer hatte auf dem Klappsitz dahinter Platz genommen. Das Wetter war optimal mit einer Sicht von 20 km. Der ILS-Gleitpfad war an diesem Tag für die Piste 28L allerdings nicht in Betrieb. OZ 214 wurde daher für einen Sichtanflug freigegeben. Bei 1600 Fuß wurde der Autopilot abgeschaltet. Die Spoiler brachten die Geschwindigkeit herunter, bei 200 Fuß hatte die Boeing nur noch 118 Knoten. Wenige Sekunden vor dem Aufschlag versuchte die Crew noch durchzustarten, schlug dann aber gegen die Uferbefestigung. Fahrwerk und Heckteil brachen ab, das Flugzeug drehte sich nach dem ersten Aufschlag um 330 Grad und kam 750 m weiter neben der Piste zum Liegen. Die Notrutschen an den rechten vorderen Türen bliesen sich nach innen auf und klemmten die

Die Untersuchungskommission wies auf das Missmanagement im Cockpit hin. Von der unbeabsichtigten Abschaltung der Geschwindigkeitssteuerung bis zur verspäteten Einleitung des Durchstartverfahrens sei es eine Fehlleistung des gesamten Cockpits gewesen. Allerdings wurde auch die schlechte Dokumentation des Herstellers Boeing und die lückenhafte Ausbildung der Asiana-Piloten bemängelt.

zu 03: Die missglückte Landung der Boeing 777 der südkoreanischen Asiana Airlines auf dem Airport in San Francisco am 06.07.2013. Die einzigen Todesopfer gab es während der Rettung.

Flugbegleiterinnen noch während der Crashlandung ein. Einer der Piloten befreite sie mit einer Feueraxt. Nummer 1 und 2 links öffneten sich nach außen. Die meisten Passagiere konnten vom Flugzeug weglaufen. Die Flugbegleiter und Passagiere, die im Heck saßen, wurden aus dem Flugzeug geschleudert, als das Heck abbrach. Darunter waren zwei 16-jährige Mädchen, die nicht angeschnallt waren. Eine davon wurde versehentlich von einer Feuerwehr überfahren, die andere starb später im Krankenhaus an ihren Verletzungen.

Lfd. Nr.	Datum	Flug	Flugzeugtyp	Airline	Opfer	Unfallort
01	12.01.2014		Cessna 501 Citation I/SP	Theo Steil GmbH	4	Trier-Föhren, Deutschland
02	16.02.2014		DHC-6 Twin Otter 300	Nepal Airlines	18	Sandhikhark, Nepal
03	**08.03.2014**	**MH 370**	**Boeing 777-2H6ER**	**Malaysia Airlines**	**239**	**Indischer Ozean**
04	17.05.2014		Antonow An-74TK-300	Laos Government	16	Xieng Khouang, Laos
05	**17.07.2014**	**MH 17**	**Boeing 777-2H6ER**	**Malaysia Airlines**	**298**	**Hrabove, Ukraine**
06	23.07.2014		ATR-72-500	TransAsia Airways	48	Magong, Taiwan
07	24.07.2014		DC-9-83 (MD-83)	Swiftair	116	Gossi, Mali
08	10.08.2014		HESA IrAn-140-100	Sepahan Airlines	40	Teheran, Iran
09	**28.12.2014**	**QZ 8501**	**Airbus A320-216**	**Indonesia AirAsia**	**162**	**Karimata Strait, Indonesien**

03 – Die Geschichte der MH 370 ist noch immer ein Mysterium, da nur die Phase bis zum Abschalten des Transponders nachvollziehbar ist. Alles was danach folgte, sind Spekulationen, Berechnungen, Wahrscheinlichkeiten, wahnwitzige Verschwörungstheorien und die Untersuchung von angeschwemmten Fundstücken und Flugzeugteilen. Aber es ist auch eine deutliche Mahnung, die internationale Luft- und Seefahrt mit Geräten auszustatten, die eine zuverlässige Alarmierung samt Standortbestimmung ermöglichen. Und es ist ein Beispiel für eine beinahe globale Suchaktion, die man sich ersparen kann, wenn man in ein intelligentes Ortungssystem investiert. Gesichert ist, dass die Boeing 777 der Malaysia Airlines um 00:41 Uhr in Kuala Lumpur mit 239 Personen

zu 03: Die mysteriöse Flugroute der am 08.03.2014 abgestürzten MH 370 der Malaysia Airways. Das Flugzeug gilt seitdem als verschollen.

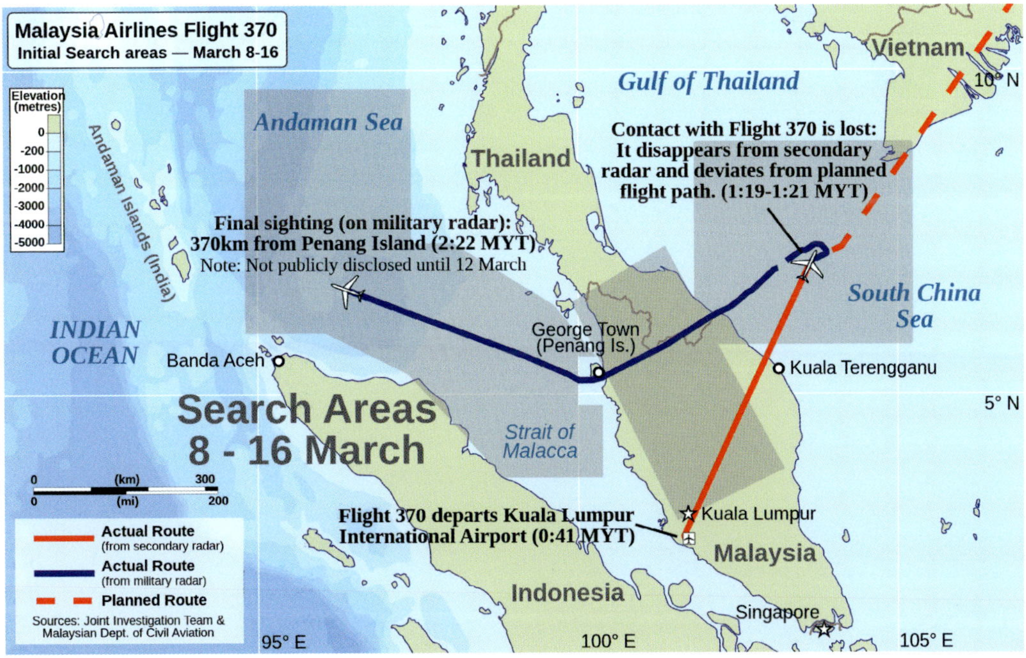

an Bord gestartet ist. Um 01:07 Uhr erreichte sie die Reiseflughöhe auf FL 350. Um 01:19 Uhr wurde sie auf die Frequenz des Ho Chi Minh Air Traffic Control Center in Vietnam entlassen. Um 01:21 Uhr wird der Transponder abgeschaltet. Danach ist nur noch auf militärischem Radar ein Blip zu sehen, der in entgegengesetzter Richtung bis zur Andamanen-See verfolgt werden kann. Von diesem Blip vermutet man, es könne die 777 sein, gesichert ist das jedoch keineswegs. Am 29. Juli 2015 wurde am Strand von Réunion ein rechtes Höhenruder gefunden, das MH 370 zugeordnet werden konnte. Auch in Mozambik, Südafrika und auf Mauritius wurden immer wieder Flugzeugteile angeschwemmt, die mit hoher Wahrscheinlichkeit von der malaysischen Boeing stammen. Mit Strömungskarten versuchte man seitdem immer wieder, das mögliche Absturzgebiet neu einzugrenzen. Über 100.000 Quadratkilometer Ozean wurden mit Schiffen, Flugzeugen und Tauchrobotern abgesucht. Im Mai 2017 wurde die staatliche Suche offiziell eingestellt.

05 – Und wieder traf es Malaysia Airlines, wieder war es eine Boeing 777, diesmal war es MH 17, ein Flug mit 298 Personen an Bord von Amsterdam nach Kuala Lumpur. Als die Boeing in den ukrainischen Luftraum einflog, war sie auf FL 330 auf Frequenz von Dnipro Control. Sie befand sich 1000 Fuß über dem gesperrten Luftraum. Wegen eines Gewitters wich die Crew mit Erlaubnis der Flugsicherung vorübergehend 20 Meilen nach links aus. Um 13:20 Uhr übermittelte Dnipro Control die weitere Streckenfreigabe, erhielt aber keine Antwort mehr. Der Sprengkopf einer BUK-Rakete explodierte direkt vor dem Cockpit. Die Boeing wurde zerrissen, die Trümmer verteilten sich über ein Gebiet von 50 Quadratkilometern.

09 – Der Airbus A320 des indonesischen Ablegers von AirAsia war unterwegs von Surabaya nach Singapur, als eine Warnmeldung den Ausfall des Ruderausschlagbegrenzers meldete. Der Captain (PNF) verfuhr nach Checkliste, machte einen Reset, worauf beide Ruderbegrenzer wieder normal funktionierten. 13 Minuten später passierte dasselbe wieder. Nach einem neuerlichen Reset war das Problem behoben. Doch es trat gleich darauf wieder auf. Nach dem vierten Mal beschloss der Captain, etwas anderes zu tun. Er hatte einmal beobachtet, wie ein Techniker am Boden die Sicherungen des Flugsteuerungscomputers gezogen hatte, um einen Reset zu machen und die Ruderbegrenzer neu einzustellen. Dieser Computer kontrolliert die Dämpfer, die Ruderausschläge, die Überzieh- und die Geschwindigkeitsbegrenzer. Die Sicherungen dürfen auf keinen Fall im Flug gezogen werden. Der Kopilot als PF war entsprechend überrascht, als der Autopilot rausflog und das Flugzeug unnatürliche Fluglagen einnahm, sich auf die Seite legte, nach oben stieg. Er versuchte dagegenzuhalten. Irgendwann riss die Strömung ab, und das Flugzeug schlug auf dem Wasser auf. Ursache für den Ausfall des Ruderbegrenzers war eine schadhafte Lötstelle. Ursache für den Absturz war das Ziehen der Sicherung im Flug.

zu 05: Spezialisten suchen nach Spuren von Raketen-Sprengstoff.

Lfd. Nr.	Datum	Flug	Flugzeugtyp	Airline	Opfer	Unfallort
01	04.02.2015	GE 235	ATR-72-600	TransAsia Airways	43	Taipeh, Taiwan
02	24.03.2015	4U 9525	Airbus A320-211	Germanwings	150	Prads-Haute, Frankreich
03	16.08.2015	IL 257	ATR 42-300	Trigana Air Service	54	Oksibil, Indonesien
04	31.10.2015	7K 9268	Airbus A321-231	Metrojet	224	Hasna, Ägypten

01 – Die Piloten einer zweimotorigen ATR-72 der TransAsia Airways erhalten direkt nach dem Start die Warnung, dass das RECHTE Triebwerk ausgefallen ist. Sie stellen daraufhin das LINKE Triebwerk ab und erklären Luftnotlage, offenbar ein Zeichen von Panik, die es im Cockpit durch Eignungstests, Auswahl, Training und Teamwork zu verhindern gilt. Genau dies passierte in Taipeh auf dem Inlandsflug nach Kinmen mit 58 Personen an Bord, von denen 43 den Flug nicht überleben würden. Nach dem Start um 10:51 Uhr stieg der Turboprop auf 1350 Fuß. Um 10:52 Uhr ertönte der Alarm, der einen rechten Triebwerksausfall signalisierte. 26 Sekunden später wurde das linke Triebwerk auf Leerlauf gestellt und die Treibstoffversorgung abgeschaltet. Statt auf Kurs zu bleiben, kurvte die Maschine nach links, sie verlor daraufhin an Höhe. Um 10:53 Uhr rief der Kopilot Shung Shang den Tower und erklärte Luftnotlage. Das Flugzeug kurvte nach

zu 01: Das zugrundeliegende Problem war offenbar eine Kaltlötstelle an der Triebwerkselektronik. Einen ersten Hinweis gab es schon während des Starts, die Crew hatte versäumt, diesen abzubrechen. Danach wäre die richtige Aktion gewesen, das Flugzeug in eine stabile Fluglage zu bringen und das Problem zu analysieren. Das falsche Triebwerk abzustellen, war der nächste kapitale Fehler. Eine Teamarbeit im Cockpit war nicht vorhanden.

zu 01: Während des Absturzes der zweimotorigen ATR-72 der taiwanesischen TransAsia gelang diese Aufnahme einer Dashcam. Wie sich herausstellte, war es eine panische Fehlleistung im Cockpit.

rechts, die Crew versuchte einen Neustart des Triebwerks Nummer 1. Um 10:54 Uhr gelang das auch. Von einer Dashcam wurde gefilmt, wie sie ein Viadukt überquert und ein Taxi trifft. Teile der linken Tragfläche brechen ab, das Flugzeug stürzt in den Keelung River.

02 – Selbstmord ist eine tragische Sache. Wenn aber ein Selbstmörder andere Menschen mit sich in den Tod reißt, dann gab es bei Eignungstest und Auswahl, bei Backgroundcheck und Gesundheitsüberwachung, im Kollegenkreis und im sozialen Umfeld Defizite, die nicht bemerkt wurden. Der Airbus A320 der Germanwings mit der Flugnummer 4U 9525 war von Barcelona nach Düsseldorf unterwegs. An Bord waren 144 Passagiere und eine sechsköpfige Crew. Um 10:30:08 Uhr war die A320 über den südfranzösischen Alpen in FL 280. Der Captain informierte seinen Kopiloten, dass er das Cockpit kurz verlassen und zur Toilette gehen würde. Kaum war er alleine, verriegelte der Kopilot die Türe und drehte das Flugkontrollsystem von 38.000 Fuß auf 100 Fuß. Eine Sekunde später reagierte das Flugzeug, der Schub stellte sich auf Leerlauf, das Flugzeug ging in den Sinkflug über. Um 10:33:12 Uhr wurde die Geschwindigkeit manuell von 273 auf 308 Knoten erhöht. Die Flugsicherung versuchte einzugreifen, erhielt aber keine Antwort. Um 10:34 Uhr ging die Türklingel. Der Kopilot reagierte nicht. Der Captain hämmerte gegen die Türe und versuchte das Cockpit über das Interphone zu erreichen. Der Kopilot reagierte nicht. Durch einfaches Umlegen eines Schalters an der Mittelkonsole gibt es keine Möglichkeit mehr, die Türe zu öffnen. Auch Gewalt ist zwecklos, da die Türen nach dem 11. September gehärtet wurden.

Um 10:41 Uhr schlug das Flugzeug in einer Höhe von 1.550 m im Bergmassiv Trois-Évêchés in den Provenzalischen Alpen auf.

In den nahegelegenen Orten machte sich Hilfsbereitschaft breit. Hilfskräfte und Angehörige wurden aufgenommen, Menschen räumten ihre Zimmer für ausländische Gäste, waren Tag und Nacht auf den Beinen, um für deren Bedürfnisse da zu sein. Freiwillige Helfer begaben sich in die Berge, unterstützten in schwierigstem Gelände eine Hilfsaktion, die ihnen körperlich, geistig und seelisch das Letzte abforderte.

Psychologen halfen, wo sie konnten, aber auch Laien ohne Fremdsprachenkenntnis nahmen trauernde Angehörige in die Arme und leisteten etwas, was eigentlich jeder Mensch kann, Beistand. Wenn sich Menschen schweigend umarmen, wenn nur die Herzen miteinander sprechen, hilft das oft mehr als ein polyglotter Rhetoriker, der versucht Trost zu spenden.

Bei der Untersuchung des Unfallhergangs und der handelnden Personen wurde »jeder Stein umgedreht«: Lebensumstände, Charakter, Freizeitverhalten in den letzten 28 Tagen, Tagesablauf und Ruhezeiten der letzten 72 Stunden, Mahlzeiten, Medikationen, letzter ärztlicher Check-up. Die Flüge der letzten 90 Tage wurden betrachtet unter besonderer Berücksichtigung der letzten 28 Tage und des Vortags. Man entdeckte, dass der Kopilot zuvor in psychiatrischer Behandlung war, dies jedoch seinem Arbeitgeber verschwiegen hatte. Er musste damit rechnen, sein Einkommen und seinen Status zu verlieren. Offenbar war er sich über seinen Geisteszustand bewusst und hatte entschieden, sein Leben auf diesem Flug zu beenden.

Die besondere Tragik bei diesem erweiterten Selbstmord manifestierte sich in einer Schulklasse des Joseph-König-Gymnasiums in Düsseldorf. Sie kehrte von einem Schüleraustausch mit einem Gymnasium in Barcelona zurück. Die Teilnehmer waren ausgelost worden. 16 Schüler fielen der Katastrophe zum Opfer, die anderen 24 dürfen weiterleben, weil sie eine Niete gezogen hatten.

Lfd. Nr.	Datum	Flug	Flugzeugtyp	Airline	Opfer	Unfallort
01	24.02.2016	TB 193	Viking Air DHC-6 Twin Otter 400	Tara Air	23	Dana, Nepal
02	19.03.2016	FZ 981	Boeing 737-8KN (WL)	flydubai	62	Rostow-na-Donu, Russland
03	13.04.2016		PADC/BN-2T Islander	Sunbird Aviation	12	Kiunga, Neuguinea
04	19.05.2016	MS 804	Airbus A320-232	EgyptAir	66	Ägyptische Küste
05	28.11.2016	LMI 2933	Avro RJ85	LaMia	71	Rionegro, Kolumbien
06	07.12.2016	PK 661	ATR 42-500	PIA	47	Havelian, Pakistan

04 – MS 804 war ein Airbus A320 der EgyptAir. Er startete um 23:21 Uhr in Paris mit 66 Personen an Bord. Um 02:29 Uhr gab es den letzten Kontakt mit der griechischen Flugsicherung. Da flog der Airbus in FL 370 noch mit südlichem Kurs auf Kairo zu. Die griechische Luftverteidigung beobachtete danach eine scharfe Wende nach Osten, gefolgt von einer weiteren Wende in die andere Richtung. Dann stürzte er von FL 370 auf FL 150, bevor er ganz vom Radar verschwand. Einen Monat später konnte man die Blackbox und den Stimmenrekorder bergen. Offenbar war an Bord ein Feuer ausgebrochen. An später geborgenen Leichen fand man Spuren von Sprengstoff.

05 – Flug LMI 2933 war eine Avro RJ85 der bolivianischen Fluggesellschaft LaMia. Sie startete in Santa Cruz, Bolivien, zu einem Flug nach Medellín, Kolumbien. An Bord waren 77 Personen, 71 von ihnen sollten diesen Flug nicht überleben.

Feature Story zu Nr. 05

Die Copa Sudamericana der Vereinsmannschaften ist so etwas wie die Champions League in Europa. Für das Finale im kolumbianischen Medellín hatten sich die Clubs von Chapecó und Atlético Nacional qualifiziert. Es sollte am 29. November 2016 stattfinden. Doch zehn Meilen vor dem Zielflughafen ging der Avro RJ85 der Treibstoff aus, das Flugzeug stürzte ab, 71 Menschen fanden den Tod. Wie so oft war das der Schlusspunkt einer Kette von Ereignissen und Versäumnissen, die sich aufaddierten.

Die Línea Aérea Mérida Internacional de Aviación (LaMia) war eine bolivianische Charterfluggesellschaft, die erst am 1. Januar 2016 den Betrieb mit zwei Avros aufnahm. Sie spezialisierte sich schnell darauf, Sportmannschaften zu ihren Wettkämpfen oder Spielen auf dem südamerikanischen Kontinent zu fliegen. Später kam heraus, dass der Eigentümer der Airline und sein Sohn in kriminelle Machenschaften verstrickt waren. Außerdem hatte das Flugzeug zum Zeitpunkt des Unfalls keine gültige Versicherung. LaMia stellte zum Jahresende 2016 ihren Dienst ein. Von den acht Mitarbeitern sind drei in Haft, der Rest ist seit dem Unfall flüchtig und wird mit internationalem Haftbefehl gesucht.

Der Wunsch des Vereins von São Paulo, mit LaMia direkt nach Medellín zu fliegen, wurde von der brasilianischen Luftfahrtbehörde ANAC verweigert. Für einen Direktflug müsse die Airline entweder in Brasilien oder in Kolumbien ihren Sitz haben. Da es bilaterale Absprachen zwischen den beiden Ländern gäbe, käme ein Direktflug mit der Airline eines Drittlandes (Bolivien) nicht in Frage, auch wenn eine der Grundregeln des internationalen Luftverkehrs dies vorsieht. Da LaMia aber dem Club einen guten Preis gemacht hatte, beschloss der Vorstand, mit einem Linienflug ins bolivianische Santa Cruz zu fliegen und von dort mit LaMia nach Medellín weiterzureisen. →

Im Rahmen der Flugunfalluntersuchung wurde bekannt, dass der Pilot der LaMia bei der Vergabe der Fluglizenz nicht die erforderliche minimale Stundenzahl hatte. Dies war der Behörde bekannt. Der Leiter der Zulassungsbehörde war der Sohn des General Managers von LaMia. Auch er landete daraufhin im Gefängnis.

Da die Strecke von Santa Cruz bis Medellín für einen Nonstopflug knapp über der Reichweite der Avro war, war ein Tankstopp in Cobija vorgesehen. Cobija schließt jedoch eine halbe Stunde nach Sonnenuntergang. Wegen einer Verzögerung beim Start in Santa Cruz entschloss sich der Captain, direkt durchzufliegen. Sollte der Sprit nicht reichen, hätte er in Bogotá noch einmal auftanken können. In der Nähe von Bogotá erörterte die Crew tatsächlich den Tankstopp, entschloss sich jedoch, die letzten 125 Meilen nach Medellín durchzufliegen.

Vielleicht hätte es LaMia Flug 2933 auch noch bis auf den Boden geschafft, wäre da nicht ein anderes Flugzeug mit Verdacht auf ein Treibstoffleck im Anflug gewesen. Jener Pilot hatte rechtzeitig Luftnotlage erklärt und erhielt deshalb Vorrangbehandlung. Die LaMia war aber bereits kriminell weit in die Reserve gegangen, weshalb der Captain die ernste Notlage verschwieg. Stattdessen musste er Warteschleifen fliegen. Als es dann zu spät war und er um Hilfe und sofortige Landung bat, war er noch 10 Meilen von der Piste weg. Die Triebwerke blieben stehen, die Maschine stürzte ab.

Wegen der Tragik des Unfalls verzichtete die Mannschaft von Medellín auf das Spiel. Chapecó wurde der Sieg im Rahmen einer Trauerfeier zugesprochen und zum Gewinner der Copa Sudamericana 2017 erklärt. Chapecó erhielt auch die 2 Millionen Dollar Preisgeld. Anfang 2019 starb einer der sechs überlebenden Sportler (45) an einem Herzinfarkt.

Der Captain, übrigens Miteigner der Airline, war ein unverantwortliches Risiko eingegangen. Die Maschine war außerdem noch mit 400 kg überladen. Alles andere waren »Contributing Factors«. Der verspätete Start in Santa Cruz kam übrigens deshalb zustande, weil einer der Spieler noch darauf bestand, ein Videospiel aus seinem Koffer zu holen, der bereits verladen war.

zu 05: Abweichende Flugrouten durch den Verzicht eines Tankstopps, der letztlich den Absturz verursachte.

Lfd. Nr.	Datum	Flug	Flugzeugtyp	Airline	Opfer	Unfallort
01	16.01.2017	TK 6491	Boeing 747-412F	ACT Airlines	4 + 35	Bischkek, Kirgistan
02	14.12.2017	STC228B	Cessna 510 Citation Mustang	Skytaxi Luftfahrt	3	Sieberatsreute, Deutschland
03	31.12.2017	5C9916	Cessna 208B Grand Caravan	Nature Air	12	Punta Islita, Costa Rica

01 – TK 6491 war die Frachterversion einer Boeing 747-412. Sie war unterwegs von Hongkong nach Istanbul mit Zwischenlandung in Bischkek, Kirgistan, wo eine frische Crew auf das Flugzeug wartete. Morgens um 07:06 Uhr war die 747 im Anflug, das Wetter war schlecht, 350 m Sicht. Aber es gab ja ILS. Frühzeitig in der Standard-Anflug-Route gab der Fluglotse die Maschine frei für den ILS-Anflug und den Sinkflug auf 3400 Fuß. Da war die Crew noch damit beschäftigt, auf FL 092 herunterzukommen. Laut Anflugkarte sollte der Anflug in FL 60 beginnen. In 3600 Fuß konnten sich die Piloten zwar auf den Landekurssender aufschalten, waren aber noch zu hoch für den Gleitpfad. Nach Übergabe zum Tower war die Boeing bereits bei 1,7 nautische Meilen, aber noch immer 400 Fuß über dem Gleitpfad. Bei 1,1 nautische Meilen zeigte der Sinkflugwinkel neun Grad an, normal waren drei Grad. Als die Autoland-Automatik den elektronischen Gleitpfad erfassen konnte, ging das Flugzeug in einen Sturzflug über. Der Kopilot verlangte ein Durchstartverfahren. Zwar sprachen die Triebwerke an und produzierten Schub, aber das Flugzeug war auf 58 Fuß durchgesackt. Einen Kilometer hinter dem Pistenende bekam die Boeing Bodenberührung, durchbrach einen Betonzaun und crashte in ein Feriendorf. Außer den vier Mann Besatzung kamen 35 Personen in den Bungalows ums Leben, 14 Menschen wurden verletzt, darunter viele Kinder. 19 Häuser wurden zerstört. Als publik wurde, dass es ein türkisches Flugzeug war, wehrte sich Turkish Airlines, das Flugzeug gehöre ACT (registriert in der Türkei) und distanzierte sich von den Piloten. Das sollte aber alles keine Rolle spielen, denn das Flugzeug war unter einer Flugnummer von Turkish Airlines unterwegs.

Der Tail der abgestürzten Boeing 747 der ACT-Airlines in Bischkek, Kirgistan

Lfd. Nr.	Datum	Flug	Flugzeugtyp	Airline	Opfer	Unfallort
01	18.02.2018	EP 3704	ATR 72-212	Iran Aseman Airlines	66	Yasuj, Iran
02	11.03.2018		Canadair Challenger 604	MC Aviation	11	Shahr-e Kurd, Iran
03	12.03.2018	BS 211	DHC-8-402Q Dash 8	US-Bangla Airlines	51	Kathmandu, Nepal
04	**11.04.2018**		**Iljuschin Il-76TD**	**Algerische Luftwaffe**	**257**	**Boufarik, Algerien**
05	**04.08.2018**		**Junkers Ju-52/3mg4e**	**Ju-Air**	**20**	**Piz Segnas, Schweiz**
06	09.09.2018		Let L-410UVP	Slaver Company	20	Yirol, Südsudan
07	**29.10.2018**	**JT 610**	**Boeing 737 MAX 8**	**Lion Air**	**189**	**Jakarta, Indonesien**

04 – Eine Iljuschin IL-76 der algerischen Luftwaffe stürzte kurz nach dem Start auf der Boufarik Air Base mit 257 Menschen an Bord auf einen Acker, zerbrach und ging in Flammen auf. An Bord waren Soldaten und Familienangehörige. Es gab keine Überlebenden.

05 – Zwischen 1932 und 1952 wurden fast 5000 Junkers Ju 52 gebaut. Heute gibt es noch drei flugfähige Exemplare, mit denen Rundflüge angeboten werden. Als einer der Oldtimer mit der Schweizer Registrierung HB-HOT von Locarno mit 20 Personen nach Dübendorf unterwegs war, flog er in ein Tal südwestlich des Piz Segnas ein. Aus einer Linkskurve kam er dann nicht mehr heraus, sondern kurvte in fortwährenden Spiralen nach unten, bis das Flugzeug auf dem Talboden aufschlug. Der Unfall kostete allen 20 Insassen das Leben.

Daraufhin wurden alle drei verbliebenen Flugzeuge der Ju Air vorübergehend stillge-

zu 05: Die ausgebrannte Iljuschin. Das Flugzeug war eines der Arbeitspferde der Aeroflot und der sowjetischen/russischen Luftwaffe.

Trauriges Ende eines Flugzeugveteranen, der ein zweites Leben gefunden hatte.

legt und penibel inspiziert. Als nirgendwo ein technischer Defekt zu finden war, durften die Flugzeuge wieder fliegen. Erst bei der Untersuchung des Wracks wurden Haarrisse an tragenden Elementen festgestellt, die bei einer normalen Inspektion nicht zu entdecken sind. Da alle drei Maschinen ungefähr aus demselben Jahrgang 1939 sind und in etwa gleich viele Stunden geflogen sind, legten die Schweizer Behörden die ganze Flotte wieder still, bis sie noch einmal überprüft wurden.

ins Meer. Da Lion Air in der Vergangenheit schon mehrere Totalschäden hatte, wurde der Unfall medial nicht so begleitet, wie er es verdient hätte. So verbot die australische Regierung allen ihren Angestellten auf Lion Air zu buchen, bis die Ursache geklärt sei. Erst als am 10. März 2019 ein baugleiches Flugzeug der Ethiopian aus denselben Gründen abstürzte, erfolgte ein weltweites Grounding aller Maschinen dieses Typs.

07 – JT 160 war eine nagelneue Boeing 737 MAX 8 der indonesischen Lion Air auf dem Inlandsflug von Jakarta nach Pangkal. Schon während des Starts um 06:10 Uhr sprach der Stick Shaker an, die Geschwindigkeitsanzeigen links und rechts stimmten nicht überein. Kurz darauf verursachte die automatische Trimmung Abwärtsbewegungen der Flugzeugnase, die von den Piloten immer wieder korrigiert werden mussten. Um 06:33 Uhr stürzte die Boeing

Der kurze Flugweg der JT160.

Lf. Nr.	Datum	Flug	Flugzeugtyp	Airline	Opfer	Unfallort
01	**14.01.19**	**IRZ171**	**Boeing 707**	**Saha Airlines**	**15**	**Teheran**
02	30.01.19	C-GTUC	Beech 200	Air Tindi	2	39 km von Whati
03	**10.03.19**	**ET302**	**Boeing 737 MAX 8**	**Ethiopian Airlines**	**157**	**Addis Abeba, Äthiopien**
04	14.04.19		Beech 100 King Air	Summit Air	1+2	Lukla, Nepal
05	**16.04.19**	**GAF 1401**	**Bombardier Global 5000**	**Deutsche Luftwaffe**	**0**	**Berlin-Schönefeld**
06	**05.05.19**	**SU 1492**	**Sukhoi Superjet 100**	**Aeroflot**	**41**	**Moskau-Sheremetyevo**
07	**27.12.19**	**UP**	**Fokker F-100**	**Bek Air**	**12**	**Almaty**

01 – Saha Airlines ist ein iranisches Staatsunternehmen, das 1990 gegründet wurde und mit vier Flugzeugen Charteraufträge für die iranische Luftwaffe fliegt. Am 14. Januar 2019 flog sie Fleisch von Bischkek (Kirgisistan) nach Teheran. Sie sollte auf RWY 30 des Payam Airport mit einer Pistenlänge von 3679 m landen. Die Boeing landete aber versehentlich auf der Piste 31L der Fat'h Air Base, deren Schwelle etwa 10 km von dem Zielflughafen entfernt ist. Und diese Piste ist nur 1300 m lang. Die Maschine überschoss das Pistenende, rollte über eine Straße und krachte in eine Häusersiedlung hinter der Air Base. Von den 16 Insassen überlebte nur der Bordmechaniker. Es gibt immer wieder Zwischenfälle, bei denen Piloten dicht hintereinander liegende Flughäfen verwechseln, zumal deren Pisten ja passend zu den vorherrschenden Winden in der betreffenden Region angelegt sind. Bei einer gründlichen Flugvorbereitung wird man schriftlich auf diese Gefahr hingewiesen.

Auch mit vier Triebwerken im Umkehrschub sind 1300 m Pistenlänge zu wenig für eine Boeing 707.

03 – Ethiopian Airlines Flug ET 302 war eine gerade mal vier Monate alte Boeing 737 MAX 8. Um 08:38 Uhr startete sie in Addis Abeba mit 157 Menschen an Bord zu einem Flug nach Nairobi. Gleich nach dem Start erhielt der Computer fast im Sekundentakt falsche und unrealistische Angaben zu Fluglage

zu 03: Da die Umstände denen der Lion Air glichen, erhielt dieser Flugzeugtyp weltweit Flugverbot. Vermutlich führte das neuartige Trimmsystem MCAS (Maneuvering Characteristics Augmentation System), welches kritische Situationen durch Reduzierung des Anstellwinkels verringern soll, zu den unnötigen und gefährlichen Korrekturen, gegen die die Crew den Kürzeren zog. Außerdem wurde das Zulassungsverfahren der amerikanischen Luftfahrtbehörde FAA untersucht. In der Kritik stand die Mitwirkung von Boeing- Ingenieuren bei der Zulassung, was einem unabhängigen Verfahren entgegenstünde. Bestimmte Zertifizierungen wurden sogar an den Hersteller delegiert und die Resultate abgesegnet. Die FAA gab zu bedenken, wenn sie nicht auf das Know-how der Hersteller zurückgreifen könne, bräuchte sie 1500 zusätzliche Planstellen. Dieses Geld sei derzeit nicht vorhanden. So standen nach dem Flugverbot 350 bereits ausgelieferte Maschinen am Boden.

Zur Boeing 737 Max 8:
Ladenhüter. Nach dem Grounding haben viele Airlines ihren Enthusiasmus über das neue Flugzeug verloren. Manche Fluggesellschaften haben ihre Bestellungen storniert, andere warten auf die Umrüstung und ein realistisches Training ihrer Piloten. Die Max 8-Abstürze der Lion Air am 29.10.2018 und der Ethiopian Airlines am 10.3.2019 waren ein Desaster nicht nur für die Passagiere, sondern auch für die Airlines, und für den Hersteller.

und Geschwindigkeit, auf die der Autopilot zu reagieren versuchte. Alarme und Warnsignale ertönten im Cockpit, die Trimmung veränderte sich fremdgesteuert, die beiden Piloten erhielten unterschiedliche Anzeigen. Ausschalten des Autopiloten und manuelle Eingriffe halfen nichts, der Computer wehrte sich dagegen und neutralisierte die Steuerimpulse aus dem Cockpit. Mit vereinten Kräften versuchten die Piloten die Steuersäule zu ziehen und sich gegen den Absturz zu stemmen, der Computer war stärker. 50 km südlich von Addis Abeba schlug die Maschine auf. Alle Insassen fanden den Tod.

05 – Die Flugbereitschaft der Luftwaffe verfügt über eine Flotte von VIP-Maschinen unterschiedlicher Größe. Besonders für Inlandsflüge stehen die Global 5000 und 6000 von Bombardier zur Verfügung. Die Lufthansa Technik wartet diese Flugzeuge. Am 16. April 2019 wurde eine Global 5000 nach einer Grundüberholung in Berlin Schönefeld testgeflogen. Die Flugbesatzung bemerkte bald Probleme mit der Flugsteuerung. Gleich nach dem Start ging das Flugzeug in steile Kurven über und war dabei Kräften von bis zu + 5 g ausgesetzt. Es gelang der Besatzung, zum Flughafen Schönefeld zurückzukehren. Bei der Notlandung wurden beide Tragflächen durch Bodenkontakt beschädigt.

Der Krater an der Aufschlagstelle der MAX 8

Die Ursache war schnell gefunden: Die Steuerungsgruppe war seitenverkehrt eingebaut worden. Ein Steuerinput nach links ließ das Flugzeug nach rechts fliegen und umgekehrt. Ähnliche Fehler haben in der Vergangenheit schon zu Abstürzen geführt. Den Piloten gebührt maximale Anerkennung, das Flugzeug unter diesen Umständen wieder auf die Piste zu bringen. Trotzdem war es irreparabel beschädigt.

Der Unfall war das Ergebnis einer Reihe von Auslassungen und Fehlern, die ihren Ursprung in verschiedenen Kernbereichen hatten und viele Menschen direkt oder indirekt betrafen. Auslösendes Ereignis waren Installation und Einstellung der RCIMs (Roll Control Input-Module). Der Systemaufbau ermöglichte es, die RCIMs so zu installieren und einzustellen, dass die Multifunktionsspoiler entgegen der entsprechenden Eingabe funktionierten und keine Fehlermeldungen auf dem EICAS (Triebwerksanzeige und Besatzungs-Warnsystem) erzeugten. Da sich die Wartungsmannschaft ausschließlich auf die EICAS-Warnungen verließ, blieb der Fehler bei den Tests nach der Installation unentdeckt.

06 – Der Aeroflot-Flug 1492, ein Suchoi Superjet, kehrte zur Landung auf den Moskauer Flughafen Scheremetjewo in Russland zurück und geriet bei einem Notlandeversuch in Flammen. Von den 78 Personen an Bord überlebten 41 nicht.

Das Flugzeug startete um 18:03 Uhr Ortszeit von der Landebahn 24C des Flughafens Scheremetjewo zu einem Linienflug nach Murmansk, Russland. Die Sicht war gut, aber in 6000 Fuß Höhe gab es einige Cumulonimbuswolken in der Nähe des Flugplatzes.

Die Flugbesatzung schaltete den Autopiloten ein, als das Flugzeug eine Höhe von 700 Fuß (215 m) durchschritt. Um 18:08 Uhr, als das Flugzeug eine Höhe von etwa 8900 Fuß (2700 m) durchschritt, trat ein Fehler im elektrischen System auf. Zu diesem Zeitpunkt befand sich das Flugzeug 30 km westnordwestlich des Flughafens in einem Gebiet mit Gewitteraktivität.

Der Captain übernahm die manuelle Steuerung des Flugzeugs. Der Funkkontakt brach ab, die Crew konnte den Anfluglotsen nicht erreichen und setzte den Transpondercode auf 7600 (Verlust der Funkverbindung). Ge-

Der Suchoi Superjet 100 sollte die russische Luftfahrtindustrie wieder konkurrenzfähig machen. Der Superjet wurde anfangs viel gelobt, erwies sich aber auf Dauer als teuer und bei widrigem Wetter schwer zu fliegen.

gen 18:17 Uhr überschoss das Flugzeug die Landebahnmittellinie. Die Flughöhe betrug zu diesem Zeitpunkt etwa 2400 Fuß. Die Suchoi vollendete einen Vollkreis und setzte den Endanflug auf Landebahn 24L fort. Beim Sinkflug von 335 auf 275 m (1100–900 Fuß) ertönte das Windscherenwarnsystem fünfmal: „Durchstarten. Windschere voraus".

Aus einer Höhe von 80 m (260 ft) über dem Boden sank das Flugzeug unter den Gleitpfad. Um 18:30 Uhr überflog es die Landebahnschwelle und setzte 900 m hinter der Schwelle mit einer Geschwindigkeit von 158 Knoten auf. Der Aufprall erfolgte aus einer Höhe von etwa 2 m mit einer g-Kraft von mindestens 2,55 g. Nach einem Satz landete das Flugzeug erneut auf dem Bugfahrwerk, diesmal mit einer vertikalen Belastung von 5,85 g und wurde 6 m in die Höhe geschleudert. Die dritte Landung erfolgte bei einer Geschwindigkeit von 140 Knoten mit einer vertikalen Überlastung von wiederum 5 g. Dies führte zu einem Bruch der Flügelstruktur und der Kraftstoffleitungen. Flammen brachen aus und verschlangen das Heck des Flugzeugs. Es kam auf dem Gras zwischen Landebahn 24L und zwei Rollwegen zum Stehen. Noch während der Evakuierung verschlangen die Flammen den hinteren Rumpf.

07 – Bek Air 2100 war eine Fokker 100 aus Kasachstan. Das Flugzeug befand sich auf einem planmäßigen Inlandsflug nach Nursultan. Der Captain war Pilot Flying (PF). Bei –12° C wurde nur das Höhenleitwerk enteist, nicht die Tragflächen. Start war um 07:20 Uhr. Unmittelbar nach dem Abheben des Flugzeugs von der Piste rollte es zuerst 5° nach rechts, dann 19° nach links, der Steigungswinkel nahm auf 14° zu. 42 Sekunden später verlor es an Höhe, es rollte von rechts nach links, bis es dann aus 6 m Höhe wieder auf die Piste fiel und dabei das Heck beschädigte. Das Bugfahrwerk war bereits eingefahren, das Hauptfahrwerk noch nicht. 15 Sekunden lang rollte es damit auf der Landebahn entlang, ohne dass seine Geschwindigkeit nennenswert zunahm. Schließlich hob es mit 138 Knoten wieder ab, wieder berührte das Heck die Landebahn. Die Besatzung fuhr das Fahrwerk ein. Das Flugzeug rollte erneut von links nach rechts, wobei sich der Steigungswinkel auf 19° erhöhte. Die Geschwindigkeit verringerte sich auf 130 Knoten, die Fokker gewann kaum an Höhe. Um 07:21:09 Uhr neigte sich das Flugzeug nach rechts, sank und glitt über den Boden, durchbrach den Flughafenzaun und kollidierte mit einer Geschwindigkeit von 147 Knoten mit einem Haus. 12 Insassen starben, 47 waren verletzt, 8 davon schwer.

Folgen einer fahrlässigen Enteisung vor dem Start

Die Ursache führte man auf die asymmetrische Enteisung zurück. Der Captain hatte der nächtlichen Wettersituation ungenügend Bedeutung beigemessen und auf eine Enteisung der Tragflächen verzichtet. Insbesondere hat die Besatzung versäumt, die Vorderkante des Flügels gründlich zu inspizieren. Das Flugsicherheitsmanagementsystem von Bek Air enthielt hauptsächlich allgemeine Bestimmungen, die für die Crews interpretierbar waren.

Lfd. Nr.	Datum	Flug	Flugzeugtyp	Airline	Opfer	Unfallort
01	08.01.20	PS752	Boeing 737-8KV (WL)	Ukraine International Airlines	176	Khalajabad
02	27.02.20	-	Antonov An-225	Antonov Design Bureau	0	Kiev-Gostomel
03	22.05.20	PK8303	Airbus A320-214	Pakistan International Airlines - PIA	97 + 1	Karachi
04	07.08.20	AXB 1344	Boeing 737-8HG (WL)	Air India Express	21	Kozhikode-Calicut Airport (CCJ)
05	22.08.20		Antonov An-26B	South West Aviation, Isf Skyway Air	9	ca 4 km NW of Juba Airport (JUB)

01 – Die Boeing 737-800 von Ukraine International Airlines war planmäßig um 00:57 Uhr Ortszeit in Teheran gelandet. Der Rückflug nach Kiew sollte um 05:15 Uhr Ortszeit starten. In der Zwischenzeit wurden gegen 02:15 Uhr Ortszeit im Iran zahlreiche ballistische Raketen aus dem Iran auf US-Stützpunkte im Irak abgefeuert, als Reaktion auf die Tötung von Generalmajor Qasem Soleimani durch einen US-Drohnenangriff.

Infolge dieser Militäroperation änderte sich die Alarmstufe der iranischen Luftverteidigung. Gegen 04:00 Uhr informierte der militärische Sektor den zivilen Sektor der Luftraumkontrolle des Landes, dass nur die Flüge starten dürfen, die bereits vom Verteidigungsnetzwerk erkannt und für den Flugbetrieb freigegeben wurden. Dadurch wird die korrekte Identifizierung ziviler Flüge durch das Verteidigungsnetzwerk sichergestellt und ein versehentliches Anvisieren vermieden.

Um 05:49 Uhr wurden die Türen geschlossen, das Flugzeug war startklar.

Nach Kontaktaufnahme mit dem Area Control Center forderte die ATC-Einheit um 05:52 Uhr die Freigabe für den ukrainischen Flug an. Das Area Control Center leitete die Anfrage für Flug PS752 an das Air Defense Coordination Center weiter, das anschließend

Abgeschossen

die entsprechende Freigabe erteilte. Nach dem Start um 06:11 Uhr kontaktierte der Flug Mehrabad Radar und erhielt die Freigabe, auf Flugfläche 260 zu steigen und nach Erreichen von 6000 Fuß nach rechts abzubiegen, um direkt zum PAROT-Meldepunkt zu fliegen.

Als das Flugzeug nach dem Abheben stieg, erschien es im Luftverteidigungssystem. **Ein falsches Initialisierungsverfahren der Nordausrichtung des Systems hatte jedoch einen 107-Grad-Fehler im System verursacht.** Daher wurde die Richtung der von diesem System erkannten Objekte und Ziele vom Bediener mit einer Erhöhung um 107 Grad beobachtet.

Um 06:13:56 Uhr entdeckte der Bediener der Luftverteidigungseinheit ein Ziel in seinem 250-Grad-Azimut, das auf einem 52-Grad-Kurs flog. Gleichzeitig flog PS752 aus einem 143-Grad-Azimut auf das Verteidigungssystem zu. Das Flugzeug flog einen 309-Grad-Kurs.

Um 06:14:21 Uhr meldete der Bediener die Spezifikationen des erkannten Ziels über das Kommunikationsnetzwerk an das Koordinationszentrum. Die Meldung wurde nicht erfolgreich übermittelt.

In der Zwischenzeit begann der Systembediener mit der Analyse der beobachtbaren Informationen und kategorisierte das erkannte Ziel als Bedrohung. Um 06:14:41 Uhr feuerte der Bediener der Luftverteidigungseinheit, ohne eine Antwort vom Koordinationszentrum zu erhalten, eine Rakete auf das von ihm erkannte bedrohliche Ziel ab.

Nach den geltenden Verfahren ist der Bediener des Verteidigungssystems nicht zum Schießen berechtigt, wenn er keine Kommunikation mit dem Koordinationszentrum herstellen kann und den Feuerbefehl nicht erhält.

Die Funkzündung der Rakete wurde um 06:14:59 Uhr aktiviert. Zu diesem Zeitpunkt befand sich Flug PS752 auf 8100 Fuß Höhe an einer Position etwa 20 km westnordwestlich des Flughafens.

Nachdem die Funkzündung der ersten Rakete aktiviert worden war, war das Radar der Luftabwehreinheit noch immer auf das Ziel gerichtet und das Verteidigungssystem erkannte und verfolgte es weiterhin. Unter Beobachtung der Kontinuität der Flugbahn des erkannten Ziels feuerte der Bediener des Verteidigungssystems um 06:15:11 Uhr die zweite Rakete auf das Flugzeug ab.

Um 06:45:24 Uhr wurde die letzte Kommunikation zwischen der Rakete und dem Verteidigungssystem an einem Ort in der Nähe der Flugroute des Flugzeugs aufgezeichnet. Danach zeigte das Verteidigungssystem eine Meldung an, dass der Angriff fehlgeschlagen war, wobei das Flugzeug nach einiger Zeit aus der Radarerfassung verschwand.

Das Flugzeug drehte nach rechts und gegen 06:16:11 Uhr brach auf dem Flugzeug ein Feuer aus, das sich intensivierte. Das Flugzeug verlor an Höhe und stürzte um 06:18:23 Uhr auf einen Spielplatz in Khalajabad, 15 km nördlich des Flughafens.

03 – PIA 8303 war ein Airbus A320 der **Pakistan International**, unterwegs von Lahore nach Karachi. An Bord befanden sich 91 Passagiere und 8 Besatzungsmitglieder. Während des größten Teils des Fluges war die Cockpit Crew in Gespräche über das Coronavirus vertieft. Wiederholt wurden Anweisungen der Flugsicherung auf 3000 Fuß zu sinken ignoriert. Schließlich begann der Anflug auf 9780 Fuß. Weil sie zu hoch und zu nah vor der Piste waren, wählte die Crew den **Open Descent Mode**. Das Flight Management System berechnet dann abhängig von der Entfernung vom Final Approach Fix in 1000 Fuß über Grund rückwärts die Sinkrate. Um die Höhe noch schneller wegzudrücken, schaltete die Crew den Autopiloten aus und fuhr die Bremsklappen aus. Das wiederum bringt die Computerberechnung durcheinander.

02 – Am 27.02.2022 wurde bei einem russischen Angriff auf den Flughafen Kiew Gostomel das größte Frachtflugzeug der Welt zerstört! Die An-225 Myria war die einzige Maschine dieses Typs weltweit. Und sie wurde für alles Mögliche gebraucht. Sie hat Lokomotiven geflogen, Transformatoren, Turbinen, halbe Kraftwerke, Schiffsmotoren, Hubschrauber, Rettungsgeräte, Windkraftanlagen, Spezialmaschinen nach Fukushima … Sie flog Katastropheneinsätze, brachte Lebensmittel und Zelte in zerstörte Regionen, versorgte Menschen in Überschwemmungsgebieten. Es gab wahrscheinlich kein Großprojekt auf dem Globus, das nicht auf dieses Flugzeug angewiesen war. Die Maße ihres Frachtraums galten als Maximalstandard für Großgüter, die transportfähig sein mussten. Nun wird auch hier alles eine Nummer kleiner, die Anlieferung teurer, und alles wird umständlicher. Stillstände und Reparaturen werden länger dauern.

Tragisches Ende eines legendären Flugzeugs

Abstürze im Stadtgebiet gelten als nicht überlebbar.

Gleichzeitig wechselte die Crew auf die Frequenz des Karachi Approach-Controllers. Dieser riet der Crew, eine Verzögerungsschleife zu fliegen, damit das Flugzeug das erforderliche Sinkflugprofil erfassen konnte. Die Crew ignorierte das und versuchte, den Gleitpfad und den ILS-Localizer von oben zu erwischen. In 7221 Fuß Höhe, etwa 10,5 NM von Landebahn 25L entfernt, begann der Sinkflug. Karachi Approach wies wiederholt auf die zu große Höhe hin, aber der Anflug wurde fortgesetzt. In 1740 Fuß und einer Entfernung von etwas weniger als 5 nautischen Meilen erreichte die Maschine von oben den Gleitpfad und den Kurssender von Landebahn 25L. Bei 243 Knoten und Landekonfiguration wurden Übergeschwindigkeits- und Boden-Warnungen ausgelöst. Statt wie üblich das Flugzeug auf die Frequenz des Towers zu schicken, kontaktierte Karachi Approach den Tower, um eine Landefreigabe einzuholen.

Der Tower-Controller gab die Maschine zur Landung frei ohne zu bemerken, dass die Fahrwerke **nicht** ausgefahren waren. Karachi Approach im Radarraum gab dem Flugzeug daraufhin die Landefreigabe weiter. In 500 Fuß Höhe betrug die Fluggeschwindigkeit 220 Knoten bei einer Vorflügel-/Klappenkonfiguration 3 und einer Sinkrate von 2000 ft/min. Im Cockpit ertönten mehrere Warnungen und Alarme, wie z. B. Übergeschwindigkeit, Fahrwerk nicht ausgefahren und Bodenannäherungsalarme. Die Landung wurde mit eingefahrenem Fahrwerk durchgeführt. Das Flugzeug setzte mit seinen Triebwerken auf der Piste auf. Die Flugbesatzung schaltete die Schubumkehr und leitete eine Bremsung ein. Beide Triebwerke wurden dadurch beschädigt.

Jetzt beobachtete der Tower-Controller die Landung mit eingefahrenem Fahrwerk und statt auf Notfrequenz die Crew zu alarmieren, kontaktierte er den Approach-Controller telefonisch, der die Information an das Flugzeug weitergab. Die Landung wurde abgebrochen, das Flugzeug startete durch. Die Crew bat darum, einen weiteren ILS Anflug durchzuführen.

zu 04: Hauptursachen:
Das Flugzeug landete mit eingefahrenem Fahrwerk, wobei die Gondeln beider Triebwerke die Runway entlang schrammten. Beide Triebwerke wurden beschädigt, was zu einem Verlust von Motoröl und Schmierung führte. Beim Durchstarten fielen beide Triebwerke aus. Miserable Kommunikation innerhalb der Flugsicherung. Eine zumindest mitwirkende Ursache war, dass es keine klaren und präzisen Vorschriften zum Fliegen während des Ramadan-Fastens gab.

Nach einer Platzrunde meldete der FO, dass er „Triebwerke verloren" habe, und erklärte Luftnotlage. Gleich darauf blieb auch das zweite Triebwerk stehen. Das Flugzeug konnte die Landebahn nicht mehr erreichen und stürzte 1340 Meter vor der Piste 25L in einem Wohngebiet ab. Es zerbrach in einem großen Feuerball. Insgesamt 12 Häuser und mehrere Autos wurden durch den Absturz schwer beschädigt. Eine Person am Boden erlag später ihren Verletzungen.

04 – Der Flughafen von Kozhikode verfügt über eine einzige Landebahn (10/28) mit einer Länge von 2850 m. Sie befindet sich auf einem flachen Plateau. An beiden Enden der befestigten Piste gibt es eine 93 m lange Runway End Safety Area (RESA). Die ICAO fordert eine RESA von mindestens 90 m, während die empfohlene Länge 240 m beträgt, denn hinter dieser RESA befindet sich ein 35 m tiefer Abhang.

Am Abend des 07.08.2020 befand sich eine Boeing 737-800 der Low Cost Tochter der Air India, Flug AIX 1344, mit 188 Passagieren auf dem Flug von Dubai nach Kozhikode. Das Flugzeug kam aus westlicher Richtung, überflog den Flughafen kurvte ein und flog auf die Landebahn 28 an. Das Wetter war schlecht, Regen prasselte auf die Cockpitscheibe, die Scheibenwischer vermochten kaum klare Sicht zu schaffen. Die Crew brach den Anflug ab und entschied sich, in die Gegenrichtung 10 zu landen. Das Wetter zum Zeitpunkt des Anflugs und der Landung war schlecht. Tiefhängende Wolken, 2000 m Sicht und 12 Knoten Wind aus 260 Grad. Für eine Rückenwindlandung war die Geschwindigkeit zu hoch, die Boeing setzte etwa 900 Meter hinter dem Pistenbeginn auf, was die verfügbare Landestrecke auf 1900 m verkürzte. Das Flugzeug überrollte das Pistenende und stürzte den Abhang hinunter, wo es in zwei Teile zerbrach. Die Piloten und 19 Passagiere starben.

Nach Auswertung der Flugschreiber und des Cockpit Voice Recorders hielt der Captain

Flugzeuge sind konstruiert, um Unfälle auf flachem Gelände relativ unbeschadet zu überstehen.

Wenn ein Flugzeug zerbricht, ist Überleben fast nicht möglich.

als PF die grundsätzliche Anweisung (SOP) nicht ein, wonach ein instabiler Anflug abzubrechen ist. Auch die Landung an den geplanten Ausweichflughäfen Cochin oder Coimbatore, beide nur ca.130 km entfernt, wurde nicht ins Auge gefasst, obwohl dort das Wetter gut gewesen wäre. Auch die ständige Anweisung, dass einem Befehl des PM (Pilot Monitoring) zum Durchstarten Folge zu leisten ist, wurde nicht durchgesetzt. In diesem Fall MUSS der PM das Steuer übernehmen und durchstarten. Auch das unterblieb. Schließlich wurden auch noch die Bremsklappen vergessen. Die letzten Worte auf dem Cockpit Voice Recorder von beiden Piloten waren „Shit".

Deshalb sind hindernisfreie Auslaufzonen beim Flughafenbau so wichtig.

Das Untersuchungsteam stieß auch auf eine Reihe von Systemfehlern als beitragende Faktoren. Eine große Anzahl ähnlicher Unfälle/Vorfälle, die sich weiterhin ereignet haben, verstärken bestehende Systemfehler. Diese sind Folge der vorherrschenden Sicherheitskultur und führen zu Fehlern, Irrtümern und Verstößen gegen Routineaufgaben:

- So versuchte der Captain auf Biegen und Brechen in Kozhikode zu landen, um den Flug AXB 1373 am nächsten Morgen durchzuführen. Grund dafür war eine fehlerhafte Personalpolitik. In Kozhikode gab es nur einen stationierten Captain, aber 26 Erste Offiziere.
- Der Captain hatte 11.000 Flugstunden und umfangreiche Erfahrung mit Landungen in Kozhikode unter ähnlichen Wetterbedingungen. Das könnte zu übermäßigem Selbstvertrauen und zu Selbstgefälligkeit geführt haben. Es könnte seine Entscheidung und die Koordination im Cockpit ernsthaft beeinträchtigt haben.
- Er nahm auch mehrere nicht verschriebene Antidiabetika ein, die wahrscheinlich subtile kognitive Defizite aufgrund leichter Unterzuckerung verursacht haben könnten, was wahrscheinlich zu Fehlern bei komplexen Entscheidungen sowie zur Anfälligkeit für Wahrnehmungsfehler beitrug.
- Aufgrund mangelnder Durchsetzungskraft und des steilen Autoritätsgradienten im Cockpit übernahm der Erste Offizier die Steuerung nicht, obwohl er sich der ernsten Situation durchaus bewusst war.

Lfd. Nr.	Datum	Flug	Flugzeugtyp	Airline	Opfer	Unfallort
01	09.01.21	SJ182	Boeing 737-524 (WL)	Sriwijaya Air	62	19 km NE of Jakarta International Airport
02	27.12.21		Learjet 35A	Aeromedevac Air Ambulance	4	El Cajon, San Diego

01 – Sriwijaya Air aus Indonesien hatte eine katastrophale Sicherheitsstatistik in den letzten 15 Jahren. Viermal endete eine Landung abseits der Piste, und die Passagiere verließen das Flugzeug über Notrutschen. Flug 182, eine Boeing 737-500, startete in Jakarta-Soekarno-Hatta, Indonesien zu einem Flug nach Pontianak. Der Flug dauerte gerade mal 4 Minuten, da stürzte die Boeing mit 62 Menschen an Bord ins Meer. Captain Afwan, 54, hatte 17.900 Flugstunden im Log, sein 34-jähriger Copilot auch schon über 5.000. Nach dem Start wurde die Maschine von der Flugsicherung zu einem uneingeschränkten Steigflug auf Flugfläche 290 freigegeben. In 2.000 Fuß Höhe schaltete die Crew auf Autopilot (A/P). In 8.150 Fuß begann der Schubhebel des linken Triebwerks nachzulassen, während der Schubhebel des rechten Triebwerks in Position blieb. Die Asymmetrie blieb unbemerkt. Um Gewitterwolken zu umfliegen, änderte der Captain den Kurs auf 075°.

Nach Erreichen von 10.900 Fuß schaltete sich das Autopilotsystem ab, der Steigungswinkel betrug etwa 4,5° mit der Nase nach oben, und das Flugzeug rollte nach links auf über 45°. Die Schubhebelposition des linken Triebwerks nahm weiter ab, während der Schubhebel des rechten Triebwerks in Position blieb. Fünf Sekunden später wurde das Autothrottle-System (A/T) deaktiviert, der Neigungswinkel betrug mehr als 10° mit der Nase nach unten. Das Flugzeug war im Sturzflug und schlug etwa 20 Sekunden später auf der Meeresoberfläche auf.

Das Wrack war über eine Fläche von etwa 80 mal 110 Metern auf dem Meeresboden in einer Tiefe von etwa 16 Metern verteilt. Die indonesische NTSC berichtete, dass das Flugzeug in den Tagen vor dem Unfall ein wiederkehrendes Problem mit dem Autothrottle hatte: **Am 3. Januar** 2021 meldete ein Pilot, dass der Autothrottle nicht funktionstüchtig sei. Ein Ingenieur behob das Problem, indem er den elektrischen Anschluss des Autothrottle-Computers reinigte. Nach der Neuinstallation war das Testergebnis des Built-in Test Equipment (BITE) gut. **Am 4. Januar** 2021 meldete ein Pilot erneut, dass der Autothrottle nicht

zu 01: Beitragende Faktoren:

- Die Wartungsprozesse des Autothrottle Problems konnten die Reibung oder Blockierung im mechanischen System des Schubhebels nicht identifizieren, was dazu führte, dass das A/T-Problem nur verlängert, aber nicht gelöst wurde.
- Der rechte Schubhebel ließ sich aufgrund der Reibung oder Blockierung im mechanischen System nicht reduzieren, als dies vom A/P verlangt wurde, um die gewählte Steigrate und Geschwindigkeit zu erreichen. Infolgedessen kompensierte der linke Schubhebel dies, indem er sich weiter nach hinten bewegte, was zu einer Schubasymmetrie führte.
- Die Gewöhnung an die Automatisierung und die Assistenzsysteme beeinträchtigen mitunter die aktive Überwachung der fundamentalen Funktionen. Die Schubhebelasymmetrie wurde offenbar nicht richtig analysiert.
- Das Flugzeug rollte nach links statt nach rechts, obwohl die Steuerung nach rechts ausgeschlagen war. Statt den Fluglageanzeigern zu vertrauen, schien noch eine räumliche Desorientierung hinzugekommen zu sein, die einer Korrektur der Flugparameter des Flugzeugs entgegenstand.

Memento mori

betriebsbereit sei. Ein Techniker versuchte, den elektrischen Anschluss des Autothrottle-Computers zu reinigen, aber das Problem blieb bestehen und wurde auf eine spätere Wartung verschoben. Am 5. Januar 2021 behob ein Techniker das Problem, indem er den Start- und Durchstartschalter (TOGA) des Autothrottle reinigte und einen BITE-Test am Autothrottle-Computer durchführte. Das BITE-Testergebnis war gut.

02 – Auf dem nächtlichen Rückflug von einem Rettungseinsatz stürzte der Learjet 35A von Aeromedevac Air Ambulance in einem Wohngebiet ab. Alle vier Insassen starben.

Absturzstelle in San Diego

Nach der letzten Kurve zum Endanflug auf Landebahn 27R des San Diego-Gillespie Field in Kalifornien prallte er auf einen Highway und ging in Flammen auf.

Die Flugbesatzung war zunächst für den Instrumentenanflug auf Landebahn 17. Ein sogenannter Circling Approach war bei Nacht nicht zulässig. Also forderte die Crew einen Sichtanflug (VFR) auf Piste 27. Der Tower erteilte die Landefreigabe. Kurz darauf bat die Crew den Tower, die Landebahnbeleuchtung für 27R zu erhöhen. Sie war aber schon auf 100 %. Der Copilot (PF) fragte den Kapitän: „Wo ist die Landebahn?" Auf Gegenwindkurs befahl der Kapitän, nicht tiefer zu fliegen. 10 Sekunden später befahl der Kapitän, nach links abzubiegen. Copilot: „Ich sehe diesen kleinen Berg, okay". Drei Sekunden später hörte man auf dem CVR: „Woah, woah, woah, Speed, Speed!" Gleich darauf: „Fliegen Sie um den Berg herum, das ist heikel", der Copilot antwortete: Kurz darauf der Kapitän: Ich übernehme. Achten Sie auf meine Geschwindigkeit." Sekunden später schlug die Maschine am Boden auf.

Die Flugbesatzung war zum Zeitpunkt, als sie die Landebahn in Sicht meldete, etwa 360 Fuß unter der Mindestsinkflughöhe (MDA) für den Instrumentenanflug und 660 Fuß unterhalb des veröffentlichten Fehlanflugpunkts. Auf dem Gegenwindabschnitt sank das Flugzeug auf eine Höhe von 700 Fuß MSL und stieg dann auf dem Base-Leg auf eine Hohe von 950 Fuß MSL.

Das Wetter war grenzwertig. Sichtflugbetrieb war jedoch möglich. Sieben Minuten bevor sich die Flugbesatzung beim Tower zum Instrumentenanflug gemeldet hatte, war die Sicht auf weniger als 3 Meilen gesunken. Eine Simulation ergab, dass die Besatzung wahrscheinlich den kritischen Anstellwinkel der Flügel überschritten hatte und das Flugzeug in einen beschleunigten aerodynamischen Strömungsabriss in geringer Höhe geriet, der keine Zeit zum Abfangen gelassen hätte.

Lfd. Nr.	Datum	Flug	Flugzeugtyp	Airline	Opfer	Unfallort
1	22.01.22	B6 1748	Airbus A320-232	JetBlue Airways	0	Hayden-Yampa Valley Airport, CO (HDN)
2	21.03.22	MU5735	Boeing 737-89P (WL)	China Eastern Airl.	132	20 km SW of Wuzhou, Tengxian County
3	**29.05.22**	**Tara 197**	**de Havilland Canada DHC-6 Twin Otter 300**	**Tara Air**	**22**	**Sanosware**
4	**06.11.22**	**PW 494**	**ATR 42-500**	**Precision Air**	**19**	**off Bukoba Airport (BKZ)**

03 – Tara Air ist eine Tochtergesellschaft der Yeti Airlines, ansässig in Kathmandu, Nepal. Sie betreibt zwei Twin-Otter DHC-6-300 und fliegt alle Flughäfen in Nepal an. Schon 2010 und 2016 hatte sie je eine voll besetzte Maschine verloren, als sie im Himalaya-Gebirge gegen einen Berg flog. Am 29. Mai 2022 war Tara-Air-Flug 197 wieder einmal mit 22 Personen an Bord unterwegs von Pokhara nach Jomsom, Nepal. In 14.500 Fuß Höhe endete der Flug wieder an einem Berghang. Alle 22 Insassen kamen ums Leben.

Der frühe Start verzögerte sich, da der Lete-Pass auf der Route von Wolken bedeckt war. Die Twin Otter startete schließlich um 9:55 Uhr, nachdem zwei Maschinen von Summit Air nach Jomsom gestartet waren. Der Capitain hatte lange gezögert, da die Crew des ersten Summit-Air-Fluges meldete, das Wetter auf der Strecke sei ungünstig für VFR-Flüge und besonders kritisch in der Gegend um LETE und TATOPANI. Jemand vom Bodenpersonal riet dem verantwortlichen Piloten, den Flug dringend abzubrechen.

zu 03: Die wahrscheinliche Unfallursache war das Versäumnis der Flugbesatzung, den korrekten Kurs zu überwachen und beizubehalten, während sie versehentlich unter IMC-Bedingungen mit deaktiviertem Geländevermeidungs- und Warnsystem (TAWS) flog. Dies führte zu einem Unfall.

Einwirkende Faktoren:

- Nichtbeachtung der Standardarbeitsanweisungen (SOP) der Flugbesatzung, Beeinträchtigung des Flugbetriebs mit zahlreichen Terrain-Warnungen bei sich verschlechternden Wetterbedingungen auf der Strecke.
- Verlust des Situationsbewusstseins der Besatzung.
- Verschlechterung der Wetterbedingungen auf der Strecke.
- Weniger erfahrener Copilot für diesen Abschnitt und hoher Crew-Gradient. Schlechtes CRM während des Fluges.
- Die gesamten Aufgaben im Cockpit (sowohl PF als auch PM) wurden vom PIC übernommen, was seine Leistung wahrscheinlich beeinträchtigte.
- Verfügbare Navigationsinstrumente wurden nicht ausreichend genutzt.

Besonders interessant ist der Werdegang des Captains:

Er war 62 Jahre alt und hatte seine Karriere als Fluglotse in der Zivilluftfahrtbehörde begonnen, schulte um auf Flugzeugführer mithilfe eines staatlichen Stipendiums. Mit bestandenem Flugschein setzte er seinen Dienst in der Zivilluftfahrtbehörde als Pilot und Flugsicherheitsinspektor in der Flugsicherheitsabteilung fort.

Später wechselte er zu verschiedenen Fluggesellschaften, zu Yeti Airlines und landete schließlich bei Tara Air. Seit Beginn seiner Flugkarriere achtete er sehr auf Flugsicherheit und versuchte nie, Flugregeln zu verletzen. Ebenso flog er selten bei sich verschlechterndem oder schwierigem Wetter und unterrichtete andere Kollegen und Studenten in Flugsicherheit in verschiedenen Situationen. Er ermutigte andere stets, Regeln ohne Fragen zu befolgen. Er war ein starker Verfechter von Sicherheit und Einhaltung der Vorschriften und wurde auch als solcher angesehen. Zum Zeitpunkt des Unfalls hatte er 17.500 Flugstunden, davon 13.500 auf der Twin Otter.

Schließlich startete die Maschine in Pokhara. Die Twin-Otter überflog Ghodepani in 12.500 m. Der Flug wurde gemäß der Empfehlung des vorhergehenden Summit-Air-Fluges fortgesetzt, obwohl die Flugsicherung über das Wetter besorgt war. Jomsom Tower übermittelte die vorherrschenden Wetterbedingungen mit „Südwestwind bis zu 30 Knoten, Temperatur 18° C. Der verantwortliche Pilot von Flug 197 bestätigte zweimal, dass der Wind maximal 30 Knoten und aktuell 25 Knoten Südwestwind erreichte. Die Besatzung diskutierte über das schlechte Wetter, und der verantwortliche Pilot selbst äußerte seine Unzufriedenheit über das Verhalten anderer Piloten, die bei solch ungünstigem Wetter VFR-Flüge durchführen. Die CVR-Aufzeichnungen zeigen, dass das Flugzeug auf Wolken traf und der verantwortliche Pilot sein Bestes tat, um den Wolken auszuweichen. Er suchte nach hellen und helleren Bereichen und steuerte hartnäckig darauf zu. Das Flugzeug war auf 4000 m Höhe. Während der fortwährenden Versuche der Besatzung, den Wolken auszuweichen, prallte das Flugzeug in 4.050 m Höhe am Sanusare-Berg auf felsiges Gelände und wurde zerstört.

04 – Tansania ist fast dreimal so groß wie Deutschland und hat 61 Mio Einwohner. Da das Straßennetz nur behelfsmäßig ausgebaut ist, sind die wenigen Luftfahrtgesellschaften stark beschäftigt. Eine der zuverlässigsten ist die Precision Air. Flug PW 494, eine ATR 42-500, war unterwegs von Dar es Salaam nach Bukabo, als sie im Landeanflug in den Viktoriasee abstürzte. Pilot, Copilot und siebzehn Passagiere kamen bei dem Unfall ums Leben.

Die Maschine war um 6:10 Uhr Ortszeit in Daressalaam gestartet und erreichte Bukoba gegen 8:25 Uhr. Just als die ATR-42 auf Bukoba anflog, änderte sich das Wetter abrupt. Es begann zu regnen, begleitet von Gewittern

Der Flugweg der ATR-42

Zahlreiche Unfälle bei Schlechtwetter ereignen sich, weil die Crew sich nicht entscheiden kann, rechtzeitig zum Ausweichflughafen zu fliegen. Beispiel: der Invicta-Crash von 1973 bei Basel, oder American Airlines in Little Rock 1999.

Nicht jede Wasserlandung verläuft so glimpflich wie die Sullenberger Landung auf dem Hudson.

und starkem Wind. Die Sichtweite verringerte sich von 10 km auf 2 km. Das Flugzeug kreiste zweimal über Bukoba, und die Besatzung teilte den Passagieren mit, dass sie voraussichtlich in Mwanza landen müssen, falls sich das Wetter in Bukoba nicht besserte. Der Captain übernahm das Steuer und tastete sich immer tiefer. Beim dritten Versuch wurde die Landebahn jedoch sichtbar, der Pilot leitete den Anflug auf Landebahn 31 ein. Das Bodenwarngerät gab Alarm, der Copilot rief mehrfach „Pull up, Captain!" 2 Meilen im Endanflug prallte das Flugzeug auf den Viktoriasee. Das Hauptfahrwerk riss ab, im Kabinenboden klaffte ein Riesenloch, Wasser drang mit hoher Gewalt ein, bis das Flugzeug stoppte. Kanus und Fischer trafen nach etwa fünf Minuten ein und brachten die Überlebenden in ihre Boote. Zwei Besatzungsmitglieder und 22 Passagiere wurden gerettet.

Unfallursache: Der Unfall wurde durch einen verkorksten Endanflug bei schlechtem Wetter auf die Piste 31 verursacht. Beitragende Faktoren waren:

- Der Captain führte den Endanflug unterhalb der erforderlichen Wetterminima durch, statt nach Mwanza auszuweichen.
- Der zum Zeitpunkt des Endanflugs vorherrschende böige Seitenwind,
- der starke Regen und die Turbulenzen,
- das Fehlen von Flugsicherungsdiensten am Flughafen Bukoba,
- hohe Sinkgeschwindigkeit in geringer Höhe,
- keine sofortige Reaktion auf die Bodenwarnungen,
- hohe Arbeitsbelastung der Besatzung in der kritischen Phase des Endanflugs.

Lfd. Nr.	Datum	Flug	Flugzeugtyp	Airline	Opfer	Unfallort
1	**15.01.23**	**YT 691**	**ATR 72-500 (72-212A)**	**Yeti Airlines**	**72**	**Pokhara (VNPR)**
2	16.09.23	PT-SOG	Embraer EMB-110P1 Bandeirante	Manaus Aerotaxi	14	Barcelos Airport

01 – Feathered Engine. Moderne Turbinenflugzeuge können ihre Propellerblätter parallel zum Luftstrom verstellen, um entweder die Propellerdrehung zu stoppen und so den Luftwiderstand zu verringern, wenn der Motor ausfällt oder absichtlich abgeschaltet wird. Dies nennt man „Federstellung". Man kann dadurch die Gleitstrecke erhöhen. Die Federstellung des Propellers bei ausgefallenem Motor verringert den Luftwiderstand und hilft dem Flugzeug, Geschwindigkeit und Höhe mit mindestens einem weiteren funktionierenden Triebwerk zu halten. Bei Flug YT 691 von Yeti Airlines passierte das in Pokhara, Nepal, mit einer ATR-72 unbeabsichtigt an beiden Motoren gleichzeitig. Das Flugzeug kam aus Katmandu und war mit 72 Personen besetzt. Es wurde von zwei Captains geflogen, der PF sollte sich mit dem Flughafen vertraut machen, der Instructor war der PM. Im Anflug auf Pokhara verstellte ausgerechnet der Instructor-Pilot beide Propeller auf Federstellung, statt die Klappen auf 30 Grad zu fahren. Das nahm dem Flugzeug den Schub. Gleichzeitig befand sich das Flugzeug in einer steilen Kurve auf die Piste 12. Wenige Sekunden später schlug das Flugzeug am Rand eines Canyons auf. Alle Menschen an Bord wurden getötet.

Als Unfallursachen fand man: Hohe Arbeitsbelastung durch den Einsatz auf einem neuen Flughafen, sowie die fehlende Anzeige, dass beide Propeller in Segelstellung waren. Diese führte offenbar zur fälschlichen Auswahl der Propellerstellung. Der steile und enge Anflug entsprach nicht dem üblichen Verfahren und trug zur hohen Arbeitsbelastung bei. Ohne Not wurde auf einen stabilisierten Sichtanflug verzichtet. Fehlende angemessene technische und kompetenzbasierte Ausbildung der Besatzung (einschließlich Simulator) und angemessenes Briefing zur sicheren Durchführung dieses Fluges auf dem neuen Flughafen mit Sichtanflug auf Landebahn.

Ein Versehentlicher Handgriff eines an sich erfahrenen Captains und Fluglehrers führte zu diesem tragischen Unfall.

Lfd. Nr.	Datum	Flug	Flugzeugtyp	Airline	Opfer	Unfallort
1	02.01.24		Airbus A350-941	Japan Airlines	0	Tokyo International Airport/Haneda (HND/RJTT)
	02.01.24		DHC-8-315Q MPA	Japan Coast Guard	5	Tokyo-Haneda Airport (HND/RJTT)
2	02.03.21		Boeing 737 MAX 9	Alaska Airlines	0	Portland, OR
3	23.04.24		Douglas C-54D-DC (DC-4)	Alaska Air Fuel	2	near Fairbanks, AK
4	24.07.24		Bombardier CRJ-200ER	Saurya Airlines	18	Kathmandu-Tribhuvan Airport (KTM/VNKT)
5	25.12.24	J28243	Embraer ERJ-190AR	Azerbaijan Airlines	38	5 km NW of Aktau Airport (SCO/UATE)
6	29 12.24	HL8088	Boeing 737-8AS (WL)	Jeju Air	179	Muan International Airport (MWX/RKJB)

01 – Am 01. Januar 2024 um 16:10 Uhr Ortszeit erschütterte ein Erdbeben der Stärke 7,5 die Halbinsel Noto an der Westküste Japans. 550 Menschen starben in den Trümmern oder im nachfolgenden Tsunami, 1300 wurden verletzt, 200.000 Gebäude in der Provinz Niigata zerstört. Eine Stunde später startete in Tokio Haneda eine zweimotorige Bombardier der japanischen Küstenwache, um die Schäden zu begutachten. Die Maschine landete um 21:40 Uhr wieder in Haneda. Um 23:00 Uhr startete sie erneut, und brachte Rettungspersonal in die Region. Um 02:30 Uhr war das Flugzeug zurück in Tokio. Um 15:55 Uhr wurden Versorgungsgüter am Flughafen angeliefert und in die Dash-8 geladen. Alles geschah in großer Eile. Beim Preflight Check versagte die APU des Flugzeugs. Dieses bordeigene Hilfstriebwerk wird zum Start der Motoren benötigt, wenn keine Bodengeräte zur Verfügung stehen. Den Technikern in Haneda gelang es, die APU zu reparieren. Um 17:32 Uhr rollte die Bombardier los, sie hatte die Rollfreigabe zum Haltepunkt C5 vor der Runway 35R erhalten. Inzwischen war es dunkel geworden. Kurz darauf wechselte die Crew von Ground Frequenz zur Tower Frequenz. Um 17:46 Uhr, als die Coast Guard den Haltepunkt C5 *überrollte*, erhielt die Crew auf einer internen Fre-

Ein Haufen ausgebrannter Schrott ist alles, was von dem stolzen A350 Airbus übrigblieb. Die sofortige Evakuierung verlief mustergültig.

quenz die Nachricht, dass an ihrem Zielflughafen kein passendes Bodengerät vorhanden sei, um das Flugzeug zu starten. Der Tower informierte den Copiloten, dass sie Nummer Eins zum Start seien." Der Co bestätigte „Number One, thank you." In der Flugsicherungssprache steht „Number One" jedoch auch für die Warteposition an der aktiven Piste. Der Captain hörte seinen Co sagen „Number One" und war sich sicher, dass er und sein Hilfsflug bevorzugt behandelt wurden, und rollte auf die Bahn. Um 17:47:27 Uhr raste eine landende A350 in sie hinein. Beide Flugzeuge wurden von einem Feuerball umhüllt. In der Dash 8 starben fünf Personen, der schwer verletzte Captain überlebte als einziger. Er sagte später aus, er sei überzeugt gewesen, er hätte Startfreigabe. Der Airbus war mit 379 Personen besetzt. Unter ihnen gab es keine Opfer.

In der Tabelle der wesentliche Ablauf des Unfalls.

17:43:02	Tokyo Tower	JAL516. Tokyo Tower. Good evening. Runway 34R, continue approach, wind 320 degrees at 7 knots. We have departure
17:43:10	JAL516	JAL516 continue approach 34R
17:44:56	Tokyo Tower	JAL516, Runway 34R cleared to land. Wind 310 degrees 8 knots
17:45:01	JAL 516	Cleared to land Runway 34R, JAL 516
17:45:14	Tower East	**"JA722A Tokyo TWR, good evening. Number one, taxi to holding point C5".**
17:45:18	FO	"To holding point C5, JA722A. Number one, thank you".
17:45:21	CAPTAIN	"Number one" bestätigt der Captain, der mitgehört hatte
17:45:22	CAPTAIN	"C5".
17:45:23	CAPTAIN	"No problem".
17:45:24	FO A	"Yes, no problem!".
17:45:25	CAPTAIN	"Yes, well, Before Takeoff Checklist".
17:45:30		Checkliste wird abgearbeitet.
17:45:41	FO	"Anti Collision, WHITE" according to the Before Takeoff Checklist and turns the anti collision lights to white.
17:45:51	Einsatzzentrale	Die Einsatzzentrale der Küstenwache meldet sich über eine interne Frequenz.
17:45:54	FO	unterbricht Checkliste
17:45:58	CAPTAIN	"Gust Lock Off, Check Control.
17:45:59	FO A	"Yes, Gust Lock Off".
17:46:05	FO	"Checked". gibt die Steuerflächen frei und prüft das Kontrollrad
17:46:08	CAPTAIN	"Yes".
17:46:11	FO A	"Enteisung rechts ist an, richtig?".
17:46:13	CAPTAIN	"Yes".
17:46:36	**JA722A**	**In diesem Moment überrollt die Coast Guard Maschine den Haltebalken C5**
17:46:26	Einsatzzentrale	"Es ist unwahrscheinlich, dass wir in Komatsu ein Hilfsaggregat bekommen. Vielleicht könnten wir von hier eines hinschicken?".
17:46:35	Bordmechaniker	"Yes, please" (an Einsatzzentrale)
17:46	JA722A	**Maschine hält auf Runway 34R**
17:46:47	CAPTAIN	"I have Control".
17:46:47	FO	"Yes, you have Yoke".
17:46:55	Bordmechaniker	"Captain, is this a good time?"
17:46:56	FO	"Uh, later is better."
17:46:57	Bordmechaniker	"Roger that."
17:46:57	CAPTAIN	"Yeah, a little later."
17:46:58	Bordmechaniker	"Yes."
17:46:59	FO	"They'll make us do it today."
17:47:00	Bordmechaniker	(laughter)
17:47:02	CAPTAIN	"Ya (unklar)".
17:47:17	JAL516	setzt auf der Piste 34R auf
17:47:27	Ende der Aufzeichnung	

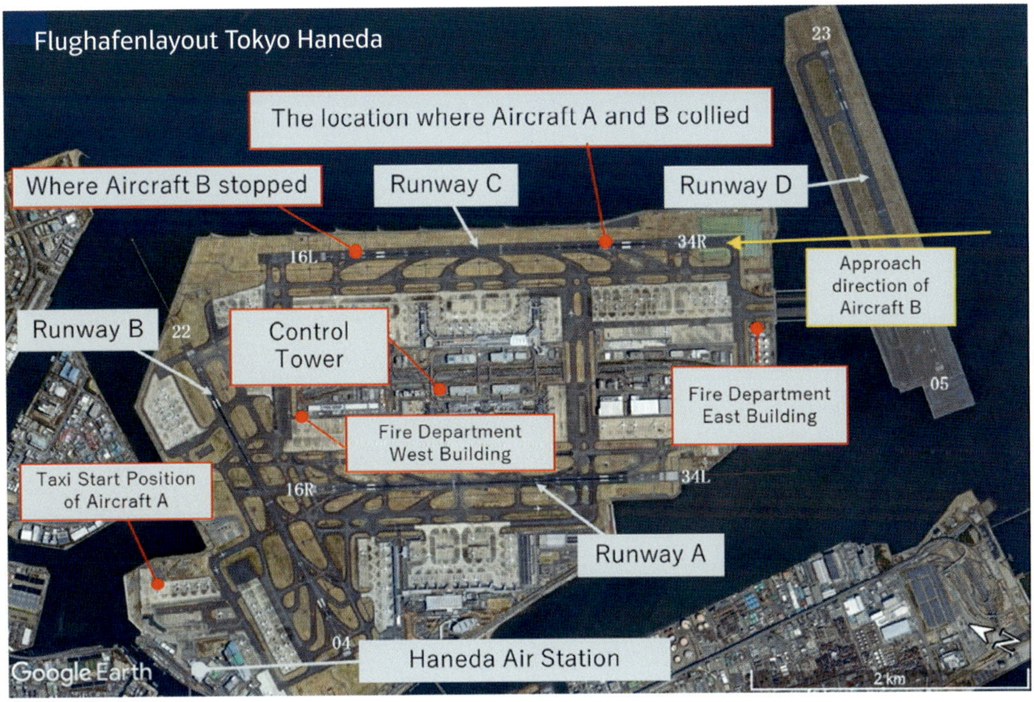

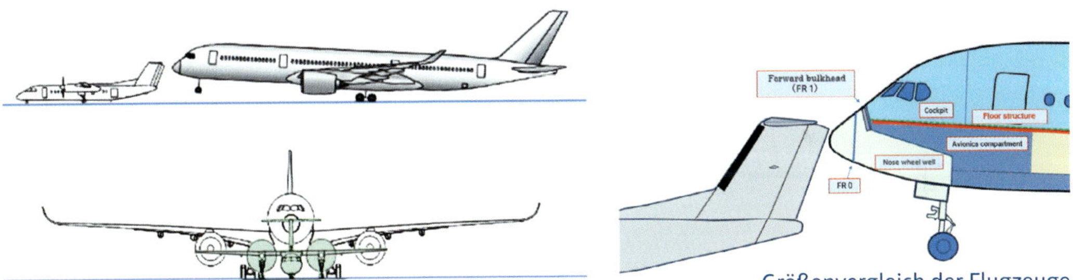

Größenvergleich der Flugzeuge

90 Sekunden nachdem die A350 zum Stillstand kam, begannen die Löscharbeiten.

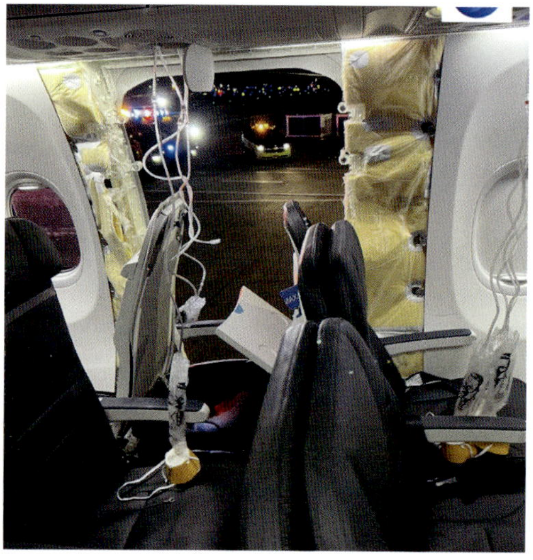

Plötzlich gibt es einen Knall und die Passagiere in Sitzreihe 25 blicken auf die Erde unter sich.

02 – Nach dem Debakel mit den beiden Abstürzen der Boeing 737 MAX 8 schien sich der Flugzeugbauer langsam zu erholen. Die 737 MAX 9 (N704AL) hatte ihren Erstflug am 15. Oktober 2023 und wurde 14 Tage später an Alaska Airlines ausgeliefert. Am 05. Januar 2024 startete sie in Portland Oregon mit 177 Personen an Bord zu einem Flug nach Ontario, Kalifornien. Bei 16.000 Fuß im Steigflug gab es einen ohrenbetäubenden Knall, die Cockpittüre wurde aufgerissen, der Captain stieß mit dem Kopf gegen das Head Up Display, der Copilotin flog das Headset vom Kopf. Wegen des plötzlichen Druckverlusts erhielt die Maschine sofort eine tiefere Höhe zugewiesen. Die Flugsicherung führte sie nach Portland zurück, wo sie ohne weitere Probleme landete. Auf Höhe der Sitzreihe 25 war ein Blinddeckel verbaut, der bei engerer Bestuhlung einen vorgeschriebenen Notausgang verschließt. Dieser ist nur verbindlich, wenn die Maschine mit mehr als 190 Sitzen

Man kann es nicht eindringlich genug sagen: Wann immer man auf seinem Platz sitzt, sollte man sich anschnallen, auch wenn die Anschnallzeichen nicht leuchten.

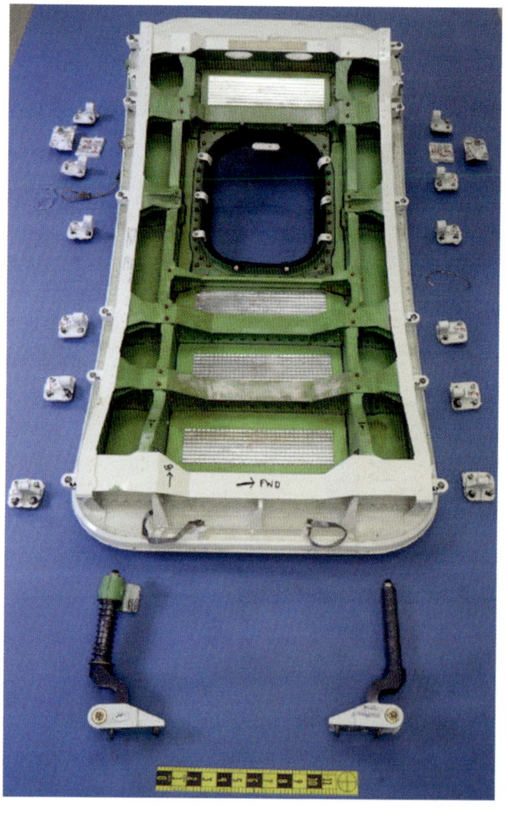

Der Blinddeckel war nicht nur bei dieser Maschine nachlässig installiert. Das führte zu einem erneuten Grounding der 737 MAX.

ausgestattet ist. Dieser Blinddeckel hielt dem Kabinendruck nicht stand und hatte sich explosionsartig verabschiedet. Er wurde später im Garten eines Hauses in Oregon gefunden.

Sofort ordnete die FAA ein Grounding aller MAX 9 Flugzeuge an. Bei der Untersuchung stellte sich heraus, dass vier Bolzen nicht verbaut waren, die den Blinddeckel sichern sollten. Bei der Untersuchung aller MAX 9 Flugzeuge mit Blinddeckeln wurden 215 Maschinen mit losen Schrauben und fehlenden Verbindungen gefunden. Nach Abschluss aller Arbeiten ordnete die FAA an, dass Boeing die geplante Erhöhung der Produktionsrate nicht durchführen darf und dass die Endkontrollen intensiviert werden müssen. Ab dem 25. Januar durften überprüfte Flugzeuge ihren Betrieb wieder aufnehmen.

05 – Azerbaijan Airlines Flug J28243 war eine Embraer ERJ-190AR unterwegs von Baku nach Grozny in der russischen Teilrepublik Tschetschenien. An Bord befanden sich 67 Personen. Laut russischer Luftfahrtbehörde sollen ukrainische Militärdrohnen Angriffe auf die Städte Grosny und Wladikawkas geflogen haben. Angeblich war der Luftraum deshalb ohne Zeitangaben gesperrt. Außerdem herrschte laut der Behörde „dichter Nebel" rund um Grosny Airport. Wetterdaten zeigen eine Wolkenbedeckung in 800 Fuß Höhe und eine Sichtweite im Nebel von 3500 m. Die Embraer hatte bereits zwei erfolglose Landeversuche in Grosny unternommen. Der Crew wurden dann andere Flughäfen zum Ausweichen angeboten, worauf sie sich für Aktau entschied. Auf dem Flug dorthin über dem Kaspischen Meer geriet sie unter Beschuss. Höhe und Geschwindigkeit konnten nicht mehr gehalten werden. Kurz vor der Notlandung in Aktau schlug sie am Boden auf. 38 Menschen starben. Im Heck fand man nach dem Unfall mehrere kleine Löcher in der Heckflosse sowie im Höhenleitwerk.

Möglicherweise war beim Anflug auf Grosny zuerst der GPS-Empfang gestört worden, später auch das NDB, was zu einem zweiten Fehlanflug führte. Danach wurde auch das Radar der Flugsicherung gestört. Da war die Maschine noch 26 km vom rettenden Flughafen entfernt. Hier erteilt der Tower die Landefreigabe, erhält aber keine Antwort. Schließlich teilt der Captain von J28243 mit, dass er nach Baku weiterfliegt (05:11 UTC). Kurz darauf zeichnet der Cockpit Voice Recorder (CVR) einen Knall und verschiedene Alarme im Cockpit auf. Der Autopilot deaktiviert

Wieder einmal sind unschuldige Passagiere zwischen die Fronten eines Krieges geraten.

Einschläge, wie sie durch Schrapnell verursacht werden.

sich, der Hydraulikdruck fällt auf Null, Steuerflächen (Höhenruder, Querruder, Seitenruder) werden in der Nullstellung fixiert – sie blieben für den Rest des Fluges so. Das Flugzeug ist angeschlagen, Druck entweicht aus der Kabine, beide Hydrauliksysteme erleiden Druckverlust. Zwei Minuten später ist wieder ein Knall zu hören. Eine Flugbegleiterin meldet: „Zwei Sitze sind explodiert. Ich ... ähm, ich kann nicht rüber, weil die Passagiere stehen. Ich setze sie um." Flug J28243 kontaktiert daraufhin Grozny Tower und teilt mit: „Grosny, wir haben die Kontrolle verloren, Vogelschlag in der Kabine. Ein Vogelschlag und zwei Sitze in der Kabine sind explodiert." Flug J28243 fordert daraufhin den nächstgelegenen Flughafen mit gutem Wetter zur Landung an und schlägt Minvody vor (225 km nordwestlich von GRV). Zehn Minuten lang wird über andere Ausweichflughäfen diskutiert. Flug J28243 informiert Grosny Tower um 05:22 UTC über den Hydraulikausfall, bevor die Flugsicherung den Notfall an Rostov Control abschiebt. Mit Rostov Control bespricht Flug J28243 nun weitere Ausweichflughäfen und entscheidet sich für Aktau. Noch sind beide Triebwerke betriebsbereit, aber die Kontrolle über Quer- und Höhenruder findet nicht mehr statt. Später wird ein Sinkflug auf eine niedrigere Höhe angefordert, da der Sauerstoff in der Passagierkabine zur Neige geht und einige Passagiere das Bewusstsein verlieren und angeben, dass wahrscheinlich eine Sauerstoffflasche explodiert ist (05:52 UTC).

Kurz vor Aktau fordert der Captain eine Notlandung auf Landebahn 11 an. Er informiert, dass das Flugzeug nur noch mit den Schubhebeln gesteuert wird. Dann wird ein Sichtanflug eingeleitet. Doch gleich darauf schlägt das Flugzeug auf dem Boden auf. 38 Personen erlitten tödliche Verletzungen, 16 schwere und 13 leichte oder keine Verletzungen.

Bei der Untersuchung des Wracks wurden Schrapnell-Schäden festgestellt. Nach dem Abschuss von MH17, der Boeing 777 von Malaysia Airlines im August 2010 durch russische Separatisten mit 298 Toten forderte der russische Angriffskrieg wieder zivile Todesopfer.

Am 28. Dezember rief der russische Präsident Wladimir Putin seinen aserbaidschanischen Amtskollegen Ilham Alijew an, um ihm sein Beileid für den tödlichen Flugzeugabsturz in Kasachstan auszusprechen. Putin entschuldigte sich für den Vorfall im russischen Luftraum und fügte hinzu, er habe sich während eines ukrainischen Drohnenangriffs ereignet, der von der Luftabwehr abgewehrt worden sei."

06 – Jeju Air Flug 7C 2216 war eine Boeing 737-800 der südkoreanischen Airline. Am internationalen Flughafen von Muan in Südkorea landete die Maschine mit eingefahrenem Fahrwerk auf Landebahn 19 und rutschte über das Ende der Landebahn hinaus. Dort kollidierte sie mit der auf einem Betonsockel installierten ILS-Localizer-Antenne. Das Flugzeug zerbrach und geriet in Flammen. Das Heck löste sich am Seitenleitwerk und blieb relativ intakt. Das rettete zwei im Heck

Dieser Totalschaden mit 152 Opfern wäre vermeidbar gewesen, hätte man schon beim Bau des Flughafens für eine Auslaufzone gesorgt.

sitzenden Flugbegleitern das Leben, während die übrigen 179 Menschen starben. Die Maschine kam aus Bangkok-Suvarnabhumi.

Sie meldete sich erstmals um 8:54:43 Uhr Ortszeit bei Muan Tower zur Landung. Im Endanflug auf die Landepiste wies der Tower das Flugzeug um 08:57:50 Uhr an, auf Vogelaktivität zu achten. 60 Sekunden später stoppte der Flugdatenschreiber. Um 08:58:56 Uhr erklärte die Besatzung Luftnotlage wegen Vogelschlag und versuchte ein Durchstartmanöver. Als das Flugzeug die linke Seite der Landebahn 01 überflog, drehte es nach rechts und näherte sich der Landebahn 19, um dort zu landen, nachdem es sich auf der Mittellinie der Landebahn ausgerichtet hatte. Anschließend rutschte das Flugzeug mit eingefahrenem Fahrwerk etwa zwei Drittel der Landebahn entlang. Dabei prallte es gegen die Mauer und die Antennenanlage. Diese war auf einem zwei Meter hohen Betonhügel (!) errichtet und mit einem Erdwall bedeckt. Die Landebahn 19 hat eine verfügbare Landestrecke (LDA) von 2800 m, die jedoch seit dem 30. Oktober 2024 aufgrund laufender Bauarbeiten auf 2500 m reduziert ist.

An beiden Triebwerken wurden später Federn von Baikalenten gefunden.

Luftaufnahme der Trümmerwüste

Lfd. Nr.	Datum	Flug	Flugzeugtyp	Airline	Opfer	Unfallort
1	29.01.25		Beechcraft 1900D	Light Air Services	20	GPOC Unity Airstrip, Südsudan
2	29.01.25	JIA5342	Bombardier CRJ-701ER	American Eagle		Ronald Reagan Washington, DC
2	29.01.25	PAT25	Sikorsky UH-60L Black Hawk	US Army	3	Ronald Reagan Washington, DC
3	31.01.25	XA-UCI	Learjet 55	Med Jets SA	6+1	Philadelphia
4	06.02.25	BRG445	Cessna 208B Grand Caravan EX	Bering Air	10	zw. Unalakleet und Nome, Alaska
5	17.02.35	EDV4819	Bombardier CRJ-900LR	Endeavor Air	0	Toronto International
6	13.03.25	AA1006	Boeing 737-800	American Airlines	0	Denver
7	10.04.25	N216MH	Bell 206L-4 LongRanger IV	New York Helicopters	6	Hudson River New York
8	12.06.25	AI171	Boeing 787-8 Dreamliner	Air India	242 + 33	Ahmedabad, Indien

02 – Am Abend des 29. Januar 2025 gegen 20:48 Uhr kollidierten ein Sikorsky UH-60L der US Army unter dem Rufzeichen PAT25, und eine Bombardier CL-600 der PSA Airlines kurz vor der Landung auf dem Ronald Reagan Washington National Airport (DCA) und stürzten in den Potomac River. Die beiden Piloten, zwei Flugbegleiter und 60 Passagiere an Bord des Flugzeugs sowie alle drei Besatzungsmitglieder an Bord des Hubschraubers kamen ums Leben. PAT25 war mit Nachtsichtgeräten unterwegs. Es herrschten nächtliche Sichtflugbedingungen.

Die Flugbesatzung von PAT25 bestand aus einem Fluglehrer (IP), einem Piloten und einem Crew Chief. Nach Angaben der US Army waren beide Piloten auf dem aktuellen Stand und für den Unfallhubschrauber qualifiziert. Der IP hatte insgesamt etwa 968 Flugstunden, der Pilot hatte den Rang eines Captains inne und hatte insgesamt etwa 450 Flugstunden im Log.

Um **20:15** begann Flug 5342 seinen ersten Sinkflug.

Um **20:30** Uhr begann PAT25 nach einem Manöver in der Nähe von Laytonsville, Maryland, überwiegend südwärts zu fliegen. Der IP war PM.

Um **20:33:41** Uhr befand sich der Hubschrauber auf der Helikopterroute 4. Um 20:38:39 Uhr begann PAT25 mit dem Sinkflug, während er die Helikopterroute 1 über den Potomac River südöstlich in Richtung Innenstadt von Washington, D.C. aufnahm.

Um **20:39:10** Uhr erteilte Potomac Approach Flug 5342 die Freigabe für den visuellen Anflug auf Runway 01. Um 20:40:46 Uhr rollte das Flugzeug aus einer Linkskurve zur Piste 01 mit 170 Knoten in ca. 4.000 Fuß aus, Das Fahrwerk war noch nicht ausgefahren. Um 20:43:06 Uhr nahm Flug 5342 erstmals Kontakt mit dem Tower von Washington Reagan auf. Zu diesem Zeitpunkt befand sich das Flugzeug etwa 10,5 nautische Meilen von DCA entfernt. Der Tower-Lotse fragte die Besatzung, ob sie auf Landebahn 33 wechseln könne. Die Besatzung stimmte zu, und der Lotse gab Flug 5342 anschließend die Landefreigabe auf Landebahn 33.

Um **20:43:48** Uhr befand sich PAT25 etwa 1,1 NM westlich der Key Bridge in 300 Fuß. Um 20:44:27 Uhr sank der Hubschrauber auf 200 Fuß.

Um **20:44:45** Uhr fuhr die Bombardier ihre Klappen und das Fahrwerk. Das Flugzeug befand sich jetzt etwa 6,2 NM südlich des Flughafens. Flug 5342 begann eine flache Rechtskurve in ca. 1.700 Fuß, Fluggeschwindigkeit 134 Knoten.

Um **20:45:14** Uhr teilte die Besatzung von PAT25 dem Fluglotsen ihre Position über der Memorial Bridge in 300 Fuß mit. Der Pilot sagte, sie würden auf 200 Fuß sinken. Um 20:45:58 Uhr überquerte der Helikopter das

Washington Tidal Basin und folgte dem Washington Channel entsprechend der Helikopterroute 1.

Um **20:46:02** Uhr war auf dem Audiosystem des Fluges 5342 eine Funkübertragung vom Tower zu hören, die PAT25 darüber informierte, dass es sich bei dem Verkehr direkt südlich der Wilson Bridge um einen CRJ (Flug 5342) in 1.200 Fuß Höhe handelte, der im Anflug auf Landebahn 33 war.

Wegen einer Überlagerung konnte die Besatzung von PAT25 möglicherweise nicht vollständig verstehen. Um **20:46:08** Uhr meldete die PAT25 Sichtkontakt mit der CRJ und bat darum, Sichtabstand zu wahren. Der Fluglotse genehmigte das. Zu diesem Zeitpunkt betrug der Abstand zwischen den beiden Flugzeugen etwa 6,5 NM.

Um **20:46:29** Uhr erhielt Flug 5342 einen automatischen Hinweis auf den Verkehr in 1.000 Fuß Entfernung. Um 20:46:48 Uhr gab der Tower von DCA einer anderen Maschine RWY 01 die Startfreigabe zum sofortigen Abheben. Um 20:47:27 Uhr oder 32 Sekunden vor dem Aufprall passierte PAT25 die Südspitze von Hains Point.

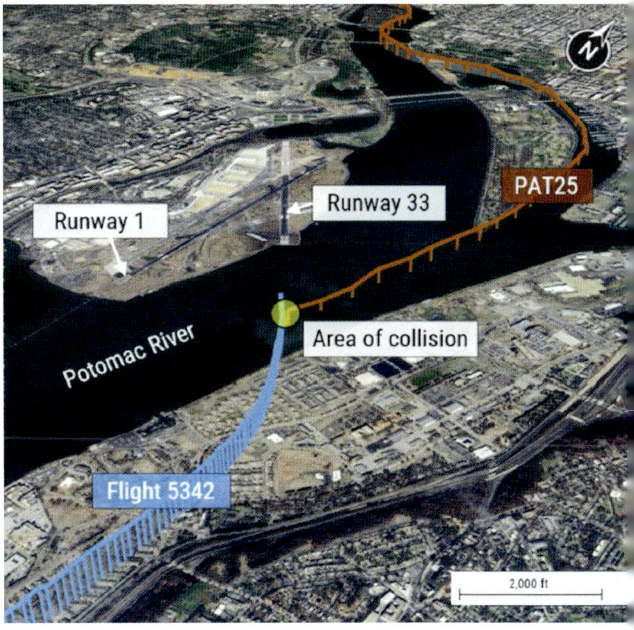

Die Flugwege der kollidierenden Maschinen

Ungefähr eine Sekunde später begann Flug 5342 eine Linksrolle, um auf Landebahn 33 in den Endanflug einzukurven. Das Flugzeug befand sich auf 516 Fuß mit 133 Knoten. Um **20:47:29** Uhr erhielt die Besatzung

Der Flughafen Washington Reagan. Nachts ist es nicht einfach, Positionslichter eines getarnten Helikopters von dem Lichtermeer eines Flughafens zu unterscheiden.

Und wieder einmal verschlingen die Fluten des eisigen Potomac Rivers die Opfer eines Flugzeugunglücks. Erinnerungen an den Absturz der Air Florida 1982 werden wach.

von Flug 5342 einen weiteren automatischen Hinweis auf Verkehr in 500 Fuß Entfernung.

Um **20:47:39** Uhr oder 20 Sekunden vor dem Aufprall war auf beiden CVRs ein Funkspruch vom Tower zu hören, in der die Besatzung von PAT25 gefragt wurde, ob die CRJ in Sicht sei. Im Hintergrund der Funkübertragung der Flugsicherung war eine Konfliktwarnung zu hören.

Um **20:47:40** Uhr erhielt die Besatzung von Flug 5342 eine automatische TCAS Warnung „Verkehr, Verkehr". Zu diesem Zeitpunkt befanden sich die Flugzeuge etwa 0,95 NM voneinander entfernt.

Um **20:47:42** Uhr oder 17 Sekunden vor dem Aufprall war auf beiden Cockpit Voice Recordern eine Anweisung des Towers zu hören, PAT25 solle hinter dem CRJ vorbeifliegen. ("pass behind the CRJ"). Die CVR-Daten des Helikopters zeigten, dass die Worte "pass behind the" von einem eigenen Tastendruck des Hubschrauberpiloten überlagert, und deshalb möglicherweise nicht von der Besatzung von PAT25 empfangen wurde. Stattdessen gab die Besatzung von PAT25 um **20:47:44** Uhr an, der Verkehr sei in Sicht und bat um Sichtabstand, was vom DCA-Tower genehmigt wurde.

Um **20:47:52** Uhr oder 7 Sekunden vor dem Aufprall rollte Flug 5342 zum Endanflug auf

Laut der FAA-Veröffentlichung „Einführung in TCAS II Version 7.1" ist TCAS eine Familie von Bordgeräten, die unabhängig vom bodengestützten Flugsicherungssystem funktionieren und Kollisionsvermeidungsschutz für ein breites Spektrum von Flugzeugtypen bietet. Alle TCAS-Systeme bieten ein gewisses Maß an Kollisionswarnung und eine Verkehrsanzeige. TCAS II ist in den Vereinigten Staaten von der FAA für Verkehrsflugzeuge vorgeschrieben, einschließlich Regionalflugzeugen mit mehr als 30 Sitzen oder einem maximalen Startgewicht von mehr als 33.000 lbs. TCAS II bietet Verkehrshinweise (TAs) und Lösungshinweise (RAs), d. h. empfohlene Ausweichmanöver, in der vertikalen Dimension, um den bestehenden vertikalen Abstand zwischen den Flugzeugen entweder zu vergrößern oder beizubehalten. Beim Sinkflug unter 900 Fuß über Grund (agl) verhindert TCAS RAs. Unter 900 Fuß über Grund beim Sinkflug gibt TCAS einen TA aus, wenn das eindringende Flugzeug etwa 20 Sekunden oder 0,3 nm vom nächstgelegenen Annäherungspunkt entfernt ist, je nachdem, was zuerst eintritt. Wenn das Flugzeug bei der Ankunft unter 400 Fuß über Grund sinkt, wird die mit der TA verbundene akustische Durchsage unterdrückt.

Laut dem MHI RJ Flight Crew Operating Manual sendet der TCAS-Transceiver Abfragen und empfängt Antworten von anderen Flugzeugtranspondern. Die Signale werden verarbeitet, um Informationen zu Reichweite, Azimut und Höhe von Flugzeugen in der Nähe zu liefern. Das TCAS bietet sowohl eine visuelle Anzeige auf dem Armaturenbrett als auch akustische Warnungen an die Flugbesatzung, wenn der Computer einen Konflikt vorhersagt. Eine Sprachwarnung für die TA wird als „VERKEHR – VERKEHR" angekündigt. Zu den Sprachwarnungen für die RA gehören unter anderem Durchsagen wie „STEIGEN, STEIGEN", „SIEDLUNG, SIEDLUNG" oder „NIVEAU AUS, NIVEAU AUS".

Landebahn 33 aus. Das Flugzeug befand sich auf einer Höhe von 344 Fuß mit 143 Knoten.

Um **20:47:58** Uhr, also 1 Sekunde vor dem Aufprall erkannte Flug 5342 die Gefahr und riß das Flugzeug steil nach oben.

Zur gleichen Zeit erteilte der Fluglotse einem anderen Flugzeug eine Landefreigabe. Während dieser Übermittlung waren hörbare Reaktionen der anderen Tower-Lotsen zu hören, die die Kollision beobachteten.

Da die Flugzeuge unterschiedliche Frequenzen nutzten, konnten die Besatzungen von Flug 5342 und PAT25 die gegenseitigen Übertragungen an den Fluglotsen nicht hören, die Übertragungen des Fluglotsen an die einzelnen Flugzeuge waren jedoch für beide Flugbesatzungen hörbar.

05 – Da dieser Unfall einen seltenen Verlauf hatte, wird hier die Reihenfolge der Ereignisse ausführlich beschrieben. Ein Regionaljet vom Typ Bombardier CRJ-900LR der Delta Connection, betrieben von Endeavor Air, legte auf dem Toronto Pearson International Airport eine harte Landung hin. Die vier Besatzungsmitglieder und 76 Passagiere überlebten, 21 Personen wurden jedoch verletzt, zwei davon schwer. Während des Fluges saß der Kapitän auf dem linken Sitz und war der überwachende Pilot. Der Erste Offizier saß auf dem rechten Sitz und war der fliegende Pilot (PF).

Das Wetter zur Unfallzeit: Wind aus 270° mit 28 Knoten mit Böen von bis zu 35 Knoten, 6 Meilen Sicht, Schneetreiben, Wolkenuntergrenze in 3.400 Fuß, Temperatur –9°C. Die Besatzung hatte die Freigabe für den ILS-Anflug auf Landebahn 23 erhalten. Die Referenzgeschwindigkeit (VREF) für diesen Anflug betrug 139 Knoten. Laut Flughandbuch der Airline wird der Endanflug mit VREF + 5 Knoten geflogen. Bei böigem Wind ist VREF um die Hälfte des Böenfaktors zu erhöhen. Aufgrund der gemeldeten Windböen wurde der Anflug mit 149 Knoten geflogen.

Um 14:12:01 Uhr sank das Flugzeug auf 500 Fuß über Grund (AGL). Die angezeigte Fluggeschwindigkeit betrug 150 Knoten, die Geschwindigkeit über Grund 121 Knoten, Triebwerksschub war etwa 64%. Die Sinkgeschwindigkeit betrug 720 Fuß/min, die Maschine befand sich mittig auf der Anfluglinie. Während das Flugzeug auf 175 Fuß über Grund sank, betrug die angezeigte Fluggeschwindigkeit 144 Knoten, die Groundspeed 121 Knoten und die Sinkrate 672 Fuß/min. Der Schub blieb unverändert. Bei 153 Fuß AGL stieg die angezeigte Fluggeschwindig-

Ein Bild mit Seltenheitswert

Evakuierung über die Decke. Doch selbst das hinderte einige Passagiere nicht daran, noch schnell ihr Gepäck mitzunehmen, bevor sie sich durch den Notausstieg zwängten.

keit auf 154 Knoten, während sich die Geschwindigkeit über Grund nicht nennenswert änderte, gleichzeitig wirkte eine Windböe auf das Flugzeug. Der PF zog die Schubhebel zurück, der Schub sank von 64 % auf etwa 43 % und verblieb so bis zum Aufsetzen. Die Fluggeschwindigkeit nahm ab.

3,6 Sekunden vor dem Aufsetzen befand sich das Flugzeug in einer Höhe von 50 Fuß über Grund, die angezeigte Fluggeschwindigkeit betrug 145 Knoten, die Geschwindigkeit über Grund 112 Knoten. Die Sinkgeschwindigkeit hatte sich jedoch auf 1114 Fuß pro Minute erhöht. Der akustische Alarm „Fifty" des Bodenannäherungswarnsystems (EGPWS) ertönte.

Eine Sekunde später (2,6 Sekunden vor dem Aufsetzen) ertönte der Alarm „Sinkrate" des EGPWS. Die angezeigte Fluggeschwindigkeit betrug 136 Knoten, die Geschwindigkeit über Grund 111 Knoten, die Sinkgeschwindigkeit blieb bei etwa 1100 Fuß pro Minute. Die Querneigung erhöhte sich auf 4,7° nach rechts. Der Triebwerksschub blieb konstant bei etwa 43 %.

1,6 Sekunden vor dem Aufsetzen betrug die angezeigte Geschwindigkeit 136 Knoten, die Geschwindigkeit über Grund 111 Knoten. Das Flugzeug befand sich jetzt knapp unterhalb des Gleitpfads, aber noch immer auf der Landebahnmittellinie. Die Sinkgeschwindigkeit hatte sich auf 1072 Fuß pro Minute erhöht, die Querneigung betrug 5,9° nach rechts.

Weniger als eine Sekunde vor dem Aufsetzen betrug die angezeigte Geschwindigkeit 134 Knoten, die Geschwindigkeit über Grund

Verbliebene Tragfläche mit Hauptfahrwerk

111 Knoten. Die Querneigung betrug jetzt 7,1° nach rechts, die Nase nach oben, Sinkgeschwindigkeit 1110 Fuß pro Minute.

Das rechte Hauptfahrwerk berührte die Landebahn mit einer Vertikalbeschleunigung von 3 g und einer Sinkgeschwindigkeit von ca. 1098 fpm (18,3 fps).

Beim Aufsetzen geschah Folgendes: Die mit dem rechten Hauptfahrwerk verbundene Seitenstrebe brach, das Fahrwerk klappte ein, die Flügelwurzel brach zwischen Rumpf und Fahrwerk, der Flügel löste sich vom Rumpf, wodurch eine Kerosinwolke freigesetzt wurde, die in Brand geriet. Der Rumpf rutschte die Landebahn 23 hinunter und rollte nach rechts, bis er sich überschlug.

Das Flugzeug verließ die rechte Seite der Landebahn, schlitterte auf einer schneebedeckten Grasfläche, bis es zum Stehen kam. Die rechte Tragfläche und das rechte Hauptfahrwerk brachen ab und rutschten noch 70 m weiter entlang der Landebahn 23.

Da das Flugzeug auf dem Kopf lag, erfolgte die Evakuierung äußerst ungewöhnlich, die Passagiere liefen über die Decke an den Gepäckfächern vorbei, was einige nicht daran hinderte, trotz der Brandgefahr noch schnell ihr Gepäck zu greifen und durch den schmalen Notausstieg zu zerren!

06 – Am 13. März startete eine Boeing 737-800 von American Airlines in Colorado Springs zu einem Flug nach Dallas. Kurz nach dem Start traten starke Vibrationen an einem der Triebwerke auf, die Crew entschied sich, in Denver eine Sicherheitslandung zu machen. Statt nach der Landung sofort zu stoppen und die 172 Passagiere kontrolliert zu evakuieren, rollte das Flugzeug noch an ein Gate. Inzwischen breitete sich das Triebwerkfeuer aus. Erste Passagiere begannen in Panik zu geraten. Jemand öffnete den Over Wing Exit. Passagiere begannen auf den Flügel zu steigen. Und wieder einmal war zu erleben, dass die Reisenden ihr Gepäck mitnahmen und durch den schmalen Notausstieg zerrten. Die Unfalluntersuchungsbehörde NTSB geht nun solchem Verhalten nach, das aber oft genug durch Instinkt oder Panik verursacht wird. Grundsätzlich gilt: Alles zurücklassen, was nicht bereits in der Hosentasche ist!

07 – Ein Bell 206L-4 LongRanger IV Helikopter befand sich auf einem Sightseeing Flug in Manhattan. An Bord waren der Chef von Siemens Spanien, seine Frau und seine drei Kinder. Die Bell war vom Wall Street Helipad an der Südspitze Manhattans gestartet, flog nach einer Schleife um die Freiheitsstatue den Hudson River hinauf, an der West Side von Manhattan entlang, kehrte dann um und flog auf der New Jersey Seite wieder nach Süden.

Auf Videos ist zu sehen, wie sich Teile vom Hubschrauber lösten, der Hauptrotor und das Getriebe fielen ab, der Tail mit dem Heckrotor ebenfalls. Der Heli stürzte kopfüber in der Nähe von Pier 40 in den Hudson. Niemand überlebte.

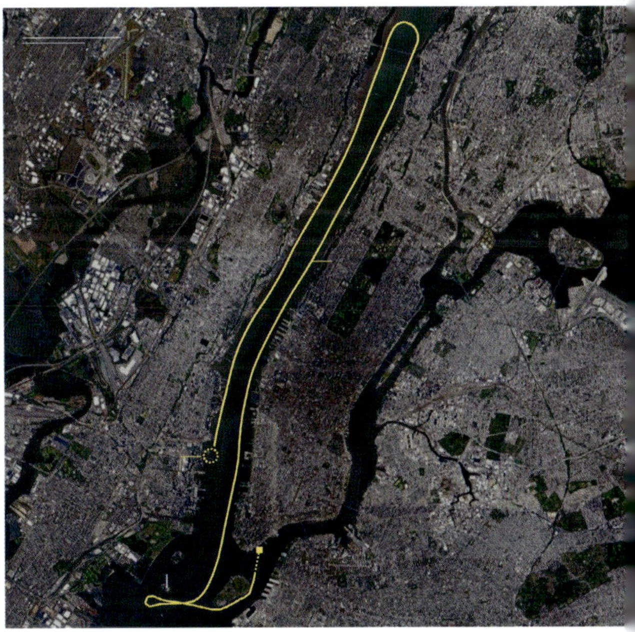

Jähes Ende einer atemberaubenden Sightseeing Tour

08 – Am 12. Juni startete in Ahmedabad ein Boeing 787 Dreamliner zu seinem Flug nach London Gatwick. An Bord befanden sich 242 Personen. Das Flugzeug hob ab und begann den Steigflug, aber nur für 12 Sekunden. Auf einem reichlich unscharfen Video lässt sich schemenhaft erkennen, dass die Ram Air Turbine (RAT) ausgefahren ist. Das geschieht bei Ausfall der Stromversorgung automatisch, damit die wichtigsten Geräte noch funktionieren. Auf 220 m Höhe begann das Flugzeug wieder zu sinken und krachte in das Wohnheim für Ärzte und Medizinstudenten einer nahegelegenen Klinik. Der Flug hatte genau 30 Sekunden gedauert. 90 Tonnen Kerosin explodierten beim Einschlag in das Gebäude. Bis auf einen Passagier starben alle Menschen an Bord, im Gebäude kamen weitere 33 Personen ums Leben.

In der Phase, in der ein startendes Flugzeug den meisten Schub braucht, blieb dieser aus. Zum Zeitpunkt des Unfalls herrschte brütende Hitze. Hat man bei 37° Celsius keinen Schub, ist ein solches Flugzeug nicht flugfähig. *Behördliches Zwischenergebnis bei Redaktionsschluss:* Bei 180 Knoten wechselten beide Treibstoffzufuhrschalter nacheinander im Abstand von einer Sekunde von RUN auf CUTOFF. Sofort begannen die Triebwerke ihre Startwerte zu verringern. Im Cockpit-Voice Recorder hört man einen der Piloten den anderen fragen, warum er die Treibstoffzufuhr abgeschaltet habe. Der andere Pilot antwortete, dass er dies nicht getan habe. Tatsache ist, die Schalter sind so konstruiert, dass das manuell nicht aus Versehen passieren kann. Der Rest bleibt vorerst Spekulation. Unmittelbar darauf wurde die Treibstoffzufuhr nämlich wieder angeschaltet. Aber da war es schon zu spät. Das bestätigt die grundlegende Erkenntnis dieses Buches, dass voreilige Schlüsse, ohne alle Daten forensisch gründlichst untersucht zu haben, keinen Wert haben. Wir können aber sicher sein, dass Boeing jeden Stein umdrehen, den kilometerlangen Trümmerteppich durchsieben und alles daransetzen wird, um einen System-, Konstruktions- oder Materialfehler des Werkes auszuschließen. Denn es war der erste Totalverlust eines Boeing Dreamliners.

Leitwerk und Höhenruder stecken noch im Obergeschoss des Ärztewohnheims von Ahmedabad. Dort kamen 33 Menschen ums Leben.

Die RAT klappt automatisch aus und liefert einem Dynamo ähnlich Strom.

Glossar

AAF American Army Field
ACC Area Control Center, Bereichskontrollzentrale
ADF Radiokompass
ADI Attitude Director Indicator, Künstlicher Horizont
AFB Air Force Base
AOA Angle of attack, Anstellwinkel eines Flugzeugs
ARTCC Air Route Traffic Control Center
ATC Air Traffic Control, Flugsicherung
ATIS Automated Terminal Information Service. Piloten können auf einer bestimmten Frequenz alle Wetterdaten und Besonderheiten des Flughafens abrufen
ATR *Avions de Transport Régional*. Italienisch-französischer Flugzeughersteller
Autobrake-System Automatische Bremse in modernen Verkehrsflugzeugen. Oft dreistufig. Bremst nach dem Aufsetzen auf der Landebahn je nach soft, mittel oder stark. Für Notfälle gibt es auch die Stufe MAX.
Autopilot Komplexe Flugzeugsteuerung. Kann wahlweise die Richtung, die Höhe oder die Geschwindigkeit halten, oder alles zusammen. Fliegt auch vorprogrammierte Routen bis zum Zielflughafen ab.
Autothrottle, Autothrust Intelligente Kraftstoff- und Schubkraftregelung für Start, Flug und Landung
Backbeam Rückseite des Landekurssenders
Blip Aufleuchten eines Ziels auf einem Radargerät
Bold Face Items Fett gedruckte Einzelschritte aus der Checkliste für Notfälle, die jeder Pilot verinnerlichen muss, bevor er die Zulassung für einen bestimmten Flugzeugtyp erhält.
Brace Sicherheitshaltung einnehmen. Kommando bei Notlandung
BTV Break to Vacate. Voreinstellbarer Bremsweg, um die Piste nach der Landung an einem bestimmten Rollweg zu verlassen.
CAA Name der Luftfahrtbehörde in verschiedenen Ländern
CAT Category (oft im Zusammenhang mit dem Instrumentenlandesystem)
CAT I-Anflug ILS zugelassen bis CAT I: Entscheidungshöhe von 200 Fuß über Grund oder mehr und einer Landebahnsicht von mindestens 550 m oder einer Bodensicht von 800 m
CAT II-Anflug Wie oben, aber Entscheidungshöhe zwischen 100 und 200 Fuß über Grund und einer Landebahnsicht von mindestens 300 m
CAT III-Anflug CAT IIIa: Entscheidungshöhe zwischen 50 und 100 Fuß über Grund und mindestens 200 m Sicht
CAT IIIb Entscheidungshöhe unter 50 ft über Grund. Sicht zwischen 75 und 200 m
CAT IIIc Keine Entscheidungshöhe, keine Mindestsicht (bisher nicht zugelassen)
CC Check Captain
CFIT Controlled flight into terrain
CVR Cockpit Voice Recorder, Sprachaufzeichnungssystem im Cockpit
DA/Decision Altitude Entscheidungshöhe. Höhe über dem Meeresspiegel über der Pistenschwelle, bei der der Pilot einer anfliegenden Maschine spätestens entscheidet, ob er den Landeanflug fortsetzt und mit einer Landung beendet oder ob er den Anflug abbricht und durchstartet. Nur bei Instrumentenanflügen bis CAT I.
DH/Decision Height Entscheidungshöhe. Höhe über der Pistenschwelle, bei der der Pilot einer anfliegenden Maschine spätestens entscheidet, ob er den Landeanflug fortsetzt und mit einer Landung beendet oder ob er den Anflug abbricht und durchstartet. Für Instrumentenanflüge nach CAT II bis CAT III.
Displaced Threshold Pistenschwelle wurde weiter nach hinten versetzt, meist um zeitweilige Hindernisse im kurzen Endanflug zu erlauben.
DME Distanzanzeige für ein VOR Funkfeuer
ECAM-System Electronic Centralized Aircraft Monitor System. Elektronisches Überwachungssystem in komplexen Flugzeugen
Emergency Safe Altitude Sicherheitsflughöhe, die einen Abstand von mindestens 1000 Fuß über nicht-bergigem Gebiet und 2000 Fuß über bergigem Gebiet über dem höchsten Hindernis sicherstellt. Sie gilt im Radius von 100 nautischen Meilen um eine Navigationsanlage, die ein veröffentlichtes Anflugverfahren bedient.
FAA Amerikanische Luftfahrtbehörde
Final Approach Fix (FAF) Fixpunkt eines Instrumentenanflugs, an dem der Endanflug beginnt
Flare Ausgleiten eines Flugzeugs vor dem Aufsetzen auf der Piste
Flight Level, FL Fläche gleichen Luftdrucks oberhalb des Transition Levels, ab dem alle Flugzeuge ihren barometrischen Luftdruckmesser nach dem Standard-Luftdruck von 29,92 inches oder 1013,25 Hectopascal einzustellen haben. Sie wird in Hundertfuß-Inkrementen angegeben. FL 150 bedeutet 15.000 Fuß über dem Normalwert der Meereshöhe.
Flugplan Ankündigung und Beschreibung eines Fluges. Je nach Verwendungszweck unterscheidet man IFR-Flugpläne (Flüge nach Instrumentenflugregeln), VFR-Flugpläne (Flüge nach Sichtflugregeln) und gemischte Flugpläne, die mit VFR oder IFR beginnen und während des Fluges die Flugregeln wechseln.
Der Flugplan enthält alle wichtigen Daten über das Luftfahrzeug, den Zweck des Fluges, den Abflughafen, den geplanten Zielflughafen, die geplante Flughöhe, die geplante Flugroute und Ankunftszeit sowie eventuelle Ausweichflughä-

fen und die durch den Treibstoffvorrat bedingte max. Flugzeit.

FMS Flight Management System

FO First Officer

G/G-Kräfte Belastungen, die aufgrund starker Richtungsänderung oder Beschleunigungen auf den menschlichen Körper oder ein Luftfahrzeug einwirken. Durchschnittliche Maximalwerte bei extremen Flugmanövern sind acht bis zehn G

GCA Ground Controlled Approach. Anflug mit Unterstützung eines Präzisionsradars und einem Fluglotsen

Holding Warteschleifen mit festgelegten Höhen, Richtungen, Streckenlängen, Kurvenradien, sowie Ein- und Ausflugverfahren.

ICAO Internationale Zivile Luftfahrtorganisation

IFR Instrumentenflugregeln

ILS Instrumentenlandesystem

INS Trägheitsnavigationssystem, basierend auf Kreiselkompassen, die auf Beschleunigungen reagieren

Intersection Kreuzung von Luftstraßen

Localizer Landekurssender

MAN/HDG Manueller Modus am Navigationssystem

MCAS Maneuvering Characteristics Augmentation System, automatisches Trimmsystem, das vor Überziehen des Flugzeugs schützen soll

MEA/Minimum Enroute Altitude Mindesthöhe, welche auf dem Segment einer Luftstraße geflogen werden darf. Die Angabe findet sich entlang des Segments in der Streckenkarte.

MHA/Minimum Holding Altitude Mindesthöhe, die ein Luftfahrzeug einzuhalten hat, welches sich in einem Holding befindet. Angabe im Holding-Symbol

Minimum Descent Altitude Höhe, die bei einem Nicht-Präzisionsanflug auf keinen Fall unterschritten werden darf, bevor die Landebahn bzw. die Anflugbefeuerung in Sicht ist.

Minimum Safe Height Die MSH gibt dem Piloten an, in welcher Höhe er gerade noch sicher fliegen kann, ohne mit Bodenobjekten (Masten, Häuser, Türme, Berge etc.) zu kollidieren.

Minimum Sector Altitude Die MSA (Sicherheitsflughöhe) sagt dem Piloten, in welcher Mindestflughöhe er sicher fliegen kann, ohne mit Bodenobjekten (Bebauung, Türme, Antennen, Hochspannungsleitungen oder Berge) zu kollidieren. Bei diesen Mindesthöhen ist bereits ein Sicherheitsabstand von 1000 Fuß, bei bergigem Gelände 2000 Fuß einkalkuliert. Die Sicherheitsflughöhe wird in Bezug auf die ICAO-Standardatmosphäre von 1013,2 Hektopascal angegeben.

Minimum Vectoring Altitude Die MVA ist die niedrigste Höhe über NN, die für die Radarführung von IFR-Flügen durch die Flugsicherung unter Berücksichtigung der Sicherheitsmindesthöhe und der Luftraumstruktur genutzt werden kann. Sie gewährt zum einen eine Hindernisfreiheit von 1000 Fuß über dem höchsten Hindernis im Umkreis von 8 km, zum anderen einen Luftraumpuffer von 500 Fuß oberhalb der Obergrenze des unkontrollierten Luftraums.

Mountainous Terrain Region mit wechselndem Profil mit Höhenunterschieden von mindestens 900 m innerhalb von zehn nautischen Meilen.

NASA Amerikanische Weltraumbehörde

NDB Ungerichtetes Funkfeuer

NM Nautische Meilen

NN Normal Null

Outer Marker Elektronisches Einflugzeichen

Overshoot Überflug über die Piste, Fehlanflug, Durchstartverfahren

PAR Präzisionsanflugradar

PF Pilot Flying, steuernder Pilot. Arbeitsteilung nach vorheriger Absprache

PM Pilot Monitoring, überwachender Pilot

PNF Pilot Non Flying, unterstützender Pilot. Monitort, unterstützt, macht den Funkverkehr

Pitot-Sonde Staudrucksonde

POB Persons on bord

RAM Air Turbine Notstromturbine

SAR Search and Rescue, Such- und Rettungsdienst

SCC Supervising Check Captain

SF Simulated Flame Out Pattern

SO Second Officer

Stick-Shaker Spürbare Überziehwarnung

TACAN Militärisches Navigationssystem bestehend aus Bodensender und Bordempfänger

TCAS Traffic Alert and Collision Avoidance System, Kollisionswarnsystem

TO/GA-Button TOGA = Take-Off/Go-Around. Funktion des Autopiloten, die auf Knopfdruck die automatische Schubregelung zum Durchstarten steuert, ohne dass die Schubhebel von Hand bedient werden müssen.

Type Rating Musterzulassung eines Piloten

USAF US Air Force

UTC Koordinierte Weltzeit

V1 V1 ist die maximale Geschwindigkeit, bis zu der ein Startabbruch eingeleitet werden darf.

VFR Sichtflugregeln

VHF Ultrakurzwelle

VOR Drehfunkfeuer

VOR/DME Drehfunkfeuer mit Entfernungsangabe

VOR/LOC VOR-Anflug zum Landekurssender

VORTAC Zivil und militärisch nutzbares Drehfunkfeuer

VR Rotationsgeschwindigkeit

VSI Variometer oder Steigmesser

Stichwortverzeichnis

Die Jahreszahlen hinter den Stichworten verweisen auf die jeweiligen Unterkapitel

Bildnachweis

Accident Investigation Bureau of Nigeria 206; Agência LUZ/ABr (CC) 188 u.; Agenzia Nazionale per la Sicurezza del Volo 180; Air Canada 66; Aircraft Accident Investigation Board Pakistan 226; Algeria Ministère des Transports 219; American Airlines 54; Andreas Fecker 140, 153, 203, 248; Andreas Fecker Overlay 59, 61, 68/69, 79, 86 o., 90, 101, 104 o., 106, 112, 118, 127, 136, 139, 150, 156, 160, 161, 163, 171, 188, 193; Andrew Heneen 209; Antonio.971 99; Antony-22 107 o.; BAAA 131; Badener 47 klein; BFU Braunschweig 203; Big B Bob 107 u.; Blackappy 185; British Airways 133; Bureau d'Enquêtes et d'Analyses pour la Sécurité de l'Aviation Civile 178; Bureau Enquêtes-Accidents 165; CAAT 137; Central Industrial Security Force (CISF) 248; Chris Gardner 194 o.; Chriusha 84 o.; Comet Photo AG (Zürich) 47; Committee for Emergency Situations of Kazakhstan 221; Creative Commons 78, 86 u., 93, 196, Daily Nation Nairobi 81; Dailymotion 92; David Monniaux 149; Derlars 73; Deutsches Bundesarchiv 122; Devilm25 94/95; Doomych 84 u.; Eduard Marmet 109; Erich Marek 50; Ethiopia Ministry of Transport 219 u; Fred Vloo 197; Gabriel Widyna Titelbild 184; Gauravjuvekar 119; Google Earth 21, 61, 79, 86 o., 90, 101, 106, 112, 118, 136, 139, 150, 160, 161, 163, 164 o., 171, 186, 188, 193, 217 u., 248, Greg Lam Pak Ng 194 u., ; Heinz Wolf 40; Honolulu Advertiser 126; In-Cyprus 183; Japan Transport Safety Board 189 u., 190, 236, 237; KLM 25; Krelnik 24; Kyivcity.gov.ua 224/225; Lars Söderström 69; Leonardo Perez Salles 192, Rücktitel; Marc-Antony Payne 191; Marek Woszniak 168; Mariusz Siecinski 142; Max Teuber 115; Mehr News Agency 222; Michael Foran 170; Ministerie van Defense 210; Ministry of Civil Aviation India 227, 228; Ministry of Transport of the Republic of Kazakhstan 239, 240; Ministry of Transport Singapore 166; NASA 61, 68/69, 104 o., 121 u., 127, Nataev 215; NATS 34; Nepal Aircraft Accident Investigation Commission 234; New Zealand Ministry for Culture and Heritage 100; NTSB 63, 148, 158, 208, 243 o., 244, 238; Paul Cardin 182 o.; Phoenix7777 214; Pikappa 172; Polizei Friedrichshafen 175; Public Domain 7, 8, 10, 12, 15, 19, 23, 27, 29, 33, 37, 56, 64, 70/71, 72, 75, 76, 92, 104, 108, 128, 134/135, 173, 204 o., 230 o., 220; Qantas 200/201; RAF-YYC 31; Rita Fecker 224; Royal Air Force 17; SafetyCard 91; San Diego Sheriff Office 230; Schweizerische Sicherheitsuntersuchungsstelle 217 o.; SounderBruce 219 o.; Tanzania Ministry of Transport 232, 233; Tasnim News Agency 218; Thomas Mitchell (CC) 189 o.; Transportation Board of Canada 156, 245, 246; Transportation Board of Canada 182; Transportation Safety Board 241; Udo Haafke 97; UK Board of Trade 52, 53; United Airlines 18/19, 49; US National Park Service 121 o.; US Navy 7; USAF 35, 42, 144; USGA 186; Washington Airports 243 u.; Wayne Glowacki 111; Wikimedia 211; Xinhua 132; youtube.com 102, 164. ;

Über den Autor

Andreas Fecker, Jahrgang 1950, ist Fluglotse im Ruhestand. Er ist unabhängiger Schriftsteller und hat bisher mehrere Dutzend Bücher in diversen Verlagen veröffentlicht, die in sieben verschiedenen Sprachen erschienen sind. Er wurde 2013 mit dem Hugo-Junkers-Journalistenpreis für herausragenden Luftfahrt-Journalismus ausgezeichnet.

Verwendete Quellen

Für dieses Buch wurden Informationen verwendet, die in der Datenbasis des Aviation Safety Networks gesammelt wurden. Dank und Anerkennung gilt dabei Harro Rantner, der diese Daten seit 1983 sammelt, pflegt und öffentlich zugänglich macht. Weiter dienten natürlich die offiziellen Untersuchungsberichte der nationalen Behörden, Zeitungen und Wikipedia als Quellen.